Filosofía Matemática
Asalto a la objetividad

Juan F. Benemelis
2017

Filosofía Matemática
Asalto a la objetividad

Queda rigurosamente prohibida,
sin la autorización escrita de los propietarios del "Copyright", bajo
las sanciones establecidas en las leyes,
la reproducción total o parcial de esta obra
por cualquier medio o procedimiento,
 comprendidos la reprografía y el tratamiento informático,
y la distribución de ejemplares de ella
mediante alquiler o préstamos públicos.

Título Original: Filosofía Matemática
        Asalto a la objetividad

Producción editorial:
The Ceiba Institute

Publicado en Castellano
Primera Edición, 2017

Copyright © Juan Felipe Benemelis
Dallas, Texas, USA

Juan F. Benemelis

Nació en Cuba, 1942. Vive en los Estados Unidos. Él es un historiador premiado y un autor publicado, con más de 50 libros y cientos de ensayos sobre política, terrorismo, espionaje, historia, filosofía, ciencias y así sucesivamente.

En español, se le considera el principal experto en cultura islámica, África, política internacional y terrorismo. También es un poeta, un matemático profundo y un excelente pintor. Una personalidad renacentista muy real y rara.

Muchos críticos han argumentado que Benemelis es el autor más prolífico y enciclopédico al menos en la cultura hispana, no sólo por la amplitud de su trabajo que abarca diversas disciplinas o la profundidad de su análisis del contexto global de nuestro tiempo, sino también por su filosofía sobre el humano y la civilización.

El actual libro sobre *Filosofía Matemática* culmina un ciclo de textos científicos donde figuran: *Al Caos con la Lógica*; *De lo Finito a lo Infinito*; *Logos y Axiomas*; *El Logos Cuántico*; *La Vida, el Humano y el Universo*; *Evolución y Catástrofe*; *Calentamiento Global: Mitos*.

Un investigador constante sobre las incertidumbres y la crisis existencial que incide en el trabajo económico, social y espiritual del humano contemporáneo.

INDEX

Introducción

Primera Parte. El Absoluto Matemático
El paradigma del conocimiento. La quiebra racional. Física y matemática. El conocimiento fragmentado. Teorías matemáticas. Crisis de los fundamentos. Hostilidad a las matemáticas. Matemática, cultura y sociedad. Filosofía Matemática. ¿Está muerta la Filosofía? Ontología matemática. Lenguaje y Símbolo. Objetivos matemáticos. Verdad Matemática. Comprobación Matemática. Matemática y siglo XXI. Matemática y sociedad. Ciencia exploratoria. Más allá de lo real.

Segunda Parte. Geometría y álgebra
El codo faraónico. Babilonia: número 60. Matemáticas Vedas. Matemática Celeste. Geómetras Griegos. Pitágoras: el Teorema. La Hipotenusa. Aquiles y la Tortuga. El misterioso π (pi). De Átomo y Polígono. Platón y el Irracional. Aristóteles y el acto-potencia. Las Matemáticas árabes. Los eruditos de Bagdad. Al-Kuarizmi, el algebra. Al-Karaji, cálculo algebraico. Al-Haitam álgebra y geometría. Al-Biruni trigonometría. Al-Farisi teoría numérica.

Tercera Parte. Humanismo y Gravedad
Filósofos matemáticos. Las traducciones. La abstracción Medieval. Fibonacci, il Magistri. El Renacimiento. Las Universidades. Cusano y la verdad científica. Galileo y la Inercia. Napier y los logaritmos. Leibniz y la lógica simbólica. Newton y el Cálculo. Dios y la Matemática. Matemática y fisicalismo. Euler, Matemático de los matemáticos. Berkeley y las apariencias. La cosa en sí. Kant, las proposiciones. Las Tautologías de Hume.

Cuarta Parte. Las matemáticas puras
Fermat, Pascal y la probabilidad. Matemáticas puras. LaGrange y la intuición. Fourier, calor y mecánica. La Encyclopedia. Gauss: Príncipe matemático. Cauchy y los infinitos. Hegel, ciencia de la lógica. Lógica formal. Geometría no-euclidiana. Ecuaciones de Navier-Stokes. El Aleph de Cantor. Teoría de conjuntos. Matemáticas planetarias. Electro magnetismo. La cinética de los gases. Boltzmann: probabilidad entrópica. El último universalista. Poincaré y La Topología.

Quinta Parte. Los forjadores

Lógica moderna. Lenguaje simbólico. Dedekind: Números Reales. Paradojas matemáticas. David Hilbert: 24 problemas. Geometría Axiomática. Zermelo y el continuo. Ramanujan y el infinito. Russell, lógica y matemática. La *Principia*. Los "tipos" de Russell. Contradicciones y paradojas. Lógica Formal. Lógica Inductiva. Números no descriptivos. Lógica y simbolismo. Brouwer: el Solipsismo.

Sexta Parte. El asalto a la razón

Carnap y el continuo. Los axiomas de Tarski. Epistemología platonista. Turing y la computación. Esencialismo e instrumentalismo. Positivismo Lógico. Universo infinito. La abstracción matemática. El Círculo de Viena. Estructuralismo y probabilidad. Bohm, Universo no-local. Números primos y factores mórficos.

Séptima Parte. El mundo al revés

El fotón. Las partículas. Relatividad y/o Mecánica cuántica. El átomo. La incertidumbre. Matemática inconsistente. Teoremas de Gödel. Lo indemostrable. Gödel y sus paradigmas. Formalmente indecible. Matemáticas incompletas. Enunciados axiomáticos. Asalto a la objetividad.

Octava Parte. La realidad nebulosa

El Teorema de Bell. Velocidad super-lumínica. Constructivismo empírico. Los transfinitos. Grothendieck: genio solitario. Caos y determinismo. Poincaré el precursor. Colapsa el determinismo. La mariposa y la tormenta. El gato de Arnold. La década caótica. Las bifurcaciones. Nuevos Paradigmas. Caos y biología. Fractales. Curvas Continuas. Geometría irregular. Matemática fractal. Dimensiones múltiples.

Notas y Bibliografía

Introducción

En mi juventud tenía una actitud muy realista; no estaba en el juego de la física o de hacer matemáticas, ni quería exponer las leyes fundamentales de la naturaleza. Estaba atrapado en los estudios de la filosofía, de la historia y lo que erróneamente consideraba "ciencias sociales".

Lo que descubrí al estudiar a Aristóteles fue que un texto requería interpretación. de buscar cosas que no encajan perfectamente, desconcertándolas, y de repente encontrar una forma de ordenar las piezas

Pronto me percaté que la comprensión tradicional del mundo no cuenta para la historia o la filosofía. Los filósofos orientales siempre han argumentado que era una ilusión pensar que el mundo estaba compuesto de elementos discretos.

Cuando empecé a indagar en matemáticas y la física allá por la década de los 1960, redescubrí mi pasión dividida entre las ciencias y todo lo que es la historia, la literatura y la filosofía; y de esta trama, de esta superposición de ideas y referencias, tuvo lugar mi viaje cultural de varios frentes.

Recuerdo haber entendido las consecuencias de lo que se experimentaba acerca de la teoría del calor, y me dije que con la filosofía y la historia estaba tratando de pensar antes de poder caminar. Y para hacer eso, tendría que aprender algo sobre lo que ya se había explorado antes de Galileo. Así fue como me hundí en los griegos y en las matemáticas islámicas.

Tenía un interés también por las ciencias. Comencé a leer un montón de filosofía de la ciencia: Russell, Frank, Bridgman, Carnap, a la vez que abrazaba las ideas sobre el método científico.

Si sobresalí en el estudio de las matemáticas y la física, gracias a la paciencia de mi hermano César, esto no fue tanto por mis habilidades y mi determinación para resolver los problemas que me planteaba, sino más bien por mi natural tendencia a estudiar asuntos cruciales que pocos notaban, y para identificar las "mejores ideas" que faltaban cuando el nuevo concepto aún no había sido propuesto, o nadie se había percatado.

Tenía mucho que ver con mi hermano. Él era en todos los aspectos muy inteligente; él también era un matemático brillante. Pero yo era de primera juventud capaz de decir algo sobre cuestiones filosóficas.

Pero comprendí muy temprano que esto no era totalmente así, que uno no podía plantear la pregunta, porque si las ramas no eran capaces de llevar las cosas, no había ningún árbol.

Encontraba cosas que no tenían sentido en la historia, y trataba de atinar una manera que hiciera sentido. Pues fue en ese momento que comprendí algo diferente. Lo que los filósofos han hecho durante dos mil quinientos años como mínimo, es tratar de ver más de cerca lo que sienten y lo que ven introspectivamente y, por supuesto, nunca llegan a ninguna parte. Pero Platón el filósofo, no el matemático todavía es enseñado.

Y esa es la historia de cómo me sumergí en la física y en las matemáticas, y cómo salí de verlo todo con los ojos histórico-filosófico.

Lo más valioso que se puede aprender no es el conocimiento y la comprensión per se, sino un anhelo de conocimiento y razón, y un aprecio por los valores intelectuales, ya sean artísticos, científicos o morales. La mayoría pierde su tiempo haciendo preguntas que pretenden descubrir lo que no conoce, mientras que el verdadero arte de cuestionar es descubrir lo que se es capaz de saber.

He escrito y co-escrito muchos artículos y libros con personas de mi propio campo, y también en otros campos donde he notado algo peculiar con respecto a una imagen, y sentí la necesidad de cuantificar eso. También me ha sucedido con la lógica, luego con la física, la economía, la matemática pura y la matemática aplicada.

A Louis Pasteur se le atribuye la observación de que el azar sólo puede ayudar a la mente bien preparada. También creo que mi larga cadena de saltos afortunados se puede atribuir a mi modo de prestar atención: miro cosas y nunca dudo en hacer preguntas.

Los humanos están cambiando continuamente y eso me ha marcado para toda la vida, pues este regalo de la indagación perpetua no se desvanece con la edad. Por ejemplo, me es particularmente satisfactorio comenzar con una idea y contribuir a cada paso hasta que se ha convertido en un libro.

Tengo mil planes al mismo tiempo, rondando mis especulaciones intuitivas. Mi vida que ha sido extremadamente complicada me ha permitido dos opciones; la de establecer prioridades, mantenerme comprometido con ellas, y hacer todo lo posible para asegurar que las cosas se realicen, en el orden de las prioridades.

Mi memoria sigue siendo muy buena, así que escribo inicialmente todo de memoria, ayudado por los miles de libros desandados. Cuando no estoy seguro, por supuesto, ¡verifico! Sin embargo, es muy importante para mí separar las cosas que están almacenadas en mi memoria con las posteriores consultas de archivos.

Siempre extiendo mi alcance intelectual a la dimensión social formulando una síntesis de tres aspectos: biológico, cognitivo y social. De ahí que practique la cuestión de la transdisciplinariedad que siempre he abrazado desde mis primeros estudios. Me apasiona la ópera; y es porque tiene algo misterioso como las matemáticas. Soy un gran admirador de Mozart y Verdi; Me gusta Rossini, pero no Wagner

Hoy en día, la ópera es ampliamente considerada una forma de arte "obsoleta" y desfasada. Pero ahí está Wozzek, la famosa ópera atonal de 1925 del compositor expresionista Alban Berg. En la época de Rilke, la poesía era una forma completamente definida de arte, y ya no lo es.

La ambición de este mi libro es presentar esta transformación de las leyes de las matemáticas y, por ende, de toda nuestra descripción de la naturaleza.

Hoy creo que estamos en un punto crucial de esa aventura, en el punto de partida de una nueva racionalidad que ya no identifica ciencia y certidumbre, probabilidad e ignorancia.

He intentado exponer esta innovación conceptual de una manera legible y accesible para cualquier lector interesado en la evolución de nuestras ideas sobre la naturaleza. Con todo, era inevitable que algunos capítulos, recurrieran a desarrollos algo técnicos.

Yo no escatimo en detalles teóricos pues para entender los temas en cuestión uno debe estar familiarizado, al menos a grandes pinceladas, con algunos de los principales resultados teoremas. Pero lo que es más importante, al proporcionar los detalles técnicos pertinentes, por medio de un trasfondo lógico y matemático. Se trata de proporcionar un relato accesible.

También debe estar claro que este es un libro ambicioso pues abarca una gran cantidad de territorio y discute muchos temas interesantes, dignos de más discusión. Por eso, no invito al lector a visitar un museo arqueológico, sino a excursionar en una ciencia en devenir.

Aunque gran parte del material cubierto será familiar para los filósofos de matemáticas y lógicos filosóficos, sin embargo, es capaz de arrojar nueva luz sobre muchos temas y siempre ofrece una lectura muy comprensiva de las diversas opiniones que discute.

No he intentado un texto matemático, no una investigación psicológica, ni un manual de instrucciones. Es un trabajo de epistemología, pero a diferencia de otras, está limitado por los resultados de la investigación en la ciencia cognitiva y la educación matemática.

La cuestión del tiempo se sitúa en la encrucijada del problema de la vida y el conocimiento, y es abordado también desde las matemáticas. El tiempo es la dimensión fundamental de nuestra existencia, pero también se inserta en el centro de la física, ya que la incorporación del tiempo en el esquema conceptual de la física galilea fue el punto de partida de la ciencia occidental.

El físico vienes Ludwig Boltzmann pone en evidencia la contradicción entre las leyes newtonianas basadas en la equivalencia entre pasado y futuro. Es sabido que Einstein asevero a menudo que "el tiempo era una ilusión". Las leyes fundamentales de las matemáticas y la física desde la dinámica newtoniana clásica hasta la relatividad y la física cuántica no autorizan distinción alguna entre pasado y futuro.

El *big-bang* ¿Nos libera de las raíces del tiempo? El tiempo debutó con el *big-bang* o, el tiempo preexistía a nuestro Universo? Si bien nuestro universo tiene una edad, el medio cuya inestabilidad lo produjo no la tendría. En esta concepción, el tiempo no tiene principio, y probablemente no tiene fin[1].

Más que meramente descubrir nuevas preguntas, ideas y elaboraciones formales, mi vocación está en el descubrimiento de puntos de vista innovadores y este talento siempre me ha llevado a introducir y desarrollar temas del todo nuevos.

Y eso, creo, es esencialmente mi contribución al pensamiento de mi tiempo. Nosotros no engendramos la flecha del tiempo, por el contrario, somos sus vástagos.

Aquí exploro una fuente importante de nuestra comprensión de las matemáticas, utilizando ejemplos de geometría básica, aritmética, álgebra y análisis real.

Y muestro cómo podemos discernir verdades generales abstractas mediante imágenes específicas, de cómo es posible el conocimiento a priori sintético y reabre la investigación de pensadores desde Platón en la naturaleza y la epistemología de las creencias y habilidades matemáticas básicas por las ciencias cognitivas que maduran.

Ejemplo, en mi tiempo las formas se veían simples y suaves. Por ejemplo, la Luna llena es un círculo. La pupila y el iris del ojo son círculos. Algunas frutas son esféricas. Pero me percataba de que casi todas las formas eran extremadamente irregulares y complicadas.

Y la humanidad prefiere la arquitectura que ofrece variedad. Así, el Museo Guggenheim de Bilbao sugiere lo impresionante. La variedad, la novedad y la impredecibilidad de las civilizaciones antiguas no eran apreciadas.

¿Cómo explicamos la dualidad en que está atrapado el homo moderno? Así, Nobutaka Ashihara era un pensador brillante, sin embargo, sus edificaciones eran bastante aburridas, planas y convencionales.

Es la idea general del tiempo lineal, del orden geométrico, del curalotodo filosófico, del efecto causado, en un mundo que la física y la matemática han comprobado que está en desorden, que es fractal no geométrico, que es caótico y no ordenado, que es científico y no "cienti-social", donde todos los fenómenos pueden ser matemáticos y analizados.

Los artistas son particularmente conscientes de cómo una crisis puede desencadenar el proceso creativo. Marcel Proust capta maravillosamente el enlace en *A la Recherche du Temps Perdu* cuando describe cómo la falta de creatividad nos impide encauzar las profundidades.

La creatividad necesita sistemas abiertos, por eso siempre me fascinó ese artista renacentista que fue Leonardo de Vinci, pintor, científico, alquimista, inventor.

Sus dibujos representan mutaciones de patrones. Por ejemplo, compara espirales en organismos vegetales con espirales en cabello humano. Aunque la ingeniería era su gran fuerza, e inventó cualquier número de máquinas, su visión del mundo era orgánica, lo que lo hace muy contemporáneo.

De alguna manera, la física y la matemática me he vuelto más escéptico, porque puedo ver cómo es parroquial y miope el mundo de las "ciencias sociales". Pero también soy optimista, porque puedo ver que el cambio de paradigma a la red digital virtual está ganando cada vez más terreno. La generación más joven orientada a la red parte sin saber dónde va a encontrarse, o cuándo.

La mayoría de las veces mi memoria es buena, excepto por nombres, que sólo recuerdo con gran esfuerzo y que a veces me escapan. Ah, y siempre he tenido simpatía por los estoicos.

Que muchos jóvenes hoy en día se burlan del estilo, digamos la manera literaria de presentar una idea o una realidad; esto requiere necesariamente revisiones que a veces tienen que hacerse cinco o seis veces.

Creo que hay una enorme diferencia entre hablar y escribir. Uno relee lo que se reescribe. acercarse a su texto como si fuera un rompecabezas mágico, cambiar las palabras aquí y allá una por una, y volver sobre estos cambios y luego modificar algo más adelante, y así sucesivamente.

Todo en mi pasado, en mi entrenamiento, todo lo que ha sido más esencial en mi actividad hasta ahora me ha hecho sobre todo un hombre que escribe, y es demasiado tarde para que eso cambie.

Para algunos autores este trabajo toma más tiempo y es más laborioso que para otros. Pero en términos generales, siempre es más difícil escribir cuatro oraciones en una, por ejemplo, que una en una, como en filosofía. Una frase como «pienso, por lo tanto, soy» puede tener repercusiones infinitas en todas las direcciones, pero como una oración tiene el significado que Descartes le dio.

Tenía el hábito de escribir solo, de leer solo, y todavía pienso hoy que el verdadero trabajo intelectual exige soledad. No estoy diciendo que algunas obras intelectuales -ni siquiera libros- no pueden ser emprendidas por varias personas.

No es necesario un conocimiento matemático profundo o muy avanzado (sólo los fundamentos de álgebra, geometría y trigonometría) para seguir las corrientes, los aportes y las reflexiones sobre temas tales como funciones, simetría, axiomática, conteo, topología, hiperespacio, álgebra lineal, análisis real, probabilidad, computacional, fractales, aplicaciones de la matemática moderna.

Aunque este libro es el fruto de decenios de estudio y recorrido en las ciencias, solo estamos en el umbral de este nuevo capítulo de la historia de nuestro dialogo con la naturaleza, pues el humano se defiende de la noción de ser un objeto impotente en el curso del universo.

Hoy no tenemos temor de la "hipótesis indeterminista". Es la consecuencia natural de la teoría moderna de la inestabilidad y el caos. Y otorga una significación física fundamental a la flecha del tiempo, sin la cual somos incapaces de entender los dos rasgos principales de la naturaleza: su unidad y su diversidad.

De las cosas que me sorprendieron enormemente en las reacciones a la estructura matemática ha sido la irracionalidad, porque era algo que nunca me había ocurrido. Nunca encontré cómo funcionaba la palabra racionalidad en la filosofía. Y así la noción de que estaba mostrando la irracionalidad de la ciencia me transformó mi modo de pensar

El difunto artista Alighiero Boetti conceptualizó sistemas de orden y desorden en los que el orden también implicaba simultáneamente un desorden.

Russell era un famoso alto aristócrata, bien conocido por sus puntos de vista pacifistas; él fue a la cárcel, etc. Como resultado, su libro *Principia Mathematicae* parece completamente excéntrico, como una historia de Alicia en el País de las Maravillas, algo así como el gato de Cheshire que desaparece dejando una sonrisa que luego desaparece gradualmente.

Es probable que la mayoría de los matemáticos estén confinados dentro de un marco conceptual, un "universo" fijado de una vez por todas, uno que básicamente se encuentra como "completo" durante su educación.

En mi mente, siento que soy parte de un linaje de matemáticos cuya vocación está constantemente construyendo nuevos modelos y paradigmas. En el camino, no pueden dejar de inventar y dar forma a las herramientas mentales.

Me convencí de que, cuanto más compleja y rica sea la realidad que queremos captar, más importante es tener varios "ojos" fuera de la filosofía y la historia para aprehenderla en toda su extensión y en toda su finura.

Y sucede a veces que una variedad de puntos de vista convergentes sobre el mismo vasto paisaje nos permite captar al "Uno" a través de su multiplicidad, dando nacimiento a algo nuevo: un todo que sobrepasa cada perspectiva parcial, así como todo un organismo es más que una suma de sus partes.

El descubrimiento es el privilegio de un niño, que no tiene miedo a equivocarse, a parecer tonto y actuar de manera diferente a los demás. Tampoco tiene miedo de que las cosas que le interesen resulten diferentes de sus expectativas o más bien no tiene miedo de lo que realmente son. Ignora el consenso de ser razonables.

En nuestro conocimiento de las cosas del Universo (ya sea matemático o no), el poder de innovar y aprender sin miedo que se encuentra dentro de nosotros no es más que inocencia, como la que todos estamos dotados al nacer, que está dentro de nosotros, pero a medida que nos transformábamos en adultos, ha sido el objeto de nuestro abandono.

Esta inocencia es lo que reúne la audacia que nos permiten llegar al centro de las cosas. El adulto puede descubrir que tiene ojos nuevos, los de un niño, en esos raros momentos en que se olvida de sus miedos y su conocimiento, cuando está ansioso por aprender y mirar las cosas o él mismo con los ojos abiertos.

Como dice Jean-Paul Sartre, entregamos nuestros cuerpos a todos, incluso más allá del ámbito de las relaciones sexuales: mirando, tocando. Tú cedes tu cuerpo a mí, cedo el mío a ti: cada uno de nosotros existe para el otro, como cuerpo. Pero no existimos de la misma manera que la conciencia, como las ideas, aunque las ideas sean modificaciones del cuerpo.

Todavía no somos capaces de darnos completamente el uno al otro. La verdad de la escritura sería para mí decir: "Tomo la pluma, mi nombre es Juan Felipe, esto es lo que creo".

Dios estaba creando el mundo paso a paso cuando lo descubrió con sus fórmulas matemáticas, o, mejor dicho, Él crea constantemente al mundo tal como lo descubre, y también lo descubre en el proceso de crearlo.

Creó el mundo y sigue creándolo día tras día, corrigiéndose incansablemente millones de millones de veces en su ábaco, sintiendo su camino, cometiendo errores millones de millones de veces y sin cesar haciendo ajustes.

Durante cada ciclo de ida y vuelta en este diálogo infinito entre el Creador y las Cosas en cada momento y en cada lugar de la creación, Dios enseña, descubre, aprende con más profundidad mientras todo se forma y cambia en sus manos.

Esto es para mí como ha funcionado por toda la eternidad el proceso de creación, y como ha funcionado en mi mente el pensamiento creativo.

Para cuando los lectores hayan terminado este libro, tendrán una comprensión clara de cómo los matemáticos modernos miran las figuras, las funciones y las fórmulas y cómo una comprensión firme de las ideas subyacentes en las matemáticas que forjan nuestra civilización y nuestra naturaleza.

Me parece que al final de la vida biológica, sería un placer pensar que se ha utilizado bien la vida, aprendido tanto como se podría y disfrutando el saber. Sólo hay un universo y sólo esta vida. Qué tragedia el pasar por ella y no conseguir nada.

Para algunos, como Stephen Hawking en su *Breve historia del tiempo* estaríamos cerca del fin, del momento en que podríamos descifrar "el pensamiento de Dios". Por el contrario, creo que la aventura recién empieza.

Primera Parte
El absoluto matemático

El paradigma del conocimiento

El descubrimiento de las matemáticas resulta uno de los ejercicios más altos de la inteligencia creativa humana.

Desde una perspectiva filosófica sin duda es interesante observar que todos los antiguos filósofos también ocupan las matemáticas, en forma más o menos directa. En lo que respecta específicamente a nuestro concepto del límite matemático, la filosofía antigua era muy abierta a aceptar tales postulados.

Las matemáticas desde hace mucho se han considerado como un paradigma del conocimiento humano con verdades que son necesarias y seguras, dando cuenta del conocimiento matemático como una parte importante de la epistemología.

El encanto de los ejercicios de matemáticas en la mente humana es un encanto paradójico, ya que proviene de una mezcla indefinible de apolíneo y dionisíaco. Apólitas son su extrema elegancia, su armonía incomparable, su rigor, su fría autosuficiencia: en una palabra, su nivel más alto de belleza, perentoria, absoluta, que tiene que ver con la belleza de la música, con la perfecta simetría del tacto y escape de Bach.

Dionisíaco son el carácter esquivo de sus objetos, el abismo oscuro de su otra parte, la evanescencia de sus verdades, lo incomprensible de sus postulados: la terrible sospecha de que es un mundo de sombras e irreal.

Habría que preguntar a las mentes más grandes en la historia del pensamiento humano, si el universo de las matemáticas constituye una dimensión paralela a nuestro mundo contingente, en el que pasamos nuestra existencia física, o si su perfección deriva su origen a partir de su carácter formal, de ser sólo un producto de nuestra mente.

¿Es objetivo o subjetivo el mundo de las matemáticas? ¿Tiene su propia ontología, una realidad sustancial, o es nada más que una frágil abstracción, la cual deja de existir cuando se deja de ser pensada?

¿Es la matemática un producto de la mente humana, perfectamente emparejado con objetos de la realidad física? Para Albert Einstein, la matemática era un aspecto de la creatividad humana, como la literatura, el arte visual y la música.

¿De alguna manera es la matemática verdadera en nuestro mundo, o es un mero lenguaje ingenioso ideado por los humanos para hacer frente a todos los problemas?

Según una carta de Arquímedes a Eratóstenes, la matemática es, en la adquisición de un hábito mental, un método que permite abordar y resolver problemas no sólo científicos.

Las matemáticas empíricas y pragmáticas son una ciencia debido a la capacidad humana de realizar operaciones. Así, como ciencia de las operaciones humanas, obedece a la forma en la cual se estructura el mundo mediante el pensamiento.

Ellas explican la realidad porque el Universo es matemático y tal es la realidad en cierto modo, es decir no está meramente descrita por las matemáticas, sino que su estructura se explica con precisión en lenguaje matemático.

El científico moderno ve las matemáticas como medio de conexión entre el humano y la naturaleza. Las matemáticas no es una herramienta encontrada por el pensamiento humano en su camino civilizador. Es una de las estructuras del pensamiento humano en correspondencia con las estructuras de la realidad, que refleja la realidad natural

En otras palabras, es como un recipiente que se organiza, se refuerza, pero no se enciende. En cuanto a los medios sistémicos que utiliza, todo depende de lo que vertemos en ellos.

El desarrollo histórico de las matemáticas muestra que no todo vale, que su resultado encuentra una serie de conceptos supuestos y que es gravemente problemática en revisiones de prácticas en los infinitesimales, en los números imaginarios, en el infinito, en las series trigonométricas, en la expansión de funciones arbitrarias, en los argumentos probabilísticos.

Ciertamente nunca veremos las ecuaciones que regulan la naturaleza, pero las regularidades de la naturaleza son matemáticas. Por ejemplo, nuestro entorno es de tres dimensiones, con una cuarta dimensión, el tiempo, aceptada luego de las aportaciones einsteinianas. Si se alterara la regularidad de la naturaleza, digamos conteniendo otro número más de dimensiones, una quinta dimensión sin dudas no estaríamos vivos.

Sabemos sólo una parte de las leyes naturales que gobiernan las reacciones nucleares, pero somos capaces de provocar una reacción nuclear y controlarla, lo que significa que la lógica y la ciencia fenomenal desarrollan y son propensos a desarrollar en la práctica diaria.

Las matemáticas en la teoría de la relatividad descomponen el pasado y el futuro; si se estudia el Universo, y se trata de identificar su historia, sus leyes, sus enlaces, a través del lenguaje conceptual matemático encontramos que es el único capaz de explicarlo.

Luego de siglos de búsqueda de una mecánica reguladora del orden cósmico, la reciente construcción de ciclotrones logró visualizar el caos en el Universo.

El análisis matemático es la base de todos los estudios científicos, sobre todo es el lenguaje de la física y de todas las disciplinas científicas y tecnológicas utilizando herramientas matemáticas.

Es sorprendente que el lenguaje matemático ha encontrado aplicación en diversos campos, no solo científico, sino también en áreas que a primera vista parecen refractarias a un tratamiento matemático o lejos de su área de investigación.

Si se estudia la historia de las matemáticas, de la Antigüedad a nuestros días, se conoce entonces la verdadera naturaleza de la filosofía en cada etapa de la humanidad.

Si se examinan las reglas y paradigmas matemáticos de cada etapa histórica, se interpreta entonces la génesis de las diferentes corrientes del pensamiento humano en todos los campos del saber.

En el siglo XX la filosofía de las matemáticas fue sin duda el tema más importante tratado por filósofos y siguió siendo central para muchos filósofos contemporáneos.

De hecho, las matemáticas han proporcionado las herramientas para estudiar el movimiento de los cuerpos celestes, la formación del universo, las ondas electromagnéticas, el interior del núcleo atómico, las diversas ciencias. En el siglo XX se ha desbordado y hecho nuevos campos en el "mundo humanista".

De hecho, en la antropología, la arqueología, la astronomía, la biología, la demografía, la economía, la informática, la lingüística, la meteorología, la música, psicología, etc. Esta presencia ha sido continuamente regenerada mediante conocimientos matemáticos originales y el descubrimiento y la invención de nuevas estructuras.

La Primera Guerra Mundial destruye esta sincronicidad del espacio y el tiempo, que gesta un genio tras otro en todos los campos de las ciencias y las humanidades.

En los medios científicos cunde la alarma con Bertrand Russell ante la realidad de que se desmorone todo el edificio mental levantado desde Isaac Newton.

¿Era posible que las observaciones de un jovenzuelo, como Russell por muy precoz que fuese, desmoronasen con tanta facilidad el edificio teórico de la lógica que, ladrillo por ladrillo se construyera a partir de Aristóteles?

El manejo de la lógica formal en Europa dilató el progreso matemático, y con él a todas las ramas de la ciencia y su impacto en el progreso tecno-social.

La quiebra racional

El pensamiento occidental, sin embargo, está articulada en la razón y la verdad matemática absoluta; recordar la civilización geométrica griega: "Quién no conoce geometría no entre" fue escrito en la Academia de Platón. Esto se debe a la forma en que la civilización griega planteaba la matemática como modelo de. conocimiento perfecto, un conocimiento por primera vez como una estructura lógica en lugar de un conjunto de técnicas.

La cultura occidental está permeada por este concepto, por lo que los propios científicos, incluso cuando están en conflicto con las autoridades religiosas, mantienen esta actitud; por eso Galileo dijo que Dios se expresaba en lenguaje matemático.

Con gran ironía, los que apelan a los libros sagrados contra la ciencia asumen la misma actitud, porque toman estos libros como si fueran textos científicos.

Los fundadores de la ciencia moderna funcionan como Euclides: descubrir los axiomas derivables de la naturaleza, y definitiva una vez descubiertos los derivan empíricamente para confirmar o refutar la validez de tales axiomas.

El propio Galileo creía que sus resultados, una vez confirmados por la experiencia, que eran definitivas. Pero el punto es que nunca es posible probar axiomas absolutamente.

La física de principios del siglo XX puso en crisis esta concepción del conocimiento científico. Einstein, por ejemplo, mostró que los descubrimientos de Galileo y Newton no fueron definitivos. No es que estuvieran equivocados, la física clásica era simplemente una aproximación válida en un cierto rango de condiciones.

El pensamiento occidental, por lo tanto, ha llegado a un punto crítico; ya la lógica matemática ha demostrado su propio fracaso, con el teorema de Gödel. La ciencia física, por su parte, está totalmente libre de las categorías normales de pensamiento humano, primero con la relatividad y luego con la mecánica cuántica. El tiempo, el espacio, la sustancia de la materia se han convertido en algo indefinible en términos de lenguaje común.

En los momentos que confirma la inconsistencia matemática, la ilusión de una ciencia exacta, absoluta, capaz de la verificación, lo mismo está aconteciendo en las físicas, donde la mecánica cuántica ya ha tropezado con la imposibilidad de conocer la naturaleza total de las partículas, o sea, la incertidumbre de la materia; en la astrofísica, donde Einstein derriba la noción de tiempo lineal y de espacio absoluto; en la geofísica, donde el evolucionismo gradual darviniano se ve sacudido por la incidencia de los fenómenos catastróficos casuales.

También acontece en el arte, donde se logra la total liberación de las formas impuestas por la realidad de la naturaleza y donde surge el movimiento surrealista. El sólido mundo cartesiano y newtoniano –la inconmovible sociedad europea– se viene abajo, al menos en términos conceptuales.

Una de las cosas extrañas que sucedieron en el siglo XX fue que los resultados de las matemáticas y la física se convirtieron en el asalto a la objetividad y la racionalidad. Estoy pensando principalmente en la teoría de la relatividad y en los teoremas de incompletitud de Gödel.

En 1931, el joven matemático Kurt Gödel hizo un descubrimiento histórico, tan poderoso como cualquier cosa que Einstein desarrolló. El descubrimiento no sólo se aplicó a las matemáticas, sino que literalmente a todas las ramas de la ciencia, la lógica y el conocimiento humano. Tiene implicaciones verdaderamente quebrantadoras de nuestra civilización. Curiosamente, pocas personas "letradas" saben algo al respecto.

La versión de Gödel implica la idea de que la mente no es física en cierto sentido y que somos capaces de forjar contacto y obtener información de objetos matemáticos no físicos.

Lo que significa es lo siguiente: las verdades de las matemáticas, o de cualquier otra ciencia y disciplina humanista, jamás podrán comprobarse, pues las matemáticas en esencia son incompletas.

Y la ironía es que tanto Einstein como Gödel no podrían haber estado más comprometidos con la idea de la verdad objetiva. Ambos eran super-realistas cuando se trataba de sus campos, Einstein en física, Gödel en matemáticas.

La ironía se agudiza en el caso de Gödel, ya que no sólo era un realista matemático, creyendo que la verdad matemática está basada en la realidad, sino, más irónicamente, fue esta convicción meta-matemática la que realmente motivó sus famosas pruebas.

El lenguaje natural, filosófico, literario, etc., es impreciso, y generalmente no logra un real entendimiento. Gödel probó un teorema matemático que tendría toda la precisión de la matemática -el único lenguaje con cualquier pretensión de precisión

Las innovadoras matemáticas de Gödel, aplicables sin dificultad en algoritmos de cómputo, echaron también los cimientos de las ciencias de computación modernas.

En 1949 Gödel demostró que eran compatibles con las ecuaciones de Einstein los universos donde se pudiera viajar retrógradamente.

Con las matemáticas exactas que anteceden a Gödel no se podría avanzar en la investigación más allá de las dimensiones que conocemos, sería imposible abordar el espacio-tiempo como unidad indivisible, no podríamos adentrarnos en la fisión atómica, en la inteligencia artificial, en la robótica; resultarían imposibles los ensayos en los aceleradores de partículas; no podríamos explicarnos la velocidad de la luz, los agujeros negros, el *big-bang*.

Así, Gödel permitía la entrada triunfal a las teorías de las probabilidades, de las ciencias complejas, del caos, la computación y la geometría fractal.

Física y matemática

La física ofrece ahora un método preciso y eficiente para describir los fenómenos, pero es imposible de traducir en el lenguaje cotidiano. La física cuántica es más compatible con Buda y Lao-Tsé que con Aristóteles y Emanuel Kant.

La física es matemática, no porque sepamos mucho del mundo físico sino, precisamente, porque lo que sabemos es muy poco. Bertrand Russell nos dice[1]: "La única actitud legítima respecto al mundo físico nos parece que debe ser la de un completo agnosticismo en lo que concierne a todo lo que no sean sus propiedades matemáticas."

Un desconocido para los enclaustrados en las disciplinas humanísticas, Gödel califica entre los más profundos pensadores de todos los tiempos y será recordado por milenios; junto a Einstein, Niels Böhr y John S. Bell, pertenece a los próximos siglos, donde sus paradigmas se generalizarán y llegarán a transformar totalmente la faz de nuestra civilización.

En el experimento de Bell, dos partículas salen disparadas de un campo cuántico definido, hacia lugares opuestos y al llegar cada partícula a un instrumento de medición se registra el impacto.

La distancia entre ambas partículas, y de un instrumento al otro, es suficiente como para que ninguna señal cubra esa distancia incluso a la velocidad de la luz.

Al establecer la barrera de la velocidad de la luz, Einstein había eliminado la posibilidad de que el resultado de un instrumento influyese en el otro, o que las partículas pudiesen "comunicarse" entre sí, en pleno vuelo.

Al romper el experimento de Bell esta barrera abría las puertas para toda clase de paradojas impensables y demolía los criterios de Einstein.

Este desplazamiento super-lumínico se detecta en los núcleos de radio-galaxias y en los cuásares, y ello es posible por la presencia de movimientos altamente relativistas y por orientaciones favorables[1].

David Bohm, Nobel de física se sorprendió al descubrir que una vez que los electrones estaban en un plasma, dejaron de comportarse como individuos y comenzaron a comportarse como si formaran parte de un conjunto más grande e interconectado.

Subyacente a su enfoque innovador de muchos temas diferentes, estaba la idea fundamental de que más allá del mundo visible y tangible hay un orden más profundo e implicado de totalidad indivisa.

El Universo entero está correlacionado desde el principio. En otras palabras: el todo es mayor que la suma de las partes.

El creciente número de investigadores científicos en el campo del caos en última instancia, sugieran formas de predecir el tiempo y los terremotos, el diseño de ordenadores ópticos y motores de avión, explicando las tendencias económicas y la fisiología del corazón.

La ciencia significa una conducta sin descanso, un desarrollo en continuo progreso hacia un objetivo que la intuición poética puede captar, pero que el intelecto nunca llegará a entender por completo.

Los grandes avances en la teoría llevan a grandes adelantos en la práctica. Es bastante desconocido el gigantesco progreso de las matemáticas durante el siglo XX. Sin el mismo hubiera sido imposible revelar la relatividad einsteiniana, ingeniar la física cuántica, forjar la astronomía, concebir la computación y crear las tecnologías de punta.

La teoría atómica y la teoría de la relatividad serán dos de las herramientas conceptuales más formidables concebidas por el humano.

Los mapas teóricos matemáticos nos revelan lo visible y lo invisible (partículas, células), y el territorio espacioso e incógnito por recorrer, como el origen del Universo, el inicio de la vida, el enigma de la mente, etcétera.

Los adelantos en los números primos y los factores resultaron decisivos en el desarrollo, almacenamiento y transmisión codificada de las bases de datos bancarios, del Producto Interno Bruto[2] y la programación económica, de los movimientos bursátiles, de la trayectoria de los satélites, de las comunicaciones, etcétera.

¿Cómo almacena una cámara digital tantas imágenes en una tarjeta que no tiene suficiente memoria para contenerlas? La respuesta es matemática métodos de compresión de datos.

¿Y cómo enviamos números de tarjeta de crédito de forma segura en línea? La respuesta es matemáticamente basada en códigos.

Los algoritmos informáticos basados en ondas pequeñas son algunas de las herramientas estándar usadas por los investigadores para procesar, analizar y almacenar información.

También tienen aplicaciones en el diagnóstico médico, donde pueden ayudar a acelerar la formación de imágenes por resonancia magnética, por ejemplo; y en el entretenimiento, para codificar películas de alta resolución en archivos de tamaño manejable.

La mecánica cuántica también es necesaria para la mayoría de la tecnología moderna: la energía nuclear, las computadoras basadas en semiconductores y los láseres se construyen alrededor de fenómenos cuánticos.

El conocimiento fragmentado

Los antiguos griegos nos legaron dos ideales que han guiado nuestra historia: la inteligibilidad de la naturaleza o, como afirma Alfred North Whitehead, formar un sistema de ideas generales que sea necesario, lógico, coherente, y en función del cual todos los elementos de nuestra experiencia puedan ser interpretados.

La fractura entre humanidades y ciencias se determina en el siglo XVII, cuando la filosofía física y natural comenzó a divergir en disciplinas separadas, después que Galileo y Newton habían introducido los principios que describen el movimiento de los cuerpos.

La hostilidad de literatos y humanistas hacia ellas, es decir por la gran parte de la comunidad de los intelectuales humanistas, y su rechazo popular, se derivan de su método de investigación, pero sobre todo de su lenguaje matemático.

Los humanistas han proscrito a las matemáticas de su campo, aunque tal actitud es un fenómeno relativamente nuevo, que corta la larga tradición intelectual en la que humanistas y matemáticos se unían para lograr un conjunto coherente.

Los textos de la ciencia y de otras filosofías de la ciencia no circulan como deben en pensadores sociales u otros filósofos que aducen una lectura engorrosa y bastante técnica. Pero esta justificación se debe a que los filósofos se sienten amenazados, y tienen toda la razón, porque la ciencia avanza y la filosofía no.

La filosofía, desde sus primeros tiempos, ha sustentado mayores pretensiones y ha alcanzado menores resultados que cualquier otra rama del conocimiento

Ya el propósito de la filosofía ahora pertenece a las matemáticas. Sólo un reducido número de filósofos ha utilizado el análisis lógico para ayudar a aclarar posturas ontológicas y epistemológicas.

Pero las especulaciones filosóficas han tenido poco o ningún impacto sobre el progreso de nuestra civilización en los últimos siglos. Incluso en diferentes áreas relacionadas con lo que se puede llamar con razón la filosofía de la ciencia y las matemáticas se encuentran reflexiones más útiles que en la filosofía tradicional.

La filosofía está muerta ya que los filósofos no se han mantenido al día con los avances modernos de la ciencia, especialmente la matemática y la física. Los científicos se han convertido en los portadores de la antorcha del descubrimiento en nuestra búsqueda de conocimientos.

Karl Popper redacta lo siguiente[3]: "Considero que el determinismo laplaciano -confirmado como parece estarlo por el determinismo de las teorías físicas y su éxito brillante- es el obstáculo más sólido y más serio en el camino de una explicación y una apología de la libertad, creatividad y responsabilidad humanas".

El célebre Weinberg discute ese aspecto, sin embargo. Weinberg apunta que: "Sea cual sea nuestro deseo de poseer una visión unificada de la naturaleza, no cesamos de tropezar con la dualidad del papel de la vida inteligente en el universo.

Stephen Hawking defiende este punto de vista en su *Breve historia del tiempo*. Allí expone una interpretación puramente geométrica de la cosmología: de alguna manera, el tiempo solo sería un accidente del espacio. Pero Hawking entiende que no es suficiente: necesitamos una flecha del tiempo para dar cuenta de la vida inteligente[4].

Roger Penrose[5] subraya que "nuestra comprensión actualmente insuficiente de las leyes fundamentales de la física nos impide expresar la noción de mente en términos físicos o lógicos".

El individuo contemporáneo, y las elites culturales y políticas aún razonan a la usanza newtoniana, en términos geométricos, racionales, lógicos y de causa-efecto. Y, en las humanidades y en muchas ramas de las ciencias se continúa bajo premisas prevalecientes hasta el siglo XIX, pero ya demolidas como la de una naturaleza regida por un conjunto de leyes fijas propias, completas, precisas y consistentes.

En varias ocasiones he preguntado a literatos y especialistas de materias de humanidades cuántos de ellos podrían describir la Segunda Ley de la Termodinámica, la ley de la entropía. La respuesta siempre ha sido el desdén o la negativa. Sin embargo, yo estaba preguntando algo que es el equivalente científico de ¿Has leído una obra de Shakespeare, o conoces La Capilla Sixtina?

Afortunadamente, la idea de que la filosofía debe ser más matemática y científica tiene un fuerte precedente en la historia de la disciplina.

Teorías matemáticas

Se ha hecho evidente que el método científico es precisamente un método, una manera eficaz para describir ciertos fenómenos. Pero su concepto más importante es que ningún descubrimiento nunca es final, ninguna formulación es válida universalmente. Es posible proceder a un mejor conocimiento de los fenómenos, pero nunca se puede tener como absoluto.

La mecánica cuántica ha demostrado que una teoría científica puede describir con gran precisión los fenómenos, pero contiene contradicciones que no pueden ser eliminadas.

No existe una verdad absoluta en palabras, pero hay métodos válidos para alcanzar el conocimiento. No es de extrañar, entonces, que la ciencia contemporánea es apropiada para un budista o taoísta que siempre han negado cualquier dogma, ninguna esencia, cualquier discurso definitivo sobre el mundo.

Se deben considerar las corrientes que ofrecen las matemáticas: formalismo, finitismo, constructivismo, predicativismo, logicismo, el nominalismo, ficcionalismo, instrumentalismo, realismo platónico, el estructuralismo, el pos-estructuralismo modal, el naturalismo científico, el naturalismo matemática, y cuasi-empirismo, entre otros, incluyendo algunas otras sub-variedades.

Thomas Maxwell, en un principio, se inclinó hacia una interpretación esencialista de su teoría, una teoría que, por último, contribuyó más que ninguna otra a la decadencia del esencialismo.

El esencialismo es insostenible ya que implica la idea de una explicación última, pues una explicación esencialista no necesita ni admite ulterior explicación. Sin embargo, sabemos, al menos desde Albert Einstein, que la explicación puede ser llevada, inesperadamente, cada vez más allá.

El instrumentalismo fue adoptado por Niels Bohr y Werner Heisenberg sólo como salida para las dificultades especiales que surgieron en la teoría cuántica. Este motivo no fue suficiente pues siempre es difícil interpretar las últimas teorías, que a veces desconciertan hasta a sus propios creadores, como sucedió con Isaac Newton.

Einstein se inclinó, en un comienzo, hacia una interpretación instrumentalista de la relatividad, al dar una especie de análisis operacional del concepto de simultaneidad que contribuyó más que ninguna otra cosa al presente auge del instrumentalismo; pero más tarde se arrepintió.

El interés primario de la ciencia y la filosofía reside en sus funciones descriptiva y argumental; el interés del conductismo y el fisicalismo, por ejemplo, sólo puede residir en la eficacia de sus argumentos críticos.

Podemos tomar como primitivos los cuatro siguientes predicados fisicalistas: el objeto *a* ocupa una posición *b*" ó, más precisamente, "*a* ocupa una posición de la cual forma parte la región *b*": en símbolos *Pos (a, b)*. El objeto (máquina, cuerpo o persona...) *a* puede colocar el objeto *b* en la posición *c*"; en símbolos *Col (a, b, c)*. "*a* hace la exclamación *b*"; en símbolos *Ex (a, b)*. "Se le pregunta a (o sea, se lo estimula adecuadamente mediante una exclamación combinada, por ejemplo, con una droga de la verdad) si *í>* ó no *b;* en símbolos *Preg {a, b)*.

Una teoría fisicalista causal de la conducta lingüística sólo puede ser una teoría de las dos funciones inferiores del lenguaje. Tal teoría, por lo tanto, debe ignorar la diferencia entre las funciones superiores e inferiores o afirmar que las dos funciones superiores "no son más que" casos especiales de las dos funciones inferiores.

Lo anterior es válido, en especial para filosofías como el conductismo y como las que tratan de salvar la totalidad causal o la autosuficiencia del mundo físico, como el epifenomenalismo, el paralelismo físico y psíquico, las soluciones basadas en dos lenguajes, el fisicalismo y el materialismo.

El intuicionismo es una teoría anti-realista que toma las matemáticas para realizar sobre construcciones mentales. El intuicionismo está en desacuerdo con la teoría científica.

El formalismo realiza propuesta de objetos matemáticos que no son más que símbolos escritos, con los procedimientos formales que rigen la manipulación de símbolos. El formalismo se descompone en vista de los teoremas de incompletitud del genial Kurt Gödel.

La matemática fundamental asume la posición del logicismo, en especial acerca de las relaciones lógicas y la lógica puramente simbólica. El logicismo, por su parte incurre en la paradoja de Bertrand Russell. La mayoría de los lógicos no están comprometidos con las concepciones filosóficas definidas, y el debate les hace variar de posiciones.

El estructuralismo toma los objetos matemáticos de las relaciones dentro de las estructuras.

El realismo moderado se apropia de objetos matemáticos como objetivo, la mente dependiente, abstracciones de objetos materiales.

El platonismo teoriza que los objetos matemáticos son verdaderamente, independientes: entidades abstractas. El platonismo confronta el problema epistemológico del estructuralismo *ante rem* en que incurre el filósofo Paul Salomón Benacerraf.

Por otra parte, el platonismo y el problema de la identificación del realismo moderado no logran superar el inconveniente de proporcionar una explicación psicológica del mecanismo cerebral de reconocimiento de patrones.

La combinación del realismo moderado con el estructuralismo, sin embargo, parece producir una teoría más que fiable para superar los problemas de tesis

Pero ninguna de las teorías matemáticas escapa a las críticas; por ejemplo ¿Cuál es la verdadera razón del estado incompleto de Gödel? ¿Cómo puede ser superado lo que debería aceptar que una vez que hemos aceptado-conceptos y principios dados? ¿Necesitan las matemáticas nuevos axiomas? ¿Cuál es la importancia del trabajo fundamental para la práctica matemática?

El descubrimiento en matemática resulta uno de los ejercicios más altos de la inteligencia creativa humana. La confirmación objetiva de tales descubrimientos matemáticos requiere del cálculo riguroso y de la demostración. Las teorías matemáticas han sido fuente de enormes avances científicos y, a la vez, origen de numerosos errores que han tenido consecuencias negativas. Uno de ellos ha sido reducir de manera formalista, el funcionamiento complejo y contradictorio de la naturaleza a fórmulas cuantitativas estéticas y ordenadas.

Si bien no todos sus conceptos son reducibles a la lógica proposicional, si lo son para la teoría de conjuntos. Sabemos, por obra de Gödel, que ningún sistema axiomático consistente puede cubrir toda la matemática.

A partir de la concepción materialista que el mundo existe, que podemos reflejarlo, se sugiere que debemos averiguar el perfeccionamiento de nuestra capacidad de reflexión. Pero no ir más lejos que eso, la matemática es esencial para el conocimiento de las estructuras y su funcionamiento, pero guarda silencio sobre el desempeño de sus funciones, pues su interpretación descansa en puntos de vista, a menudo contradictorios, de los investigadores individuales.

¿Cómo? sin ideas preconcebidas, pues en las matemáticas la verdad en sí misma es una idea preconcebida. Ahora bien, el concepto de un mundo absoluto es un erróneo al descartar formas lógicas de análisis tales como la dialéctica es un sesgo, y así sucesivamente.

Al ser un campo especial de descubrimiento empírico, en la medida que significa investigación de experiencia en el tiempo, es su experiencia lo que está implicado en las convenciones simbólicas que adopta.

Por ejemplo, el algoritmo tiene una capacidad automática para administrar lo existente, para identificar las conexiones ya establecidas y crearlas dentro de un sistema dado; puede anticipar pronósticos, pero no puede registrar los cambios cualitativos dentro de un sistema dado; no se puede organizar saltos cualitativos; no es aplicable a la biología.

La matemática es un estudio que, cuando se parte de sus porciones más familiares, puede encaminarse en dos direcciones opuestas. Una hacia el aumento de la complejidad: desde números enteros a fracciones, números reales, números complejos; además de a la multiplicación y diferenciación e integración, y matemáticas superiores.

La otra dirección, el producto, mediante el análisis, a mayor abstracción y simplicidad lógica; en lugar de interrogar lo que puede ser definido y deducir de lo que se supone, se interroga en cambio ideas y principios generales para encontrar, deducir y definir en los términos del punto de partida. Es llevar a cabo una dirección opuesta a la filosofía matemática a diferencia de las matemáticas ordinarias.

Sobre la base de la ley del medio excluido, la matemática clásica se ha comprometido con la existencia de situaciones que le corresponden y que tienen como objetivo probar que son verdaderas; tesis que se conoce como la evidencia de trascender verdades.

Un buen ejemplo es la conjetura del matemático alemán Christian Goldbach[6]; la mayoría de los matemáticos están seguros de que es cierto como objetivo demostrar que la búsqueda de los componentes principales de un número infinito de números pares no puede ser completada.

Las matemáticas tratan su simbolismo como si fueran cosas que representan una actividad práctica más que un conjunto de ideas, pero es un simbolismo provisional que no guarda relación con la concepción platónica y no está destinado solo a tautologías.

Crisis de los fundamentos

El contenido de las matemáticas "puras" se deriva de las relaciones cuantitativas del mundo material y sus verdades no responden a un conocimiento especial innato. Por eso sus axiomas son auto evidentes al ser productos de un largo período de observación y experimentación de la realidad.

En cada nivel se investigan y se clasifican las operaciones y los objetos matemáticos.

Desde los orígenes de las TIC (Consistencia de la Inducción Transfinita) en el siglo XVII, los matemáticos habían establecido los fundamentos del cálculo, o sea, la TIC con referencias a cantidades infinitesimales y procesos limitantes.

Menecmo, alrededor de 350 a.C., en su búsqueda de una solución al problema de la duplicación del cubo descubrió el cono, la parábola, la elipse, la hipérbola.

En el siglo III a.C., Crisippus, filósofo y lógico estoico, forjó los elementos esenciales de la lógica de las proposiciones compuestas que usamos hoy en día: las definiciones de las conectivas, axiomas y reglas de deducción; y ellas ¡se utilizaron para la arquitectura de los programas de computadoras!

A partir del siglo XVI los matemáticos italianos habían encontrado las fórmulas para las soluciones de ecuaciones algebraicas de tercer y cuarto grado de radicales.

Galileo encontró que la ecuación de la parábola es el movimiento uniformemente acelerado, tomando como ejemplo los cuerpos en movimiento en las proximidades de la Tierra.

La ley de Boyle, que regula cómo variar la presión y el volumen de un ideal (gas) si la temperatura se mantiene constante, reproduce una hipérbola rectangular.

Johannes Kepler descubrió que las órbitas de los planetas son elipses con el Sol en uno de sus focos. El último ejemplo interesante sería la teoría de los grupos de Évariste Galois (1811-1832).

En la segunda mitad del siglo XIX, el gran matemático Georg Cantor atrevió la conjetura de que en los conjuntos infinitos hay una jerarquía, es decir, no son infinitamente más infinitos que otros infinitos.

A mediados del siglo XIX, los matemáticos habían notado que una serie de argumentos significativos en la teoría de números, en la geometría y en la teoría de ecuaciones podría entenderse haciendo uso de las propiedades generales de los conjuntos.

El desarrollo de una teoría matemática de la semántica requiere no sólo un análisis del lenguaje matemático, también la noción de "verdadero bajo una interpretación", la teoría de la verdad en un modelo que nos proporcionó el matemático lógico Alfred Tarski.

Hay el uso de las matemáticas en el análisis semiótico, que, sin embargo, se ha visto afectado por la tendencia de los autores para asumir posiciones ideológicas.

El modelo popularizado de la nueva imagen matemática lo originan los bourbakistas[7] planteando que los lingüistas asumen demasiado simple y sin comprobación sus objetivos, resultando en una degeneración causada por otros conceptos.

Por otra parte, la matemática es progresiva, por lo tanto, no puede haber una regresión infinita, desde el punto de vista de la lógica matemáticas, pues debe descansar en última instancia en algún tipo de fundamento axiomático. A la par que los matemáticos aceptan esto en principio, sin embargo, existe una dicotomía entre la concepción de los lógicos de las matemáticas y la de los de la práctica matemática.

A finales de la década 1920, se desataron los debates profundos que dividían la lógica y la metodología de las matemáticas, lo que ha-sido llamado la "crisis de los fundamentos", con el formalismo, el intuicionismo, y (en menor medida) el logicismo.

El formalismo matemático, de hecho, presupone un universo absoluto y estático, los mismos sistemas matemáticos que describen los sistemas abiertos caóticas, o llevar a los movimientos y tienen una "referencia " física clásica, es decir, el equilibrio físico.

Ninguno de ellos parecía capaz de asumir la primacía de la Consistencia de la Inducción Transfinita, las TIC. La lógica de por sí no era suficiente para dar cuenta de la práctica matemática; los matemáticos intuicionistas por otro lado se limitaban a trabajar sólo con tesis y pruebas constructivas.

Clásicamente, los matemáticos no son tan restrictivos y aceptan pruebas no constructivas. Un ejemplo simple es que un no racional no se puede escribir como una fracción de números: a y b ab tal que es racional.

Así $b = \sqrt{2}$; n b es irracional. Cualquier $\sqrt{2}\sqrt{2}$ es racional, por lo cual entonces se fija $a = \sqrt{2}$. Por otro lado, si $\sqrt{2}\sqrt{2}$ es irracional, luego tomar a = $\sqrt{2}\sqrt{2}$, hace una *b* = 2 racional. En cualquier caso, el hallazgo se mantiene.

La premisa fundamental de que "o $\sqrt{2}\sqrt{2}$ es racional o no lo es", se muestra posteriormente en la ley del medio excluido. Con el fin de satisfacer los intuicionistas, gran parte de la matemática clásica debe participar en la expansión para incluir los edificios abandonados o ser revisada para que sea factible en la construcción que se produzca.

En otras palabras, los matemáticos son libres de suponer que no exista un objeto matemático de su gusto, siempre que sea factible lógicamente para que exista en una teoría dada.

Dentro de la geometría euclidiana *pi* es la relación de la circunferencia de un círculo de diámetro, de la Consistencia de la Inducción Transfinita, las TIC. De modo propio *pi* existe incluso si los seres humanos no pueden acceder al TIC. Por lo tanto, los matemáticos adquieren conocimientos acerca de los objetos matemáticos mediante la creación de teorías sobre ellos.

El "problema de identificación" puede ser ilustrado con el siguiente ejemplo: donde *0* = *∅*, conjunto vacío, donde los números naturales se puede definir dentro de la teoría de conjuntos de las siguientes maneras:

(i) [∅], [[∅]], [[[∅]]], ...
y *(ii) [∅], [∅, [∅]], [∅, [∅], [∅, [∅]]], ...*

De hecho, los marcos axiomáticos formales para la "teoría de los tipos simples" desarrollada por los matemáticos Rudolf Carnap, Kurt Gödel y Alonzo Church, proporcionan un marco más viable para las matemáticas al mismo tiempo que evitan las paradojas evidentes.

Por otra parte, en muchos sistemas basados en diferentes principios concurre a la vez la misma fuerza de interpretación. Eso acontece en las cardinales de grandes axiomas que tienen un eslabón esencial en el establecimiento de la interpretación.

Con los nuevos métodos que se han introducido, la teoría de conjuntos, el lenguaje y la metodología podrían ser ejercidas sobre la caracterización de las funciones, sin una interpretación computacional.

Este fue proporcionado por los modelos de la computabilidad creados por Alan Turing, José A. Iglesias, Jacques Herbrand, Gödel, y Emile Post. A pesar de que las definiciones siempre que fueran en la superficie bastante diferente, pronto se muestra que tal como fueron aprobadas sus funciones son computables.

Hostilidad a las matemáticas

Para que una serie exista debe ser confiable para ser extraída de un conjunto de cosas físicas. Esto implica que, con el fin de utilizar números muy grandes o infinito, debe haber suficientes cosas físicas que se puedan agrupar para que alguien procese la abstracción.

El principio del tercero excluido es rechazado por los intuicionistas como el filósofo matemático Lewis White Beck fue vista como realista dependiente. Esto, sin embargo, hace incompatible el resultante matemático con algunas teorías científicas útiles.

Para explorar las posibilidades matemáticas de las geometrías alternativas, se imaginan tales espacios no euclidianos, donde las líneas paralelas se cruzan. Ahora, con la ayuda de dispositivos de realidad virtual relativamente asequible, los investigadores están haciendo espacios curvos, un concepto contrario a la intuición, con implicaciones para la teoría y la gravedad de Albert Einstein, con la posibilidad de descubrirse nuevas matemáticas.

Tradicionalmente, la geometría euclidiana se basa en la suposición de que las líneas paralelas están en la misma distancia para siempre, sin tocarse. En geometrías no euclidianas, este postulado de "paralelos" se derrumba.

Entonces surgen dos posibilidades: una es la geometría esférica, donde las líneas paralelas se pueden tocar, en la forma que los meridianos terrestres se cruzan en los polos; la otra es la geometría hiperbólica, en la que ellos divergen.

Por ejemplo, la hostilidad neta expresado en contra de la mezcla de las matemáticas y la filosofía debe compararse con las referencias precisas y continuas a Leibniz. Del mismo modo, la negación del papel de la filosofía griega en la conformación de las matemáticas con su mayor ejemplo en Platón.

La filosofía es un constructivismo. Un concepto es una heterogénesis, que expresa el acontecimiento puro, un acto de pensamiento, no la esencia o la cosa, puesto que no es proposicional; así pues, el concepto es absoluto y relativo a la vez, respecto de sus propios componentes, como el concepto de los mundos posibles de Leibniz y a la mónada como expresión del mundo. Los conceptos cartesianos sólo pueden ser valorados en función de los problemas a los que dan respuesta.

El objetivo no deja reflexión filosófica, ya que el poner el lenguaje de la filosofía dentro de la matemática, aun así, y la fuerza polémica con la que las matemáticas buscan el derecho a ser, ante todo, la propia historia de las ideas matemáticas puede provocar malentendidos.

En realidad, en la historia de la ciencia, o la historia del arte o la música, cuando se le considera como consumado, se consolida al mismo tiempo, una tradición que asigna el papel de las obras maestras indiscutibles.

La hostilidad de literatos y humanistas hacia ellas, es decir por la gran parte de la comunidad de los intelectuales humanistas, y su rechazo popular, se derivan de su método de investigación, pero sobre todo de su lenguaje matemático.

Los humanistas han proscrito a las matemáticas de su campo, aunque tal actitud es un fenómeno relativamente nuevo, que corta la larga tradición intelectual en la que humanistas y matemáticos se unían para lograr un conjunto coherente.

Esto contradice el currículo en las artes liberales contemporáneas que eluden incluir cualquier elemento de matemática. Pero cualquier razonamiento profundo requiere de un equipamiento mental en el cual ellas asumen el plano prominente, incluso, la composición musical como una de sus ramas.

Hoy la biología, a su vez, como de hecho todas las ciencias, usa las matemáticas para explorar las estructuras biológicas existentes. En particular, los objetos microscópicos que crean o se encuentran detrás de esas estructuras.

El físico alemán Werner Heisenberg se basó en una nueva álgebra que puso en evidencia el carácter simbólico de la teoría cuántica. Por lo cual, un esquema matemático ya no se puede interpretar como una simple conexión de los objetos en el espacio y el tiempo. Para el átomo de la física moderna, dice Werner Heisenberg[8], todas las cualidades se deducen, no se puede describir con palabras, sólo con las matemáticas.

Sabemos sólo una parte de las leyes naturales que gobiernan las reacciones nucleares, pero somos capaces de provocar una reacción nuclear y controlarla, lo que significa que la lógica y la ciencia fenomenal desarrollan y son propensos a desarrollar en la práctica diaria.

Incluso la sociología de la ciencia, en su reciente versión agresiva, se halla interesada en las matemáticas, pero sólo para proporcionar una justificación convincente de un fenómeno social; de esta manera los sociólogos piensan que las matemáticas no son un dominio autónomo de abstracciones validas e universales.

Muchos "cientistas sociales", pese a reconocer que las abstracciones matemáticas han demostrado ser una poderosa herramienta para indagar en sus secretos, siguen ubicándola como un instrumento de apoyo. El francés François Perroux trató de relacionar las ciencias naturales con las denominadas "humanas".

El nuevo empirismo no tiene esta preocupación genética; se argumenta que los procedimientos matemáticos de descubrimiento y confirmación no son diferentes de las de las otras ciencias naturales.

La filosofía empirista tradicional de las matemáticas establece una explicación y fundamento del número y de otros conceptos básicos a partir de la experiencia sensible.

Así dice Henri Poincaré[9]: "Poco nos importa que el éter exista realmente; éste es asunto de los metafísicos. Lo esencial para nosotros es que todo ocurre como si existiera, y que esta hipótesis es cómoda para la explicación de los fenómenos."

El primero en utilizar el término "cuasi-empírico" fue el filósofo de las ciencias, Imre Lakatos, llevándolo más lejos que los matemáticos Leonard Euler y George Pólya. Imre Lakatos aplica la "dialéctica" de un modelo matemático tomado de Popper, pero tuvo el mérito de llamar la atención a la historia. El filósofo matemático chino Hao Wang también introdujo estímulos interesantes, bajo la influencia del filósofo positivista inglés Ludwig Wittgenstein.

Giovanni Vailati y Giuseppe Peano, entre otros, han puesto en duda con pasión el misterio de las matemáticas, de la que había sido hechizado; y aunque el público en general, influido por el aparato cultural no participa de las reflexiones matemáticas, erróneamente consideradas abstrusas y solo entendibles por una aristocracia del conocimiento.

La matemática abstracta sigue creciendo y es cada vez más útil, sobre todo a partir de la reciente demostración del teorema del matemático francés Pierre de Fermat. También fue decisiva para lograr la relación con la física, como los invariantes del teórico físico Edward Witten en cuatro dimensiones resultantes de la teoría cuántica de campos.

Las matemáticas en la teoría de la relatividad descomponen el pasado y el futuro; ya no hay una simultaneidad de los eventos, sólo una contemporaneidad relativa; ha sido todo lo que tiene el conocimiento, donde el futuro es algo al cual no podemos influir. La aparición como aspecto corpuscular de la realidad, o sea, el aspecto de onda como una cuestión de posibilidad; y el espacio absoluto como algo que se pensaba no era real.

La matemática nos dice que la aleatoriedad de un hecho simplemente significa que no tenemos una comprensión completa de cómo ocurre tal hecho. La interrogante entonces sería: ¿El concepto de aleatoriedad y probabilidad, de categorías objetivas son parte de la naturaleza? ¿Cuál es el objetivo? ¿La independencia del objeto del observador como un elemento esencial de la realidad?

El lenguaje matemático es parte del lenguaje conceptual, y hoy día, representa un límite que capta la realidad. Si se estudia el Universo, y se trata de identificar su historia, sus leyes, sus enlaces, a través del lenguaje conceptual matemático encontramos que es el único capaz de explicarlo.

Si interpretamos el significado de una serie de relaciones o derivados de conceptos matemáticos, el determinismo mecánico, vemos que nada puede suceder que no debería ocurrir, y todo lo que tiene que pasar, pasará.

Matemática, cultura y sociedad

Uno de los grandes misterios de la matemática consiste en el hecho de que sus estructuras hechas por el humano se aplican con gran eficacia a la descripción de la realidad. Basta pensar en la física, la astronomía, la meteorología, las telecomunicaciones, la biología, el cifrado, la medicina; pero no los lazos profundos que la matemática siempre ha tenido y tiene con la música, la literatura y el arte.

Para ello, se debe tratar de apreciar la imaginación de la geometría, la precisión del álgebra, la riqueza de la trigonometría, el rigor de la lógica matemática y la interdisciplinariedad de la geometría analítica.

La división de nuestra cultura nos hace más incompletos de lo que podríamos ser; no traeremos al nacimiento de mujeres y hombres que entenderán nuestro mundo como lo hizo Piero della Francesca con el suyo, o Pascal, o Goethe.

Pero ¿qué tiene la cultura con las matemáticas?

Las ciencias naturales y las matemáticas han sucumbido a la filosofía del privilegio de la verdad, y con resignación confiesan que sus conceptos son conceptos de uso general y práctico, que no tienen nada que ver con la meditación de lo verdadero.

En palabras de Le Corbusier, la matemática es la estructura real estudiada por el humano para llevarla a la comprensión del Universo. Asume lo absoluto y lo infinito, de lo comprensible y lo eternamente ambigua y facilita la entrada en otro reino, el lugar que posee la llave de los grandes sistemas.

Un matemático, como un pintor o un poeta, es un creador de patrones, que son más permanentes que los suyos, y es porque están hechos de ideas

La masa de la verdad matemática es obvia e imponente; sus aplicaciones prácticas se ve en los puentes y las máquinas de vapor y los dínamos. El público no necesita estar convencido de lo contrario.

No hay duda de que, en los últimos años, además del uso abrumador de las ideas matemáticas y herramientas en todos los campos del conocimiento y la tecnología, la relación entre la matemática y la cultura ha visto una gran recuperación. No puede negarse que es fuente de inspiración para nuevas formas y nuevas ideas del teatro, el cine, el arte, la música, la literatura, la arquitectura.

Cualquier matemático genuino debe sentir que no es en estos logros donde reside el objetivo real de las matemáticas, aunque la reputación popular de las matemáticas se basa en gran medida en la ignorancia y la confusión; pero hay espacio para una defensa más racional.

En los paradigmas epistemológicos de las ciencias, el objeto de la teoría, su lenguaje y su método juegan un papel específico.

Las civilizaciones babilónicas y asirias han perecido; Hammurabi, Sargón y Nabucodonosor son nombres vacíos; sin embargo, aún la matemática babilónica 12 sigue siendo interesante, y la escala babilónica de 60 todavía se usa en astronomía.

Los griegos fueron los primeros matemáticos que todavía hoy son "reales" para nosotros. Las matemáticas orientales pueden ser una curiosidad interesante, pero la matemática griega es la real al punto que los griegos hablaron un lenguaje que los matemáticos modernos pueden entender

Así, la matemática griega es "permanente", más aún que la literatura griega. Se recordará a Arquímedes cuando Esquilo se olvida, porque las lenguas mueren y las ideas matemáticas no. La "inmortalidad" puede ser una palabra tonta, pero probablemente un matemático tiene la mejor oportunidad de lo que signifique.

Es bueno señalar a este respecto que las opciones didácticas no deben centrarse en la experiencia, el contenido, el lenguaje, el método, la técnica, sino encontrar un equilibrio entre ellos no sólo en productos finales (contenidos enseñados y aprendidos), también en procesos a través de los cuales, el contenido adquiere el estatus de objetos de conocimiento y habilidades con la evolución de herramientas, métodos e idiomas que evolucionan con el tiempo.

La experiencia de laboratorio aislada, la transcripción de fórmula vacía, las técnicas de computación más elaboradas no agotan por sí solo el aspecto cultural de las disciplinas científicas cuya problemática es hacer preguntas y formular conjeturas modelos para desarrollar pensamientos y métodos de comunicación.

Es importante tener en cuenta que en la mediación didáctica que es el lenguaje quien permite llevar a cabo esas actividades cognitivas: describir, representar, identificar diferencias y semejanzas, identificar relaciones causales, clasificar y definir, relaciones significativas que caracterizan una cierta fenomenología y que, por tanto, permiten conceptualizarla

Así, hay la creencia expresada por el matemático inglés Godfrey Harold Hardy de que la realidad matemática está fuera de nosotros, y que nuestra función es descubrirla u observarla, y que los teoremas que probamos y que describen nuestras "creaciones" son simplemente notas de nuestras observaciones.

Por otro lado, el punto de vista expresado por el premio Nobel de física Percy William Bridgman considera que es el truismo más simple, evidente a simple vista, que la matemática es una invención humana. Aunque estas afirmaciones parezcan irreconciliables, tal no es el caso cuando se interpretan adecuadamente.

En la medida en que nuestra matemática es parte de nuestra cultura, es, como Hardy dice, "fuera de nosotros". Y en la medida en que una cultura no puede existir excepto como producto de las mentes humanas, la matemática es, como afirma Bridgman, una "invención humana".

Oswald Spengler discutió con profundidad la naturaleza de las matemáticas y su importancia, en su teoría orgánica de las culturas. Y bajo la influencia de este trabajo, el matemático y filósofo Norteamericano Cassius Jackson Keyser publicó ciertos puntos de vista sobre la matemática como clave de la cultura.

El tipo de matemáticas encontradas en cualquier cultura principal es una clave el carácter distintivo de la Cultura en su conjunto. En la medida en que la matemática forma parte y es influenciada por la cultura en la que se encuentra, se puede esperar encontrar la relación entre los dos.

Los factores sociales y culturales implícitos en la definición actual de la verdad matemática pueden ser sacados a la luz por un análisis de la geometría elemental

De hecho, una manera de hacer verdades matemáticas independientes de la autoridad social y cultural es cambiar la filosofía de las matemáticas para admitir lo empírico. Así, se debe permitir que la física decida la naturaleza de las matemáticas.

Esto no dañaría ninguna aplicación de las matemáticas a las ciencias empíricas, pero las verdades matemáticas se harían contingentes o de aplicabilidad limitada como las teorías físicas.

Un ejemplo excelente son las matemáticas necesarias para extraer partes finitas de las integrales divergentes que surgen en la expansión de la matriz S (problema de la normalización) de la teoría de campos cuánticos. Todas las predicciones de la teoría del campo cuántico se basan en este proceso.

Filosofía Matemática

¿Cuál es el tipo de conocimiento matemático, en comparación con el conocimiento del mundo natural?
¿Lo que, en su caso, cuál es la conexión entre les dos?
¿Qué papel desempeñan las matemáticas en la ciencia empírica como la física?
¿Qué papel juega la filosofía en la clarificación de los fundamentos de las matemáticas?
¿Los objetos abstractos, como números, existen?
La matemática siempre ha tenido una estrecha relación con la filosofía y la ciencia de la naturaleza. Gran parte de la filosofía platónica refleja la fascinación que el autor ejerció en esta disciplina.
En una nueva consideración a Platón se remodelaría una perspectiva al aprendizaje y la enseñanza de las matemáticas, sobre todo en esta época de una multimedia poco informada de las ciencias combinado con la renuncia generalizada de la autonomía intelectual.
La filosofía nace en Grecia con las matemáticas. En el origen e historia de la filosofía las matemáticas ocupan un lugar decisivo y esto desde el principio, empezando por Platón concluyendo con dos magníficos filósofos modernos, Descartes y Leibniz, que eran también grandes matemáticos.
El Hegel filósofo puro, opinaba que los matemáticos sólo pueden pensar en un "infinito falso", y los consagra en un brillante capítulo de su lógica
Las declaraciones sobre "certeza matemática" y "verdad matemática", se derivan del hecho de que la primera

disciplina matemática para ser expuesto de una manera orgánica, con los conceptos primitivos, postulados y reglas lógicas de deducción fue la geometría, alrededor del 300 a.C., con Euclides. Su arquitectura axiomático-deductiva también formó el paradigma de otras disciplinas científicas, matemáticas.

La filosofía de las matemáticas ha existido por lo menos desde la época de Pitágoras. Filósofos como René Descartes y Gottfried Leibniz debatieron el tipo definitivo de las matemáticas.

Hasta hace poco, las matemáticas se consideraban como un tema filosófico. En el siglo XX la filosofía de las matemáticas fue sin duda el tema más importante tratado por filósofos y siguió siendo central para muchos filósofos contemporáneos.

En Wilhelm Dilthey la conciencia histórica comprueba cada vez con mayor claridad la relatividad de cada doctrina metafísica o religiosa que ha aparecido en el curso de los tiempos. Nos parece que en el afán humano de conocer hay algo trágico, una contradicción entre el querer y el poder.

Richard Feynman plantea que[10]: "Filosóficamente estamos completamente equivocados con la ley aproximada. Nuestra imagen completa del mundo debe alterarse incluso si la masa cambia solamente un poco. Esto es un asunto muy peculiar de la filosofía o de las ideas que hay detrás de las leyes. Incluso un efecto muy pequeño requiere a veces profundos cambios en nuestras ideas".

A lo mejor tenemos que enfrentarnos al hecho de que el tiempo es una de las cosas que no podemos definir (en el sentido del diccionario), y sólo decir que es lo que ya sabemos que es: ¡es cuánto esperamos! De todos modos, lo que realmente importa no es como definir el tiempo, sino cómo medirlo.

Si se estudia la historia de las matemáticas, de la Antigüedad a nuestros días, se conoce entonces la verdadera naturaleza de la filosofía en cada etapa de la humanidad. Si se examinan las reglas y paradigmas matemáticos de cada etapa histórica, se interpreta entonces la génesis de las diferentes corrientes del pensamiento humano en todos los campos del saber.

El problema general del cambio es un problema filosófico; en realidad, en manos de Parménides y Zenón casi se convirtió en un problema lógico. ¿Cómo es posible el cambio, es decir, lógicamente posible? ¿Cómo puede cambiar una cosa sin perder su identidad? Si sigue siendo la misma, no cambia; y si pierde su identidad, entonces ya no es esa cosa que ha cambiado.

Las raíces cristianas de la ciencia moderna son poco conocidas. La primera persona que señaló la evidencia fue el físico francés Pierre Duhem (1861-1916) en su estudio de física teórica dedicada al campo de la termodinámica-

Duhem siempre demostró interés en la historia de la física, y escribió dos volúmenes sobre la historia de la mecánica, tres sobre Leonardo da Vinci, y luego comenzó su obra más importante, el *Système du Monde*. Donde afirmó que la construcción de este sistema ayudó a todos los discípulos de la filosofía helénica: peripatética, estoica, neoplatónica, etc.

A este sistema Abu Masar estableció la contribución de los árabes; por su parte, los rabinos más ilustres, de Filón de Alejandría a Maimónides, lo habían aceptado hasta que el cristianismo lo condenó como una superstición monstruosa.

En el siglo XVII, el modelo matemático tiene una influencia tal que algunos filósofos tratan de presentar su sistema bajo la forma deductiva proveniente del tratado matemático más antiguo conocido: los *Elementos* de Euclides.

Entonces, la presentación de la filosofía se vuelve "más geométrica", en la forma de la geometría. Descartes lo consagró en los "principios" de su filosofía. Leibniz también buscó un lenguaje puro y universal, una "*Matesis Universal*", para expresar sus descubrimientos matemáticos, así como su sistema filosófico.

El gran libro de Baruch Espinoza, *Ética*, que habla de Dios, de las ideas, de las pasiones, de la vida verdadera, está escrito de principio a fin en forma de axiomas, definiciones y proposiciones seguidas de demostraciones. Pero hay, antes y después de Espinoza, diversas corrientes filosóficas, muchas veces conflictivas, pero sólo hay una matemática que es completamente consensuada.

La temporalidad (el momento de su aparición) y la localidad (planeta Tierra) de este hecho que es nuestra conciencia, como parte no aislada de la globalidad cósmica, evidencia que anterior a la formación del homo ya estaba presente en este Universo auto-reflexivo, consciente de sí mismo y constructor de un orden previo al ser humano.

Implica, además, un reajuste masivo en nuestro entendimiento sobre el carácter y las bases fundamentales del conocimiento humano, de las ciencias, de la civilización y la cultura, incluyendo una percepción colectiva mucho más hospitalaria que la metafísica clásica, en capacidad de resolver la dicotomía entre mente y cuerpo, o la relación de la conciencia con la realidad física.

Las matemáticas han bosquejado una trocha profunda y han ocupado un lugar ambiguo en el amplio mundo del pensamiento. Por un lado, son admiradas por aquéllos que consumen sus ideas seriamente, y por otro lado son impugnadas como un culto arcano, algunas veces útil, por quienes adoptan ante ella solo una pose. Tal es el destino de las ciencias, el verse siempre fustigadas por el misticismo ideológico.

Hay dos corrientes contemporáneas que pasan por alto las matemáticas e incluso la desprecian; la corriente cuyo iniciador y líder fue sin duda, Friedrich Nietzsche; y la tendencia que le otorgada un culto académico y desarrolla una filosofía muy pobre, es decir, la filosofía analítica americana.

Es cierto que la corriente empirista, existencialista, y vitalista, a menudo ligada a la psicología, ha desarrollado un desdén por las matemáticas, especialmente desde finales del siglo XIX.

El estudio detallado de la moderna teoría de conjuntos, con los teoremas de Kurt Gödel y Paul Cohen, acompañado a lo largo de la concepción y redacción de El ser y el acontecimiento publicado en Francia en 1988. Más adelante la reciente visión de las matemáticas representada por la teoría de categorías, según el cual no hay objetos matemáticos en el sentido real, pero sólo de las relaciones.

Esta actitud, incluso en Jean-Paul Sartre se basa principalmente en la ignorancia; en el drama francés donde otro de los grandes pensadores de las matemáticas en la mitad del siglo XX, eligieron durante la guerra la "Resistencia" y fueron asesinados por los nazis.

Esto produjo un importante retraso en Francia del vínculo fundamental que debe existir entre la última invención matemática y la creación filosófica. Podemos decir que Jean-Toussaint Desanti trató de contribuir a la eliminación de este retraso. Sin embargo, en cierto sentido, hay una respuesta muy simple a esta ignorancia: aquellos que no aman las matemáticas, por el mismo hecho la ignoran.

Por supuesto, la filosofía argumenta como disciplina la transferencia de la retórica y los recursos seductores de su ontología en lo que todavía llamamos "filosofía", es decir, Platón.

El vínculo entre filosofía y matemáticas debe involucrar también a los matemáticos, algo difícil de aceptar por los pensadores humanistas. Esto era más común en tiempo de Descartes y de Leibniz, que eran al mismo tiempo grandes filósofos y matemáticos.

En general, la fuerza demostrativa de las matemáticas ya atrae a muchos filósofos, pero la debilidad de demostración de la filosofía no atrae a los matemáticos. Aunque es cierto que algunos gigantes de la matemática han mostrado un interés real en la filosofía, como Poincaré, Gödel o el matemático francés Alexander Grothendieck, creador de la geometría algebraica.

La matemática propone un modelo de demostración riguroso, del cual conocemos todas las reglas lógicas, donde todas las nociones están claramente definidas, y pueden formalizarse en un lenguaje. La filosofía, que opera en el lenguaje ordinario y trata de los problemas fundamentales de la vida humana individual y colectiva obviamente no puede reclamar esta transparencia formal. Pese a que se esfuerza en proponer argumentos supuestamente rigurosos.

¿Está muerta la filosofía?

Los textos de la ciencia y de otras filosofías de la ciencia no circulan como deben en pensadores sociales u otros filósofos que aducen una lectura engorrosa y bastante técnica. Pero esta justificación se debe a que los filósofos se sienten amenazados, y tienen toda la razón, porque la ciencia avanza y la filosofía no.

Por ejemplo, un filósofo como el prolífico Julián Baggini mientras que muestra un gran respeto por la ciencia y dice estar de acuerdo con el físico y cosmólogo canadiense Lawrence Maxwell Krauss y otros físicos, matemáticos y cosmólogos, se queja de las supuestas ambiciones imperialistas de la ciencia y la matemática para acaparar la verdad de la vida, del humano y del universo. Baggini ha expresado la opinión generalizada entre los pensadores humanistas de que hay algunos problemas de la existencia humana que no son en absoluto científicos.

Pero las especulaciones filosóficas sobre las matemáticas, la física y la naturaleza de la ciencia no son particularmente útiles, y han tenido poco o ningún impacto sobre el progreso de nuestra civilización en los últimos siglos.

Incluso en diferentes áreas relacionadas con lo que se puede llamar con razón la filosofía de la ciencia y las matemáticas se encuentran reflexiones más útiles que en la filosofía tradicional.

Los filósofos consideran realmente que hacen preguntas fundamentales acerca del humano y de la naturaleza.

Mientras las matemáticas y las ciencias preguntan: ¿Qué haces? ¿Por qué el pensamiento profundo sobre el significado del significado? El mensaje general es claro: la ciencia y las matemáticas están en movimiento, mientras la filosofía permanece estancada desde hace siglos y, de hecho, ha muerto.

La filosofía está muerta ya que los filósofos no se han mantenido al día con los avances modernos de la ciencia, especialmente la matemática y la física. Los científicos se han convertido en los portadores de la antorcha del descubrimiento en nuestra búsqueda de conocimientos.

Las matemáticas tienen algo de ficción, pero apoyan sus raíces en las actividades más básicas y fundamentales del humano en su relación con el mundo natural. La utilidad de las aplicaciones de las matemáticas nunca debe ser consideradas como la justificación verdadera para su estudio[11].

No estamos ante un instrumento apriorístico, sino ante una ciencia natural cuyo "objeto" es verificable, puesto que existe todo un estrato de lo real a lo que se refieren y que provoca en el sujeto la abstracción de lo "general".

El rigor y la precisión del lenguaje matemático depende del hecho de que se basa es de un limitado vocabulario; la gramática muy estructurada; y las cuentas semánticas del discurso matemático a menudo sirven como un punto de partida para la filosofía del lenguaje.

La filosofía da una explicación y una justificación de las matemáticas como una manifestación de la realidad, una de las tantas consideraciones de la misma filosofía; que considera las matemáticas como una actividad cognitiva, aunque no está comprendida en el campo de la ética. Pero si las matemáticas examinan la ontología entonces es la teoría del conocimiento.

¿Cómo puede la elección de la filosofía de las matemáticas dictar qué es lo que hay que hacer y decir en las matemáticas, es decir en las fundaciones de la Consistencia de la Inducción Transfinita, TIC?

Para algunos historiadores de las ciencias, como Randall Collins[12], "las matemáticas son un discurso social de la red de matemáticos, un discurso ineludiblemente histórico, la matemática es la más histórica de las disciplinas ella involucra su historia, en sus procedimientos para usar simbolismo en un grado que no se encuentra en ningún otro campo".

Entre los matemáticos, hay una opinión generalizada de que la matemática actual sobre el conjunto es más fiable que los programas motivados filosóficamente que se proponían reemplazarla.

Una característica común de todos los puntos de vista es que ambos disponen de las matemáticas para hacer frente a los objetos abstractos, lo mismo si se toma la tesis por una existencia independiente, o a partir de nuestra experiencia. Negar a tales objetos estatus ontológico, es pensar en las matemáticas como una ciencia que solamente rige el uso de los signos.

Asimismo, la tendencia a la emancipación de las deducciones matemáticas de cualquier apelación a hechos o ideas que se relacionan con la importancia de la operación, o informes, considerado en ellos.

Estos se definen por la enunciación pura y simple de una serie de propiedades fundamentales que, siendo capaces de ser común a las relaciones o transacciones que tienen las más diferentes significados, y heterogéneo, son compatibles con las más variadas interpretaciones de los símbolos que aparecen en su enunciación.

Dado un grupo de relaciones u operaciones definidas de este modo, que son suposiciones, es decir, contienen una serie de propiedades arbitrariamente fijas, con el único propósito de que puede haber orientado el matemático para determinar qué otras propiedades debe o puede considerar en virtud de las suposiciones hechas[13].

En la fundamentación de la matemática no se revela el conocimiento matemático. Del mismo modo que la matemática ha de reducirse a la lógica y la teoría de conjuntos, así el conocimiento natural ha de basarse de alguna manera en la experiencia sensible.

Tres siglos de esfuerzos titánicos por parte de la crema de los matemáticos fracasaron estrepitosamente, hasta que el genio precoz de Evaristo Galois, con un enfoque radicalmente innovador, creó una nueva rama de las matemáticas, desarrollada más tarde de una manera extraordinaria -la teoría de conjuntos- que ha encontrado y sigue aplicándose en diversos campos de las matemáticas y de las ciencias en general.

He aquí algunos ejemplos significativos: la cristalografía, la geometría en el plano y en el espacio, el álgebra elemental y abstracta, álgebra de "operaciones" y "relaciones" entre conjuntos de elementos de la naturaleza, decoraciones de la pared e incluso en diferentes teorías físicas de las partículas elementales (electrones, quarks, etcétera).

Ontología matemática

¿Quién escribe la historia de las matemáticas al igual que Tucídides? ¿O como lo hacen hoy los historiadores? ¿Cuál es el público adecuado para la historia de las matemáticas, su sentido general? ¿Para la gente educada, como lo hizo Heródoto? Para los estadistas y los filósofos, ¿para los adoradores del arte o los propios artistas? ¿Y la historia de la música? ¿Está dirigido a entusiastas de la música, compositores, artistas intérpretes o ejecutantes o historiadores culturales, o es una disciplina independiente cuya apreciación se restringe sólo a los practicantes?

Preguntas similares se han debatido desde hace muchos años por historiadores matemáticos, como Moritz Cantor, Gustav Enerstrom, Paul Tannery.

Nos hemos referido repetidamente a la relación entre las matemáticas y el conocimiento de la naturaleza. Se sabe que la matemática tiene una relación peculiar con el mundo.

Es por esta razón, principalmente, que Platón recomienda estudiar a futuros gobernantes; y, como se sabe, a diferencia de lo que se hace, que se genera y es corrupto, la atención hacia lo que es inmutable es uno de los rasgos fundamentales de la filosofía platónica y del platonismo en su sentido más amplio.

La teoría de días críticos era una parte importante de la medicina hipocrática, que había sido aceptado por Galeno de Pérgamo, tomada de los médicos medievales, y en especial de Hipócrates. Para el análisis y el curso de las enfermedades Galeno discute extensamente la relación entre las fases de la Luna y sus posiciones con respecto al zodiaco

En los libros de ábaco, en la lengua vernácula, el primero de los cuales aparecen al final del siglo XIII y se multiplican en los siglos XIV y XV, contienen los siguientes argumentos: el sistema de numeración indo-árabe, las cuatro operaciones aritméticas, una elección de problemas aritméticos, a veces geométricos, con soluciones relativas, que implican la primera o la segunda ecuación.

Estos problemas y sus soluciones fueron expuestos en forma concreta, con un uso mínimo de símbolos matemáticos.

En resumen, el contenido de estos libros era poco más que lo que hoy se aprende en la educación primaria, y la forma era consistente con este nivel[14]. Sin embargo, los autores diseñaron libros para ofrecer a los comerciantes con una base técnica necesaria.

Así que los historiadores tienen sus tareas específicas, incluso si se mezclan con las de los matemáticos coincidiendo con estos. Así sucedió en el siglo XVII con algunos de los mejores matemáticos los cuales no disponían de los trabajos de sus precursores matemáticos, excepto los del álgebra. Por eso tuvieron lugar ediciones críticas y de reconstrucción de los griegos: Arquímedes, Apolonio Pergeo, Pappo Alejandrino, Diofanto.

¿Sería el mismo nuestra comprensión con la teoría numérica de Euler si sólo tuviéramos sus escritos a nuestra disposición?

La historia no se convierte en algo interesante cuando leemos las cartas con Christian Goldbach, con los trabajos de

Fermat y luego, mucho más tarde el comienzo de una correspondencia con Lagrange sobre la teoría de los números y de las integrales elípticas.

El historiador y matemático del siglo XIX tuvo la ventaja del conocimiento de los progresos realizados en la construcción de locomotoras; y si bien tendrán que asesorarse de los especialistas, no necesitaban saber cómo era una locomotora, sólo del gigantesco esfuerzo intelectual que se formó en la creación de la termodinámica.

Por eso, algo diferente sucedió en el estudio de la producción científica de los siglos XIX y XX, cuando el historiador de las matemáticas y el matemático coincidieron en un terreno común. La parte más importante y esencial del lenguaje matemático se refiere a señales que indican las relaciones de igualdad, desigualdad, informes de situación, la dirección, magnitud, etc., y también signos que expresan funciones y operaciones[15].

El lenguaje de la matemática se encuentra en el extremo opuesto de los signos que expresan de manera natural, inmediata y directa el estado de ánimo del hablante. Estos signos son esencialmente las interjecciones[16].

La introducción de las matemáticas como un código del mundo físico ha sido dificultoso; se ha requerido la capacidad para despojar a la experiencia ordinaria de algunas características aparentemente inevitables, y pasar por analogía geométrica, más allá de las posibilidades conceptuales y representativas del lenguaje ordinario.

Una demostración claramente verificada en la que el lenguaje ha sido correctamente definido puede convencer de que esta demostración pertenece a la humanidad. Las matemáticas deben ser practicadas alejad de los procesos de selección social y jerarquía, para ser capaz del pensamiento puro.

En palabras de Max Müller, esencialmente el lenguaje comienza donde terminan las interjecciones, por lo que una lengua es tanto más perfecta cuanto más son numerosos en ella las palabras, ellos mismos, no tienen sentido[17].

En otras palabras, el lenguaje, como dice Ferdinand de Saussure, es un sistema formal de signos convencionales, un sistema de diferencias internas. Sin embargo, el lenguaje corriente todavía conserva una referencia indirecta y mediada a las cosas de sentido común.

Si decimos, haciendo abstracción de las relaciones de frases que lo componen, que *A* está ocurriendo antes de que *B* y *B* antes de *C*, nos acercamos a un lenguaje lógico puro, el cual está sujeto a adicionales procesamientos si todas sus partes se convierten en símbolos lógico-matemáticas, a saber, el álgebra mental defendido por William Leibniz y realizado por Giuseppe Peano.

No hay duda de que lo que habla el matemático no tiene sentido preguntar cuál es el estado ontológico de los símbolos y conceptos matemáticos, porque los signos de las matemáticas son deliberadamente instrumentos convencionales. Por lo tanto, se pueden construir, como dijo Peano sobre la base de Leibniz, una escritura universal algebraica, cuyo objeto es el estudio de las propiedades formales de las operaciones y relaciones lógicas[18].

Para la ciencia moderna la detallada comprensión cuantitativa del mundo material está expresada en forma de ecuaciones diferenciales. Esto fue realizado por primera vez por Newton cuando pronunció sus tres leyes y mostró cómo usarlas para calcular tanto el movimiento de los planetas o la caída de una manzana.

Del mismo modo, Maxwell pudo aclarar cómo sus ecuaciones le permitieron comprender los fenómenos eléctricos y magnéticos. En el microcosmos de átomos y núcleos, la mecánica cuántica, usualmente se revela por medio de las ecuaciones de Erwin Schrödinger, que tienen la misma función. El modelo es siempre el mismo: si conoce las condiciones iniciales, puede calcularse la evolución posterior del sistema, con sus detalles cuantitativos.

De ahí el valor de las sugerencias encontradas en Gauss y Einstein; las congruencias de Ernst Kummer para los números de Jakob Bernoulli, después de haber sido considerado una curiosidad durante muchos años, encontrando una nueva vida en la teoría de funciones; de ideas sobre el uso del descenso infinito de Fermat en el estudio de las ecuaciones diofánticas de género, las cuales demostraron su valía en obras contemporáneas. Su uso se remonta a un texto elemental de 1970 por Samuel Eilenberg y Calvin C. Elgot[19].

Según los autores, la presentación algebraica, en lugar de la aritmética permite ver las conexiones entre los conceptos fundamentales de recursividad y los que tienen un papel central en la teoría de los programas, en la teoría de autómatas finitos y la lingüística matemática.

Por ejemplo, la intersección de **X** e **Y** es la entidad más grande que está contenida en **X** e **Y**, es decir, la intersección de **X** e **Y**, y el conjunto, denotada por **XxyY**, tal Que
$X \cap Y \subseteq X, X \cap Y \subseteq Y$; y para cada **Z** tal que
$Z \subseteq X$ y $Z \subseteq Y$ sean $Z \subseteq X \cup Y$.

El problema no es que sea una aplicación más general para definir el estatus ontológico de las matemáticas, o para determinar el grado de verdad o falsedad. Es una dimensión propia, similar a las ideas de Platón, o un universo convencional, creado por la mente humana.

Lenguaje y Símbolo

Pero, definir el alcance de las matemáticas y, por lo tanto, la validez de sus procesos lógicos, la respuesta es que las matemáticas no es más que el reino de los símbolos convencionales, a través del cual se puede construir un lenguaje coherente con las premisas dadas, para ofrecer un ejemplo impecable de la lógica formal.

Se entiende que tal respuesta no es para satisfacer a aquellos que no se conforman con pensar sólo y exclusivamente en el lenguaje de las matemáticas, pero es una réplica a la pregunta sobre el significado último de las cosas y sobre su valor de la verdad en una dimensión absoluta. En otras palabras: las matemáticas como una especie de escritura universal, algebraica, en una relación con la realidad, la vida real.

Peano y Giovanni Vailati, vieron en la matemática un sistema artificial de signos, cuyo significado estaría totalmente situado dentro de él, y cuya lógica se refería a una dimensión abstracta del pensamiento puro. Para el matemático Bernhard Bolzano, las cosas no eran tan simples, y argumentaba que el conjunto general de todos los objetos consistía en dos subconjuntos: el de los objetos reales y el de los objetos no reales.

El primero de estos dos aspectos siempre ha sido una ciencia de las matemáticas, el otro mundo capaz de absorber los que la cultivan desde un mundo eterno y se colocan más allá de las vicisitudes de la materia.

Un objeto puede ser definido como real sólo si es parte de la orden causal mundo y, en este sentido, se puede definir como objetos reales tanto las sustancias que los accidentes de la metafísica escolástica. Bolzano, por tanto, oponiéndose a Emanuel Kant, reivindicaba la naturaleza no real, pero objetivamente, de los objetos de la lógica y, por lo tanto, de la matemática también.

A su vez, el filósofo y matemático Gottlob Frege entiende que la lógica se ocupa de dos tipos de realidad: los objetos que componen los individuos, y los conceptos que forman la red de propiedades y relaciones entre objetos.

Ahora bien, los objetos son concebibles como existentes, independientemente de nuestros mecanismos cognitivos; no dependen de nuestros pensamientos ni de las palabras a las que los apuntamos. En cambio, los conceptos están estrictamente ligados a las formas del lenguaje y, por tanto, es difícil concebirlas como existentes en sí mismas, fuera de nuestras estructuras cognitivas.

Sobre la base de estas indicaciones, podemos ver una posible respuesta a la pregunta sobre el estatus ontológico de los objetos matemáticos, en una dirección substancialista y en cualquier caso no sólo psicologista.

Las entidades matemáticas en sí mismas, y las operaciones de las que están sujetos, así como las proposiciones de la lógica, no son "objetos reales", si por "real" significa cualquier cosa que existe en el tamaño de la realidad actual; pero son ciertamente "objetivas" en el sentido de que pueden ser imaginadas como independientes de la actividad de la persona pensante.

En otras palabras, un triángulo rectangular es concebible en sí mismo, aunque ninguna mente está pensando en un momento dado. Sin embargo, si uno o más mentes piensan que se convierte en el contenido del pensamiento actual y, por lo tanto, adquiere una existencia real en el mundo real, al igual que cualquier otro tipo de contenido del pensamiento.

En cuanto a la cuestión de si las entidades matemáticas en sí mismas son reales, en el sentido de ser eficaces, y la respuesta correcta sería reconocer que decidir tal cuestión va más allá, por su propia naturaleza, de las posibilidades de la mente humana.

Sin embargo, según Frege, debemos distinguir entre objetos y conceptos: los primeros en sí mismos, el segundo vinculado a las formas de lenguaje en que se expresan.

Si tomamos por distinción válida, entonces podemos suponer, con el debido cuidado, de que existen entidades matemáticas en sí mismas, mientras que los postulados, teoremas y corolarios en el que se desarrollaron sus propiedades y relaciones, dependen de la lengua simbólico de las matemáticas y, por lo tanto, no viven sus propias vidas, sin por medio de un sujeto pensante.

En otras palabras, el triángulo rectangular existe en sí mismo, no sólo como objeto de pensamiento, sino como una realidad objetiva y real; mientras que el teorema de Pitágoras, que también se refiere a ese mismo triángulo, el desarrollo de algunas propiedades intrínsecas no existe en sí mismo, sino sólo en el sistema de lógica formal que reconoce y fórmula.

El uno es un objeto, lo segundo un concepto: y mientras los objetos pertenecen a la dimensión de la realidad (no está claro el tamaño de la realidad física), los conceptos pertenecen única y exclusivamente en el tamaño de la lógica, es decir, la posibilidad ideal.

Esto no quiere decir que, si un triángulo rectángulo es considerado por algunos, las propiedades de las que el teorema de Pitágoras está suspendido o, tal vez, cancelado; pero, simplemente, que el teorema de Pitágoras no es concebible sin una mente que lo piense, mientras que, por el contrario, el triángulo lo es.

Es concebible, por ejemplo, una triangulación Tierra-Luna-Sol, por lo tanto, es concebible un triángulo cósmico, aunque en el Sistema Solar no existía ninguna mente de pensamiento; se entiende pensamiento como tal, la abstracción de un acto específico de un sujeto pensante

Por lo tanto, si se quiere argumentar que esto ya es una convención arbitraria, porque nada es impensable fuera del propio pensamiento, ya que sólo a través de ella somos capaces de representar la realidad, esta objeción no tendría nada para responder, excepto que el pensamiento encuentra su razón de ser en el esfuerzo continuo para trascenderse, para conseguir un contenido de verdad que es independiente del sujeto pensante.

Así, en sentido estricto, se puede cerrar cada discurso diciendo que, en realidad, sólo Dios puede tener conocimiento, mientras que las mentes finitas no se conceden otro destino que andar a tientas en la oscuridad.

Y, si esto fuera un recordatorio de humildad especulativa necesario cuando nos esforzamos para acercarse a una verdad permanente y absoluta, sabemos que nunca se pueda cumplir plenamente, entonces nos recuerda nuestra condición ontológica de las criaturas suspendidas entre dos misterios: el de lo relativo y lo absoluto.

La filosofía fue una vez un campo que tenía un contenido. Pero en la actualidad son los instrumentos y modelos teóricos matemáticos y los experimentos de la física quienes revelan la naturaleza última de la realidad.

Objetivos matemáticos

¿Entonces, el triunfo de la física y la matemática moderna hace que la filosofía y la teología sean obsoletas?

Cuando los físicos y matemáticos hacen declaraciones sobre el Universo, es parte de una tradición filosófica milenaria que arranca desde los *zigurats* mesopotámicos; por ello, inevitablemente, los físicos y los matemáticos son también filósofos, y por ello existe una filosofía de las ciencias, una filosofía de la física, una filosofía de las matemáticas.

Que quiere decir la filosofía a los físicos teóricos y matemáticos modernos para tratar de reparar la brecha creciente entre estas dos grandes escuelas de pensamiento.

El objeto de la ciencia son funciones que se presentan como proposiciones dentro de sistemas discursivos. Así por ejemplo el cuanto, de acción, el *Big Bang*: el cero absoluto de las temperaturas es de 273,15 grados; la velocidad de la luz de 299,796 km/s, allí donde las longitudes se contraen hasta el cero y donde los relojes se detienen.

El sentido de lo a *priori* en las matemáticas ha sido formulado históricamente, pero ello introduce el factor de que así las verdades dejan de ser absolutas o infalibles. El problema de los fundamentos de las matemáticas se vuelve un asunto epistemológico de otra naturaleza.

Así tenemos una colección de realidades teóricas con aspectos abstractos e intuitivos, con aplicaciones directas e indirectas. Los objetos matemáticos como números y conjuntos son ejemplos arquetípicos de lo abstracto, al tratar a estos objetos en nuestro discurso como si fueran independientes del tiempo y del espacio; encontrar un lugar para los objetos en un marco más amplio de pensamiento es una tarea central de la ontología, metafísica.

El problema clásico de la filosofía de la ciencia resulta los teoremas que se deducen de los axiomas matemáticos, y depende de la lógica que se asume. Estos no son sólo cuestiones de la filosofía de las matemáticas; son preguntas filosóficas que surgen dentro de la disciplina, no sólo para reflexionar sobre la disciplina exterior.

Pese a reconocer que las abstracciones matemáticas han demostrado ser una poderosa herramienta, para indagar en sus secretos muchos "cientistas sociales" siguen ubicándola como un instrumento de apoyo. Por eso, una demostración matemática no es una simple yuxtaposición de silogismos; son silogismos colocados en cierto orden.

Henry Poincaré comenta al respecto[20]: "¿Cuál es la naturaleza del razonamiento matemático? ¿Es realmente deductivo como realmente se cree? Un análisis profundo nos muestra que no es así; que participa en una cierta medida de la naturaleza del razonamiento inductivo, y que por eso es fecundo".

Pero él afirmaba que las leyes de la ciencia no se relacionaban con el mundo material, sino que representaban convenciones arbitrarias con el objetivo de promover una descripción más conveniente y "útil" de los fenómenos correspondientes.

El párrafo siguiente lo demuestra[21]: "Toda generalización es una hipótesis; es preciso igualmente tener cuidado entre las distintas clases de hipótesis. Hay, en primer lugar, aquellas que son completamente naturales y de las cuales no se puede de ningún modo prescindir. Hay una segunda categoría de hipótesis que calificaré de indiferentes. Las hipótesis de tercera categoría son las verdaderas generalizaciones y son ellas las que la experiencia debe confirmar o invalidar."

Como si fuera un pensamiento absoluto sin contacto con el mundo material, que presenta a la naturaleza como un punto unidimensional que se convierte en línea, plano, esfera, etcétera. Para Aristóteles el matemático investiga abstracciones, pero no se tiene experiencia de líneas o planos o puntos al igual que las sustancias materiales, que, si bien son anteriores al cuerpo en definición, no lo son en sustancia a priori.

A partir de esos primeros principios Newton fue capaz de deducir las leyes del movimiento planetario que había sido descubierto previamente por Johannes Kepler. El éxito de la predicción del regreso del cometa Halley en 1759 mostró el gran poder de la nueva ciencia.

El éxito de la física newtoniana dio paso a una posición filosófica que vio el universo como un gran reloj, la máquina newtoniana del mundo. De acuerdo con este punto de vista, las leyes de la mecánica determinaban todo lo que sucedía en el mundo material.

En particular, no había lugar para la incertidumbre, para la indeterminación, incluyendo a Dios al cual se le vedó de su anterior papel activo en el universo.

Dentro de este problema, entonces se consideraron soluciones propuestas por los filósofos del periodo: el método analítico de René Descartes; el método inductivo de Roger Bacon; y, sobre todo el método experimental de Galileo Galilei.

Galileo proponía como método la observación del fenómeno a estudiar, la formulación de hipótesis matemática, y la comprobación. Como tarea el científico debía verificar para saber corregir la desviación entre una hipótesis matemática válida para los modelos ideales.

Como expuso el matemático, astrónomo y Pierre-Simón Laplace físico francés, las leyes de Newton eran suficientes por sí mismas para explicar el movimiento de los planetas en el curso de la historia anterior. O sea, para entender el universo físico no es necesario nada más allá de lo físico.

La estrategia matemática cubre objetivos de futuro; requiere una comprensión profunda de las direcciones generales y la evolución de las ideas a largo plazo. Todo coincide con lo que se utilizó Gustav Eneström para describir cómo el objeto principal de la historia de las matemáticas, o de las ideas matemáticas es considerado históricamente o, en palabras de Paul Tannery, se trata de la filiación de ideas y la concatenación de resultados.

Aquí estamos en el corazón de la disciplina, y de un hecho que la aparición de los cuales, según Eneström, el historiador de las matemáticas debe dirigir su atención de modo eminente, tanto incluso el de mayor valor para cualquier matemático que quiera mirar el uso diario de sus propios instrumentos.

Sin embargo, una vez que aceptamos el hecho de que las ideas matemáticas son los objetos reales de la historia de las matemáticas, se pueden extraer algunas consecuencias útiles; y una de las cuales dice, que un científico puede poseer o adquirir todo lo necesario para hacer un excelente trabajo sobre la historia de su ciencia; pues cuanto mayor es su talento como científico, mejor puede asumir su trabajo histórico.

Entre los ejemplos podemos mencionar al francés Michel Chasles para la geometría; a Laplace para la astronomía; a Pierre Berthelot para la química; tal vez podría citar a Carl Gustav Jacobi si hubiera vivido lo suficiente como para publicar su obra histórica.

El reto es dar continuidad al conocimiento matemático que explica los signos normativos y su aplicabilidad a las ciencias. Tal enfoque cae bajo la rúbrica del nominalismo, del cual los escritos del filósofo y obispo irlandés George Berkeley proporcionan un ejemplo temprano[22].

Verdad Matemática

El siglo XIX fue el siglo donde se produjo el mayor avance de las matemáticas en toda la historia; un progreso, un cambio no sólo cuantitativo sino en el modo de hacer las matemáticas.

La crisis de las matemáticas hacia su objeto de estudio, su realidad, fue entre otras cosas una crisis para la filosofía de las matemáticas: se hizo difícil continuar tomando como modelo a la matemática como una construcción lógica suspendido en el aire.

Los problemas no sólo se refieren a los conceptos individuales o métodos o disciplinas particulares; su enfoque se dirige a la crisis de los fundamentos y a su interés filosófico.

Podemos fechar la creación consciente de una filosofía de las matemáticas a principios del siglo XIX cuando se hace la imperiosa necesidad de rigor y la reflexión sobre los fundamentos en los que descansan el análisis matemático para hacer una verdadera ciencia matemática, con Agustín Louis Cauchy, Niels Henrik Abel, y el checo Bernard Bolzano.

Así, un nuevo aspecto del pensamiento filosófico sobre la verdad en las matemáticas, el significado de proposiciones evidentes, lo que es un teorema y su demostración relativa. Así surge el problema matemático de la investigación que resulta el fundamento de las matemáticas. Estos temas de hallaban a medio camino entre un discurso puramente matemático y uno más filosófico.

En la segunda mitad del siglo XIX la reflexión sobre la naturaleza de las matemáticas sería aún más profunda y generalizada; ya no busca sólo descubrir nuevas teorías o aplicar a nuevos campos o mejorarlos, sino que se generaliza la profunda necesidad de encontrar las matemáticas de búsqueda rigurosa y válida más allá de la aplicación particular o la evidencia intuitiva o geométrica.

La filosofía positivista tuvo un papel en el desarrollo inicial de la relatividad, aunque no en la mecánica cuántica. Sin embargo, la concentración positivista en la posición y el momento de las partículas fuerza una interpretación "realista" de la mecánica cuántica, admitiendo solo la función de onda como la realidad física.

Tal vez el filósofo positivista más influyente fue el físico y filósofo Ernst Mach, que, a finales del siglo XIX, se negó a aceptar el modelo atómico de la materia porque no podía ver los átomos.

Hoy en día podemos ver los átomos con un microscopio de efecto túnel, pero nuestros modelos todavía contienen objetos invisibles como los quarks. Los filósofos actuales de las matemáticas y la física no toman en serio al positivismo, pues ya no tienen ninguna influencia ni buena ni mala en las ciencias.

La cultura occidental, a diferencia de las orientales, ha sufrido, en la era moderna, un proceso de transformación "traumática" y "violenta" que es identificable en la revolución científica en las matemáticas y la física.

Traumática porque los valores, formas de pensar, las lenguas que caracterizan el conocimiento, los teoremas ya no serían adecuados para el nuevo proceso histórico; y violenta porque era necesario para producir con relativa rapidez nuevos "polos" en los diversos campos del conocimiento, que podrían reemplazarlos, de manera consciente y racional, debían demostrar ser capaz de interpretar el mundo desde el punto de vista teórico y científico.

En la primera parte del siglo XX, casi todos los físicos y matemáticos importantes de la época: Albert Einstein, Bertrand Russell, David Hilbert, Niels Bohr, Erwin Schrödinger, Heisenberg, Max Born, para nombrar unos pocos reflexionaron sobre las consecuencias filosóficas de sus descubrimientos revolucionarios en el campo de la matemática, la lógica, la relatividad y la mecánica cuántica.

El estudio de la lógica y los fundamentos de las matemáticas disfrutaron de un explosivo crecimiento en la primera parte del siglo XX, resultando en una teorización más filosófica de las matemáticas desde entonces, fuertemente influida por la evolución de tesis. Los resultados de esta investigación aclararon el análisis de conceptos como prueba, la verdad, y la computación; y las discusiones filosóficas modernas informativos suelen depender de ellas implícitamente.

Así, surge un cuadro general en el cual uno ve las matemáticas como constante de las consecuencias lógicas de axiomas matemáticos apropiados. Esto tiene el efecto de distinguir los fundamentos de las matemáticas de los fundamentos de la lógica; es decir, la filosofía de las matemáticas a continuación puede centrarse en el estado de los objetos matemáticos y los axiomas, consignando la tarea de dar cuenta por separado de la lógica y de su estatus normativo.

Un gran número de filósofos ha utilizado el análisis lógico para ayudar a aclarar posturas ontológicas y epistemológicas. El filósofo William W. Tait ha tratado de caracterizar la noción de finitismo implícita en la obra del genial matemático David Hilbert.

Otro filósofo y matemático norteamericano, Solomon Feferman ha despejado el alcance de una ontología matemática predicativo, que no presupone la totalidad de todos los subconjuntos de un conjunto infinito.

El lógico matemático Wilfried Sieg ha aclarado la hipótesis necesaria para apoyar el análisis de Church-Turing de la computabilidad; y Michael Detelfsen, filósofo matemático ha explorado las hipótesis pre-filosóficas detrás de programa de Hilbert.

Después de la Segunda Guerra Mundial, sin embargo, la nueva generación de actores de la física y las matemáticas - Richard Feynman, Kurt Gödel, John S. Bell, Murray Gell-Mann, Weinberg, el Nobel de física Sheldon Lee Glashow y otros- encontraron improductivas estas reflexiones, y la mayoría de los científicos los refrendaron.

Para el realista moderado los objetos de las matemáticas no son una mera ficción arbitraria, sino que tienen fundamento objetivo en la realidad, a las formas accidentales cuantitativas que son inherentes a las cosas materiales existentes y que son objetos indirectos de los sentidos externos.

Esta fundamentación es la preocupación del actual filósofo de las matemáticas Hilary Putnam para la predicción científica en las teorías no-platónicos. Bajo el realismo moderado la teoría científica se consideraría dependiente, y resulta apropiado que el mismo proceso de abstracción se podría utilizar para ambos objetos; las relaciones matemáticas y las científicas.

Ya el propósito de la filosofía ahora pertenece a las matemáticas. La filosofía matemática, en el sentido estricto, no puede, tal vez, incluir tales resultados científicos definitivos obtenidos en esta área; naturalmente, se esperaría que la filosofía de las matemáticas haga frente a los problemas en la frontera del conocimiento, como la certeza comparativa que todavía no se ha alcanzado.

Así, la filosofía de las matemáticas radica en una frontera traicionera, puesto que cualquiera que sea el tipo de conocimiento matemático, sus demostraciones son fundamentales para la adquisición de la Consistencia de la Inducción Transfinita, TIC.

Por lo tanto, al igual que tanto los números y los triángulos podrían ser vistos como abstracciones de la experiencia, los conjuntos podrían ser abstracciones de diferentes sistemas numéricos y geométricos que surgieron en las configuraciones de la práctica matemática.

Ciertamente, los desarrollos matemáticos son concepciones filosóficas, por ejemplo, la introducción de objetos y estructuras matemáticas infinita desafía intentos empíricos para dar cuenta del conocimiento en términos de abstracciones de la experiencia, ya que no está claro cómo podemos vivir-tener experiencia de lo infinito.

Para las revisiones otro ejemplo, se recupera el programa kantiano de que representan el conocimiento de matemática sintética a priori en términos del tipo de cognición.

Comprobación Matemática

Un resumen de la teoría de las relaciones y la lógica matemática en Giovanni Vailati, Giuseppe Peano y Charles Sanders Peirce fue rastreado por el historiador de la filosofía Carlo Sini[23]. En un breve ensayo de 1904 Vailati discutió la aseveración de Russell[24]:" La matemática es una ciencia en la que nunca se necesita saber si lo que dice es verdad, y ni siquiera sabe de lo que hablamos". Esta frase tiene toda la apariencia de una paradoja y de hecho de un enigma. ¿Cuál es entonces el significado y la importancia de los estados "russellianos"?

El que las construcciones conceptuales de las matemáticas no tienen como objetivo estar "más o menos de acuerdo con la realidad", sino identificar las relaciones y posibles operaciones e ideales. Esta comprensión de las matemáticas ha sido representada por la teoría de las relaciones de Sanders Peirce y la lógica matemática de Peano.

En que sentido y por qué el matemático no debe molestarse en preguntar si sus construcciones conceptuales son verdaderas o falsas, si se ajustan más o menos a la realidad. La operación matemática tiene que lidiar con la realidad, con las relaciones y transacciones, como formas de ser de las cosas, dejando de lado otros aspectos del sentido común.

Podríamos resumir que no hay duda de la verdad o falsedad de las afirmaciones matemáticas, debido a que sus operaciones y conceptos no pretenden reflejar la realidad del sentido común; tampoco tiene sentido comparar esas operaciones y conceptos con la realidad común para hacer un juicio de verdad o error.

Las matemáticas tienden a dejar de lado las circunstancias posibles y los posibles caracteres concretos para reducir el tamaño operacional a las relaciones más generales y abstractas, para hacer las cosas accesibles para el cálculo.

Pero la parte más interesante de la doctrina de la ciencia del filósofo es la del subconjunto de objetos no reales que consiste en dos clases diferentes de objetos: proposiciones en sí mismas y representaciones en sí mismas.

La propuesta en sí es pura significado lógico, independientemente de que sea verdadera o falsa. Existe en sí mismo, y el hecho de ser diseñado por alguien o se expresa en las palabras no cambia el estatuto ontológico fundamental: que, de hecho, objeto no real.

Por el contrario, la representación misma corresponde a su dimensión objetiva, que no necesita ninguna relación con el tema, es decir, como un acto de un sujeto pensante. Ahora bien, si una determinada proposición es pensada, entonces adquiere una existencia real y se convierte en un objeto real.

En ese momento adquiere una verdad subjetiva; sin embargo, el material del que se hizo no debe confundirse con su ser pensamiento, porque es una verdad en sí mismo: ¿Quiere decir esto que las propias verdades son las proposiciones que se aplican para ser reconocidas, o se expresan en palabras?

Tenga en cuenta que "objetivo", Bolzano, no significa "verdad

La paradoja central de las matemáticas incluye la construcción de un mundo de la lógica pura, rigurosa y autosuficiente para la búsqueda de correspondencias misteriosas en el mundo de la naturaleza capaces de aplicaciones técnicas de una extraordinariamente efectiva práctica.

Sin embargo, ella elude cualquier intento de reducir al nivel de la realidad ordinaria y muestra una tendencia preocupante para subsistir en una dimensión puramente artificial, si no es arbitraria, como ejemplos en Euclides algo extenso o no extendido, en Bernard Bolzano la reactivación de la lógica formal como doctrina de la ciencia.

No hay duda de las aplicaciones técnicas de las matemáticas, puesto que tenemos su extraordinario poder y eficacia en cada día. Tampoco se puede dudar de que es misteriosa, y, sin embargo, la correlación que existe entre el mundo de las matemáticas y de la naturaleza es real: la disposición de las yemas en la rama de una planta en crecimiento; las espirales de una cáscara de "Natutilus"; las distancias de los planetas de la estrella alrededor de la cual orbitan, y así sucesivamente.

Lo que no podemos dejar de preguntarnos es si la matemática es comparable a la esfera simbólica de arte o, tal vez, la religión, en el que todo tiene sentido, pero donde todo es debatible y discutible, incluso el objeto que representan respectivamente, belleza y divinidad.

Si, por el contrario, la matemática pura -no las matemáticas aplicadas a la técnica o vista en el orden natural- es una realidad autónoma, viviendo su propia vida, pero se puede traducir en un lenguaje simbólico, pero lo cual no deriva de ella su condición ontológica.

por ejemplo, las obras de Platón, Aristóteles, René Descartes, Leibniz, John Locke, Berkeley, David Hume, Kant y John Stuaer Mill. ¿Cuál es el efecto de tales lecturas?

La probabilidad que tiene el estudiante de descubrir los problemas extra-filosóficos: matemáticos, científicos, morales y políticos que inspiraron a esos grandes filósofos es, en verdad, muy pequeña.

En general, esos problemas sólo pueden ser descubiertos estudiando, por ejemplo, la historia de las ideas científicas, especialmente los problemas de la matemática y las ciencias empíricas del período en cuestión; y esto, a su vez, presupone un considerable conocimiento de la matemática y las ciencias empíricas.

Sólo si comprende los problemas contemporáneos de la ciencia puede el estudioso de los grandes filósofos comprender que éstos trataban de resolver problemas urgentes y concretos, problemas que, para ellos, no podían ser dejados de lado. Sólo después de comprender esto puede obtener el estudiante una imagen diferente de las grandes filosofías, una imagen que dé sentido al aparente sin sentido.

El *Tractatus de* Ludwig Wittgenstein, era un tratado cosmológico (aunque rudimentario) porque su teoría del conocimiento estaba estrechamente vinculada con su cosmología.

Si alguien nos presentara las ecuaciones de Newton, o hasta sus argumentos, sin explicarnos primero cuáles eran los problemas que su teoría intentaba resolver, entonces no podríamos discutir su verdad racionalmente en mayor grado de aquel en el que podemos discutir la verdad del *Libro de la Revelación*.

Sin algún conocimiento de los resultados de Galileo y Johannes Kepler, de los problemas que resolvieron estos resultados y del dilema que se planteó Newton de explicar las soluciones de Galileo y Kepler mediante una teoría unificada, hallaríamos la teoría de Newton tan imposible de discusión como cualquier hipótesis metafísica. En otras palabras, toda teoría racional, sea científica o filosófica, es racional en la medida en que trata de resolver ciertos problemas.

La teoría de la verdad objetiva da origen a una actitud muy diferente. Esto puede verse en el hecho de que nos permite hacer afirmaciones como las siguientes: una teoría puede ser verdadera, aunque nadie crea en ella y aunque no tengamos razón alguna para creer que es verdadera; y otra teoría puede ser falsa, aunque tengamos razones relativamente buenas para aceptarla.

Por ejemplo, aunque podamos considerar refutada la teoría de Newton —vale decir, su sistema de ideas y el sistema deductivo formal que deriva de ella—, aun podemos suponer, como parte de nuestro conocimiento básico, la verdad aproximada, dentro de ciertos límites, de sus fórmulas cuantitativas.

Necesitamos éxitos como el de Paul Dirac (cuyas antipartículas han sobrevivido al abandono de otras partes de su teoría) o como el de la teoría de los mesones del japonés Hideki Yukawa. Necesitamos el éxito, la corroboración empírica, de algunas de nuestras teorías, aunque sólo sea para apreciar la significación del éxito y estimular las refutaciones como la de la paridad.

Ninguna observación del mundo es empíricamente, es irrefutable, no puede demostrar su falsedad. No puede haber fundamento empírico alguno para demostrar su falsedad.

Además, puede mostrarse fácilmente que es muy probable: como todos los enunciados existenciales, se encuentra en un universo infinito (o suficientemente grande) casi lógicamente verdadero, para usar una expresión de Rudolf Carnap.

La teoría de la probabilidad nos dice aún más: puede probarse fácilmente no sólo que los datos empíricos no pueden refutar nunca un enunciado existencial casi lógicamente verdadero, sino que tampoco pueden reducir nunca su probabilidad. Su probabilidad sólo puede ser reducida por alguna información que sea al menos "casi" lógicamente.

La teoría de Newton, por ejemplo, predijo desviaciones de las leyes de Kepler debidas a las interacciones de los planetas que no habían sido observadas por aquél entonces. Se expuso, así, a intentos de refutaciones empíricas cuyo fracaso significó el éxito de la teoría.

La teoría de Einstein fue comprobada de una manera similar. Y en realidad, todas las demostraciones reales son tentativas de refutación. Sólo si una teoría registe exitosamente la presión de estos intentos de objeción puede pretender que está confirmada o corroborada por la experiencia. La confirmabilidad o la atestiguabilidad o la corroborabilidad aumenta con la comprobabilidad.

La ciencia, de acuerdo con esta filosofía, debe ser reinterpretada como parte del "humanismo"; por consiguiente, se rechaza por considerarse un significado de "humanismo" y de "humanístico" demasiado estrecho que limita al humanismo a las "humanidades", a los estudios históricos, filológicos y literarios.

Matemáticas y siglo XXI

Desde la época de Newton, las matemáticas no han cambiado tanto como en los últimos años. Motivados en gran parte por la introducción de las computadoras, la naturaleza y la práctica de las matemáticas han sido transformadas por nuevos conceptos, herramientas, aplicaciones y métodos.

El contraste con el conocimiento generalizado de la importancia que la ciencia y en especial las matemáticas, es que se está reflejando en la vida económica, en el mundo de las finanzas, en la producción de objetos tecnológicos altamente sofisticados en la vida cotidiana.

Al igual que el telescopio de la era de Galileo Galilei, que permitió la revolución newtoniana, la computadora de hoy desafía las opiniones tradicionales. Como lo hizo hace tres siglos en la transición de las pruebas euclidianas al análisis newtoniano, las matemáticas vuelven a experimentar una reorientación fundamental de los paradigmas procedimentales.

La novedad en matemáticas fue reconocida cuando René Descartes introdujo la geometría analítica, a pesar del hecho de que gran parte de la nueva matemática no tenía un ajuste euclidiano axiomático.

"No vayamos a imaginarnos", escribe Banesh Hoffmann[25] "que los científicos aceptaron estas nuevas ideas con gritos de alegría. Las combatieron y resistieron tanto como les fue posible, inventando todo tipo de trampas e hipótesis alternativas en un vano intento de evitarlas. Pero las paradojas evidentes estaban allí ya desde 1905 en el caso de la luz, e incluso anteriormente, y nadie tuvo el valor o el ingenio para resolverlas hasta la llegada de la nueva mecánica cuántica.

Las nuevas ideas son tan difíciles de aceptar porque instintivamente todavía nos esforzamos a representarlas en términos de las partículas pasadas de moda, a pesar del principio de indeterminación de Heisenberg. Todavía no se visualiza un electrón como algo que, teniendo moción, no puede tener posición, y teniendo posición, no puede tener algo parecido a moción o descanso.

Para la mayoría de la gente, la matemática significa aplicar técnicas estándar para resolver problemas bien definidos con respuestas correctas únicas. Tienen buenas razones para pensar eso, hasta el final del siglo XIX, eso era exactamente lo que significaba, pero con el surgimiento de la era moderna de la ciencia y la tecnología, la necesidad de las matemáticas empezó a cambiar.

Esto, por supuesto, es aún más cierto en las matemáticas. De hecho, la necesidad de los trabajadores científicos altamente calificados sugiere el uso de estrictos criterios de selección, a partir de sus conocimientos matemáticos.

El descubrimiento de la irracional en Grecia, el uso de los infinitesimales en el siglo XVII, los cálculos con serie infinita en el siglo XVIII, los métodos de síntesis de la geometría proyectiva al comienzo del siglo XIX, el estudio de los conjuntos infinitos en el siglo XIX son algunos ejemplos de tales situaciones.

El evanescente que llevó al cálculo infinitesimal no ha superado las objeciones de aquellos que, como el obispo George Berkeley, vieron en ellos los fantasmas de muchos difuntos.

En cuanto a los conjuntos infinitos, al comienzo de su historia pudo simbólicamente llamar la atención en 1851 con Bolzano y su *Paradojas del Infinito*. Al punto que Cantor exclamó "Lo veo, pero no creo" al cumplir con sus descubrimientos. Incluso con la serie, no se sabía si tales leyes lógicas (en lugar de las matemáticas) fueron elegibles en el nuevo dominio.

A finales del siglo XIX, por tanto, converge una multiplicidad de problemas: el fundamento del método axiomático, con dos dificultades principales; la forma de demostrar la consistencia, y la forma de presentar teorías y modelos de la misma; y las leyes de la infinitud, que tenían un asunto urgente ya que la teoría de conjuntos resultaba cada vez más la solución más apropiada o conveniente para resolver muchos de los dificulta antes mencionado.

Aunque se ven afectadas por incongruencias múltiples especialmente de desacuerdo, subsistiendo entre los matemáticos, sobre la forma de desarrollarla.

La necesidad de una definición de los números naturales de una parte, y el problema de la eliminación de las formas de la intuición que tradicionalmente estaban vinculados a la geometría, cuando este lugar se convirtió en algo puramente lógico en sí, se desplazaron al corazón del programa logicismo.

El matemático Richard Dedekind y el lógico Gottlob Frege fueron los fundadores de esta escuela, que no sólo es prácticamente preocupaciones (Dedekind) para dar una definición de los números naturales, sino que también afirma (Frege) reducir todas las matemáticas a un carácter analítico, luego controlado por la razón.

Durante la mayor parte del siglo XX, la filosofía de las matemáticas estuvo dominada por las escuelas rivales de logicismo, formalismo e intuicionismo, todas las cuales enfatizaron el papel del pensamiento humano y de los símbolos en la creación de las matemáticas.

Alrededor de 1900, en general se consideraban insatisfactorios, especialmente en la explicación de las matemáticas aplicadas. Por ejemplo, el logicismo, la teoría desarrollada por Frege y Russell, según la cual la matemática es sólo lógica, resultó insostenible por razones técnicas, además de no dar una idea de cómo las verdades lógicas triviales podrían resultar tan útiles en el trato con el mundo real.

Sólo en el siglo XX, el número de disciplinas matemáticas ha crecido a un ritmo exponencial; Ejemplos incluyen las ideas de Georg Cantor sobre conjuntos transfinitos, Sonja Kovalevskaya sobre ecuaciones diferenciales, Alan Turing sobre computabilidad, Emmy Noether sobre álgebra abstracta y, más reciente, Benoit Mandelbrot sobre fractales.

La matemática clásica de Ludwig Brouwer era ilusoria. Era el lenguaje lo que atrajo las declaraciones formalmente correctas, pero sin sentido. Brouwer quiso restar los cálculos para el dominio de la lengua, y luego se mantuvo en el único refugio de la mística.

La organización y la unificación de todo el nuevo material se realizó por Burbaque, hacia mitad del siglo pasado. La presentación de las matemáticas realizadas por Burbaque en sus *Elementos* fue útil, justa y profunda, pero fue a partir de una organización, una conexión de unificación de los conceptos generales y su presencia (en contra) en dominios específicos.

Estos conceptos generales no son los que se encuentran en la construcción de la parte inferior, en el crecimiento real de las teorías e incluso en su presentación usual, por ejemplo, para no matemáticos en la vista de aplicación[26].

Lo mismo puede decir, sin embargo, la fundación categorial. Frente al edificio "bourbaquista" perfecto, y, sin embargo, fortaleció la tentación de trabajar en o dentro de esta construcción abstracta enorme, estructurada y autosuficiente por si sola, fuera del mundo real, tanto natural como humano.

Sin embargo, los matemáticos se enfrentan a nuevos problemas con herramientas que fueron reveladas por Gödel, como inadecuadas o no eran suficientemente precisas y determinadas por reglas claras y, sobre todo, compartidas. Sucede entonces que los matemáticos hoy día discrepan intensamente.

Para las personas en general estos nuevos dominios de las matemáticas son *terra incógnita*. La matemática, para el criterio común, es una disciplina estática basada en fórmulas enseñadas en los temas escolares de aritmética, geometría, álgebra y cálculo.

En general, la mayoría de las personas fuera de las matemáticas no experimentaron el cambio hasta el rápido crecimiento de la era digital en las últimas dos décadas. Con dispositivos de computación que pueden hacer todas las matemáticas procesales más rápidas y precisas que cualquier humano, nadie puede ahora ignorar ese cambio de la vieja "aplicación de procedimientos conocidos" a nuevos énfasis en la resolución creativa de problemas.

Por otra parte, los potenciales de las computadoras han hecho posible realizar exploraciones inductivas para probar o formular conjeturas. Se ha creado un área de investigación que se conoce como "matemáticas experimentales".

Sobre esta base ha florecido una fuerte filosofía empírica afirmando que los métodos de investigación matemáticos no son diferentes a los de las ciencias naturales. De hecho, las posiciones extremas niegan cualquier valor a la demostración y apoyan el carácter inductivo de los descubrimientos matemáticos.

La influencia del conocimiento científico matemático en las sociedades contemporáneas es ahora un lugar común pues la ciencia ya es omnipresente. Es un elemento crucial para la supremacía militar y económica, el origen de algunos de los grandes dilemas de nuestro tiempo, el desarrollo energético-motor y la competencia comercial.

La matemática ha cambiado para siempre la forma de producir, de comprar, de moverse, de comunicarse. Ha contribuido a reorganizar el trabajo, a redistribuir la riqueza, redefinir la injusticia y la demografía, rediseñar ciudades y mercados, moldear campañas y medios de transporte.

Matemática y sociedad

La importancia de las matemáticas en la sociedad nunca ha dejado de aumentar. Esta tendencia se ha multiplicado por diez desde la invención de las computadoras que permiten crear cualquier operación matemática y resolver una multitud de problemas.

Gracias a las computadoras, se ha digitalizado y resumido un número creciente de actividades y procedimientos. Esto se logró principalmente de dos maneras: a través de modelos matemáticos, que busca comprender, reproducir y controlar una amplia variedad de mecanismos y fenómenos; pensemos en el corazón artificial una colaboración entre la matemática, la física y la medicina; ya sea analizando grandes bases de datos para obtener leyes estatutarias.

El desarrollo astronómico de la economía digital está ayudando a explotar la importancia de estos métodos, con muchos retos para reorganizar nuestra sociedad.

Las finanzas y la industria cultural: la música, ediciones, efectos especiales para el cine, fueron las primeras. Hoy día, los seguros, la seguridad, la energía o el transporte, como Uber o autos de autoayuda, por ejemplo, son el comienzo de una evolución más amplia.

Poco a poco, todas las industrias "algoritzaron" y recurrirán más a las matemáticas, la educación del futuro, sin duda. Con las matemáticas es posible predecir la evolución del cambio climático y analizar los distintos escenarios posibles en las elecciones. Y pueden estimar los riesgos de eventos extremos como tsunamis, ciclones o inundaciones; y los efectos que causan en las ciudades y en las poblaciones.

Desde la predicción de escenarios futuros a las aplicaciones médicas, serán vitales en mejorar la calidad de vida en un mundo cada vez más poblado y envejeciendo.

Así, por ejemplo, la neurología del cerebro se ha desarrollado en veinticinco años desde la ignorancia hasta un corpus sustancial. Es apenas veinte años desde la aparición de la *WorldWideWeb* (www) y sería inútil imaginar qué interfaces se verán en otros veinte años.

No sólo por los equipos médicos cada vez más tecnológicos; también nos permitirá describir, simular y estudiar el comportamiento de alta complejidad: el flujo de sangre dentro de un vaso sanguíneo para la propagación de la epidemia de enfermedades infecciosas, y en la dinámica molecular de enfermedades y medicamentos.

Incluso hoy, de hecho, las matemáticas tienen un fuerte impacto en la ciencia médica. En un futuro no lejano los algoritmos establecerán el diagnóstico médico y los planes de medicamentos.

Vamos a trascender las limitaciones físicas en su totalidad, ya que son sólo ruptura -parcial y truncado- realizaciones de lo que ya sabemos que es la inmortalidad y la realidad intrépidamente completa que percibimos como en la imaginación.

En los últimos sesenta años se han creado una serie de nuevas ciencias "formales" o "matemáticas" o "ciencias de la complejidad", investigación operativa, informática teórica, teoría de la información, estadística descriptiva, ecología matemática, teoría del control y otras.

Es época del televisor comercial; del radar y sonar en la década de 1940; del microscopio electrónico, de la computadora (valvular y analógica según el modelo de Otto von Neumann); se crean las técnicas de comunicación (modulaciones AM, FM, heterodinaje, etc.); aparece la transmisión de imagen por el facsímil; se implementa la energía nuclear motriz eléctrica; hay profundas invenciones de tecnología armamentista (bomba atómica); en la tecnología espacial (cohetes, satélites, etc.); también se logra la creación de la película cinematográfica a color, y no menos las invenciones en artefactos domésticos.

La ingeniería logra la gran integración de materiales electrónicos semiconductores (tercera generación en electrónica) circuito integrado que determinará la invención de la computadora digital.

Se mejoran notablemente los equipos electro-médicos (ecógrafos, tomógrafos, resonancias magnéticas, etc.) y electrónicos en general (rayo láser para 1960, el casete de cinta de voz en 1960 y de video en 1964.

Se determina la completitud de la molécula de ADN en la década de 1960; el humano llega a la Luna en 1969; se inventan los sintetizadores (de música, voz, etc.); hay nuevos descubrimientos de partículas subatómicas, nuevos trasplantes e implantes de órganos y de miembros; se empieza a pensar en una biología molecular; se crean sistemas satelitales geológicos, climatológicos, etc.

Y la humanidad encuentra la revolución social-cultural con la invención de los anticonceptivos en píldora para 1960, y el nacimiento del primer ser humano fecundado in vitro en 1978.

¿Cómo podría alguien haber predicho hace 20 años que casi todas las personas mayores de ocho años tendrían su propio super-ordenador personal, con sistemas mucho más poderosos y útiles que los de las super-computadores Cray de la época?

Por supuesto, las formas más altas, más que específicas, son siempre más importantes; sin embargo, para alcanzar todo nuestro potencial, y para disfrutar plenamente de ese potencial cuando se alcanza, cada forma, cada rama y cada aplicación de las matemáticas deben estar plenamente unidas y utilizadas. Más que cualquier otro consejo, no hay ninguna forma sin importancia de la ciencia, de la matemática, de cualquier cosa.

Desde otro punto de vista, las matemáticas a veces pueden proporcionar al historiador de la cultura una especie de "trazador" para investigar las interacciones entre diferentes culturas. Pero aquí también la actitud puede ser muy diferente a la de los historiadores profesionales. Para ellos una moneda romana, encontrada en algún lugar de la India, tiene un significado definido; apenas una teoría matemática puede tener el mismo valor.

Mientras los "memes" nadan en el cálido río de las culturas naturales y futuras mecánicas electrónicas, otras ideas operarán como puras depredadoras, como las del genocidio en nuestra civilización. Esas usarán la energía almacenada como información; devorarán bibliotecas electrónicas íntegras, o mentalidades completas para hurtar sus memes.

Esas sociedades futuras, biológicas o tecnológicas, acumularán información no para compartirlos, sino para usarlos de forma egoísta y, por ende, destructiva; como ha sucedido con las ideas científicas y las tecnologías en los arsenales secretos de los ejércitos.

Es la irracionalidad bestial trasladada al futuro, donde no será atractiva la conquista de los tecno-mecanismos, de las infraestructuras, los cuerpos materiales y los entes biológicos, sino la información, las ideas, los memes.

Ciencia exploratoria

La historia de las matemáticas juega en el contexto de la divulgación y especialmente para eliminar los prejuicios que dificultan la confrontación con las matemáticas.

La aparente a-temporalidad de las matemáticas, la persistencia aparente de los aspectos esenciales de la misma desde la Antigüedad a hoy en día, a menudo tienen un aspecto paralizante para entender, o solamente adivinar, como la estabilidad indudable de los resultados es el fruto de una recaptura perenne y no la simple yuxtaposición de "hechos".

¿Cómo el matemático procede a lo que el sentido común llama "realidad"? Las matemáticas, observa Vailati, han pasado de la característica de succión de los signos y las palabras en las regiones más abstractas y especulativas de su dominio.

Una característica común es precisamente la tendencia a la emancipación de las deducciones matemáticas de cualquier apelación a hechos o ideas que se relacionan con la importancia de la operación, o informes, considerado en ellos[27].

Los conceptos recurrentes (número, función, algoritmo) llaman la atención sobre lo que uno debe saber para comprender las matemáticas. Las acciones comunes (representar, descubrir, probar) revelan habilidades a desarrollar para poder hacer matemáticas. Juntos, conceptos y acciones son los sustantivos y verbos del lenguaje de las matemáticas.

Lo que los humanos hacen con el lenguaje de las matemáticas es describir patrones. La matemática es una ciencia exploratoria que busca entender todo tipo de patrones-patrones que ocurren en la naturaleza, patrones inventados por la mente humana e incluso patrones creados por otros patrones.

Estos se definen por la enunciación pura y simple de una serie de propiedades fundamentales que, siendo capaces de ser común a las relaciones o transacciones que tienen las más diferentes significados, y heterogéneo, son uniones compatibles de variadas interpretaciones de los símbolos que aparecen en su enunciación.

Dado un grupo de relaciones u operaciones definidas de este modo, que contienen una serie de propiedades arbitrariamente fijos, el único propósito es orientar al matemático para determinar qué otras propiedades debe o puede incluir en virtud de las suposiciones hechas[28].

Esta forma de proceder es funcional, no sólo para los fines autónomos de las matemáticas, sino también a las exigencias impuestas a su aplicación a las ciencias físicas y mecánicas; en este sentido, las hipótesis matemáticas.

El premio Nobel de física Eugene Wigner argumenta sobre la "irrazonable eficacia de las matemáticas", y otro Nobel de física Steven Weinberg cuestiona la "ineficacia razonable de la filosofía."

En la época del célebre artículo de Eugene Wigner de 1960, "la eficacia irrazonable de las matemáticas en las ciencias naturales", era evidente que se necesitaban nuevas direcciones en la filosofía de las matemáticas[29].

En los últimos treinta años, ha habido una amplia gama de respuestas al *impasse*, pero no ha habido acuerdo sobre cuál es la dirección o incluso el consenso dentro de escuelas particulares sobre si el problema de la aplicabilidad de las matemáticas está adecuadamente resuelto.

Mucho de la mejor obra ha sido en una dirección platónica, mostrando que el platonismo tiene recursos sustanciales y no es fácilmente desechado, mientras que otros presentan un ataque platónico directo sobre el problema de la aplicabilidad de las matemáticas.

Ello se desprende de las observaciones o experimentos, que corresponden a las deformaciones reales, o falsificaciones de los hechos reales, llevado a cabo con el fin de hacer accesible el estudio para el cálculo y la representación geométrica. Y estas distorsiones o falsificaciones se reconocen cada vez más como algo normal y necesario para cualquier tipo de actividad racional.

Ese mismo método que se llama de aproximaciones sucesivas, y que consiste en corregir gradualmente los resultados de las investigaciones teóricas, teniendo en cuenta de un número cada vez mayor de las circunstancias que complican el fenómeno a estudiar.

Como un preliminar indispensable presupone un proceso inverso, que consiste en despojar de la mayor parte de los personajes que en realidad tienen y tratan de determinar cómo deben comportarse como si fueran diferentes de lo que son.

La hipótesis, que de este modo llega a ser construida tiene mucha más posibilidad de responder a su propósito, son más verdaderas que los caracteres convencionales y esquemáticas, que nos dan los hechos a que se refieren.

Los teóricos de la ciencia casi los han ignorado, a pesar del notable hecho de que (por la forma en que hablan los practicantes) parecen haber llegado a la "piedra de los filósofos" una manera de convertir el conocimiento sobre el mundo real en certeza, simplemente pensando.

En varias ocasiones he preguntado a literatos y especialistas de materias de humanidades cuántos de ellos podrían describir la Segunda Ley de la Termodinámica, la ley de la entropía. La respuesta siempre ha sido el desdén o la negativa. Sin embargo, yo estaba preguntando algo que es sobre el equivalente científico de ¿Has leído una obra de Shakespeare, o conoces La Capilla Sixtina?

Pasado, presente, futuro son términos mortales, para los humanos mortales, sólo para aquellas mentes, esos aspectos de la mente, atrapados en limitaciones de sus propios sueños. Tales términos no tienen ninguna relevancia para la ciencia matemática sí mismo.

El futuro de las matemáticas es el pasado y el presente de las matemáticas: *totalus*: completo, en vez de contar con una línea numérica, -perfecto-, infinito. La propia matemática es la ciencia de trazar la forma misma de nuestra existencia y de la realidad misma. Es eterna y miríada, inmutable en su núcleo e infinitamente variada en sus manifestaciones.

Sin embargo, ¿cuál es el futuro de los logros aplicacionales en matemáticas para esta especie y este planeta, en términos de los efectos de las aplicaciones en curso de la ciencia matemática?

Felizmente, esto tiene una respuesta final simple, igual que la respuesta definitiva a todas las preguntas: la armonía absoluta, la simbiosis perfecta.

En el final de los extremos, sólo hay un principio sin fin - no, el ser, la realidad, que es sin discordia o imperfección, y sin limitación de ningún tipo, y con cada forma realizada a la vez como una canción inmortal con notas interminables y miríadas como están divinamente armonizados.

Esto significa que el "propósito" final de perseguir las matemáticas -la aplicación final- es resolver todos los problemas, el mismo problema de la mortalidad y sus efectos horribles.

¿Qué forma de matemática será más "útil" para este futuro, y para la siguiente continuación de esta civilización?

Todas las actividades tienen el mismo fin. Cada cosa fracturada debe ser resuelta para reparar el mundo espejado destrozado en el cual ahora escribimos este intercambio y la historia de nuestras vidas mundanas.

Más allá de lo real

Sí, con el tiempo -que es más que decir acción- por un enfoque cada vez más unido de las mentes actualmente sobrecargadas y distraídas, y esfuerzos más perfectamente coordinados, este mundo desechará su mortalidad y realizará todo su potencial convirtiendo su imaginario en realidad completamente física

La revolución de los conocimientos cósmicos en las últimas tres décadas ha puesto todas las ciencias en crisis; sobre todo los paradigmas de la eternidad inalterable del cosmos, de las leyes matemáticas, de la cantidad eterna de materia y energía.

¿Qué soy? Un ser que no es su propio fundamento: que en tanto que Ser, podría resultar otro distinto del que es en la medida en que no me puedo explicar.

¿Cómo podemos enderezar los objetos que se reflejan volteados en nuestra retina? Se sabe también la respuesta de los filósofos: "No hay problema. Un objeto está derecho o invertido con relación al resto del universo. Percibir todo el universo invertido no significa nada, pues sería menester que estuviera invertido con relación a algo".

Precisamente la materia que debería llenar las intenciones vacías no es, no puede ser ella quien las motive en su estructura. Cada una de las conductas humanas, siendo conducta humana en el mundo, puede entregarnos a la vez al humano, el mundo y la relación que los une, puesto que ya no hay un exterior de lo existente.

Sin embargo, aún no hemos incorporado esta realidad a nuestras estructuras mentales y creaciones. Hemos aceptado esta impresión de nuestro aparente mundo sin cuestionarlo y se ha transformado en la base de nuestra realidad, influyendo en la forma en que nos vemos y nos conducimos.

Las nuevas matemáticas y físicas nos han hecho incursionar entre los números sin dimensiones; nos han corroborado reiteradamente que el mundo no resulta tal como lo hemos pensado, que la naturaleza no se presenta de forma lógica, sino absurda.

Hay una verdad inmanente que consiste en la concordancia del pensamiento consigo mismo, en la ausencia de contradicción; pero solamente se da en la lógica y en las matemáticas que no son objetos externos. No existe la objetividad puesto que al ser partes de la naturaleza no podemos eliminarnos del cuadro experimental considerando que la naturaleza se puede estudiar de forma independiente.

La asunción de que los objetos, incluyendo las partículas, son entes reales, que se desplazan en el espacio y el tiempo, de acuerdo con leyes causales, con independencia de que las observemos o no, es incongruente con la mecánica cuántica.

El futuro originario es la posibilidad de esa presencia que he de ser, más allá de lo real, a un en-sí que es allende del en-sí real. Según hemos visto, lo que se devela al para-sí que seré es ese mundo futuro y no las posibilidades mismas del para-sí, solo cognoscibles por la mirada reflexiva.

Así, el fundamento de la negación es negación de la negación. Pero esta negación-fundamento no es algo dado, así como no lo es la carencia de la cual ella es un momento esencial; esa negación-fundamento es como habiendo-de-ser; el para-si se hace ser, en la unidad fantasma "reflejo-reflejante", su propia carencia; es decir, se proyecta hacia ella negándola.

Vemos en qué medida hay que corregir la fórmula de Heidegger: ciertamente, el mundo aparece en el circuito de la ipseidad, pero al ser este circuito no-tético, la anunciación de lo que soy no puede ser tética tampoco.

Así, pues, la inautenticidad no es la causa de que la realidad humana se pierda en el mundo, sino que el ser-en-el-mundo, para ella, es perderse radicalmente en el mundo por el develamiento mismo que hace que haya un mundo; es ser remitida sin tregua, sin siquiera la posibilidad

¿Cómo puede develar esta negación una pluralidad de tareas que son mi imagen, si no soy nada más que la pura nada que he-de-ser? Para responder a estas preguntas, ha de recordarse que el Para-si no es pura y simplemente un porvenir que viene al presente.

No es verdad, pues, que la intemporalidad del ser se nos escape; por el contrario, está dada en el tiempo y funda la manera de ser del tiempo universal. Y lo que se revela a través de la unidad del Pasado y del Presente es un ser idéntico. La temporalidad no es más que un órgano de visión.

Al enfrentarnos con la energía orgánica que de cierta forma procesa información, las implicaciones científicas y filosóficas resultan traumáticas.

Pero ello se debe a que el científico no se cuida de establecer sino las puras relaciones de exterioridad; el resultado de esa investigación científica, por otra parte, es que la cosa misma, despojada de toda instrumentalidad, se evapora para terminar como exterioridad absoluta.

Así, el mundo se devela como colmado por ausencias a realizar, y cada esto aparece con un cortejo de ausencias que lo indican y lo determinan. Estas ausencias no difieren, en el fondo, de las potencialidades.

Y, como soy mis posibilidades, el orden de los utensilios en el mundo es la imagen proyectada de mis posibilidades, es decir, de aquello que yo soy. Pero no puedo descifrar jamás esta imagen mundana: me adapto a ella en la acción y por la acción; es menester la reflexividad para que pueda ser yo objeto para mí mismo.

Esta percepción de realidad en que vivimos es una ilusión provocada por la luz de las partículas. Así las inteligencias artificiales autónomas, poseedoras de un vasto caudal de memes extraídos de los complejos sistemas de información integrados, asistidas de su ejército auxiliar de artefactos tecno-mecánicos, se personarán en un planeta de vida orgánica –como el nuestro actual– y reorganizarán su administración, sus leyes, su sociedad, su tecnología, su educación y ciencias en una interferencia civilizadora, para adaptarlos e integrarlos a la civilización estelar.

Esta intervención en la tormenta de la masa, el espacio y el movimiento precipitará la continua unión de las inteligencias artificiales y biológicas, de las formas mecánicas con las naturales, pues el mundo mecánico y de información artificial, la base de la ciencia y de la técnica del futuro, necesitará del componente más importante del mundo biológico: la creatividad.

La alternativa de concederle autonomía al pensamiento, de liberarlo de sus ataduras materiales, de concederle otro nicho más práctico como la inteligencia artificial, además de excitante y romántica, no deja de ser aterradora; pero ese camino ya lo hemos escogido y es actualmente irreversible.

Información es orden; por la Segunda Ley de la Termodinámica, el orden es una forma de inversión de la energía. Cuando un capacitor almacena energía eléctrica, los átomos bipolares dentro de ella se alinean, acumulando armonía; al descargarse los dos capacitores, y relajarse los dipolos, se disuelve la regularidad en corrientes. Información es orden y es sustento.

Segunda Parte
Geometría y álgebra

El codo faraónico

Poco se sabe de las matemáticas más tempranas, pero el famoso Hueso de Ishango de África temprana de la Edad de Piedra tiene marcas de registro con la aritmética. De hace 25,000 años, en la época paleolítica superior, el hueso de Ishango es de color marrón oscuro, el peroné de un babuino, con un pedazo afilado del cuarzo fijado a un extremo para el grabado. Es el atestado más antiguo de la práctica de la aritmética en la historia humana.

La columna izquierda se puede dividir en cuatro grupos, cada uno de los cuales posee *19, 17, 13 y 11* muescas. La suma de estos son *60*. Estos son los cuatro números primos sucesivos entre *10* y *20*. Esto constituye un cuadro de números primos.

La columna central se divide en grupos de ocho. Por un recuento aproximado, se puede encontrar (en el paréntesis es el número máximo:

7 (8), 5 (7), 5 (9), 10, 8 (14), 4 (6), 6, 3.

La suma mínima es 48, mientras que la suma máxima es *63*.

La columna de la derecha se divide también en cuatro grupos, donde cada grupo tiene *9, 19, 21 y 11* muescas. La suma de estos cuatro números es *60*.

El segundo hueso no ha sido bien estudiado. Sin embargo, sabemos que está compuesto de seis grupos de *20, 6, 18, 6, 20 y 8* muescas. Por ejemplo, señaló que los números en la columna de la izquierda eran compatibles con un sistema de numeración basado en 10, pues:

21 = 20 + 1, 19 = 20 - 1, 11 = 10 +1 y 9 = 10 - 1.

Estos números también son números primos entre:

10 y 20: 11, 13, 17, 19.

Muchos estudiosos atribuyen el nacimiento de la geometría en los antiguos egipcios, ya que eran conscientes de técnicas muy sofisticadas para medir segmentos, áreas y compleja con volúmenes (como la del círculo con una aproximación de *pi* igual al cuadrado de (2-2 / 9). Lo seguro es que las inundaciones periódicas del Nilo borraron las fronteras de los territorios y causaron dificultades que superaron gracias al conocimiento de estas herramientas teóricas.

El texto matemático más antiguo de Egipto faraónico descubierto hasta ahora es el papiro de Moscú, que fecha del reino medio egipcio alrededor 2000 - 1800 a.C.

Hace al menos 3600 años, el escribano egipcio Ahmes produjo un manuscrito famoso (llamado *Papiro de Rhind*), una especie de manual de instrucciones en aritmética y geometría, y nos da demostraciones explícitas de cómo la multiplicación y división se llevó a cabo en ese momento.

Además de este conocimiento, del papiro del *Rhind* y el papiro de *Moscú*, el conocimiento y el uso se derivan de los antiguos egipcios de las fracciones. Usualmente todas las fracciones con numerador se usaron excepto para 2/3 y 3/4; se representaron marcando un pequeño óvalo con el símbolo indicando el número que querían el recíproco.

También contiene pruebas de otros conocimientos matemáticos, incluyendo fracciones unitarias, números compuestos y primos, medios aritméticos, geométricos y armónicos, y cómo resolver ecuaciones lineales de primer orden, así como series aritméticas y geométricas. El *Papiro de Berlín*, que data de alrededor de 1,300 a. C., muestra que los antiguos egipcios podrían resolver las ecuaciones algebraicas de segundo orden (cuadráticas).

Imhotep, en la III dinastía faraónica, fue el primer arquitecto nombrado del mundo que construyó la primera pirámide de Egipto, a menudo es reconocido como el primer médico del mundo, un sacerdote, escritor, sabio, poeta, astrólogo.

Cada vez hay más pruebas de que la gran pirámide tuvo gran importancia para las medidas astronómicas y terrestres. La gran pirámide es enorme: en su origen tenía 146,5 m. (ahora 137,2 m), y que contiene unos 2 500 000 bloques de piedra cortados con extrema precisión, el peso de 2,5 toneladas cada una.

El perímetro de la base cuadrada de 53 hectáreas es igual a la circunferencia de un círculo con un radio igual a la altura de la pirámide. El perímetro es de 921.461 metros. El semestre promedio $L/2$ es por lo tanto:

$L/2 = P/8 = 921{,}461/8 = 115{,}183$

Usando el teorema de Pitágoras, podemos calcular la altura media de las fachadas (porque es la hipotenusa de un triángulo cuyas piernas son H y $L/2$):

$H = [(L/2)2 + h\_\{2\}] \& frac12; = 186{,}44$,

Afirmando que de hecho: $H/(L/2) = 1{,}619$

La precisión geométrica extraordinaria de su construcción interna y externa, su orientación precisa con respecto a los cuatro puntos cardinales y su posición con respecto al Trópico de Cáncer y el valle del Nilo, son elementos sugerentes de que la gran pirámide era más de un simple monumento fúnebre. Algunos creen que, en su estructura, encerraba un significado místico.

Los egipcios calculaban correctamente el área de triángulos, rectángulos y trapecios, y el volumen de figuras como ortoedros, cilindros y, por supuesto las pirámides. Para ello utilizaban un cuadrado de lado del diámetro del círculo, cercano a la constante **pi (3,14)**.

Los topógrafos del faraón utilizaron medidas basadas en partes del cuerpo (una palma era el ancho de la mano, un codo la medida desde el codo hasta la punta de los dedos) para medir la tierra y los edificios muy temprano en la historia egipcia y un sistema numérico decimal se desarrolló sobre la base de nuestros diez dedos.

Las pirámides mismas son otra indicación de la sofisticación de la matemática egipcia. Dejando a un lado las afirmaciones de que las pirámides son estructuras conocidas por primera vez para observar la proporción áurea de 1: 1.618 (que puede haber ocurrido por razones puramente estéticas y no matemáticas), ciertamente hay evidencia de que conocían la fórmula para el volumen de una pirámide - 1/3 veces la altura multiplicada por la longitud de la anchura - así como de una pirámide truncada o recortada.

También eran conscientes, mucho antes de Pitágoras, de la regla de que un triángulo con lados 3, 4 y 5 unidades producen un ángulo recto perfecto, y los constructores egipcios usaron cuerdas anudadas a intervalos de 3, 4 y 5 unidades para asegurar la exacta derecha Ángulos para su piedra (de hecho, el triángulo 3-4-5 derecho es a menudo llamado "egipcio").

Babilonia: número 60

Tanto los egipcios como los babilónicos resolvieron ecuaciones lineales ($ax = b$) y cuadráticas ($ax2 + bx = c$), así como ecuaciones indeterminadas *como* $x2 + y2 = z2$, con varias incógnitas.

Los babilonios ya utilizaban las raíces positivas de cualquier ecuación de segundo grado, e incluso llegaron a dominar raíces de ciertas ecuaciones de tercer grado.

En Sumer las tabletas de arcilla de 4,500 años muestran problemas de multiplicación y división. Las tablas mesopotámicas muestran teoremas de cuadrados, cubos, recíprocales e incluso logaritmos, usando un sistema de valor de lugar (en base a 60, no de 10).

Los babilonios fueron capaces de realizar varios pasajes algebraicos, en particular, la suma (o resta) y multiplicación (o división) para un miembro y el reconocimiento de, por ejemplo, un binomio) cuadrado. No utilizaron letras para expresar las incógnitas, sino palabras como longitud para indicar x y área para indicar x^2.

Los babilonios estaban familiarizados con el teorema de Pitágoras, las soluciones a las ecuaciones cuadráticas, incluso las ecuaciones cúbicas, e incluso desarrollaron métodos para estimar términos para el interés compuesto.

La princesa Enheduana, hija del monarca Sargón de Acad escribió mediante el método de exhaución, antecedente del cálculo integral. El babilonio Eudoxo demostró que el volumen de una pirámide resulta ser la tercera parte del de un prisma de su misma base y altura. Así como el resultado análogo que asocia el volumen del cono con el del cilindro.

Ella era la astrónoma-sacerdotisa principal y como tal manejó el gran complejo del templo de su ciudad sumera de Ur. Enheduana controlaba la extensa empresa agrícola que rodeaba el templo, así como las actividades programadas alrededor del año litúrgico.

Matemáticas Vedas

Los números de la India fueron los utilizados por la casta sacerdotal de los brahmanes, siglos antes de la era cristiana.

Uno de los primeros textos indios conocidos sobre astronomía y astrología es el *Jyotisha*, una de las seis disciplinas de Vedanga. Fue compuesto por el matemático Lagadha alrededor de 1300 a.C. El *Vedanga Jyotisha* es un texto sobre astronomía védica que describe las reglas para el seguimiento de los movimientos del sol y la luna.

Lagadha figura como el primer matemático a quien se pueden atribuir enseñanzas definidas, que utilizó la geometría y la trigonometría elemental para su astronomía.

Baudhayana vivió alrededor del 800 a.C., y también escribió sobre álgebra y geometría. Los *Baudhayana* son un grupo de textos védicos en Sanscrito que cubren el darma, ritual diario, las matemáticas, etc. Ellos pertenecen a la rama de la escuela Taittiriya Kridhna Yajurveda y se encuentran entre los primeros textos del género Sutra, tal vez compilado en los octavo-séptimo siglos VIII-VII a.C.

El *Sulbasutra* contiene soluciones geométricas (pero no algebraicas) de una ecuación lineal en un único desconocido.

Las ecuaciones cuadráticas de las formas

$ax2 = c$ y $ax2 + bx = c$ aparecen.

Varios valores de π se encuentran en el *Sulbasutra* de Baudhayana, ya que al dar diferentes construcciones Baudhayana utiliza diferentes aproximaciones para construir formas circulares.

Se dan construcciones que son equivalente a tomar π igual a *676/225* (donde *676/225 = 3,004*), *900/289*
(donde *900/289 = 3,114*) y a *1156/361*
(donde *1156/361 = 3,202*).

El texto sánscrito da en palabras lo que podríamos escribir en símbolos como:

$\sqrt{2} = 1 + 1/3 + 1/(3 \times 4) - 1/(3 \times 4 \times 34) = 577/408$

Que es, a nueve lugares, *1.414215686*. Esto da $\sqrt{2}$ correcto a cinco posiciones decimales. Esto es sorprendente ya que requiere una gran precisión matemática y no parecía necesaria para el trabajo de construcción descrito.

Si la aproximación fue dada como:

$\sqrt{2} = 1 + 1/3 + 1/(3 \times 4)$

entonces el error es del orden de *0,002* que es aún más preciso que cualquiera de los valores de π.

Otro científico hindú, Yajnavalkya vivió aproximadamente al mismo tiempo y se le atribuye la mejor aproximación a π. Yajnavalkya avanzó un ciclo de 95 años para sincronizar los movimientos del Sol y la Luna. También se le atribuye la autoría del *Shatapatha Brahmana*, en la que se encuentran las referencias a los movimientos del Sol y la Luna. Por su parte otros matemáticos védicos tempranos resolvieron ecuaciones cuadráticas y simultáneas.

El mayor representativo de las matemáticas indias en la era cristiana, fue el Brahma Gupta que escribió dos trabajos matemáticos en el 628 y 665 d.C.

Entre los siglos VII y XII en la India se origina el álgebra y en particular las ecuaciones de segundo grado donde se consideran las soluciones negativas y los problemas de la división por cero. Sin embargo, es en el mundo árabe que se elabora el primer tratado del álgebra que se puede considerar de alguna manera moderna.

No se puede negar que los teoremas muchas veces han sido redescubiertos, incluso en contextos culturales muy diferentes. Así, algunos desarrollos se han descubierto de forma independiente en la India, Japón y Europa. Por ejemplo, los métodos para la solución de la ecuación de Pell[1] han sido expuestos en la India por Bhaskara en el siglo XII y luego otra vez como resultado de un reto de Pierre de Fermat, y la solución por John Wallis y Lord Brouncker en 1657.

Euler erróneamente pensó que esta solución se debía a Pell, como resultado de lo cual llamó la ecuación con ese nombre. La teoría general de la ecuación de Pell está basada en fracciones continuas y en manipulaciones algebraicas con números de la forma desarrollada por Lagrange en 1766-1769.

También se pueden citar los argumentos en apoyo de la tesis ¿Cómo métodos similares podrían ser conocidos por los griegos, y tal vez por el propio Arquímedes? La solución hallada en la India podría por tanto ser de origen griego; pero hasta ahora todo es pura especulación. Ciertamente es imposible una conexión entre Bhaskara y los autores europeos del siglo XVII.

𝔐atemática 𝔈eleste

La notación decimal tradicional se remonta a los orígenes de la escritura china, donde hay un símbolo para cada uno de:
1, 2, 3, 4, 5, 6, 7, 8, 9, 10, 100, 1000 y 10000.
Ejemplo el *2034* se escribiría con símbolos para
2,1000, 3, 10, 4, lo que significa:
2 veces *1000*, + 3 veces *10*, + *4*.

Así, la antigua China ciertamente desarrolló también las matemáticas, de hecho, la primera prueba conocida del Teorema de Pitágoras se encuentra en un libro chino[2] que se supone escrito alrededor del año 1000 a.C.

El texto matemático *Zhoubi suanjing* articula una de las teorías de los cielos, estados y usa el teorema de Pitágoras para la topografía, la astronomía, etc., también comprenden la prueba del Teorema de Pitágoras, y cálculos donde se incluyen con fracciones comunes.

El texto de *Los Nueve Capítulos sobre el Arte Matemático*[3] (100 a. C. -50 d. C.) es el libro de matemáticas chino superviviente e influyente más largo, que contiene la medición de campo: discusión sistemática de algoritmos usando barras de conteo para fracciones comunes que contienen algoritmos; áreas de figuras planas, cuadrado, rectángulo, triángulo, trapezoide, círculo, segmento de círculo, segmento de esfera, anillo.

También designa algoritmos habituales para raíces cuadradas y cubicas, pero aprovecha los cálculos con barras de conteo. En el campo de la construcción comprenden volúmenes de cubo, paralelepípedo rectangular, troncos de prisma, pirámide, pirámide triangular, tetraedro, cilindro, cono y tronco cónico, esfera, algún uso de $pi = 3$.

En los planteos rectangulares, da algoritmo de eliminación para resolver sistemas de tres o más ecuaciones lineales simultáneas. Involucra el uso de números negativos. También las reglas para números firmados, triángulos rectos: aplicaciones del teorema de Pitágoras y triángulos similares, desvelan ecuaciones cuadráticas con modificación del algoritmo de raíz cuadrada, sólo ecuaciones de la forma:

$x^2 + ax = b$, con a y b positivos.

Geómetras Griegos

Los griegos asimilaron la matemática babilónica, la más avanzada de todas antes de los griegos. Los geómetras griegos de la antigüedad se basaron en las reglas empíricas de la agrimensura egipcia faraónica, de las proposiciones generales de tales reglas y de allí a los axiomas y postulados de Euclides.

Los griegos tenían una idea de la ciencia bastante clara que no se confundía con la filosofía: se trataba de un conocimiento de la causa y de la definición. El problema se reducía a: ¿cómo se puede llegar a las definiciones, a estas premisas del silogismo científico o lógico?

Se corre el riesgo de reducir la filosofía a una mera vivencia. La filosofía tiene una necesidad fundamental de la ciencia que le es contemporánea, porque la ciencia topa sin cesar con la posibilidad de conceptos que comportan necesariamente alusiones a la ciencia, que no son ejemplos, ni aplicaciones, ni siquiera reflexiones.

Entre los siglos VI y IV a. C., los griegos utilizaron ecuaciones de segundo grado, especialmente para resolver problemas geométricos, donde aparecieron segmentos, cuadrados y rectángulos.

Los griegos tenían las matemáticas desarrolladas como una ciencia demostrativa riguroso en la geometría la cual ocupaba la ubicación central. Su empleo deductivo, tal como lo encontramos en Euclides, pertenecía a las matemáticas en el | sentido ordinario.

Entre los matices matemáticos y filosóficos griegos la distinción dependía del interés que inspiraba la investigación y la formación que tiene la investigación; no sobre las propuestas con la que esa investigación estaba relacionada.

Al ser la ciencia de las matemáticas la de las magnitudes, las abstracciones de la geometría euclidiana no se ocupan del aspecto cuantitativo de las cosas. Las matemáticas clásicas, lineales, al igual que la lógica formal, se aplican en categorías fijas e inmutables y sirven solo como aproximaciones, pues nunca reflejan la realidad; sus ecuaciones lineales no son suficientes, son incapaces de tratar con cambios cualitativos en oposición a los meramente cuantitativos.

La intuición matemática que tanto se nos inculcó en nuestra enseñanza no nos brinda el instrumental necesario para enfrentar el extravagante comportamiento del más sencillo de los sistemas no lineales. La geometría elemental de líneas y planos, cuadrados, círculos, esferas, triángulos, conos y paralelogramos, si bien son abstracciones con las cuales

Euclides armó una geometría, la que se enseña a la mayoría de los escolares, nos ubica en callejones sin salida.

Se mantiene y refuerza la idea de algo inexpresable, que no puede ser parte de la ciencia racional en el mundo griego. Pero el número irracional había aparecido, aunque no quería reconocerse entre las categorías del pensamiento griego.

Por su propia naturaleza el infinito no se puede contar ni medir, por lo cual existía un auténtico conflicto entre las dos equivalencias. Este fue el motivo por lo cual los grandes matemáticos de la antigua Grecia, como si fuese una plaga maligna evitaban definir el infinito.

Pese a ello, desde los principios de la filosofía en Mileto, los científicos helenos especulaban sobre el infinito. Por ejemplo, Anaximandro (610 - 547 a. C.) lo tomó como base de su filosofía[4].

Para el humano lo normal es lo finito, lo que tiene principio y fin; pero conceptuar lo infinito implica en matemática una contradicción, ya que utiliza magnitudes específicas. Las matemáticas en la antigua Grecia se auto-impusieron una barrera al descartar lo infinito, a diferencia de su aceptación en la India, por ejemplo.

Ya Anaximandro de Mileto había introducido el concepto de infinito, pero en el siglo V con la escuela de Pitágoras y con la escuela eleática se profundiza en el reino del infinito, aunque mantenía el sentido del misterio y de la inexpresividad.

Pitágoras: el Teorema

Fue Pitágoras quien descubrió la existencia de lo inconmensurable y, en particular, la inconmensurabilidad del lado de un cuadrado y la diagonal. El Teorema de Pitágoras fue uno de los primeros teoremas conocidos por las civilizaciones antiguas.

Los chinos y babilonios conocieran el resultado de ciertos triángulos específicos al menos un milenio antes que Pitágoras. El teorema le permite usar encontrar la distancia de trayecto más corta entre las direcciones ortogonales. Así que no se trata realmente de triángulos rectos; se trata de comparar "cosas" moviéndose en ángulo recto.

Los pitagóricos iniciaron la concepción mística del número y de la armonía del universo, solo que se estaba ante un horizonte lleno de contradicciones, como lo imposible de expresar la longitud de la diagonal de un cuadrado en números.

Este teorema es fundamental para nuestra comprensión de la geometría. Se describe la relación entre los lados de un triángulo rectángulo en un plano: cuadrado de las longitudes de los lados cortos, a y b, añade los juntos, y se obtiene el cuadrado de la longitud del lado largo, c. $a^2 + b^2 = c^2$.

Mas tarde se descubrió que la raíz cuadrada de 2 es irracional y, por lo tanto, no se puede expresar como una proporción de dos enteros, algo que perturbó a Pitágoras y sus seguidores. Ellos eran devotos en su creencia de que cualesquiera dos longitudes eran múltiplos enteros de alguna longitud unidad. Se hicieron muchos intentos para suprimir el conocimiento de que la raíz cuadrada de 2 fuese irracional.

En Pitágoras la armonía musical era reducible a proporciones numéricas **1:2, 2:3, 3:4**; asimismo, el ángulo "recto" en los lados de triángulos rectángulos se resumía en **3:4:5, ó 5:12:13**. La conclusión pitagórica era que todo podía llevarse a proporciones numéricas. Pitágoras propuso la fórmula ($w = n + 1$). El famoso teorema de Pitágoras plantea que para un triángulo equilátero h es la hipotenusa o el lado opositor del ángulo derecho, a y b, en el cual ambos son los dos otros lados; la relación es la siguiente: $h^2 = a^2 + b^2$.

Asimismo, los pitagóricos resolvieron las ecuaciones para figuras geométricas simples (cuadrados, triángulos rectángulos e isósceles), y sólidos simples como pirámides. Asimismo, con "números oblongos" rectángulos oblongos (**2+4+6...;**) con la suma de números pares.

Los pitagóricos con sus criterios sobre la sucesión de los números y el descubrimiento de los números irracionales se acercaron al reino del infinito. Se dijo que cada número corresponde a una cantidad (un segmento), pero no a la inversa: cada tamaño (segmento) no se corresponde con un número particular.

Por eso, desde Pitágoras hasta el descubrimiento del cálculo diferencial e integral en el siglo XVII, los matemáticos evadían el concepto de infinito. La limitación de los modelos matemático que solo logran aproximarse a la realidad de la naturaleza, pues el infinito existe en ella, en el universo, en la materia, y la existencia del infinito en matemáticas es un reflejo de esto.

Platón, por su parte, reelaboró el teorema de Pitágoras, al establecer que: $a - 2n (n-^\wedge 1) + 1; b = 2n (n + 1); c = 2n-^\wedge 1,$

pero tal fórmula no demostraba la validez del teorema de Pitágoras.

Los pitagóricos relacionaban las matemáticas con las constelaciones pensando que las mismas prefijaban las formas de las cosas. Asimismo, se fundamentaban en los diagramas del atomismo desarrollados por Parménides y Zenón.

La Hipotenusa

No fueron, sin embargo, los pitagóricos quienes demostraron la validez del teorema de Pitágoras; fue Euclides al considerar que *a* es el lado de un triángulo opuesto al ángulo recto (*b* y *r*). Los *Elementos* de Euclides liberaron a la matemática de "aritmética" conmensurable y racional, aunque ya los babilonios habían llegado a tal conclusión.

El libro de Euclides, *Elementos*, contenía una serie de teoremas con demostraciones geométricas relativas que definían muchas relaciones algebraicas.

Euclides comenzó con una configuración pitagórica y luego dibujó una línea a través de un diagrama que ilustra las igualdades de las áreas. Concluyó que:

$AB/AC = AC/HA$, por lo tanto:

$(AC)2 = (HA)(AB)$. Como $AB = AJ$,

el área del rectángulo $HAJG$ corresponde al área del cuadrado en el lado AC. De forma similar:

$AB/BC = BC/BH$ también escrito como:

$(BC)^2 = (BH)(AB) = (BH)(BD)$ y $AB = BD$.

Así vemos que la suma de las áreas de los rectángulos es el área del cuadrado sobre la hipotenusa.

Para su desazón descubrieron que muchos números no se pueden expresar en números (como fracción) por ser "irracionales", como la raíz cuadrada de (2) dos. Así nacieron los números irracionales, luego los imaginarios, los trascendentales, los trans–finitos, todos con características contradictorias pero indispensables para el funcionamiento de la ciencia moderna.

Euclides en uno de sus trabajos particularmente importante, invierte la relación entre la aritmética y la geometría con respecto a la perspectiva de los pitagóricos. Los pitagóricos creían que las cifras se formaban por la discontinuidad de números enteros, pero para Euclides eran sólo exploraciones, es decir, puntos privilegiados dentro del continuo de cantidades geométricas. Lo que más tarde será llamada álgebra, no es esa parte de la geometría.

Por otro lado, las ecuaciones de segundo grado, que se resuelven algebraicamente en textos cuneiformes, emergen de nuevo en Euclides, recubiertas en forma geométrica, pero sin una sombra de razonamiento geométrico. Los matemáticos describieron el segundo método de tratamiento como " álgebra geométrica "y asumieron este tipo de conexión con Babilonia, incluso en ausencia de cualquier evidencia concreta" histórica". Aunque nadie pide documentos que atestigüen el origen común de la lengua griega, del ruso y del sánscrito como lenguas indoeuropeas.

Los tamaños y proporciones de los números enteros desarrollados por Euclides en los libros V y VII de sus *Elementos* deben ser considerados como un comienzo de la "teoría de conjuntos", colocando en duda la expresión "razón duplicada" que utiliza para el cuadrado de un *ix* desde el punto de vista histórico.

Es plausible que la teoría de la música ha proporcionado la motivación original de la teoría griega de las relaciones entre grupos enteros, x en marcado contraste con el tratamiento puramente aditivo de fracción de los egipcios; por lo cual, tenemos un primer ejemplo de interacción mutua entre matemática pura y aplicada.

Sin embargo, es imposible analizar adecuadamente el contenido del libro *Elementos* de Euclides sin el concepto de conjunto y también este con los operadores, cuyas magnitudes son tratadas como un conjunto multiplicativo que opera en grupos aditivos de tamaños diversos. Es ahí cuando estos libros de Euclides pierden su carácter misterioso, y se convierten en una línea fácil de seguir que conduce directamente a Nuicole de Oresme y el francés Nicolás Chuquet y luego a los logaritmos de John Napier[5].

Euclides, Arquímedes y Apolonio marcan los resultados más significativos de una matemática cuya importancia había disminuido debido a que los filósofos se habían centrado sus pensamientos en otras cuestiones.

Arquímedes, sin embargo, por la experiencia que desarrolló, encontró la base de esos conceptos que requieren una justificación a través de procesos formales precisos y estrictos. Antes de 212 a. C., Arquímedes había desarrollado un método para derivar una respuesta finita para la suma de infinitos términos que se hacen progresivamente más pequeños:

$(1/4 + 1/16 + 1/64 + 1/256 + ...$

La cuadratura de la Parábola.

Arquímedes también elaboró el llamado "método exhaustivo" para calcular la aproximación del valor de *pi*, la proporción entre el diámetro y la circunferencia de un círculo estableciendo que se hallaba entre:

3,14085 y 3,14286.

Pero si intentamos escribir su valor exacto tenemos el extraño resultado de

π = 3,14159265358979323846264338327950É,

y así hasta el infinito. **Pi (π)** que se conoce como un número trascendental, es absolutamente necesario para encontrar la circunferencia de un círculo, pero no se puede expresar como la solución de una ecuación algebraica[6].

Si bien es necesario para hallar la circunferencia del círculo no se puede expresar como solución de una ecuación algebraica. Igualmente, la raíz cuadrada de -1, fue denominado "número imaginario" al no existir un número real que multiplicado por sí mismo de como resultado -1, ya que el producto de 2- es 1+. La raíz cuadrada de -1 es una contradicción y un contrasentido, pero sin él no tendríamos matemática elemental ni superior, no podríamos construir circuitos eléctricos ni las ecuaciones de la mecánica cuántica.

Ya que tenemos la raíz cuadrada de -1, que no es un número aritmético en absoluto. Los matemáticos[4] lo denominan un "número imaginario", porque no hay ningún número real que multiplicado por sí mismo de como resultado -1, ya que 2- dan como resultado 1+.

Muy pocos pensadores de la antigüedad utilizaban el concepto de infinito, una excepción lo serían Anaximandro como base de su filosofía, y Zenón (450 a. C.) en su paradojas o antinomias. Arquímedes utilizó los indivisibles en geometría al considerar sin fundamento lógico los números infinitos. Arquímedes trató de calcular el valor aproximado del llamado misterio griego, el número trascendental *(pi)*, con el método conocido como "exhaustivo", pero hasta el infinito.

La visión de Anaxágoras de Clazomenae iluminará este periodo[7]: "En el pequeño hay un extremadamente pequeño, pero algo más pequeño y más pequeño tan bien en lo grande hay algo más grande."

Aquiles y la Tortuga

Parménides de Elea era un contemporáneo más joven de Heráclito de Éfeso, pero vivía en el extremo opuesto del mundo griego: en Italia. Ambos hombres estaban intrigados por la inmensa variedad de fenómenos, pero donde Heráclito discernía el orden en el caos, Parménides señaló que la infinita variedad y los cambios eternos eran sólo una ilusión.

Parménides puede considerarse como el primer físico teórico, sobre todo por establecer el primer sistema hipotético-deductivo: lo que es, es y lo que no es no existe; por eso el no-ser, el vacío, no existe, por ello el movimiento es aparente, racionalmente imposible al no existir espacio vacío; asimismo, que el mundo es un bloque sin partes (Si "X" cambia, entonces ya no es "X" pues no persiste durante el cambio).

Pero todo ello resulta una contradicción al punto que el propio Demócrito contradijo a Parménides afirmando que existía movimiento puesto que existía el vacío; y que el mundo no era una entidad homogénea pues se componía de partes y por lo tanto era múltiple.

Aunque Demócrito adoptó la teoría de Parménides referente al átomo indivisible como un universo compacto en miniatura; para Demócrito el cambio es producto del reordenamiento de los átomos, de ahí la posibilidad de predecir los cambios futuros.

Además, incursionó en el cálculo integral, formulando la teoría de volúmenes de conos y pirámides. Al cuantificar el espacio (distancia mínima) y el tiempo (intervalo mínimo) consideró la existencia de distancias en el espacio y el tiempo.

Epicuro fue el primero que planteó los términos del dilema al que la física y las matemáticas modernas otorgan el peso de su autoridad. Sucesor de Demócrito, imaginaba el mundo constituido por átomos moviéndose en el vacío; pensaba que caían todos con igual velocidad, siguiendo trayectorias paralelas. ¿Cómo podían entonces entrar en colisión? ¿Cómo la novedad -nueva combinación de átomos- podía aparecer?

Para Epicuro, el problema de la ciencia, de la inteligibilidad de la naturaleza, era inseparable del destino de los hombres ¿Que podía significar la libertad humana en el mundo determinista de los átomos? Escribía a Meneceo: "En cuanto al destino, que algunos ven como el amo de todo, el sabio se mofa[8].

Una y otra vez los pensadores de la tradición occidental, como Kant, Whitehead o Martín Heidegger, defendieron la existencia humana contra una representación objetiva del mundo, que amenazaba su sentido.

Así, la solución propuesta por el propio Epicuro, el *clinamen* que en momentos imprevisibles trastorna imperceptiblemente la caída paralela de los átomos, ¿permaneció en la historia del pensamiento como el paradigma mismo de la hipótesis arbitraria, que salva un sistema mediante la introducción de un ad hoc?

Para Heráclito, tal como lo entendió Karl Popper[9], "la verdad es haber captado lo esencial de la naturaleza, haberla concebido como implícitamente infinita, como el proceso mismo". Por contraste, el célebre *Poema* de Parménides afirma la realidad única del ser que no muere, nace, ni deviene. Y, como se sabe por el *Sofista*, Platón postula lo imprescindible del ser y el devenir, ya que, si la verdad está vinculada al ser, a una realidad estable, no podemos concebir la vida o el pensamiento apartando el devenir.

Un primer intento de resolver la crisis conceptual se debe a Parménides, que rechazó el concepto de mónada-punto que afirma y niega la extinción. En su crítica estaban implícitos los principios sobre los cuales se las entidades geométricas no se pueden definir por la abstracción, por un proceso de idealización indefinida.

Esta declaración constituye el primer reconocimiento del carácter infinitesimal de los conceptos de la geometría y funciona, en cierto sentido, como un principio del análisis infinitesimal.

En Parménides de Elea, la existencia de números se demuestra por nuestra capacidad de contar, por lo cual, como Platón, la teoría de que los números son originalmente ordinal, una secuencia de formas diferenciadas por posición.

El alumno de Parménides, Zenón de Elea, intentó demostrar que el mundo de nuestra experiencia cotidiana es inconsistente con el mundo real de nuestro intelecto y se hizo famoso por varias paradojas[10].

Las paradojas de Zenón plantean la dificultad inherente en la idea de una cantidad infinitesimal como componente de magnitudes continuas, intentando demostrar que el movimiento es una ilusión. Zenón "refutaba" el movimiento de maneras diferentes. Planteaba que antes de alcanzar un punto dado un cuerpo en movimiento tenía que recorrer la mitad de la distancia. Pero antes de eso tenía que recorrer la mitad de esa mitad, y así hasta el infinito. Por lo tanto, cuando dos cuerpos se mueven en la misma dirección, pero el situado atrás, a una distancia dada del otro, se mueve a una velocidad mayor del de delante, erróneamente asumimos que le alcanzará[11].

La más famosa de éstas es la paradoja de Aquiles. Un corredor rápido como Aquiles nunca será capaz de alcanzar una tortuga lenta, porque el perseguidor debe llegar primero al punto desde el que la tortuga comenzó. Cuando Aquiles ha llegado a este punto, sin embargo, el animal habrá cubierto una distancia adicional, que el corredor también debe cubrir. En el momento en que ha hecho esto, la tortuga está otra vez a cierta distancia por delante.

Imaginémonos una carrera entre Aquiles y una tortuga. Supongamos que Aquiles puede correr diez veces más rápido que la tortuga que sale con 1000 metros de ventaja. Cuando Aquiles haya cubierto los 1000 metros, la tortuga estará 100 metros más adelante; cuando Aquiles haya recorrido los 100 metros, la tortuga estará 10 metros más adelante; cuando Aquiles haya recorrido estos 10 metros la tortuga habrá avanzado otro metro, y así hasta el infinito.

Zenón estaba comenzando a reconocer lo que se llama un "límite", pero los griegos nunca desarrollaron este tipo de matemáticas. Al menos para el primer problema, la respuesta matemática obvia es que la "distancia total" es finita, porque es la suma infinita:

Σ2-nΣ2-n, que converge.

Antes de que un objeto pueda viajar una distancia determinada, debe recorrer una distancia. Para viajar, debe viajar, etc. Dado que esta secuencia continúa para siempre, por tanto, parece que la distancia no puede ser recorrida. La resolución de la paradoja esperaba el cálculo y la prueba de que infinitas series geométricas como las que pueden converger, de modo que el número infinito de "medias etapas" necesarias se equilibra con el tiempo cada vez más corto necesario para recorrer las distancias.

Las paradojas de Zenón no demuestran que el movimiento sea una ilusión, o que en la práctica Aquiles no alcanzará la tortuga, pero brillantemente revelan las limitaciones del método de pensamiento conocido como lógica formal.

El misterioso π (*pi*)

El intento de eliminar toda contradicción de la realidad, como se esforzaron los eleáticos griegos, inevitablemente conduce a este tipo de paradojas insolubles, o antinomias como las llamó Emanuel Kant más tarde. Para demostrar que una línea no se podía componer de un número infinito de puntos, Zenón planteó que, si fuese así, Aquiles nunca alcanzaría la tortuga. Realmente aquí tenemos un problema lógico[12].

Como explica el investigador Alfred Hopper[13]: "Esta paradoja sigue dejando perplejos incluso a aquellos que saben que es posible encontrar la suma de una serie infinita de números formando una progresión geométrica cuya ratio común sea menos de 1, y cuyos términos se hagan consecuentemente más y más pequeños y de esta manera convergiendo en algún valor límite.

Tanto en Demócrito como en los pitagóricos la medición partía de unidades naturales reducibles a números puros, por lo cual no tenían en cuenta los teoremas irracionales, a diferencia de Platón, sobre todo en el caso de las distancias entre los vértices producto de la inconsistencia de la diagonal *d* con el lado *a*.

De esta suerte tenemos que la circunferencia del círculo desarrollada por los griegos nos lleva a una ecuación en la cual el círculo es igual a $2\pi r$; el área es $\pi r2$, donde π es una constante con un valor de *3.141 592*. En la geometría analítica la ecuación de un circulo se centra en su origen, que es

x2 + y2 = r2.

El cálculo moderno logra el mismo resultado, utilizando métodos más rigurosos donde se enumeran como convergentes los "recíprocos de las potencias de la serie 2", equivalente a la paradoja de la dicotomía. Estos métodos permiten la construcción de soluciones basadas en las condiciones estipuladas por Zenón, es decir, la cantidad de tiempo tomada en cada paso es decreciente geométricamente.

En criterios del matemático Christopher Hoffman[14]: "El hecho de que una fórmula de ese tipo tuviera cualquier conexión con ese mundo de estricta experimentación que es el mundo de la física es en sí mismo difícil de creer.

Tal cosa iba a ser la fundación profunda de la nueva física, e iba a investigar más profundamente que nada que se hubiese hecho anteriormente hacia el mismo centro de la ciencia y la metafísica, lo que es tan increíble como en su tiempo tenía que haber parecido la doctrina de que la tierra es redonda[15]".

El misterioso π (*pi*) era bien conocido por los antiguos griegos, y generaciones de estudiantes han aprendido a identificarlo como la ratio entre la circunferencia y el diámetro de un círculo. Sin embargo, no se puede calcular su valor exacto.

Los griegos descubrieron que no existe una unidad de longitud capaz de medir el lado y la diagonal de un cuadrado, por ser una de ellas inconmensurable al no existir dos números naturales *m* y *n* cuyo cociente sea igual a la proporción entre el lado y la diagonal.

En los liceos de las ciudades griegas de la Antigüedad, la instrucción de las matemáticas, específicamente en la rigurosa técnica de la geometría axiomática, era el precedente obligatorio para abordar cualquier estudio de especulación filosófica trascendental.

Las escuelas clásicas de la filosofía se basaban en la lógica matemática, como los pitagóricos, los sofistas, los estoicos de los cuales derivarían los posteriores racionalistas, los positivistas lógicos y los filósofos analíticos. Finalmente, los filósofos que se han constituido puntos de la referencia obligada para la historia de la filosofía han fundamentado sus trabajos en las matemáticas. No asombra por lo tanto que los pensamientos de estas escuelas o estos individuos sean asequibles a los matemáticos.

En el siglo V, los matemáticos se dieron a la tarea de reconstruir la confianza en su ciencia: así se enfrentó al problema de la construcción de un lenguaje científico libre.

La subdivisión de apelación al infinito de las cantidades geométricas se practica entonces en una forma intuitiva, por varios matemáticos para comparar áreas y volúmenes de diferentes figuras.

De Átomo y Polígono

Fue sobre todo Demócrito de Abdera (460-360 a.C.), el filósofo atomista, quien trató de dar racionalidad a las ideas de la escuela de Elea. Demócrito ocupa un lugar importante entre los matemáticos pre-euclidianos; escribió libros sobre geometría y su Aritmética abarca temas que representan un desarrollo de los conceptos infinitesimales; asimismo aportó a la teoría del volumen inconmensurable; fue capaz de medir el volumen del cono y el cilindro.

Para establecer los volúmenes de dos pirámides de bases y alturas iguales, presumiblemente considerado para uno de ellos las secciones paralelas sin fin en la base y la comparación con las secciones piramidales correspondientes.

En este sentido, según lo informado por Plutarco, Demócrito había planteado la cuestión de si dos secciones paralelas de un cono, infinitamente cerca juntos, debe ser considerado como iguales entre sí o diferentes; la observación de que, si no son iguales, la superficie del cono debe poseer rugosidad y si, en cambio, eran iguales, el cono debería aparecer como un cilindro.

No sabemos cómo Demócrito resuelve esta duda. En todo caso, en su investigación, debe haber procedido con sus consideraciones infinitesimales para evitar la rugosidad, la división del cono en secciones infinitamente delgadas, anticipando, de alguna manera, la concepción que se encuentra entonces en el método de Arquímedes y en los indivisibles del matemático renacentista Bonaventura Cavalieri.

Otros topógrafos detectan la verdadera naturaleza del problema en la solución de la serie infinita que dan lugar al polígono inscrito y al círculo circunscrito.

Probablemente a partir de consideraciones intuitivas Demócrito había llegado a la idea de un sólido constituido por la totalidad de sus secciones, a saber, como la suma de un número infinito de figuras paralelas o capas infinitamente delgadas.

Incluso los sofistas Hipías, Antífone y Brisone se orientaron sobre este problema, sugiriendo que, para llegar a la circunferencia a partir de un polígono regular inscrito, se dobla gradualmente el número de lados, suponiendo erróneamente por razones empíricas que no hacía falta que este polígono coincidiera con el círculo.

Brisone de Heraclea, contemporáneo de Antífone, trató la solución del mismo problema inscribiendo y circunscribiendo un círculo en los polígonos regulares de 4, 8 y 16 lados.

Brisone pensaba que podía llegar con la construcción de un tercer polígono cuya área fuese el promedio de los anteriores, a la cuadratura del círculo. Aristóteles negó todo valor a tal razonamiento. Algunos críticos modernos, consideran que Antífone y Brisone utilizaron solamente elementos empíricos, y no les conceden el uso de procesos infinitesimales. Otros, señalan que las concepciones racionalistas del análisis infinitesimal deben ser evaluados correctamente.

Según Arquímedes, los teoremas que Eudoxo descubrió sobre el cono se debía en gran parte a Demócrito, quien estableció por primera vez, sin demostración, las proposiciones relativas a estas cifras.

La demostración del teorema de Euclides modificado de acuerdo con el esquema de procedimiento de Eudoxo, permite que el resultado se alcance a través de la suma de una progresión

Platón y el irracional

El primer gran filósofo de inspiración matemática es Platón (428-347 a.C.) (en el *Menone*, en el *Teeteto*, en el *Timeo*, en el *Convito*); los otros filósofos matemáticos de la antigüedad eran Aristóteles, cuyo método de la lógica fue el punto obligado de referencia para toda la escolástica, y Apolonio de Perga, el cual desarrolló la familia de curvas conocida como cónica.

La doctrina filosófica central de Platón, la "teoría de las Formas o Ideas", no puede ser comprendida adecuadamente si no es en un contexto extra-filosófico; más especialmente, en el contexto de los problemas críticos de la ciencia griega. Ejemplos de ellas son la primitiva teoría atómica o la primitiva teoría de la acción por contacto.

Es probable que la teoría de las formas, de Platón, tanto en su origen como en su contenido, estuviera estrechamente vinculada con la teoría pitagórica de que todas las cosas son, en esencia, números.

La mentalidad pitagórica de Platón[16] era considerada en esencia, en números, no solamente en las "formas" o contornos de las figuras geométricas, sino también en las ideas abstractas. En su interpretación del Cuadro de los Opuestos, Platón fue influido por Parménides, el pensador cuyo estímulo condujo a la creación de la teoría atómica de Demócrito.

Platón incluye entidades matemáticas de números y los objetos de la geometría pura tal, como puntos, líneas y círculos; sobre todo entre los objetos bien definidos, existentes de manera independiente y externa, que llamó formas caducados. Es el hecho de que los enunciados matemáticos referencian formas de tesis definida que permite ese tipo de declaraciones para ser verdad o falsa.

Aunque, Platón fue el pionero en el campo de los irracionales se percató que la aritmética pura era incapaz de explicar la naturaleza. En el dintel de la puerta de su Academia rezaba el siguiente lema: *"No entre en mi casa quien ignore la geometría"*. Su método geométrico autónomo de los "elementos" fue asimilado por Euclides. Pero tanto Pitágoras como Platón no tomaron en cuanta la geometría euclidiana que conceptuaba triángulos diferentes de la misma base y altura[17].

En el *Timeo* Platón desarrolla una teoría de la materia y una geométrica de la teoría atómica con las raíces cuadradas irracionales de *"2"* y *"3"*, superando la anterior versión puramente aritmética sobre las partículas elementales.

Su teoría de la materia, partículas elementales invisibles o figuras planas de dos triángulos (el rectángulo isósceles -raíz cuadrada de 2-, y el triángulo rectángulo semi-equilátero -raíz cuadrada de 3-, ambas irracionales), se aplica a la moderna teoría de los sólidos, especialmente los cristales.

Platón consideró erróneamente que la suma de los múltiples racionales de *"2"* y múltiples irracionales de *"3"* le posibilitaba lograr todos los números irracionales y formar todos los triángulos. Ello le facilitó construir modelos que explicaban los movimientos planetarios. Por eso, el mayor aporte filosófico de Platón fue su teoría geométrica del mundo[18].

¿Existen los números? esas entidades con las cuales hacemos adiciones, retiros, multiplicaciones, divisiones y cantidad. Y si existen, ¿qué cosa son? Hace ya 2,400 años, Platón se había hecho las mismas preguntas.

Las ideas que definen los objetos del pensamiento tienen existencia al concretarse en la acción de ser, y esta acción son los números. Y esto nos lleva a preguntarnos si los números, como objetos de nuestro pensamiento, existirán también.

Sin embargo, para Platón los números no solamente existen acoplados a las cosas materiales[19] sino como universalidades. Para Platón el artesano construye el objeto a partir de la referencia de su pensamiento.

Los enunciados matemáticos sobre el mundo empírico son verdaderos en la medida en que los objetos sensibles parecen manifestar con los formularios correspondientes. Platón consideraba la matemática no como una idealización de los aspectos del mundo empírico; el propósito era más bien tener una descripción viva de la realidad, es decir, los mundos de las formas aprehendidos por la razón.

La idea por lo tanto tiene existencia autónoma, y no depende del objeto material para su valencia. Al ser los números ideas, por lo tanto, tienen las prerrogativas de tales ideas, al no representar simplemente números, sino la misma esencia de los números.

Los números ideales, por lo tanto, constituyen los modelos supremos de la matemática de los números. Los fundamentos teóricos de esta doctrina están en la convicción radical en Platón de la correspondencia perfecta entre el conocimiento matemático y el conocimiento objetivo.

Si bien el concepto de Platón nos parece improbable ante el aristotélico, sin embargo, existe la duda de si existirían los números si nadie los contara más, si habría una aniquilación inesperada de la verdad ¿tendrían los números una existencia independiente?

Tradicionalmente, los dos temas centrales de la filosofía de las matemáticas son: ¿cuáles son los objetos matemáticos? Platón ofrece respuestas fáciles las siguientes: objetos matemáticos abstractos, como triángulos y esferas, están capacitados, y tienen reflejos imperfectos en este mundo.

Por el contrario, sobre el conocimiento matemático sostiene que los objetos matemáticos, como triángulos y esferas, son abstracciones de nuestras experiencias[20].

Aristóteles y el acto-potencia

Aristóteles (384-322 a.C.), por otro lado, rechazó la noción de que las formas fuesen blanco separado de los objetos empíricos, manteniendo que las formas constituyen parte de los objetos; que las formas son captadas por la mente a través de un proceso de abstracción de los objetos sensibles, que no tienen como objetivo alcanzar así una existencia autónoma separada de las tesis.

Así, la brecha Entre Platón y Aristóteles es un ejemplo temprano de las tensiones entre las teorías filosóficas que dan primacía a los conceptos abstractos, y los que dan a la experiencia. Esta ha sido la base para la distinción común entre racionalistas y empiristas Entre los primeros filósofos modernos, la forma de las matemáticas y las ideas innatas " como el paradigma del conocimiento, y la empastar, basan sus conocimientos en las ciencias empíricas.

El "acto-potencia" de Aristóteles se traduciría en la "acción", entendida en cuanto a que su velocidad es la energía. Sir Arthur Stanley Eddington y Bertrand Russell lo aclaran hablando del cuanto:

($h = 6{,}55.10^{-27}$ ergios por segundo.

Según Aristóteles los números existen como abstracciones simples, aunque realiza una distinción entre la sustancia y el accidente: el 2 ó el 3 no existen por sí solos sin la sustancia referida: 2 libros, 3 casas.

Según Eddington[21]: "La luz es la vibración misma; la masa es la curvatura misma. Tan carente de sentido resulta decir: Velocidad a través del éter como al noroeste del Polo Norte. No significa esto que el éter queda abolido. Necesitamos un éter. Postulamos la existencia del éter como sostén de las características del interespacio."

Así, la Tierra o el libro serán sustancias por disponer de una existencia independiente, mientras el azul o el rojo serán accidentes porqué solo existen vinculados a una sustancia: el libro azul, la tierra roja.

Esta diferencia en los niveles ontológicos responde a la consistencia de ser, a la calificación de las ideas como modelos respecto a los objetos sensibles correspondientes. Esta diferencia entre Platón y Aristóteles continuó en el Medievo, en el cual el demiurgo platónico era defendido por los franciscanos, mientras la contraposición aristotélica por los dominicos.

Y esto implica una divergencia radical en el concepto de las matemáticas. Para los franciscanos 2 + 2 = 4 con independencia del Dios, que debe someter a esta verdad y no puede cambiarla, el mundo debe adherirse de hecho a él. Para los dominicos, ese 2 + 2 = 4 lo ha decidido Dios de su iniciativa espontánea.

El silogismo es un método de razonamiento lógico, que se puede describir de muchas modalidades. Aristóteles lo describe de esta manera[22]: "Un discurso en el que, habiendo afirmado ciertas cosas, se deduce necesariamente de su ser otra cosa diferente de lo afirmado". Los escolásticos medievales centraron su atención en este tipo de lógica formal que Aristóteles desarrolló en *La analítica anterior y posterior*. Pero el silogismo fue resultado del desarrollo biológico, antropológico y social de la humanidad.

Para Aristóteles, el silogismo era solo una parte del proceso de razonamiento. Se privó a la lógica de toda vida, y se la convirtió, en palabras del filósofo Hegel, en "los huesos sin vida de un esqueleto".

Una fuente valiosa para la reconstrucción de la filosofía matemática de Platón es el comentario sobre el primer libro de *Elementos* de Euclides. Proclo, vivió en el siglo V de nuestra era, al comentar a Euclides, se refiere explícitamente a Platón, afirmando claramente que los elementos tienen sus propios formatos en el ámbito académico.

Noticias similares provienen del filósofo epicúreo Filodemo, de la segunda mitad del primer siglo de nuestra era. Filodemo, se basa en testimonios antiguos, casi con toda seguridad discípulos de Platón, como el siracusano Ermodoro y Felipe del Opus.

Filodemo reconoció un gran progreso en las ciencias matemáticas de la época, con las funciones de Platón, que planteaba problemas matemáticos que buscaban una teoría general de las medidas. alcanzando relevancia los problemas sobre las definiciones, sobre todo al renovar Eudoxo el método antiguo de Hipócrates de Chio.

Plutarco de Queronea, que vivió entre los siglos I y II. C., es testigo del interés de Platón por las matemáticas, de lograr una base matemática y geométrica precisa. En *El demonio de Sócrates*, Plutarco al expresarse sobre Platón, dice, "porque él era un experto en geometría."

Las especulaciones de Aristóteles sobre el infinito se emparentan con las de muchos pensadores medievales sobre el mismo tema, aunque algunos de ellos tenían menos interés en las matemáticas que Aristóteles.

El infinito logra convertirse en una idea matemática sólo después que Cantor define los conjuntos equipolentes y prueba algunos teoremas sobre ellos. Las opiniones de los filósofos griegos sobre el infinito pueden ser de gran interés consideradas en sí mismas; y realmente tuvo una gran influencia en el trabajo de los matemáticos griegos.

Debido a esto, se dice que Euclides se abstuvo de expresar que hay un número infinito de números primos, y deben expresar este hecho de manera diferente. Pero ¿cómo es entonces que luego afirme que "hay líneas infinitas" inconmensurables con una línea dada?

Las Matemáticas árabes

Antes de iniciar el análisis de las matemáticas árabes se requiere otra premisa: el mundo romano pasó por alto las matemáticas, ya que esta civilización no era en absoluto interesada en su desarrollo como fue concebida en la antigua Grecia.

Había un interés utilitario para las aplicaciones de la ciencia con el fin de construir máquinas de guerra o de construcción, como calzadas, edificios, acueductos, etc.

Su propio sistema de numeración demuestra la propensión baja capacidad de desarrollo de las matemáticas: de hecho, el sistema de numeración romano no se presta a la contabilidad o los razonamientos concebidos en la antigua Grecia.

La transición de la matemática griega al árabe, obviamente, no fue un salto neto, y tampoco lo fue el cambio anterior del egipcio al griego[23].

Con anterioridad al uso de los números indio, los científicos árabes utilizan los numerales babilónicos mientras que los comerciantes árabes utilizan el sistema numérico decimal *"abyad"* que contenía cada una de las 28 letras del numérico árabe.

Las ecuaciones de segundo grado eran conocidas desde la antigüedad, y fueron enfrentadas por primera vez por los babilonios[24] y luego por los griegos y los árabes.

Las matemáticas en los siglos VII y VIII se consideró sólo por su utilidad en la resolución de problemas prácticos, que surgieron de los negocios, la arquitectura, la astronomía, y por lo general vinculados a las necesidades de la vida diaria.

Es imposible comprender las matemáticas árabes sin las matemáticas helenística, e igualmente es imposible de comprender las matemáticas de los siglos XVI y XVII sin las matemáticas árabes.

Desde la segunda mitad del siglo VIII hasta el final del siglo XI, el árabe era el lenguaje científico y progresivo de la humanidad.

Después del 750 d. C., los científicos, filósofos y muchos traductores de Siria, Persia y Mesopotamia fueron convocados a Bagdad, la "ciudad de la paz", fundada por Al-Mansur para convertirse en la nueva capital de la cultura, la nueva Alejandría.

Se debió a la ubicación geográfica de Bagdad, entre la India y Grecia, lo que la ayudó a hacer que el centro del poder político, y cultural.

A partir de esta excelente base de conocimiento griego, los árabes hicieron sus propios avances en los campos de las matemáticas, la medicina y la física. Dado que el islam también abarcaba parte de la India, su matemática se asimiló en el cuerpo más amplio de conocimiento matemático. Los indios surgieron con dos conceptos muy valiosos que simplifican las matemáticas inmensamente: poner valores dígitos y el cero.

Tan brillante como era la matemática griega era, sin embargo, no tenía estas dos herramientas, limitando lo que podría lograr, puesto que cualquiera matemática usando números romanos era extremadamente engorrosa. Debido a estos límites, la matemática griega se destacó en la geometría, que podría funcionar mejor que otras ramas de la matemática sin dígitos de valor de posición y cero. Incluso las pruebas en matemáticas no geométricas se hicieron con el brillante uso de figuras geométricas para ilustrar los problemas.

Equipados con los dígitos indios de valor de lugar y cero, los árabes desarrollaron la trigonometría y definieron claramente las funciones del seno, el coseno y el co-tangente, y también el álgebra[25].

Los científicos musulmanes avanzaron en la física y la óptica, anticipando teorías conocidas luego en Europa sobre la gravedad específica y desarrollando fórmulas para calcular pesos específicos y absolutos de objetos. También calcularon el tamaño de la Tierra con un grado de exactitud sin precedentes, aunque siguieron a Aristóteles en su creencia se un universo geocéntrico.

Durante las edades oscuras de la Europa medieval, los progresos científicos más importantes se hicieron en el mundo musulmán. Los eruditos en Bagdad, El Cairo, Damasco y Córdoba asumieron las obras académicas del antiguo Egipto, de Mesopotamia, de Persia, Grecia, la India y China, extendiendo lo que podríamos llamar ciencia "moderna".

La fusión entre la cultura india y griega, que se produjo en el mundo árabe en los siglos IX y X, favoreció la creación de resultados originales e importantes por los matemáticos islámicos que luego ejercieron una influencia considerable en el desarrollo de las matemáticas medievales y el Renacimiento, especialmente en los campos de la aritmética y el álgebra.

Fiel a los dictados de Mahoma que habían ubicado a los eruditos "en el tercer lugar, después de que Dios y los ángeles", los califas abasíes confiaron la educación de sus hijos a académicos, científicos, poetas y músicos, abrazando el dicho popular de que "instruir a la infancia es tallar en la piedra."

Los eruditos de Bagdad

Nuevas disciplinas surgieron, el álgebra, la trigonometría, la química-, así como grandes avances en medicina, astronomía, ingeniería y agricultura. Los textos árabes reemplazaron al griego como las fuentes de la sabiduría, ayudando a dar forma a la revolución científica del

Renacimiento. Los doctos medievales del mundo musulmán articularon brillantemente que la ciencia es universal, es el lenguaje común de la raza humana.

El intelectual del mundo islámico era, simultáneamente, un creador de las letras y un científico. A finales del siglo IX, el matemático islámico Abu Kamal al-Din, demostró las leyes fundamentales e identidades del álgebra[26]. Asimismo, aplicó la teoría de los conos a la solución de los problemas de óptica.

En álgebra convencional, *a x b = b x a*, pero en la mecánica cuántica misteriosamente esto no resultaba mecánicamente así: *a x b* no era igual a *b x a*, pues al alterarse el orden de lo multiplicado el resultado sí es distinto.

No sería hasta 1854 que Occidente logra un aparte al álgebra. El filósofo y matemático inglés George Boole[27] propuso lo que luego se conoció como el álgebra Booleana, o la sub-área en el cual los valores de las variables son los verdaderos valores de verdadero y falso: **a** + **b** significando *a* o *b*, mientras *ab* representa *a* y *b*.

Ello hace uso de la teoría de conjunto y se aplicaría por los diseñadores de programas computacionales al permitir el uso de la notación binaria *0* y *1*, para las funciones lógicas necesarias de la computación para lograr sus cálculos.

Pero gracias al patrocinio de los califas abasíes entre los siglos IX y XIII, sobre todo con Al-Mansur, Harun Al-Rashid y Abdulá Al-Mamun, sobrevino un período de desarrollo extraordinario.

Esta edad de oro, llena de resultados originales, se produjo tras el estudio y la asimilación de las obras de los griegos, de los indios y de las culturas de los pueblos conquistados.

Harun en Bagdad fomenta el trabajo de los traductores y la colección de tratados griegos e indios que enriquecen las bibliotecas. Bajo la influencia de la escuela nestoriana de Edesa y Nisibis y la academia de Gundeshapur, se tradujeron las obras griegas de teología, filosofía, medicina, astronomía, matemáticas y la agricultura,

Bajo su califato los textos de astronomía del hindú Siddhartha se consideraban importantes para el culto islámico; basta pensar en la orientación hacia La Meca, para las horas de oración, la determinación del mes de ayuno. Así, poco después de la traducción de los *Elementos* de Euclides, los astrónomos árabes notan sus carencias de conocimientos matemáticos y especialmente de geometría para entender completamente la astronomía.

El historiador y geógrafo Al-Masudi[28] relata cómo el califa Harun al-Rashid había elegido al gramático Al-Ahmar, para hacerse cargo de los informes de los embajadores enviados a Bagdad y para concluir armisticios o misiones diplomáticas.

Así, hasta el siglo XIII fue la edad de oro del aprendizaje musulmán, donde introdujeron números hindúes, incluyendo el concepto de cero. Este sistema numérico fue posteriormente transmitido a Occidente. Antes del uso de los números "árabes", como los conocemos hoy en día, Occidente confiaba en el torpe sistema de los números romanos.

Baste mencionar el registro de Mónaco de San Gallen los regalos al emperador Carlo Magno por dignatarios musulmanes pertenecientes a la corte de Harun al-Rashid y del emir de Qairuán, Ibrahim ben Aglab, donde figuraban: monos, bálsamos, ungüentos, perfumes, especias y medicinas de todo tipo "en una cantidad tal que parecían haber vaciado el este y el oeste".

Asimismo recogen las historias en los *Annales regni Francorum* sobre la segunda embajada musulmana enviada en el 802 que presentó como regalo a Carlo Magno una cortina de lino de una belleza extraordinaria, parches de seda de colores, dos candelabros de bronce dorado y un reloj de arena "que dejó atónitos a todos los que lo vieron" pues al marcar ciertas horas se escuchaba el sonido de una campana, y en un recipiente caían bolas de colores, mientras al mediodía doce caballeros se asomaban a pequeñas ventanas[29].

Por último, recordar los informes, redactados en el siglo X por los bizantinos Rhadinos Toxaras enviados por el emperador de Bizancio para redimir a los prisioneros griegos, reflejan la apertura de los abasíes a los horizontes culturales e intelectuales de los países conquistados que había sido descuidado anteriormente.

Las matemáticas que los árabes habían heredado de los griegos hicieron tal extremadamente complicada, división en busca de un método más preciso, más completo y más flexible que llevó a a la invención del álgebra por el destacado matemático persa Muhammad Al-Kuarizmi.

En matemáticas contribuyeron e inventaron el sistema decimal aritmético real y las operaciones fundamentales relacionadas con él suma, resta, multiplicación, división, exponenciación y extracción de la raíz.

Aunque el sistema decimal para los números enteros ya era conocido por el astrónomo indio Aryabhata en el siglo V a. C., y fue utilizado por su discípulo Bhaskara, y por el 670 d. C., el sistema alcanzó el norte de Mesopotamia, donde el obispo nestoriano Severus Sebokht elogió a los hindúes como inventores y descubridores de cosas más ingeniosas que las de los griegos. Anteriormente, a finales del siglo IV o principios del siglo V, el autor anónimo hindú del manual astronómico, el *Surya Siddhanta*, tabula la función seno (por cada 33/4 ° de arco de 33/4 ° a *90* °.

Al-Kuarizmi el álgebra

Al-Kuarizmi[30] fue un antiguo director de la Casa de la Sabiduría en el siglo IX y uno de los más grandes de los primeros matemáticos musulmanes. La contribución más importante de Al-Kuarizmi a las matemáticas fue su defensa del sistema numérico hindú *(1 - 9 y 0)*, que reconoció como el poder y el proceso necesario para revolucionar las matemáticas islámicas y más tarde por Europa también.

La otra contribución importante de Al-Kuarizmi fue el álgebra, e introdujo los métodos algebraicos fundamentales de "reducción" y "equilibrio" y proporcionó una explicación exhaustiva de la resolución de ecuaciones polinomiales hasta el segundo grado. De esta manera, ayudó a crear el poderoso lenguaje matemático abstracto que todavía se utiliza en todo el mundo de hoy, y permitió una forma más general de analizar problemas que no se encuentran en los problemas específicos de los estados por los indios y los chinos.

Al-Kuarizmi desarrolló una fórmula para resolver sistemáticamente las ecuaciones cuadráticas que implicaban los números desconocidos a la potencia de

2 o $x2$) utilizando los métodos de completar y equilibrar para reducir cualquier ecuación a una de las seis formas estándar.

Describió las formas estándar en términos de "cuadrados", "raíces" y "números" (constantes regulares, como el *42*), e identificó los seis tipos:

($Ax2$ ($Ax2 + bx = c$), cuadrados y número raíces iguales ($ax2 + C = bx$), y raíces y número cuadrados iguales

($bx + c = ax2$).

Fue Tabit Ibn Qurra en el siglo IX, quien desarrolló una fórmula general mediante la cual se podían derivar números amistosos, lo cual fue descubierto mucho más tarde por Pierre Fermat y René Descartes. Los números amistosos son pares de números para los cuales la suma de los divisores de un número es igual al otro número, por ejemplo, los divisores apropiados:

de *220* son *1, 2, 4, 5, 10, 11, 20, 22, 44, 55* y *110*,

de los cuales la suma es *284* y los divisores apropiados de *284* son *1, 2, 4, 71* y *142*,

cuya suma es *220*.

Ibn Qurra tradujo y editó en su casi totalidad muchas obras matemáticas griegas de Euclides, Arquímedes, Apolonio, Teodosio y Menelao. También escribió comentarios sobre los *Elementos* de Euclides y del *Almagesto* de Tolomeo.

Ibn Qurra produjo pruebas del Teorema de Pitágoras y su generalización en el texto Sobre la Prueba Atribuida a Sócrates en la Plaza y su Diagonal[31]. En su *Kitāb* calculó el área del segmento de una parábola.

Los historiadores de las matemáticas consideran que esta computación, diferente de la que hace Arquímedes en la cuadratura de la parábola, es equivalente a la de la integral. El cálculo se basa esencialmente en la aplicación de sumas integrales superior e inferior, y la prueba se realiza por el método de agotamiento.

Al-Karaji, cálculo algebraico

El matemático persa del siglo X, Muhammad Al-Karaji, fue el primero en usar el método de la demostración por inducción matemática para probar sus resultados, probando que la primera afirmación en una secuencia infinita de enunciados es verdadera y luego probando que, si alguna afirmación en la secuencia es verdadera, Entonces también lo es el siguiente.

Al-Karaji[32] extendió aún más el álgebra, liberándolo de su herencia geométrica e introduciendo la teoría del cálculo algebraico. A su vez expone por primera vez la teoría de la extracción de la raíz cuadrada de un polinomio con un desconocido y resuelve las ecuaciones del tipo:

$x2 + 5, x2 - 5, x2 + yy2 + x$.

Esas ecuaciones atrajeron mucho más tarde la atención de Euler y otros en la matemática europea del siglo XVIII. En su estudio de estos problemas, Al-Karaji utiliza a menudo el expediente de cambiar la variable, las variables auxiliares o el proceso a través de la sustitución.

Tanto los griegos como los hindúes habían estudiado ecuaciones indeterminadas, y la traducción de este material resultó en el álgebra recién desarrollada, conduciendo a la investigación de las ecuaciones de *Diofantino* por, Al-Karaji y por Abu Jafar al-Khazin en la primera mitad de Siglo X, así como a los intentos de probar un caso especial de lo que hoy se conoce como teorema último de Fermat, a saber, que no hay soluciones racionales para $x3 + y3 = z3$. T.

Entre otras cosas, Al-Karaji utilizó la inducción matemática para probar el teorema binomial. Un binomio es un tipo simple de expresión algebraica que tiene dos términos operados sólo por suma, resta, multiplicación y exponentes de números enteros positivos, tales como $(x + y)2$.

Los coeficientes necesarios cuando un binomio se expande forman un triángulo simétrico, generalmente llamado Triángulo de Pascal, del matemático francés del siglo XVII Blaise Pascal, aunque muchos otros matemáticos lo habían estudiado siglos antes en la India, Persia, China e Italia, incluyendo Al-Karaji.

Unos cien años después de Al-Karaji, Omar Khayam[33], mejor conocido como poeta y escritor del *Rubaiyat*, pero un importante matemático y astrónomo, generalizó métodos indios para extraer raíces cuadradas y cubicas para incluir cuarta, quinta y raíces más altas a principios del siglo XII.

Al-Karaji realizó un análisis sistemático de los problemas cúbicos, revelando que en realidad había varios tipos diferentes de ecuaciones cúbicas. Pero de hecho logró resolver ecuaciones cúbicas, y se le atribuye la identificación de los fundamentos de la geometría algebraica. Aunque no pudo avanzar mucho más por no separar el álgebra de la geometría y por carecer de un método puramente algebraico para la solución de ecuaciones cúbicas, algo que se realizó 500 años después por los matemáticos italianos Escipione del Ferro y Nicolo Fontana Tartaglia.

Muhammad Ibn Sinan, padre de la trigonometría, nació en Battan, Mesopotamia y murió en Damasco en 929 d. C.; príncipe árabe y gobernador de Siria, es considerado el mayor astrónomo y matemático musulmán.

Su obra más importante abarca la cuadratura de la parábola donde introdujo un método de integración más general que el de Arquímedes.

Ibn al-Haitam
álgebra y geometría

El Ibn al-Haitam[34], además de su trabajo pionero en la óptica y la física, estableció los comienzos del vínculo entre el álgebra y la geometría, e ideó lo que ahora se conoce como "el problema de Alhazen". Es el primer matemático que deriva la fórmula para la suma de las cuatro potencias, usando un método que es fácilmente generalizable. Dada una fuente de luz y un espejo esférico, encontrar el punto en el espejo que la luz se refleja en el ojo de un observador.

El gran científico Ibn al-Haitam (965-1040) resolvió problemas que implican congruencias en lo que ahora se llama "teorema de Wilson", que establece que, si p es un primo, entonces p divide:

$(p - 1) \times (p - 2) \cdots \times 2 \times 1 + 1$.

Entonces, es divisible por p. ¡Aquí, Ibn al-Haitam ofrece un método general de solución que, en el caso especial, da la solución $(7 - 1)! + 1$.

Usando también el teorema de Wilson, esto es divisible por 7, deja claramente un resto de 1 cuando se divide por 2, 3, 4, 5 y 6. El segundo método de Ibn al-Haitam da todas las soluciones a sistemas de congruencias del Tipo declarado, que por supuesto es un caso especial del Teorema del Resto Chino.

Otra contribución de Ibn al-Haitam a la teoría numérica fue su trabajo sobre el número perfecto. Euclides, en los *Elementos*, había demostrado: Si para: *un k> 1, 2k - el 1* es primo, entonces:

2k - 1 (2k - 1) es un número perfecto.

La inversa de este resultado, la forma *2k-1 (2k-1)* donde *2k-1* es primo, fue probada por Leonhard Euler.

Luego, Al-Batani elevó la trigonometría a niveles más altos y calculó la primera tabla de cotangentes. Al-Bagdadi, por su parte, logró una variante de la idea de números amistosos definiendo dos números para "equilibrar" si las sumas de sus divisores son iguales.

Al-Biruni trigonometría

Al-Biruni[35] fue uno de los que sentaron las bases para la trigonometría moderna. Fue filósofo, geógrafo, astrónomo, físico y matemático. Seiscientos años antes de Galileo Galilei, Al-Biruni discutió la teoría de la tierra girando alrededor de su propio eje.

Al-Biruni llevó a cabo mediciones geodésicas y determinó la circunferencia de la tierra de una manera muy ingeniosa. Con la ayuda de las matemáticas, permitió que la dirección de la *Qibla* fuera determinada desde cualquier parte del mundo.

Fue el primer estudioso musulmán que estudió la India y la tradición brahmánica, y ha sido descrito como el fundador de la "Indiologia", el padre de la geodesia y "el primer antropólogo". Fue también uno de los primeros exponentes del método científico experimental, y fue responsable de introducir el método experimental en la mecánica y la mineralogía, pionero de la sociología comparada y la psicología experimental, y el primero en realizar experimentos elaborados relacionados con los fenómenos astronómicos.

La historia de la ciencia describió a Biruni como "uno de los más grandes científicos del islam, considerado, uno de los más grandes de todos los tiempos, "una de las grandes mentes científicas en toda la historia ".

Los temas en física que fueron estudiados por al-Biruni incluyeron hidrostáticos e hicieron mediciones muy precisas de pesos específicos. Describió las relaciones entre las densidades de oro, mercurio, plomo, plata, bronce, cobre, latón, hierro y estaño. Al-Biruni mostró los resultados como combinaciones de enteros y números de la forma:

$1/n$, $n = 2, 3, 4, ..., 10$.

En el dominio de la trigonometría, la teoría de las funciones; seno, coseno y tangente fue desarrollado por eruditos musulmanes del siglo X. Ellos trabajaron diligentemente en el desarrollo de la trigonometría plana y esférica. La trigonometría de los musulmanes se basa en el teorema de Tolomeo, pero es superior en dos aspectos importantes: emplea el seno donde Tolomeo usó el acorde y está en forma algebraica en lugar de geométrica.

Biruni no sólo definió todas las funciones trigonométricas usadas hoy, sino que también discutió los métodos para calcularlas desde un círculo con radio $R = 1$, todavía usado para este propósito. También aplicó métodos completamente desarrollados de interpolación de segundo orden para calcular los valores intermedios de estas funciones, demostrando así una clara comprensión de las relaciones funcionales.

Biruni también calculó el lado de un nonágona, un problema resultante de su intento de trisectar un ángulo para calcular el valor del seno de *1°*; sus cálculos dieron la ecuación de tercer grado $1 + 3x = x3$. A continuación, resolvió la ecuación por inspección:

raíz x = 1; 50,45,47,13, es decir, *1,846051929*, que es correcto a la tercera fracción sexagesimal, o sea, *1,84605*.

El número total de obras producidas por al-Biruni durante su vida es impresionante. Se estima que escribió alrededor de 146 obras con un total de unos 13,000 folios[36]. La gama de obras de al-Biruni abarca esencialmente toda la ciencia en su tiempo.

Al-Farisi teoría numérica

Kamal al-Din al-Farisi[37], del siglo XIII, aplicó la teoría de las secciones cónicas para resolver problemas ópticos, así como la búsqueda de trabajo en la teoría numérica, tales como números amigables, factorización y métodos combinatorios. Al-Farisi hizo una serie de contribuciones importantes a la teoría numérica, y observó la imposibilidad de dar una solución entera a la ecuación $x4 + y4 = z4$. Al-Farisi resolvió problemas tan complicados como encontrar las x, y, z que cumplen:

$x + y + z = 10, x2 + y2 = z2, y\ xz = y2$.

Al-Farisi dio una nueva prueba del siguiente teorema de Ibn Qurra en números amistosos: para:

$n > 1, pn = 3.2n - 1\ y\ qn = 9.22n-1 - 1$. Si $pn-1, pn$ y qn son números primos, entonces:

$a = 2npn-1pn\ yb = 2nqn$ son números amigables.

No fue una simple modificación que hizo Al-Farisi. Más bien, produjo un nuevo enfoque importante a un área entera de la teoría numérica, introduciendo ideas sobre factorización y métodos combinatorios.

Al final de su tratado, Al-Farisi da los pares de números amistosos **220, 284** y **17296, 18416**, obtenidos de usar la regla de Ibn Qurra con $n = 2$ y $n = 4$, respectivamente. Para comprobar que el teorema de Ibn Qurra propone números amistosos con $n = 4$, al-Farisi tiene que mostrar que $p3, p4$ y $q4$ son números primos. Ahora $p3 = 23, p4 = 47$ y $q4 = 1151$ y, para demostrar que *1151* es primo al-Farisi utiliza una serie de lemas incluyendo una aplicación del tamiz de Eratóstenes.

El número par amable **17296, 18416** se conoce como el par amigable de Euler. No hay duda de que Al-Farisi demostró que éstos eran números amistosos mucho antes que Euler. Sin embargo, Al-Farisea probablemente no fue el primero en descubrir estos números amistosos.

Ibn al-Banna al Marrakechí, del siglo XIII, cuyas obras incluyeron temas como el cálculo de raíces cuadradas y la teoría de fracciones continuadas, así como el descubrimiento del primer nuevo par de números amistosos desde la antigüedad

17.296 y 18.416, más tarde redescubierto por Fermat y el primer uso de la notación algebraica desde Brahma Gupta.

El astrónomo persa del siglo XIII, el científico y matemático Nasir Al-Din Al-Tusi fue quizás el primero en tratar la trigonometría como una disciplina matemática separada, distinta de la astronomía. Sobre la base de trabajos anteriores de los matemáticos griegos como Menelao de Alejandría y el trabajo de la India sobre la función seno, dio la primera exposición extensa de la trigonometría esférica, incluyendo la enumeración de los seis casos distintos de un triángulo rectángulo en la trigonometría esférica.

Una de sus principales contribuciones matemáticas fue la formulación de la famosa ley de los senos para los triángulos planos, *a / (sen A) = b / (sin B) = c / (pecado C)*, aunque se había descubierto la ley sinusoidal para los triángulos esféricos más temprano por el siglo X por los persas Abul Wafa Buzjani y Abu Nasr Mansur.

Tercera Parte
Humanismo y Gravedad

Filósofos matemáticos

Un hecho singular se observa en los cálculos de los romanos: cuando al pasar de enteros a fracciones, los latinos abandonaron la base de diez. Su mentalidad especulativa estrecha los llevó a descuidar toda consideración teórica en la nueva categoría de los números -los fraccionados- por lo que simplemente tuvieron en cuenta las fracciones como partes de unidades en uso, que se dividieron en *12, 144, 288, 576.*

Lo mismo se repitió para las subdivisiones monetarias. La necesidad de considerar otros números fraccionarios sólo se hizo sentir después del milenio d.C.

En la parte inferior de los templos romanos, dos líneas rectas perpendiculares fueron llamadas desimano y cardo: el primero indicaba la dirección Este-Oeste, el segundo Norte-Sur.

Los romanos solían trabajar en conjeturas, un embrión rudimentario de lo que entonces se convertiría en el sistema de coordenadas cartesianas.

Las coordenadas cartesianas son un par o triplete de números que especifican la posición de un punto, en el plano o en el espacio, en relación con dos (o tres) recta dichos ejes cartesianos.

Ellas se asumen como dos rectas ejes de coordenadas (x, y) perpendiculares entre sí y, en el espacio, tres líneas rectas de dos en dos ortogonal (x, y, z) que tiene el punto de origen "O" en común; en estos casos, las coordenadas cartesianas se denominan coordenadas ortogonales.

En referencia al cero y sus relaciones con todos los demás números, Bhaskara, autor de un famoso tratado matemático, escribió que: "uno dividido por cero es infinito como Dios es inmutable."

Según la concepción de Bhaskara un cero dividido es indefinido y al realizarse una serie de divisiones del uno para fracciones cada vez más pequeñas de unidad, entonces se tienen más y más números. De hecho:

1: 0,1 = 10
1: 0,001 = 1.000
1: 0,000001 = 1,000,000

Por esta razón, Bhaskara pensó que al dividir por nada el resultado habría sido inconcebiblemente grande, infinito.

Después de algunos siglos en los cuales no progresó el conocimiento matemático, compareció en la segunda mitad del siglo III d.C., el mayor algebrista griego, Diócesis de Alejandría, con una colección de problemas de resolución de primera y segunda ecuaciones.

El álgebra de Diocleciano no considera los métodos geométricos y por lo tanto presentaría un álgebra muy similar a la de los babilonios. Diofanto fue el primero en introducir abreviaturas simbólicas en expresiones algebraicas.

De una manera similar también Averroes, Avicena y Maimónides colocan en el centro de su pensamiento otros problemas, y también lo hacen el matemático italiano renacentista Bonaventura Cavalieri y Alberto Magno, que reanudan el aristotelismo, y no se centran en el infinito.

El manuscrito más antiguo del medievo europeo que contiene los números arábigos es el *Codex Vigilanus* escrito en España en el año 976, que se utilizó más tarde con el sistema de las universidades, aunque desde los inicios el conocimiento y el uso del álgebra en Europa se reservan para los clérigos En los monasterios.

Alrededor de 963 d. C., Gerberto de Aurillac ingresó en el monasterio de San Geraldo en su Aquitania. En el 967 el conde de Barcelona, Borrell II visitó el monasterio y pidió el abad los servicios de Gerberto para que estudiara matemáticas en Barcelona, que desde el imperio de Carlo Magno pertenecía a la marca española.

Gerberto entró aquí en contacto con el mundo de la cultura islámica. Estudió sobre las disciplinas occidentales del quadrivium (aritmética, geometría, astronomía y música) el álgebra árabe y la reputación de su cultura se extendió por todo el mundo cristiano.

Gerberto realizaba cálculos mentales en extremo difíciles para una época que pensaba en términos de números romanos. Bajo el nombre de Silvestre II de 999 a 1003, Gerberto fue impuesto como papa por influencia del emperador alemán.

Entre los primeros estudiosos que llegaron a España para aprender nuevos conocimientos científicos, figura el filósofo y matemático Gerberto de Aurillac, que se convertirá en el papa Silvestre II en el año 999, quien difundiría el sistema de numeración posicional. También lo hicieron el británico Adelardo de Bath y Chester Robert quienes tradujeron las obras de Euclides, de Al-Khwarizmi y de Platón de Tivolí[1].

Las traducciones

En la mayoría de las universidades europeas, los tratados árabes formaron la base de los estudios matemáticos.

Un colegio especial para traductores fue fundado en Toledo, España, y fue allí, y en otros centros, que algunos de los grandes eruditos cristianos tradujeron la mayor parte de las obras árabes sobre matemáticas y astronomía.

Gerard de Cremona (114-1189) dirigió una escuela de traducción en Toledo, la cual editó el *Almagesto Ptolomeo* y muchas otras obras de Euclides, Arquímedes, Al-Kindi, Hipócrates, Razes, Avicena, Tolomeo, para un total de 87 libros.

Los muchos volúmenes de manuscritos de la Edad Media están decorados con frisos al estilo árabe; las traducciones no son totalmente fiel al original, y contienen comentarios, observaciones e interpretaciones personales de los traductores.

Una rica colección de manuscritos griegos y árabes llega en la Edad Media entre los siglos X y XIII, de traducciones producidas en los países islámicos de textos griegos y de la India, luego llevados al latín en España.

Esta transferencia de conocimientos y la formación cultural que produjo, permitirán la reanudación de la actividad intelectual y la reactivación del conocimiento científico, después de los siglos oscuros tras la caída de 476 Imperio romano de Occidente y las invasiones bárbaras.

También hubo contactos frecuentes entre los intelectuales islámicos; además, en 1258 Bagdad fue conquistada por los mongoles, provocando un éxodo de académicos a Occidente y, por tanto, una mayor penetración en Europa de la cultura científica árabe.

Es innegable que esta influencia de la cultura científica árabe en Occidente sigue siendo en gran medida importante, debido a la gran cantidad de textos que fueron traducidos.

La era de las traducciones más intensas para las matemáticas fue en el siglo IX, con las versiones de las grandes obras de la antigüedad clásica, así como los de la antigüedad tardía. Son particularmente importantes desde el punto de vista histórico y porque dieron impulso a la civilización islámica, una matemática mercantil existente.

De Euclides se traducen los *Elementos*, así como otros escritos de la óptica y mecánica; de Arquímedes toda su producción; de Apolonio la obra *De sectione rationis*, perdida en griego. Y autores y comentaristas de la época helenística tardía como Pappus de Alejandría, Diofanto de Alejandría, conocido como el padre del álgebra, el neo-pitagórica Nicómaco de Gerasa y el matemático e ingeniero Erone de Alejandría, inventor de una máquina de vapor, del molino de viento, etc.

La *Aritmética* de Diofanto, por ejemplo, aparece en las versiones de Qusta ibn Luca y Abul-Wafa, con un estilo y un léxico algebraico, que revelan claramente la influencia de estos traductores, algebristas islámicos del siglo IX; sobre todo de las obras *Arte Álgebra* y Tratado del Álgebra.

Los *Elementos* de Euclides, por ejemplo, penetran por primera vez en Europa en 1142 mediante una versión latina, hecha por Adelardo de Bañera, así como los tres últimos libros de las *Cónicas* de Apolonio.

Entre finales del siglo VIII y comienzos del siglo IX, el matemático y astrónomo Al-Kuarizmi escribió una obra en la que se presenta en una "enseñanza" de los métodos de resolución de ecuaciones, especialmente de segundo grado.

𝕷𝖆 𝖆𝖇𝖘𝖙𝖗𝖆𝖈𝖈𝖎ó𝖓 𝕸𝖊𝖉𝖎𝖊𝖛𝖆𝖑

Durante la Edad Media en Europa las dos principales preocupaciones relativas a las obras de álgebra y ecuaciones cuadráticas serían de Diofanto y de Al-Kuarizmi[2].

La teoría algebraica desarrollado por al-Khwarizmi fue completada y ampliada por el egipcio Abu Kamil (850-930) en su libro *sull'al jabr y almuqâbala*, escrito entre finales del siglo IX y principios del siglo X.

Este tratado, que contiene esencialmente la teoría de ecuaciones de primer y segundo grado, tuvo numerosos lectores y comentaristas, entre ellos Leonardo Fibonacci Pisano, el matemático más importante de la Edad Media en Occidente, que en su *Liber Abaci* (1202) lo resume.

Entre las características más destacadas del tratamiento de Abu Kamil hay un alto nivel teórico y una tendencia a la aritmetización. Abu Kamil considera las potencias desconocidas superiores a 2 y emplea como expresión el cubo para indicar $x3$ y, siguiendo el principio aditivo, el cuadrado para $x4$, para $x5$ etc.

Este cálculo algebraico conduce a métodos más simples y más rápidos en la geometría, la trigonometría, en el cálculo de áreas y volúmenes y en la astronomía.

El teólogo Tomas de Aquino (1225-1274) ha propuesto mecanismo de abstracción llamada caducado de aprehensión simple que puede ser dividida en ocho pasos "mera aprehensión": objeto, especie, órgano de sentido, las especies impresionado, el sentido común, fantasma, intelecto activo y el intelecto potencial.

Todo conocimiento comienza con objetos. Las especies, la inteligibilidad del objeto al sujeto; los órganos de los sentidos recogen las especies de las tesis, que deben dejar una huella

147

detrás o que serán ignorados. Lo que se conoce como el sentido común tiene en cuenta el acuerdo simultáneo de las especies impresas de diferentes sentidos. Estas especies resultan un formulario que ha impresionado la unidad llamada fantasma caducado.

Aquino, sin embargo, no estaría de acuerdo en que hay un problema con los números grandes. Aunque permite la reflexión activa sobre las ideas adquiridas a través de la mera aprehensión. De hecho, es a través de esta reflexión que la gente es confiable para descubrir que existen objetos individuales que se hacen a partir de abstracciones.

Las traducciones durante la Edad Media española, y la de los centros de traducción en Sicilia sirvieron de referencias y estudio para Leonardo Fibonacci (1170-1240). Asimismo, su relación en el sur de Italia con el círculo de Federico II, amigo personal del sultán Al-Kamil.

Federico II se rodea de intelectuales reconocidos como Michele Escoto, un distinguido traductor de Toledo, que se estableció en su corte y se escribe un resumen del *Animalibus* de Avicena, y de muchos otros textos. Ciertamente también buscaba estar rodeado de eruditos árabes y científicos, y por ello fue calificado por el Papa como "el señor de los sarracenos."

Federico II fundó la Universidad de Nápoles en 1224 y creó un centro cultural en el sur muy avanzada. El propio emperador escribió una obra, *De arte venandi cum avibus*, e incluso su hijo Manfred se dedicó a los estudios científicos y añadió comentarios al texto de su padre.

Según el historiador árabe Ibn Wasil entre 1230 y 1240 las preguntas difíciles de matemáticas y filosofía, entre ellos la creación del mundo y la inmortalidad del alma, eran temas constantes que Federico II inquiría de los eruditos árabes. Se relata que sabía de memoria los *Elementos* de Euclides.

Teodoro de Antioquía, enviado del Sultán de Egipto en 1236 a la corte de Federico II, fue durante un tiempo su secretario y astrólogo, el cual le escribió versiones de

Aristóteles, así como un tratado de halconería, cetrería y perros.

Especialmente en el campo del álgebra y la aritmética las semillas sembradas por los árabes, y de difusión en Italia de las obras de Fibonacci, uno de los intérpretes más agudos de sus conocimientos científicos, darán el fruto más abundante, con la solución en el Renacimiento de la tercera y cuarta ecuaciones.

Según Alfred N. Whitehead en sus seminarios en Lowell sobre *Lecturas de la Ciencia y el Mundo Moderno* (1925), la Edad Media fue un largo aprendizaje de la mentalidad de Europa occidental en el sentido de orden.

Y, como si eso no fuera suficiente, agregó que la cultura medieval fue decisiva para la conformación de la mentalidad occidental porque animó a la fe inquebrantable de que cualquier evento en particular puede estar relacionado, y sus antecedentes tan perfectamente definido. Sin esta creencia, el enorme trabajo de los científicos sería desesperado.

Esta fe instintiva, fuertemente apoyada por la imaginación, es el principio motor de la búsqueda: hay un secreto, y este secreto puede ser revelado. Se pregunta que esa creencia estaba tan firmemente arraigada en el espíritu europeo, se llega a la conclusión de que la creencia en la posibilidad de la ciencia que precedió al desarrollo de la teoría científica moderna deriva de la teología medieval.

Fibonacci Il Magistri

Fibonacci estudió primero en el mundo árabe y conoció el uso del álgebra y las ecuaciones lineales, las de $2°$ grado y los algoritmos.

Fibonacci desarrolla estrechos contactos con la corte de Suabia, compuestas por "notarios y *Protonotaries*", "*magistri*" y "filósofos" dedicados a instruir los personajes de la corte imperial.

Fibonacci dedica su *Liber Abaci* a Michele Escoto y se relaciona con sus contemporáneos Giovanni de Palermo, Teodoro Dominicus Hispanus, astrónomo y astrólogo. En el curso de su trabajo también cita a menudo las reuniones con académicos y científicos en la presencia del filósofo emperador Federico II quien promovía discusiones y competencias entre los intelectuales.

El contenido de sus tratados está lleno de contribuciones originales que van mucho más allá de la aritmética y el conocimiento algebraica de griego. Fibonacci ofrece la solución de problemas en la teoría aritmética y los números, por ejemplo, en la *Practica Geometriae* (1220) y el *quadratorum Liber* (1225).

A principios del siglo XIII, el italiano Fibonacci influido por las matemáticas del mundo islámico, halló una aproximación a la solución de la ecuación cúbica:

$x3 + 2x2 + cx = d$. Fibonacci desarrolló la secuencia numeral 0, 1, 1, 2, 3, 5, 8, 13, 21…, en la cual cada término es la suma de los dos precedentes términos[3].

Si bien se reconoce universalmente la deuda cultural de la matemática medieval y del renacentista Leonardo Fibonacci, sin embargo, todavía permanece en la sombra del ambiente intelectual y científico de la corte de Suabia y de Anjou.

Carlos I de Anjou (1226-1285), vencedor de los Hohenstaufen y conquistador de Sicilia, es famoso por haber traducido la enciclopedia médica de Razes y por continuar y consolidar en Sicilia un verdadero centro de traducciones del árabe al latín e italiano, impulsando la difusión de obras griegas y orientales.

Incluso en España y Portugal, los príncipes y gobernantes se rodearon de intelectuales cultivando los estudios científicos. Es la época donde proliferan los focos de traducción en las ciudades de Córdoba, Sevilla, Málaga, Granada, Mallorca, Almería, Segovia, Toledo, Zaragoza, Barcelona, Lisboa y Coimbra.

También se copiaron y publicaron versiones de obras clásicas judías, comisariadas por eruditos judíos, como los

Tibbons, que durante generaciones se dedicaron a este arte. Miembros de esta familia trabajaron en Granada, Marsella y Montpellier; entre los más conocidos se hallaba Moisés Tibbon que dibujó treinta traducciones y editó en Marsella un *Almanaque Astronómico* que permanecerá en uso hasta el siglo XVI.

El más célebre de los monarcas ibéricos impulsor de las ciencias fue, sin duda, Alfonso X, "el sabio", rey de Castilla y Aragón, que en el siglo XIII redactó las famosas *Mesas Alfonsinas*, utilizadas a lo largo del Renacimiento por astrónomos y navegantes.

Su nieto Dionisio I, que reina en Portugal, fundó la Universidad de Lisboa, que luego será transferida a Coímbra, y propició la traducción al portugués de las obras portuguesas, latinas y españolas.

Durante la Edad Media la traducción de las obras de los griegos y los árabes hizo posible el conocimiento de las ecuaciones de segundo grado en Europa. Es importante señalar que en la antigüedad y en la Edad Media sólo se consideraron soluciones positivas.

La lógica de Aristóteles llegó a la Edad Media, que fue la época de mayor esplendor del silogismo, cuando los escolásticos dedicaban toda su vida a discusiones interminables sobre todo tipo de cuestiones teológicas oscuras, como el sexo de los ángeles.

No hay diferencia entre Tomas Aquino, Duns Escoto, y el renacentista Marsilio de Padua: los pensadores de este período se centraron en la fe, en los problemas relacionados con ella, y la relación entre la fe y la razón. Marsilio de Padua emprendió nuevas teorías políticas.

Aristóteles se desvanece en el mundo romano y tendrá que esperar a entrar en boga hasta el Renacimiento. Es natural preguntarse por qué en un momento determinado el método matemático, que parecía el más apropiado, se desecha para ser reanudado en 1400 y llegar a ser, finalmente, con Galileo la principal herramienta para el estudio de la realidad.

Para comprender la razón de esta gran caída de 2000 años de las matemáticas de Platón hay que decir que con el fin de construir una aplicación sistemática matemática es necesario contar con materiales y herramientas eficaces. No era suficiente que existiese una relación matemática entre los fenómenos, sino que fuese capaz de demostrar que, cómo se ve en Galileo, qué significan esas relaciones.

Aristóteles en la Edad Media fue el filósofo más influyente, el "maestro" al decir de Dante Alighieri y, en consecuencia, soslayado en el Renacimiento que prefería otros filósofos, como Platón, como los pitagóricos y los neoplatónicos, por ejemplo.

El tipo de sociedad fragmentada típico de la Edad Media feudal, basada sobre todo en la economía agrícola y en una vida intelectual y cultural inspirada en el pensamiento religioso, se convirtió en una sociedad dominada por las instituciones políticas centrales, que abogaba por una economía de tipo comercial y urbana, de patronatos laicos en las ciencias, el arte y la literatura.

A finales de la Edad Media el silogismo estaba desacreditado, aunque subsistía en los países católicos que no habían sido afectados por la Reforma.

El Renacimiento

Los finales del siglo XIV y mediados del siglo XVII, pleno Renacimiento, se caracterizan por la aparición de un nuevo ideal de vida y el renacer de los estudios científicos y matemáticos y las artes en Italia y en otros lugares de Europa

En 1400, finalmente, en lugar de ser testigo de la recuperación de las matemáticas, que, como hemos dicho, habían sido dejados al margen por Aristóteles hasta la Edad Media, hay que decir que el Renacimiento se caracterizó por la recuperación de antigüedades y desprecio todo lo que era medieval o inherentes a ese período.

Al llegar al Renacimiento, la época de gran estímulo al espíritu humano, la insatisfacción con la lógica aristotélica era generalizada. Había una creciente reacción contra Aristóteles, que realmente no era justa con este gran pensador, pero que partía del hecho de que la Iglesia Católica había suprimido todo lo que valía la pena de su filosofía.

El "nuevo nacimiento" del interés y el amor de los humanos por los valores del arte y la cultura también marcó el despertar de los estudios matemáticos. Un ejemplo de ello es la "*Summa de arithmetica, geometría, Proportioni et proportionalità*" (1494) de Luca Pacioli, una enciclopedia que resume el conocimiento aritmético, algebraica y geométrico.

Escrita en la lengua vernácula, fue muy elogiado por su claridad, también debido a la utilización de algunas abreviaturas originales en expresiones algebraicas, que marcaron el comienzo de una tendencia de notación ampliamente desarrollada en los años siguientes.

En cuanto a la geometría, aparte de Luca Pacioli, las contribuciones fueron modestas. Todo se centra en el estudio de las reglas que definen el punto de vista científico, y en este sentido fueron los estudios notables León Battista Alberti (1404-1472), Albrecht Dürer (1471-1528) y de Piero della Francesca (1410 -1492) que aplicaban la tercera dimensión en sus obras, en particular Piero della Francesca.

La geometría sin embargo se someterá a una revolución cuando René Descartes y Fermat combinaron la geometría clásica con el álgebra moderna, dando lugar a la geometría analítica.

En el mismo periodo que fue redescubierta el álgebra de los árabes, la escuela boloñesa confiadamente enfrenta el problema de las ecuaciones cúbicas de cuarto grado, con el fin de idear un método general válido para ambos.

Para el año 1500 matemáticos italianos y alemanes se ocuparon principalmente de generalizar el álgebra; muchas obras comenzaron a aparecer utilizando números en lugar de letras y símbolos para indicar el funcionamiento. En esta fecha las ecuaciones de segundo grado eran plenamente conocidas y los intereses de los algebristas pasaban a otros temas.

Niccolò Fontana, conocido como Tartaglia, fue una de las mentes más brillantes de las matemáticas del siglo XVI, famoso por haber inventado una fórmula para resolver las ecuaciones de tercer grado. Como era costumbre en aquellos días, Tartaglia mantuvo en secreto su método.

Pero, otro erudito italiano, Girólamo Cardano, también conocido como filósofo, ingeniero, médico y astrónomo, se las arregló para robarle la fórmula y publicarla junto con la teoría general de las ecuaciones cúbicas en el libro *Ars Magna*.

Cardano luego confesó su plagio y declaró claramente que el sistema de la solución era debido a Tartaglia, el cual nunca le perdonó.

El matemático francés François Viète, en su *Isagoge*[4], un estudió de la computación numérica y de un álgebra moderna, profundizó la adición de problemas de geometría heredados de los griegos, ubicando "p" en la posición decimal décima; más tarde Ludolf von Cheulen llegó a la cifra decimal 35*a* y proporcionó prácticamente toda nuestra gama de trigonometría plana y esférica.

Junto al álgebra, se renueva la geometría; sobre todo, el interés en los estudios astronómicos espolea a los amantes de las matemáticas para tratar intensamente los problemas de la geometría y en particular los "conos". Y por ello, se reanuda la obra de Apolonio y Arquímedes.

En Francia aparece el *Traité sur les coniques* del matemático y físico Claude Mydorge, que proporciona un método para la demostración de las propiedades cónicas. También se destacó por un método práctico para el uso del astrolabio.

Gérard Desargues, ingeniero y arquitecto, siembra la semilla de toda la geometría moderna, extendiendo a los conos algunas de las propiedades del círculo.

El renacimiento de las matemáticas entre 1400 – 1500, contiene un "anti-aristotelismo". Sin embargo, en los 1600 a partir de Galileo Galilei se implementa una medición real de la realidad y se llega a convertir en unas matemáticas pre-científicas.

Es un hecho sorprendente el que las leyes básicas de la lógica formal elaboradas por Aristóteles se mantuvieron inmutables durante dos milenios, etapa en la que tuvo lugar un proceso de cambio en todas las esferas de la ciencia, la tecnología y el pensamiento humano.

Las Universidades

Los científicos se han contentado con utilizar esencialmente las mismas herramientas metodológicas que utilizaban los escolásticos medievales en los días que la ciencia estaba todavía al nivel de la alquimia.

También es interesante notar (porque es de uso instrumental) lo que Andreas Osiander (1498-1552) hace en las matemáticas en medio del clima de la revolución astronómica y de las teorías de Copérnico que vuelcan los esquemas convencionales, tanto en el nivel teológico-ideológico como en el puramente astronómico.

La nueva teoría astronómica de Copérnico tiene un "carácter hipotético y matemático" puro, es una herramienta de cálculo pura cuya función es la de salvar las apariencias o fenómenos sin ninguna pretensión de reflejar la realidad. Este concepto se conoce con el nombre de instrumentalismo.

Es interesante observar que estas matemáticas no reflejan necesariamente la realidad. Esta es una perspectiva de la revolución científica que será superada por la ciencia, aunque el instrumentalismo no muere, de hecho, y es todavía uno de los muchos "medios" de la filosofía moderna.

La universidad era la institución más importante para las enseñanzas matemáticas. Mientras que en la Edad Media esta institución mostró una estructura relativamente homogénea en los países de Europa Occidental, con el nacimiento de los Estados nacionales, las sectarias divisiones territoriales del cristianismo llevaron a una considerable diferenciación entre las universidades, las cuales respondieron a la inclinación política de los estados individuales.

En particular, durante la Edad Media la enseñanza incluía el quadrivium, a saber: la aritmética, la geometría, la astronomía y la música.

Donde la Facultad de Letras fue capaz de ir más allá de su función preparatoria[5] y obtener mayor autonomía y un estatus igual al de las facultades superiores, entró en competencia con el sistema de escuelas secundarias desarrolladas con el Humanismo.

Al principio de la edad moderna, las profundas diferencias entre confesiones cristianas y estatales también afectaron la enseñanza de las matemáticas. Philipp Melancthon (1497-1560), matemático luterano y asesor de Martín Lutero en cuestiones de educación, diseñó muchos sistemas escolares que incluían las matemáticas.

En estas universidades las matemáticas estaban bien representadas por profesores y maestros, aunque a menudo enseñaban otras disciplinas como la física o la astronomía.

En los territorios católicos la situación era considerablemente diferente; a diferencia de Melanchthon, Ignacio de Loyola[6] el fundador de los jesuitas ignoró las matemáticas en la primera *Costituzioni dell'ordine*.

También es cierto que Cristóforo Clavio, el eminente matemático y astrónomo jesuita y profesor de matemáticas en el Colegio Romano, pudo cambiar tales criterios en el *Ratio studiorum*, en un proyecto para el nuevo programa central de estudios que incluía un riguroso curriculo de matemáticas.

Incluso en Inglaterra, el humanismo y las divisiones religiosas desempeñaron un papel decisivo en la determinación de la posición de las matemáticas dentro de las universidades. Las reformas de 1535 y 1549, promovidos por el rey Eduardo IV influenciados por el humanismo y la Reforma, enfatizaron el estudio de la filología clásica, las matemáticas y las ciencias naturales.

En 1570, finalmente, se promulgaron las leyes isabelinas que, junto con las universidades anglicanas, transformaron los estudios de grado de la Facultad de Artes, similar a lo que estaba haciendo el clero católico, donde la matemática fue excluida de la enseñanza primaria, y la lógica y la retórica se convirtieron en los temas principales.

Después de Humanismo, las matemáticas en Inglaterra siempre se mantuvieron en una posición marginal, como ocurrió en los Estados católicos, calvinistas, sino también en áreas tales como los Países Bajos. Sólo desde el siglo XVIII esta enseñanza encontraría en Cambridge, uno de los lugares de mayor aceptación.

Otros grandes filósofos fueron también matemáticos como Pitágoras, Nicolás Cusano, Avicena, Averroes, Ibn Jaldún, Blas Pascal, René Descartes. La construcción social de las matemáticas superiores surge como ejemplo privilegiado hacia 1520-1600 con Escipión del Ferro, Ludovico Ferrari, Girólamo Cardano, Niccolo Tartaglia, y con el cálculo infinitesimal de Isaac Newton-Wilhelm Leibniz, y el siglo XIX.

Del mismo modo, el filósofo David Hume distingue relaciones entre las ideas y cuestiones de hecho. Las verdades de las matemáticas se agrupan en las relaciones de las ideas ", toda afirmación de que es de cualquier manera intuitiva o demostrativamente cierta.

Cusano y la verdad científica

Al principio, los sistemas legales diferían en las regulaciones para la enseñanza de matemáticas, que en general seguía la interpretación aristotélica defendida por los principales filósofos jesuitas, que no le concedían el estatus de ciencia genuina, sino sólo de cualidades accidentales, tales como el número, tamaño, etc.

El ejemplo más destacado de este uso de las matemáticas está representado por Nicolás de Cusa, Cusano, cuyo punto de partida es la verdad científica para llegar a la verdad más allá de la ciencia, la razón metafísica para definir la relación entre nuestro conocimiento y Dios.

Cusano, el filósofo y matemático alemán, nacido en 1401 cerca de Trier es el más representativo de la filosofía platónica en el Renacimiento. Su obra más importante el famoso "*De docta ignorancia*", plantea el problema de cómo el hombre puede conocer el mundo que le rodea.

Precisamente, Cusano empieza a desarrollar las ideas de que el conocimiento humano es el conocimiento de los modelos matemáticos. Como parte de los conocimientos que sabemos lo que se desconoce si tiene una proporcionalidad con lo que ya se conoce.

Para Cusano es la misma relación que se establece entre un polígono inscrito y la circunferencia que se inscribe: el polígono y la circunferencia, por definición, sin embargo, el multiplicar los lados del polígono solo logra acercarse a la circunferencia; por lo que el hombre puede acercarse a Dios, pero nunca llegar a Él de forma permanente.

Sin embargo, volviendo a Cusano, por mucho que utilizara las matemáticas de Platón, hay que decir que muchos otros pensadores de ese tiempo utilizaron la pseudo-matemática de los pitagóricos, como Giordano Bruno, cuya concepción de las matemáticas se mezcla con el de la magia.

El problema del infinito en particular fue tomado por Giordano Bruno, aunque de manera especulativa utilizando lo que otros demostrarán con el razonamiento matemático complejo. Por naturaleza, entendida en su totalidad, no es posible excluir cualquier aspecto, por lo que el real es infinito porque el infinito es expresión divina, y siendo infinito[7] entonces los opuestos coincidirán.

La tesis de Bruno se divide sustancialmente en varias partes; en primer lugar, tenemos lo que él llama las "paredes exteriores" del universo puesto que el universo se extiende indefinidamente. Esto, en parte, implica la necesidad ontológica de la pluralidad de mundos y también de su habitabilidad.

La existencia de múltiples mundos es de acuerdo con Bruno (así como cierta necesariamente) dirigida a la glorificación del poder de Dios, ya que todos los mundos son una expresión de su obra. Por tanto, existe una identidad estructural entre la Tierra y el cielo, de hecho, todo es el resultado de la voluntad de Dios, para que no haya discriminación jerárquica entre las diferentes partes de la creación.

El espacio exterior en esta visión asume un carácter unitario homogéneo e infinito, y en este sentido se basa en el modelo geométrico euclidiano. En particular, el carácter infinito universo despertó interés en las matemáticas y la filosofía de la época.

Sin embargo, estas tesis innovadoras no se acompañaron de pruebas matemáticas, y Bruno llegó allí sólo por el método especulativa. Lo que es de particular interés en Bruno es esta relación con el infinito, infinito que no es un límite del conocimiento como en Cusano, sino más bien una expresión de un nuevo punto de vista ideológico.

Entre los matemáticos más importantes que trabajaron investigación sobre este nuevo método de indivisibles, recordamos, además del mencionado Bonaventura Cavalieri (1598-1647), también Johannes Kepler (1571- 20 1630), del matemático francés Gilles de Roberval (1675 de 1602) y Evangelista Torricelli (1608-1647).

El método de indivisibles se basa en el "principio de Cavalieri": si dos sólidos tienen la misma altura, y si las secciones cortadas a partir de estos planos paralelos a las bases y a igual distancia de estos son siempre en una relación dada, entonces los volúmenes sólidos permanecerán en este informe.

El método de indivisible continuación consiste en cada área o sólido subdivididas en muchas tiras delgadas, "indivisible". Estas cantidades, mientras que sean atribución privada de un espesor verdadero, permanecen en todas las aplicaciones con una cierta "cantidad" distinta de su longitud, y entre la otra variable dependiendo de la posición en el sólido.

Durante el renacimiento, gracias a la labor de los algebristas italianos como Tartaglia, Cardano, Ferrari, y el matemático boloñés Rafael Bombelli, desde el descubrimiento de la fórmula para la solución exacta de las ecuaciones cúbicas, estuvo involucrado en un desarrollo del álgebra, que lo llevó a encontrar la fórmula para la solución exacta de las ecuaciones de cuarto grado, así como para introducir la idea de Bombelli, de los números imaginarios.

Los resultados de este período incluyen el proceso del álgebra geométrica, que es la necesidad de vincular cada tamaño y cada nueva representación algebraica y una justificación geométrica.

El cálculo, su concepto intuitivo ya está posesión de la mayor parte de los matemáticos de la época, las claras referencias a un concepto explícito de límite de las encontramos en la definición de un límite de la sucesión en la *Aritmética infinitorum* del inglés John Wallis (1655), y en la *Geometriae Speciosae Elementa* del geómetra italiano Pietro Menga (1659).

Galileo y la Inercia

Galileo Galilei era un toscano[8] astrónomo, físico, matemático, inventor, y filósofo que ayudó a describir matemáticamente la balística y la fuerza de fricción en relación con el movimiento. Después de experimentar con objetos en movimiento, estableció su "Principio de Inercia", que era similar a la Primera Ley de Newton. Su insistencia en que el libro de la naturaleza fue escrito en el lenguaje de la matemática.

Galileo provoca una verdadera revolución científica: las matemáticas en este momento desempeñan esencialmente dos funciones: por un lado, se utilizan como una herramienta de investigación de la realidad, y del otro lado se convierte en un modelo metodológico de las cosas que no son estrictamente cuantificables.

Jacobo Mazzoni, amigo y colega de Galileo Galilei y autor de una obra sobre Platón y Aristóteles, escribe: "Es bien sabido que Platón creía que las matemáticas eran un ajuste excelente para la ciencia física, para la que se había utilizado la razón para explicar misterios físicos.

El filósofo francés Alexandre Koyré[9] llega al punto de señalar la presencia de un platonismo crítico en Galileo; pero es en el contexto neoplatónico que el Renacimiento ha revalorizado significativamente las ciencias matemáticas.

Galileo, hablando de Aristarco a Copérnico: "No puedo expresar de manera suficientemente intensa mi ilimitada admiración por la grandeza de espíritu de esos humanos que concibieron el sistema heliocéntrico y sostuvieron que era verdadero, en violenta oposición a las evidencias de nuestros sentidos."

Durante este período diseñó una nueva forma de balance hidrostático para pesar pequeñas cantidades y escribió un corto tratado, *La bilancetta*, que circulaba en forma manuscrita. Él también comenzó sus estudios en el movimiento, que él persiguió constantemente para las dos décadas próximas.

Los experimentos de movimiento de Galileo allanaron el camino para la codificación de la mecánica clásica por Isaac Newton. Su heliocentrismo[10] pronto se convirtió en hecho científico aceptado. Sus inventos, desde brújulas y balanzas hasta telescopios y microscopios mejorados, revolucionaron la astronomía y la biología.

En el siglo XIII esto ya era entendido por Roberto Grossatesta (1175-1253), quien relata las reglas de la geometría para entender los fenómenos ópticos. Galileo fue más allá y estudió el movimiento de la caída de los cuerpos, midiendo el tiempo que pasó el descenso desde cierta altura, y verificando los resultados con ecuaciones matemáticas.

Haciendo hincapié en el hecho de que la ciencia es cuantitativa, no cualitativa, que se basa en mediciones exactas y que, como él mismo dice, el libro de la naturaleza está escrito en lenguaje matemático, Galileo se sitúa en el umbral de la ciencia moderna.

A través de su visión del método científico, de sus observaciones detalladas y mediciones, y de su visión del futuro, más que nadie para demoler la física aristotélica y allanar el camino para la ciencia moderna.

En su momento Galileo se enturbió trágicamente en la discusión de la oposición aristotélica a sus descubrimientos y la falta de comprensión de que los hallazgos científicos reales muestran las obras del Creador. De hecho, al examinar los orígenes de la ciencia moderna, nos damos cuenta de que está arraigada en las creencias cristianas acerca de la naturaleza del mundo material

En su práctica matemática, Galileo planteó paradojas que contradecían la lógica. Las matemáticas clásicas se basaban en relaciones lineales de la vida real. Así, la regularidad observada por Galileo en el péndulo era solamente una aproximación, pues el ángulo cambiante del cuerpo en movimiento crea una ligera no-linealidad en las ecuaciones.

Para obtener sus resultados exactos, Galileo descartó la no-linealidad que conocía: la fricción y la que provenía de la resistencia del aire.

Así, cuando en lógica se dice que las leyes tienen que expresarse en ecuaciones diferenciales, se quiere afirmar que las relaciones finitas, que tengan lugar, no pueden formularse en forma de leyes exactas, sino solamente sus límites, disminuyendo las distancias. No se plantea con ello que estos límites sean las verdaderas realidades físicas; por el contrario, éstas continúan siendo las relaciones finitas.

Una cosa es afirmar que el mundo físico está hecho de cantidades e investigarlo con las matemáticas (lo que hacen todos los científicos), pero más estrictamente filosófico es decir "si el método de razonamiento matemática funciona tan bien en los campos de las matemáticas, ¿por qué no tratar de usarlo incluso fuera de las áreas de las matemáticas, por ejemplo, en áreas de la política, la metafísica, etcétera?

Precisamente en este período se establece el mecanismo[11] que resulta la consecuencia inmediata de la cuantificación de la ciencia; o sea, la conexión requerida en las matemáticas con las diferentes proporciones geométricas o diferente operaciones aritméticas y algebraicas relacionadas con el efecto.

El mecanismo para Galileo es un método de investigación, un mecanismo metodológico, una forma de abordar la realidad. Es completamente legítimo pasar de la metodología mecanicista a un mecanismo metafísico-ontológica, aunque no es un paso lógico que conduzca a decir que el método correcto para investigar la realidad es el uso de las características cuantitativas y por lo tanto los únicos existir.

Si la realidad se hace en términos puramente matemáticos, entonces se podría decir que el material único para el estudio es la matemática. Los platónicos y los pitagóricos pensaban de esa manera.

Napier y los logarismos

El trabajo matemático principal del físico escocés John Napier, *Una Descripción de la Ley Maravillosa de Logaritmos*, fue publicado en 1614. Napier también se acredita con la creación de una de las primeras máquinas de calcular y con el primer uso sistemático de la coma decimal.

Mucho antes de la calculadora, los logaritmos eran grandes dispositivos matemáticos de ahorro de mano de obra. Proporcionó un beneficio sustancial e inmediato a los astrónomos ya los que trabajaban en la navegación en todo el mundo en ese momento. Aunque hay evidencia de que los logaritmos eran conocidos en la India del siglo VIII.

Napier inventó un artefacto matemático bien conocido, las ingeniosas varillas de numeración más conocidas como "huesos de Napier", que ofrecían medios mecánicos para facilitar el cómputo

Así como el desarrollo de la relación logarítmica, Napier lo puso en un contexto trigonométrico por lo que sería aún más relevante. Él acuñó un término de los dos términos antiguos griegos logos, que significa proporción, y *arithmos*, que significa número; Napier utilizó esta palabra, así como las designaciones "naturales" y "artificiales" para los números y sus logaritmos, respectivamente, en su texto.

Napier también encontró expresiones exponenciales para las funciones trigonométricas y fue el primero que usó y luego popularizó el punto decimal para separar la parte de número entero de la parte fraccional de un número.

Dejemos los extremos *1000000* y *500000* dados, y dejamos que se busque la proporción media: que comúnmente se encuentra multiplicando los extremos dados, uno por otro, y extrayendo la raíz cuadrada del producto. Además, el logaritmo de los extremos *0* y *693147*, cuya suma es *693147* que se divide por *2* y, entonces el cociente *346573* será el logaritmo, de la proporción media deseada. Por lo que la proporción media *707107*, y su arco de *45* grados se encuentran como antes... se encuentra por adición, y la división por dos.

Los logaritmos permiten que los cálculos tediosos (como multiplicar y dividir números muy grandes) sean reemplazados por el proceso más simple de sumar y restar los logaritmos correspondientes.

Los logaritmos son las inversas, u opuestas, de las funciones exponenciales. Un logaritmo para una base particular le dice qué poder necesitar para aumentar esa base para obtener un número. Por ejemplo, el logaritmo base *10* de *1* es logaritmo *(1) = 0*, puesto que *1 = 10**0*; y, logaritmo

(10) = 1, puesto que *10 = 10**1*; y, además logaritmo
(100) = 2, puesto que *100 = 10**2*.

La ecuación en el gráfico, logaritmo *(ab)* = *logaritmo (a)* + *logaritmo (b)*, muestra una de las aplicaciones más útiles de logaritmos: convierten la multiplicación en adición. Hasta el desarrollo de la computadora digital, esta era la forma más común de multiplicar rápidamente grandes números, aceleró los cálculos en física, astronomía e ingeniería.

En este periodo fueron numerosas las figuras matemáticas que aumentaron la riqueza de los conocimientos. Particularmente significativos fueron Escipión del Ferro (1465-1517), Niccolo Fontana Tartaglia (1506-1557), Girólamo Cardano (1501-1571), Rafael Bombelli (¿1526? -1578?), François Viète (1540-1603), John Napier (1550-1617) y Henry Briggs. Todo se centra en el estudio de las reglas que definen el punto de vista científico, y en este sentido fueron estudios notables los de León Battista Alberti (1404-1472), Albrecht Durero (1471-1528) y Piero Della Francesca (410 -1492) que aplica la tercera dimensión en sus obras.

Girólamo Cardano[12] resolvió la ecuación cúbica general en función de las constantes que aparecen en la ecuación. En su *Ars magna* se adentró en los números complejos buscando soluciones para ecuaciones superiores a quinto grado. Por su parte, Ludovico Ferrari encontró la solución exacta para la ecuación de cuarto grado.

En cuanto a la geometría se pueden señalar las contribuciones del fraile Luca Pacioli, el padre de la contabilidad. La geometría sin embargo se someterá a una revolución cuando Descartes y Fermat combinaron la geometría clásica con el álgebra moderna, dando lugar a la geometría analítica.

Sería a partir del siglo XVII que tendrían lugar los más importantes avances en las matemáticas desde la era de Arquímedes y de Apolonio. Para Christopher Wren (1633-1723), Robert Hooke y Edmond Halley (1708-1777), las matemáticas de Descartes no explicaban el movimiento elíptico de los planetas con el Sol como punto focal en un extremo. Una de las primeras aplicaciones exitosas de la mecánica newtoniana fue la que hizo Halley para computar la órbita de un cometa[13].

Sin embargo, fue la Revolución Industrial la que hizo que la Revolución Científica fuera reconocida en su verdadera magnitud. La Revolución Científica que trajeron la Reforma y el capitalismo mercantilista fue producida por las matemáticas como nueva maquinaria de manipular ecuaciones, antecediendo dos o tres generaciones al despegue del resto de las actividades científicas; a la intensificación del trabajo de las redes de ciencias naturales, y las nuevas filosofías de Francis Bacon y René Descartes. A esta nueva "tecnología de investigación" no fue ajena la secularización intelectual.

El sueño de Bacon de una sociedad tecnológica no se llevó a cabo en el siglo XVII ni en el XVIII, a pesar de que las cosas estaban empezando a cambiar ya por el año 1760. Las ideas, como ya hemos dicho, no existen en el vacío. La gente podía considerar el punto de vista mecánico del mundo como la verdadera filosofía sin sentirse obligado a transformar el mundo de acuerdo con sus dictámenes.

Bacon, rompe el círculo Aristotélico-Escolástico: Las ciencias están donde estaban y permanecen casi en la misma condición; sin recibir un incremento notable... Mientras que, en las artes mecánicas, que están fundadas en la naturaleza y a la luz de la experiencia, vemos que ocurre lo contrario, porque ellas... están continuamente prosperando y creciendo, como si tuvieran en ellas un hálito de vida[14].

Aunque los científicos modernos han revisado muchas de las verdades adoptadas por Francis Bacon y sus contemporáneos, todavía utilizamos el método 1620 de Bacon de demostrar que el conocimiento es verdadero a través de la duda y la experimentación.

La relación entre la ciencia y la tecnología es muy complicada y es de hecho en el siglo XX que el impacto pleno del paradigma cartesiano se ha dejado sentir con mayor intensidad. Para captar el significado de la Revolución Científica en la historia de Occidente debemos considerar el medio social y económico que sirviera para sustentar este nuevo modo de pensar[15].

𝕷𝖊𝖎𝖇𝖓𝖎𝖟 𝖞 𝖑𝖆 𝖑ó𝖌𝖎𝖈𝖆 𝖘í𝖒𝖇ó𝖑𝖎𝖈𝖆

Alrededor de 1680, el filósofo alemán William Leibniz creó una lógica simbólica, aunque nunca la publicó. Otros intelectuales como François Rebeláis, Francesco Petrarca y Michel de Montaigne, todos denunciaban los silogismos.

Leibniz es indiscutiblemente reconocido como un genio universal: sus intereses iban desde la filosofía, el derecho, la política, las matemáticas, la física, el cultivo de una concepción del conocimiento en el que la teoría se combina con la práctica, y luego muy fuerte en él también la curiosidad hacia la investigación tecnológica (de hecho, construir una calculadora mucho más sofisticado el primer intento hecho por la mano de Blas Pascal).

Las diferentes disciplinas de las cuales ocupa Leibniz, precisamente, situados en su filosofía de la fundación y el momento unificador: por esta razón su pensamiento tiende a orientarse a la construcción de un sistema filosófico unitario.

En febrero de 1686, Leibniz escribió el primer texto explícito de la teoría del conocimiento[16], como una formulación de su principio de la identidad de los indiscernibles. Para Leibniz era imposible que dos objetos numéricamente distintos tuviesen las mismas propiedades.

Leibniz, probablemente es más conocido por haber inventado el cálculo diferencial e integral independientemente de Sir Isaac Newton.

Leibniz divide todas las proposiciones verdaderas, incluidas aquellas de las matemáticas, en dos tipos: verdades de hecho y verdades de la razón, también conocida como contingente y verdades analíticas, respectivamente. Según Leibniz las verdaderas proposiciones matemáticas son verdades de razón y, por tanto, su verdad es la verdad simplemente lógica: su negación entonces sería lógicamente imposible.

Leibniz concede especial importancia a los aspectos simbólicos de razonamiento matemático. Su programa de desarrollo universal se ha centrado en la idea de diseñar un método de representar los pensamientos por medio de diseño de caracteres y signos de este tipo, de una manera que la relación entre pensamientos se refleja por relaciones similares entre la representación de sus signos.

Leibniz distingue entre verdades necesarias y contingentes: la forma con las verdades de las matemáticas, son verdaderas en todos los mundos como sea posible, y no podría ser de otra manera; al igual que los hechos del descubrimiento científico, podría haber sido diferente.

Pero el punto de viraje en las matemáticas puede señalarse en la magnitud variable de Descartes, la cual posibilitó el descubrimiento del cálculo diferencial e integral, algo que fue completado por Newton y Leibniz. El cálculo implantó el uso de los números infinitos sin implicaciones lógicas o conceptuales. Con ello, muchos axiomas de las matemáticas griegas clásicas quedaron atrás.

Leibniz suponía que existían infinitesimales, aunque todo lo que somos capaces de observar excede de un cierto tamaño mínimo. Por eso hay dos aspectos en los números infinitos que se conocen difieren de los números finitos: reflexividad y no-inductividad.

Leibniz escribió su cálculo alrededor de 1673, y usó la notación que todavía usamos hoy en día, derivados expresados como dy/dx, y así sucesivamente.

Leibniz re-descubrió un método de disposición de ecuaciones lineales en una matriz, ahora llamada matriz, que podría manipularse para encontrar una solución. Una técnica similar ya se había explorado por los matemáticos chinos casi dos milenios antes, aunque había caído en desuso por mucho tiempo.

Siguiendo estos descubrimientos, Leibniz introdujo la notación $X\,dx$, una representación enlazada de la primera letra de la palabra latina *summa*, que significa sumatoria, y *d* como la primera letra de la palabra latina *differentia*, que significa diferencial o distancia infinitesimal. Leibniz también usó un triángulo diferencial para descubrir la pendiente de una línea tangente a una curva; de este modo pudo derivar las reglas de poder, producto, cociente y cadena.

Así, calculó la derivada de la función $y = 5x2 + 2/7$ de manera diferente a Newton, pero de familiar para el cálculo moderno. Leibniz fue capaz de tomar la derivada de la función al descubrir la regla de poder: $d\ (xn) = nxn-1\ dx$ por la cual la derivada de una constante es *0*.

Newton y el Cálculo

Sir Isaac Newton, matemático y físico inglés, fue considerado uno de los más grandes científicos en la historia, uno de los seres humanos más importantes para caminar la cara de la Tierra.

Sin las contribuciones de Newton, el mundo no sería el mismo: la tecnología moderna, como computadoras y televisores, no existiría; Espacio y muchas otras cosas no habrían sido exploradas.

El descubrimiento fundamental de la Revolución Científica —simbolizado por los trabajos de Newton y Galileo—, fue que en realidad no había ningún gran choque entre el racionalismo y el empirismo. Esta dinámica relación entre racionalismo y empirismo yace en el corazón mismo de la Revolución Científica, y se hizo posible por su conversión en una herramienta concreta[17].

Además de su trabajo sobre la gravitación universal (gravedad), Newton desarrolló las tres leyes del movimiento que forman los principios básicos de la física moderna. Su descubrimiento del cálculo dio paso a métodos más poderosos para resolver problemas matemáticos.

Debido a su trabajo con la luz y la óptica, Newton creía que la luz estaba hecha de partículas, en lugar de ondas. Los científicos de la época favorecían un enfoque de "luz como una ola", una práctica que continuó a pesar de los esfuerzos de Newton; hoy, los científicos entienden que la luz existe realmente como una partícula y como una onda.

Del mismo producto de las matemáticas tienen lugar el desarrollo de las tablas náuticas y otras ayudas a la navegación que son de suma importancia para la Inglaterra del siglo XVII. Newton como el director de la Casa de la Moneda, o tal vez como el tío del amante de un gran señor, está más cerca de su interés de Newton en el matemático

En Nicolás Copérnico los cielos giraban y nosotros como observadores estábamos en reposo. Por su parte, la mecánica celeste de Isaac Newton pronosticaba fielmente las órbitas planetarias y las desviaciones de las elipses de Johannes Kepler, incluyendo las órbitas de todos sus satélites.

La nueva ciencia del cosmos y de la naturaleza de Newton, a partir de la experiencia por inducción, mezclaba la geometría euclidiana con el movimiento de masas bajo la influencia de fuerzas gravitatorias.

Newton y su contemporáneo Gottfried Leibniz calcularon una función derivada $f'(x)$ que da la pendiente en cualquier punto de una función $f(x)$.

Este proceso de calcular la pendiente o derivada de una curva o función se llama cálculo diferencial o diferenciación o el "método de fluxiones". Newton llamó la tasa instantánea de cambio en un punto en particular en una curva la "fluxión", y los valores cambiantes de xyy las "fluentes". La fórmula dada aquí es la definición de la derivada en el cálculo.

Por ejemplo, la derivada de una recta del *tipo*

$f(x) = 4x$ es sólo 4;

la derivada de una función cuadrada $f(x) = x2$ *es* $2x$; la derivada de la función cúbica $f(x) = x3$ *es* $3x2$, etc. Generalizando, la derivada de cualquier función de potencia

$f(x) = xr$ *es* $rxr-1$.

El derivado mide la velocidad a la que una cantidad está cambiando. Por ejemplo, podemos pensar en la velocidad, o la velocidad, como la derivada de la posición - si usted está caminando a 3 millas por hora, entonces cada hora, usted ha cambiado su posición por 3 millas.

Otras funciones derivadas pueden establecerse, de acuerdo con ciertas reglas, para funciones exponenciales y logarítmicas, funciones trigonométricas tales como *seno (x)*, *coseno (x)*, etc., de modo que una función derivada puede ser declarada para cualquier curva sin discontinuidades. Entonces, la derivada de la curva:

$f(x) = x4 - 5x3 + sen(x2)$

sería $f'(x) = 4x3 - 15x2 + 2x\cos(x2)$.

Naturalmente, gran parte de la ciencia está interesada en comprender cómo cambian las cosas, y la derivada y la integral -la otra base del cálculo- se sitúan en el centro de cómo los matemáticos y los científicos comprenden el cambio.

A pesar de ser su contribución mejor conocida a las matemáticas, el cálculo no fue de ninguna manera la única contribución de Newton. Se le atribuye el teorema binomial generalizado, que describe la expansión algebraica de poderes de un binomio (una expresión algebraica con dos términos, como *a2 - b2*).

Newton hizo contribuciones sustanciales a la teoría de las diferencias finitas (expresiones matemáticas de la forma

$f(x + b) - f(x + a)$).

Fue uno de los primeros en utilizar exponentes fraccionarios y coordinar la geometría para derivar soluciones a las ecuaciones diofantinas (ecuaciones algebraicas con variables enteras); desarrolló el llamado "método de Newton" para encontrar sucesivamente mejores aproximaciones a los ceros o a las raíces de una función; fue el primero en utilizar la serie de poder infinito con toda confianza; etcétera.

Newton describe la fuerza de gravedad entre dos objetos, *F*, en términos de una constante universal, *G*, las masas de los dos objetos, $m1$ y $m2$, y la distancia entre los objetos, *r*.

Newton demostró que si la gravedad a una distancia R era proporcional a $1/R2$ variaba como el "cuadrado inverso de la distancia", entonces la aceleración g medida en la superficie de la Tierra podría predecir correctamente el período orbital T de la Luna.

Ya en 1692 ó 1693 Newton le escribió a su amigo el Reverendo Bentley la siguiente admisión[18]: "El que la gravedad debiera ser innata, inherente y esencial a la materia, de modo que un cuerpo pueda actuar sobre otro a la distancia a través de un vacío, sin la mediación de ninguna otra cosa; que por y a través de él, la acción y fuerza de estos cuerpos pueda ser transmitida de uno a otro, es para mí un absurdo tan grande que no creo que ningún humano que tenga cierta facultad de competencia en materia filosófica del pensamiento pueda jamás caer en ello. La gravedad debe ser ocasionada por un agente que está actuando constantemente de acuerdo con ciertas leyes, pero el que este agente sea material o inmaterial lo he dejado a consideración de mis lectores."

Acorde con la teoría de la gravitación newtoniana existe una constante $G = 6.673 \times 10^{-11} \, m^3 kg^{-1} s^{-2}$, la cual se inserta en la Ley de la fuerza de atracción. Existe una fuerza de atracción entre cualquier partícula masiva en el universo, en cualquiera de los puntos donde se hallen **m1** y **m2**, separadas por una distancia d, la fuerza de atracción F.

Así, la interacción entre objetos depende solo de la distancia y las masas, es decir: $F = Gm_1m_2 \, \hat{r} \, r^{-2}$, en la cual F es la fuerza atrayente, m_1 y m_2 representa las masas, r es su separación y $\hat{r}$ es una unidad vector entre las masas y G es la constante gravitacional de Newton.

La ley de Newton es una pieza notable de la historia científica - explica, casi perfectamente, por qué los planetas se mueven en la forma en que lo hacen. También es notable su naturaleza universal; esto no es sólo cómo funciona la gravedad en la Tierra, o en nuestro sistema solar, sino en cualquier parte del universo.

Newton trató de aplicar su modelo matemático al Sistema Solar, pero nunca pudo responder a la interrogante de qué hace mover a los planetas o cómo actúa el Sol sobre los mismos.

Asimismo, se frustró en su intento de descifrar la dinámica de la Luna y consideró un fracaso su teoría lunar; también se percató de ciertas irregularidades en los movimientos planetarios, sospechando que éstas podían llevar al desequilibrio de todo el Sistema Solar, pero trató de remendar su teoría mecánica del Sistema Solar sugiriendo que tales órbitas se reajustaban en algún punto y momento.

En una sección del *Principia* titulada "Dios y la Filosofía Natural", escribió[19]: "Hasta aquí hemos explicado los fenómenos de los cielos y de nuestro mar por el poder de la gravedad, pero aún no le hemos asignado la causa a este poder. Esto es cierto, que debe proceder de una causa que penetra hasta los mismos centros del sol y los planetas... Pero hasta aquí no he sido capaz de descubrir la causa de estas propiedades de la gravedad a partir de los fenómenos y no estoy planteando ninguna hipótesis; porque aquello que no se deduce de los fenómenos debe llamarse una hipótesis y las hipótesis, sean estas metafísicas o físicas, de cualidades ocultas o mecánicas, no tienen cabida en la filosofía experimental".

Newton en sus *Principia*[20]: "Una fuerza exterior es una acción que te ejerce sobre un cuerpo, con el objeto de modificar su estado, ya de reposo, ya de movimiento rectilíneo y uniforme". "La fuerza consiste únicamente en su acción y no permanece en el cuerpo cuando deja de actuar aquélla. Pues un cuerpo se mantiene en cualquier nuevo estado que adquiera, gracias a tu *vis inertiae* únicamente. Las fuerzas pueden ser de origen muy distinto, tales como de percusión, presión o fuerza centrífuga".

Newton escribió así[21]: "tales colores no se generan repentinamente, sino que se revelan al separarse; ya que, al mezclarse por completo de nuevo, componen otra vez el color original. Por la misma razón, la trasmutación mediante la reunión de varios colores no es real, porque cuando los distintos rayos se separan nuevamente reproducen los mismos colores que tenían antes de entrar en la composición; como es sabido, polvos azules y amarillos mezclados íntimamente impresionan nuestros ojos como si fueran verdes, y sin embargo los coloree de los corpúsculos no se han trasmutado realmente, sino tan sólo mezclado. En efecto, si observamos dicha mezcla con un buen microscopio, veremos entreverados los corpúsculos amarillos y azules".

Fue su visión matemática, coherente del Universo, lo que varió el curso de la física-matemática y estableció, por siglos, los patrones del discurso científico.

Luego de publicada su obra que impuso las leyes universales y del orden en el cosmos, amén de la confirmación de la armonía "kepleriana", procedió a conformar un marco racional para los asuntos políticos y sociales absorbiéndose en la cultura.

Pese a que Newton utilizó el cálculo en sus estudios, sin embargo, no lo hizo público, por miedo a una repercusión adversa. La controversia entre Bernard Fontenelle, defensor de los números infinitos y Georges de Bufón se puso candente cuando el filósofo francés Jean Le Rond D'Alembert negó su existencia[22].

Su preciso e íntegro diseño (e incorrecto) del Sistema Solar se instaló de forma tan penetrante en nuestra cultura que fue asumido como el modelo no solo para la física sino para todos los campos del saber humano.

A partir de él, las matemáticas se establecen en diversas ramificaciones, las que tendrán profundas consecuencias para toda la filosofía en general y, en específico, la que respecta a la ontología y la metafísica[23].

Dios y la Matemática

Sin embargo, no puede asombrarnos el discurrir del filósofo Baruch Espinoza, el cual vivió en el siglo de la física y de la matemática, el siglo en el cual se procura recurrir siempre a las matemáticas.

Los padres portugueses de Espinoza estaban entre muchos de los judíos que fueron forzados a convertirse al cristianismo, pero continuaron practicando el judaísmo en secreto, un marrano.

Espinoza aparentemente creía que una presentación geométrica de sus ideas sería más clara que el estilo narrativo convencional de sus obras anteriores. En consecuencia, comienza con un conjunto de definiciones de términos clave y una serie de "axiomas" evidentes y procede a derivar de ellos una serie de "teoremas" o proposiciones.

Los cálculos numéricos, en su perfección, expresan por lo tanto una necesidad y disipan cada posibilidad. Esta misma consideración del Dios cartesiano se encontrará en el filósofo holandés Espinoza, para el cual Dios es el pensador del universo entero en todas sus manifestaciones, por eso no existe la posibilidad de que 2 + 2 sean 5.

En esos mismos años otro gran pensador, Thomas Hobbes[24], llega a las mismas conclusiones: las matemáticas como precisión del conocimiento del humano, idéntico al del Dios.

Pero fue Johannes Kepler quien canonizó las derivativas newtonianas; su esfera armónica del universo ubicaba al Sol como el centro del sistema planetario. Kepler transformó los círculos en elipsis y Newton halló en las leyes de Kepler la evidencia que necesitaba para apoyar su formulación de las leyes dinámicas que en apariencia gobernaban el Universo[25].

Acorde con la Ley de Kepler, el cuadrado del período T de la órbita de un planeta es proporcional al cubo del casi mayor eje a de su órbita: $T2 = ka^3$ donde la proporcionalidad del factor k es igual para todos los planetas.

Se afirma a menudo que la teoría de Newton puede ser inducida y hasta deducida de las leyes de Kepler y de Galileo. Pero puede probarse que la teoría de Newton (inclusive la del espacio absoluto) contradice la de Kepler en términos estrictos (aun si nos limitamos al problema de los dos cuerpos y despreciamos la atracción mutua entre los planetas) y también la de Galileo; aunque por supuesto, de los paradigmas de Newton pueden deducirse aproximaciones a las otras dos teorías.

René Descartes, en sus *Meditaciones*, reflexionaba sobre los objetos sobre cuya existencia podía estar absolutamente seguro. Al final, lanzó considerables y poderosas dudas sobre la existencia de cosas tan mundanas y aparentemente ciertas como piedras, árboles y gatos, salvando su creencia indudable únicamente para la existencia de su propia mente.

Descartes contribuyó en gran medida a las matemáticas elaborar las bases conceptuales de la geometría analítica, donde las líneas rectas, curvas y figuras geométricas están representadas por expresiones algebraicas y numéricos por medio de un sistema de ejes simplemente "cartesianos".

Descartes entendió que al referir dos líneas perpendiculares entre sí y una escala de medición, cualquier figura de cualquier forma o tamaño es perfectamente identificable y medible. Los marcos de ejes, todos los puntos de cualquier figura no sólo son perfectamente identificables, sino que pueden ser reducidos a ecuaciones.

Por otro lado, la geometría analítica puede escribir ecuaciones que correspondan a cualquier figura. Con el nuevo método no sólo se sobrepasan los límites de la geometría griega[26], sino cualquier forma geométrica se puede analizar el todo en toda su relación y rasgo, sin siquiera dibujarlo, sino simplemente con operaciones algebraicas.

De este modo, la aritmética y el álgebra preceden a la geometría en el plano de la lógica y son superiores a él, ya que representan una "ciencia de las magnitudes" más generales, y entre sus innumerables aplicaciones permite una inigualable para la misma geometría. Esta sería la transición de la matemática geométrica a la matemática algebraica.

Lo que se aplica a dos coordenadas[27] se puede adaptar inmediatamente al espacio para los sólidos que luego tendrá tres ejes de coordenadas[28]. Para la geometría mecánica y para la relatividad serán empleadas cuatro coordenadas: una cuarta dimensión, el tiempo. Por último, se aplica para cualquier espacio imaginable de matemáticas a n dimensiones y resolver los problemas mediante imágenes de n coordenadas.

El escepticismo de Descartes era tan poderoso, de hecho, que engendró una genealogía increíble de los filósofos que discutieron sobre ella por siglos para venir. Al final, el mismo Descartes, con la generosa y dudosa ayuda de su Dios, terminó creyendo en piedras, árboles y gatos, pero otros filósofos no se apartaban con tanta facilidad de las dudas que Descartes había planteado.

Por lo tanto, gracias en parte a Descartes, tenemos una división que persiste en nuestro pensamiento sobre estas cosas hasta el día de hoy: hay el mundo interno (nuestras mentes) y el mundo externo (piedras, árboles y gatos). Gracias a la certeza que Descartes descubrió, casi nadie hasta hace poco ha sido un anti-realista sobre las mentes; Pero muchos han sido anti-realistas sobre el mundo exterior.

Descartes ya había notado este límite e intentó solventarlo integrándolas a la filosofía: si las matemáticas investigan cosas que no existen de manera rigurosa, la filosofía pone en claro cosas existentes de manera no rigurosa.

Descartes en el siglo XVII, el siglo de las matemáticas y del imperio de la razón, considerará que la verdad matemática lograda por el humano se halla en igualdad al conocimiento de Dios; es decir, el humano sabe exactamente la verdad que sabe Dios. En el plano cualitativo estamos por lo tanto en igualdad a Dios, aunque en el cuantitativo matemático no sabemos la verdad infinita que sí es conocimiento de Dios.

Aquí Descartes tuvo el gran mérito de dar vida a un método eficaz que indaga las cosas existentes (como la filosofía) de rigurosa manera (como las matemáticas), lo cual significa investigar cada cosa con el método matemático, incluso el pensamiento y el Dios; y donde cada problema complejo debe ser descompuesto en orden. Para Nietzsche las matemáticas y los números no nos introducen en la esencia profunda de las cosas.

La cita de un trabajo de Descartes[29], aparecido originalmente como apéndice a su *Discurso del método*, el cual inaugura la filosofía moderna, nos induce a buscar la incursión de las matemáticas en otras ramas del conocimiento, sobre todo en la filosofía.

Es el momento que se inicia el deslinde de filósofos y científicos, y de los intelectuales quienes como mandarines monopolizaban la información cultural. Hasta ese momento las matemáticas se hallaban imbricadas en la filosofía.

De hecho, tan importante es el lenguaje de las matemáticas para la ciencia, que es difícil imaginar cómo teorías como la mecánica cuántica y la relatividad general podrían incluso ser declaradas sin emplear una cantidad sustancial de matemáticas.

Matemática y fisicalismo

Una de las características más intrigantes de la matemática es su aplicabilidad a la ciencia empírica. Cada rama de la ciencia se basa en porciones grandes y muchas veces diversas de la matemática, desde el uso de los espacios del matemático David Hilbert en la mecánica cuántica hasta el uso de la geometría diferencial en la relatividad general. No son sólo las ciencias físicas las que se sirven de los servicios de matemáticas tampoco.

La biología, por ejemplo, hace uso extensivo de las ecuaciones de la diferencia y de las estadísticas. Los roles que juegan las matemáticas en estas teorías también son variados. No sólo las matemáticas ayudan con las predicciones empíricas, sino que permiten la declaración elegante y económica de muchas teorías.

El principal defensor del fisicalismo matemático es John Stuart Mill. La idea aquí es que la matemática es sobre objetos físicos ordinarios y, por lo tanto, que es una ciencia empírica, o una ciencia natural, aunque muy general. Así, como la botánica nos da leyes sobre las plantas, la matemática, según la opinión de Mill, nos da leyes sobre todos los objetos.

Por ejemplo, la oración '2 + 1 = 3' nos dice que cada vez que agregamos un objeto a un cúmulo de dos objetos, terminaremos con tres objetos. No nos dice nada acerca de ningún objeto abstracto, como los números 1, 2 y 3, porque, en este punto de vista, simplemente no hay cosas tales como objetos abstractos

Probablemente las visiones psicologistas más famosas son las de los intuicionistas, sobre todo los matemáticos holandeses Lutzen Brouwer y Arend Heyting. Por ejemplo, Heyting afirmaba que no atribuimos una existencia independiente de nuestro pensamiento a objetos matemáticos, mientras Brouwer realizó muchas observaciones similares.

El intuicionismo se genera apoyando los siguientes dos principios: una afirmación matemática de la forma 'Fa' significa que estamos realmente en posesión de una prueba (o un procedimiento efectivo para producir una prueba); que el objeto matemático construido mentalmente A es F'. Por tanto, una oración matemática de la forma '", P' significa" allí.

Sin embargo, habrá que esperar al filósofo nihilista Friedrich Nietzsche, el cual declarará la guerra a la idea de que las matemáticas son un conocimiento puesto a nuestra disposición, considerando que los números resultan un mundo en sí mismo. Así, se diseña y demuestra el rectángulo de los triángulos, pero el rectángulo del triángulo existe independiente, como una construcción mental.

Los matemáticos expresan que un número es reflexivo cuando no puede ser aumentado añadiéndole uno. Por eso una propiedad inductiva de los números es aquella que es hereditaria y pertenece a cero; ya que se sabe que todos los números reflexivos son no-inductivos, pero no se sabe que todos los números no-inductivos sean reflexivos. Ello, no obstante, los números infinitos actualmente conocidos son, todos, tanto reflexivos como no-inductivos.

Euler
Matemático de los matemáticos

El suizo Leonard Euler (1707-1783) es considerado uno de los matemáticos más grandes de todos los tiempos. Sus intereses cubrían casi todos los aspectos de la matemática, desde la geometría hasta el cálculo, la trigonometría, el álgebra, la teoría numérica, así como la óptica, la astronomía, la cartografía, la mecánica, los pesos y las medidas e incluso la teoría de la música.

No solamente fue el matemático más prolífico de la historia, sino que está considerado el humano creador de la obra intelectual más extensa[30]. Su descomunal composición teórica, de 866 libros y ensayos, representa un tercio de todo lo investigado en su época en los campos de las matemáticas, de la física y de la ingeniería mecánica.

Euler aportó ideas fundamentales diversas ramas de las matemáticas y sus aplicaciones. Asimismo, englobó el cálculo diferencial de Leibniz con el análisis matemático de Newton, y trabajó en los orígenes del cálculo de variaciones.

Gran parte de la notación utilizada por los matemáticos de hoy - incluyendo e, i, $f(x)$, Σ, y el uso de a, b y c como constantes y x, yyz como desconocido, fue creado y estandarizado por Euler. Asimismo, afirmó las funciones trascendentales de *beta* y *gama*; y populizó muchas notaciones, entre ellos los símbolos *pi* y *sigma*.

Incluso logró combinar varios de estos juntos en una asombrosa hazaña de la alquimia matemática para producir una de las más bellas de todas las ecuaciones matemáticas, $ei\pi = -1$, a veces conocida como "Identidad de Euler". Esta ecuación combina la aritmética, el cálculo, la trigonometría y el análisis complejo en lo que se ha llamado "la fórmula más notable en matemáticas".

No solamente fue el pionero en el campo de la topología, sino que además elevó al ámbito científico la teoría de los números, implantando el teorema de los números primos y la ley de la reciprocidad *bi-cuadrática*.

En la física no quedó atrás al articular la dinámica newtoniana, fundar la mecánica analítica, especialmente en su hipótesis del movimiento de los cuerpos rígidos, y concretar la teoría cinética de los gases en un modelo molecular.

En 1766, la emperatriz de Rusia, Catalina la Grande, atraída por su fama, le extendió una generosa oferta para que continuase sus investigaciones y escritos en la Academia de San Petersburgo. Euler aceptó, pero ya ciego tuvo que valerse de su memoria prodigiosa para dictar sus tratados de óptica, álgebra y mecánica lunar.

Otro descubrimiento de este tipo, conocido simplemente como Fórmula de Euler, es:

$eix = cosx + isinx$, sentó las bases de la teoría de los gráficos y presagió la importante idea matemática de la topología.

Los matemáticos siempre han estado expandiendo la idea de lo que realmente son los números, pasando de los números naturales, a los números negativos, a las fracciones, a los números reales. La raíz cuadrada de *-1*, generalmente escrita *i*, de Euler completa este proceso, dando lugar a los números complejos.

En álgebra funciona perfectamente, cualquier ecuación tiene una solución de número complejo, situación que no es verdadera para los números reales: *$x2 + 4 = 0$* que como se ve no tiene solución de número real, pero tiene una solución compleja en Euler: el cuadrado raíz de *-4 o 2i*.

Los poliedros de Euler son las versiones tridimensionales de polígonos, como el cubo a la derecha. Las esquinas de un poliedro se llaman sus vértices, las líneas que conectan los vértices son sus bordes, y los polígonos que lo cubren son sus caras. Un cubo tiene 8 vértices, 12 bordes y 6 caras. Si añado los vértices y las caras juntas, y se sustraen los bordes, se obtiene *8 + 6 - 12 = 2*.

El pensamiento silogístico, el método deductivo abstracto, pertenece a la tradición francesa, especialmente desde Descartes. La tradición anglosajona enrumbaría por vías totalmente diferente, fuertemente influenciada por el empirismo y el razonamiento inductivo.

Berkeley y las apariencias

Berkeley sólo escribió una obra. *De Motu,* dedicada a la filosofía de la ciencia física. En Berkeley las mismas apariencias *pueden* ser calculadas exitosamente a partir de más de una hipótesis matemática, y que dos hipótesis matemáticas que dan los mismos resultados en lo concerniente a las apariencias calculadas pueden no sólo diferir, sino hasta contradecirse una a otra; y puede no haber razón alguna para optar por una u otra.

Los primeros trabajos publicados por el obispo George Berkeley fueron sobre matemáticas y sobre óptica, este último trataba de cuestiones de distancia visual, magnitud, posición y problemas de la vista y el tacto, y que se convirtió en parte establecida de la teoría óptica.

La crítica de Berkeley en el siglo XVIII sobre el cálculo puso al descubierto la contradicción inherente en el tratamiento de los infinitesimales, donde las cantidades son más pequeñas que la magnitud de cualquier positiva.

Sus tesis sorprenden por su modernidad, y son análogas a la crítica a Newton, a la filosofía de la física de Ernest Mach, que fue seguida por Joseph Petzold, ejerciendo una inmensa influencia sobre la física moderna, especialmente la teoría de la relatividad.

Lo más sorprendente es que Berkeley y Mach, admiradores de Newton, criticaron sus ideas del tiempo, del espacio y del movimiento absoluto siguiendo una argumentación similar.

Estas teorías no son hipótesis matemáticas, es decir, instrumentos para la predicción de apariencias. Su función va mucho más allá; pues no hay apariencia pura u observación pura: en Berkeley era siempre el resultado de la interpretación y, por lo tanto, contenía un elemento teórico o hipotético. Las nuevas teorías, además, pueden dar origen a una reinterpretación de las viejas apariencias, y, de este modo, cambiar el mundo de las apariencias.

Berkeley desaprueba las explicaciones esencialistas en la ciencia de Newton el cual no interpretó su propia teoría en ese sentido; no creía haber descubierto el que los cuerpos físicos, por su naturaleza, no sólo son extensos, sino que están dotados de una fuerza de atracción que irradia y radia de ellos y es proporcional a la cantidad de materia que contienen.

La crítica de Mach y Berkeley culmina en que todos los argumentos en apoyo del espacio absoluto de Newton fallan porque esos movimientos son relativos al sistema de las estrellas fijas.

Einstein decía en su nota necrológica en honor de Mach, refiriéndose a esa idea[31]: "No es improbable que Mach hubiera llegado a la teoría de la relatividad si el problema de la constancia de la velocidad de la luz hubiera preocupado a los físicos en una época en la que su mente era aún joven."

Berkeley, por ejemplo, postulaba que, después de Descartes, sólo tenía sentido creer en la existencia de las mentes, no en la existencia de piedras, árboles y gatos en absoluto[32].

Curiosamente, y quizás irónicamente, el filósofo del siglo XX Karl Popper (1902-1994) publicó un artículo en 1953 titulado *"Una nota sobre Berkeley como precursor de Mach y Einstein"* en el que describió 21 tesis de la obra de Berkeley que mostraban cómo se reflejaban los conceptos en la física moderna.

La metafísica que desarrolla Bertrand Russell es, esencialmente, la del obispo Berkeley: todo lo que es, es percibido. Pero sus razones son algo diferentes, pues no sugiere que haya imposibilidad alguna de existencia para las entidades no percibidas, sino solamente que no existe base segura para creer en ellas. Berkeley creía que lo que podía aducirse contra ellas era definitivo.

Berkeley creía en causas, hasta en causas "verdaderas" o "reales"; pero, para él, todas las causas verdaderas o reales eran "causas eficientes o finales", y, por tanto, espirituales y esencialmente ajenas a la física

Es posible trabajar con algo similar a un mundo situado "detrás" del mundo de la apariencia sin comprometerse con el esencialismo (en especial, si se supone que no podemos saber nunca si puede haber o no otro mundo detrás de este mundo).

El científico fija en concepto esta nihilidad absoluta y fantasmal del tiempo, con el nombre de homogeneidad. Hasta ahora, hemos intentado la descripción de la temporalidad universal en la hipótesis de que nada viene del ser, salvo su inmutabilidad intemporal.

Pero, precisamente, del ser viene algo de una elucidación puramente metafísica y no ontológica. Así, la cosa puede surgir de su propia nada. No se trata de una consideración conceptual de la mente, sino de una estructura originaria de la percepción.

La cosa en sí

A finales del siglo XVIII la lógica estaba en tan mal estado que Emanuel Kant se sintió obligado a lanzar una crítica general de las viejas formas de pensamiento en su *Crítica de la razón pura*. Al igual que Hegel consideraba el silogismo como "un artificio" donde las conclusiones ya se habían introducido subrepticiamente en las premisas para crear una falsa apariencia de razonamiento.

Los principios no resultan puntos de partida de la investigación, sino su resultado final, y no se aplican a la naturaleza y a la historia humana, sino que se abstraen de ellas. Y Kant lo formula cuando apunta que, al no reflejar la realidad objetiva, las formas de la lógica formal no tienen sentido en absoluto. Esta idea fue posteriormente desarrollada por Hegel, desbrozando la teoría del conocimiento y la lógica de Kant.

La contribución más original de Kant a la filosofía es su "revolución copernicana", que, como él mismo expresó, es la representación que hace posible el objeto más que el objeto que hace posible la representación. Esto introdujo la mente humana como un creador activo de la experiencia en lugar de un receptor pasivo de la percepción.

Para Kant[33], los juicios matemáticos tienen una conexión intrínseca con el espacio y el tiempo. Piensa que la matemática involucra geometría y aritmética y la base de la geometría es la cantidad que aprehendemos como extensión en el espacio, mientras que la base de la aritmética es la cantidad que aprehendemos como extensión en el tiempo.

Mientras Kant solo demostraba las deficiencias y contradicciones de la lógica tradicional, Hegel desarrolló un método que incluía la dialéctica y la contradicción, en el cual la lógica formal se mostraba incapaz. Este análisis crítico completó el trabajo de Kant

En sus respectivas teorías sobre el conocimiento, los filósofos Hume y Kant validan la hipótesis "lockeana" de la sensación mental empírica como la única senda para llegar a la conciencia humana, al tiempo que explican sus teorías sobre el escepticismo y el gnosticismo filosóficos[34] con relación a la existencia independiente y material de la fuente externa que provoca la sensación mental y el conocimiento.

Kant asignó a la geometría euclidiana el papel fundamental para la opinión sensorial de los objetos externos. Kant se fija en el preámbulo es "¿cómo es posible la matemática pura?" Si la matemática consiste en cogniciones sintéticas a priori, debemos ser capaces de establecer conexiones entre diferentes conceptos por medio de alguna forma de intuición pura.

Kant subrayó que el concepto surge de la experiencia y con la experiencia[35]. Según Kant, la cuestión no es si hemos nacido con un concepto de un triángulo o si desarrollamos este concepto con el tiempo. Más bien, el hecho relevante es que la justificación adecuada por afirmaciones acerca de triángulos no es necesaria la referencia a la experiencia.

Las verdades que-tiene este carácter, como las verdades de las matemáticas, Kant las llamó caducados a priori. Las verdades restantes las justificamos haciendo referencia a nuestras experiencias, puesto que llaman caducado.

Kant niega, categóricamente, el conocimiento de las "cosas en sí, o de las fuentes objetivas y externas de la sensación mental[36]. También argumenta que la existencia del Universo objetivo no se puede conocer por medio de la experiencia humana y de la razón pura, sin el elemento de fe o de religión.

Las propuestas: analíticas y no analíticas o sintéticas, se subdividen en la empírica o la *posteriori* y no empírica a priori. Las proposiciones sintéticas a *priori* no dependen de la percepción de un sentido, son necesariamente propósitos verdaderos en el sentido de que, si las propuestas sobre el mundo empírico son verdaderas deben ser ciertas.

Según Kant, las proposiciones matemáticas son sintéticas a priori, ya que en última instancia implica una referencia al espacio y el tiempo. Kant concede importancia especial unida a la idea de una estructura a priori de los objetos matemáticos.

De acuerdo con Kant, las leyes del espacio son reconocidas por nosotros porque están en nuestras mentes; un conocimiento *a priori* que emerge compelido por circunstancias externas[37].

Ello se distingue claramente entre los conceptos matemáticos que, como geometrías no-euclidianas simplemente son internamente consistentes y objetos matemáticos cuyo edificio se hace posible por el hecho de que el espacio y el tiempo de percepción han tenido algún tipo de estructura inherente.

Kant avanza mucho más que Copérnico exponiendo que no éramos observadores pasivos, a la espera de que la naturaleza imprimiese en nosotros su regularidad. Para Kant tal teoría no descansaba en los datos acumulados por los sentidos, sino por el intelecto que organizaba el sistema de asimilación de nuestra mente.

Al efecto expone Kant que[38]: "Nuestro intelecto no extrae sus leyes de la naturaleza, sino que impone sus propias leyes a ella." Al asimilar nuestros datos sensoriales, somos nosotros quienes establecemos dinámicamente el orden y las leyes de nuestro intelecto marcando al cosmos con nuestras mentes.

Así, Kant se acercó mucho más que Newton y Copérnico al entendimiento del humano en el cosmos pues la naturaleza conocida por nosotros, ordenada en leyes, resulta un producto de las actividades de asimilación y ordenamiento de nuestra mente.

Mucho más que Copérnico y que la mecánica celeste de Newton, fue Kant quien despojó al humano de su posición central en el universo físico al admitir que nuestra ubicación cósmica era irrelevante. Al concebir que el humano como descubridor, crea —al menos en parte— el orden donde se encuentra en el Universo; que el humano crea el conocimiento del Universo.

Kant las proposiciones

Tenemos que ubicar a Kant como uno de los más importantes cosmólogos de la historia, resultado de sus dos textos: *Historia natural y teoría general del cielo* y los *Fundamentos metafísicas de la ciencia natural*. De esta manera Kant influirá decisivamente en toda la filosofía posterior, así también en la física y la cosmología.

La solución de Kant es bien conocida. Supuso que el mundo tal como lo conocemos es el resultado de nuestra interpretación de los hechos observables a la luz de teorías que inventamos nosotros mismos. La formulación de Kant no sólo implica que nuestra razón trata de imponer leyes a la naturaleza, sino también que tiene un éxito invariable en estos intentos.

Pues Kant creía que el humano había impuesto exitosamente las leyes de Newton a la naturaleza, que se estaba obligado a interpretar la naturaleza por medio de esas leyes; de lo cual concluía que deben ser verdaderas *a priori*. Tal es la manera como veía Kant la cuestión; y Poincaré la veía de una manera similar.

Por ciencia natural pura[39] Emanuel Kant entendía simplemente la teoría de Newton. Para Kant, la teoría de Newton era simplemente verdadera, y la creencia en su verdad persistió inconmovible durante un siglo después de su muerte.

Kant aceptó hasta el logro de la *scientia* o de la *episteme*. Así, la teoría de Newton la consideraba una magnífica conjetura, una aproximación; pero no como verdad divina, sino como invención de un genio humano; por lo que no es *episteme*, sino es ámbito de la *doxa*. Pero ello precisamente permitió derrumbar el problema de Kant:

Desde Johann Gottlieb Fichte en adelante, muchos copiaron el "método" de Kant en su *Crítica*, ignorando los intereses y problemas originales de Kant, el nudo gordiano en el que se hallaba él mismo enredado. Al principio Kant lo admitió y aceptó, situación que llamó su "sueño dogmático", sueño que fue sacudido Hume.

En Kant la dinámica de Newton trasciende esencialmente toda observación; es universal, exacta y abstracta y surgió, históricamente, de mitos; y no es derivable de enunciados observacionales.

Kant construyó su teoría de la experiencia y de la ciencia natural con el fin de *resolver* el enigma de la experiencia y explicar cómo son posibles la ciencia y la experiencia, para resolver la paradoja de la experiencia. Pero dio respuesta a un interrogante falso y, por ende, ajena a la cuestión.

Así, Kant, el gran descubridor del enigma de la experiencia, se equivocó en un punto importante: Kant creía que la tarea consistía en explicar la unicidad y la verdad de la teoría de Newton, creyendo que esta teoría se desprendía inevitablemente y con necesidad lógica de las leyes de nuestro entendimiento.

Pero de acuerdo con la revolución einsteiniana, las teorías son creaciones libres de nuestras mentes, el resultado de un intento por comprender intuitivamente las leyes de la naturaleza.

Los teoremas matemáticos comprueban que el grado de corroboración nunca puede ser igualado a la propia probabilidad matemática. Todas las teorías tienen la misma probabilidad, que es cero. Pero el grado en el que están corroboradas con el cálculo de probabilidades pueden aproximarse a la unidad, aunque la probabilidad sea cero. La conclusión de que la probabilidad no permite resolver el enigma de la experiencia fue planteada por David Hume.

En los últimos doscientos años muchos han desafiado la teoría de Kant sobre el conocimiento matemático en aspectos fundamentales, los desafíos que la geometría no euclidiana plantea a la teoría de Kant.

Para explicar el método seguro de la ciencia que es el secreto de la certeza matemática, Kant ofrece el ejemplo de demostrar las propiedades del triángulo isósceles. El filósofo y matemático alemán, Gottlob Frege pensó que el relato de Kant era especialmente inverosímil para grandes números: ¿es realmente evidente que:

135664 + 37863 = 173527? No lo es; Y Kant realmente urge esto como un argumento para mantener estas proposiciones sintéticas.

Así que para Kant las proposiciones de la aritmética y de la geometría pura son necesarios, objetivos a priori sintéticos, ya que lo son en última instancia sobre la estructura del espacio y el tiempo, a través de los objetos revelados que se pueden construir allí. Y, a *priori*, ya que la estructura del espacio y del tiempo proporcionan las condiciones previas de una representación universal para la percepción de tales objetos.

En las matemáticas puras funciona el análisis de la estructura de espacio y tiempo puro, libre de material empírico, y en las matemáticas aplicadas es el análisis de la estructura del espacio y el tiempo, aumentada por el material empírico.

Kant no compartía la noción moderna de un axioma: ciertamente, la aritmética no tiene axiomas, ya que su objeto no es en realidad ningún quantum, es decir cualquier objeto cuantitativo de la intuición, sino más bien la cantidad como tal, es decir, considera el concepto de una cosa en general por medio de la determinación cuantitativa.

La afirmación de que la geometría es, de hecho, un conocimiento sintético a priori del espacio fue cuestionada cuando los matemáticos del siglo pasado construyeron geometrías no euclidianas, sistemas geométricos consistentes basados en axiomas que difieren ligeramente de los de Euclides.

La geometría euclidiana se basa en un conjunto de axiomas. La estructura axiomática de la geometría es la fuente de la potencia del sistema, así como su debilidad, ya que todos los teoremas se pueden deducir lógicamente de los axiomas solos, cualquier teorema es tan cierto como los axiomas de los cuales se derivó. Pero los axiomas de Euclides son tan evidentes que la verdad de todo el sistema de teoremas está asegurada.

Al igual que Aristóteles, Kant distingue entre potencial infinito actual. Sin embargo, lo infinito actual no resulta como objetivo al ser imposibilidad lógica, el propósito más bien, al igual que la geometría no euclidiana, como una idea de la razón, internamente consistentes.

Al final se inclina por la razón pura o conocimiento, en contra de los valores espirituales y de la metafísica, postulado que marca todo el pensamiento filosófico del siglo XIX, hasta quedar esquematizado en los reduccionismos de Karl Marx y Max Weber.

Entre sus más notorios seguidores, directa o indirectamente, se incluye a William Leibniz, Arthur Schopenhauer, Edmund Husserl, Gottlob Frege, Charles Sanders Peirce, Bertrand Russell, Alfred North Whitehead, incluyendo a contemporáneos como Willard Omán Quine, el filósofo americano Saul Kripke y el filósofo y matemático Hilary Putnam.

Reducir todas las matemáticas a proposiciones analíticas a priori puede resolver muchas de las dificultades que enfrenta una visión de las matemáticas similar a la de Kant, pero también plantea cuestiones propias. Como dijo Henry Poincaré[40]: "¿Debemos entonces admitir que las enunciaciones de todos los teoremas con los que se llenan tantos volúmenes son sólo maneras indirectas de decir que *A* es *A*?

En general, los matemáticos no dividen el conocimiento en las tres categorías de conocimiento a posteriori de Kant, el conocimiento a priori sintético y el conocimiento analítico a priori.

La lógica misma no fue desarrollada por el tiempo de Kant. Ahora muchos matemáticos consideran esa parte del conocimiento que se basa en la lógica deductiva, incluyendo axiomas y definiciones, como el tema de las matemáticas. Los axiomas y definiciones son necesarios para especificar el dominio del tema. La lógica deductiva se utiliza entonces para establecer teoremas en ese dominio.

Estos juicios, Hume los llama "relaciones entre las ideas", y Kant "juicios analíticos a priori"; analíticos por involucrar todos los análisis internos al concepto del sujeto, ya priori, ya que no se derivan ni dependen de la experiencia, pero todavía son reales antes de ella.

Las Tautologías de Hume

Según el filósofo escocés David Hume en el siglo XVIII: su notificación matemática es más que una relación entre las ideas, un llevando a cabo el predicado a través de un análisis del tema.

Por ejemplo, el "triángulo tiene tres lados" expresión que es una relación entre las ideas, ya que está implícito en el concepto del triángulo que tiene tres lados, por lo que decir que el triángulo tiene tres lados no añade algo para el sujeto, de hecho, se extrae de él analíticamente.

Para Hume jugar una expresión algebraica es tomar el concepto en cuestión, analizar y extraer las consecuencias, con el resultado evidente de la totalidad de los extremos matemáticos hasta no ser más que una inmensa tautología, que expresa lo que es implícita.

El problema lógico de la inducción dado por Hume surge a partir de la aparente incompatibilidad de justificar una ley por la observación o el experimento, ya que el mismo "trasciende" a la experiencia; de como la ciencia propone y usa leyes "en todas partes y en todo momento"; del principio del empirismo, según el cual en la ciencia solo la observación y el experimento pueden determinar la aceptación o rechazo de los enunciados científicos, inclusive leyes y teorías, y es posible solucionarlo teniendo presente que todas las leyes y teorías no son nada más que hipótesis de ensayo[41].

Hume había afirmado que no puede haber nada semejante a un conocimiento seguro de leyes universales, o e*pisteme;* que todo lo que sabemos es a través de la observación, por lo cual todo conocimiento teórico es incierto. Sin embargo, había un hecho, o algo que en apariencia contradecía a Hume: el logro de la e*pisteme* por Newton.

Sin embargo, la inferencia inductiva que refutó Hume se acerca más a la definición de verificación científica, pues según Hume no hay argumento lógico válido que establezca que los casos de los cuales no hemos tenido ninguna experiencia se asemejan a aquellos de los que hemos tenido experiencia[42].

Sin embargo, Kant no está de acuerdo con Hume de que las matemáticas se componen de juicios analíticos a *priori*, porque de lo contrario en última instancia, sería visto como una eterna repetición de los conceptos existentes, aunque sólo sea implícitamente, en los números mismos.

Por el contrario, Kant dice que es la matemática de las cosas absolutamente ciertas, porque es a priori y por lo tanto no sometida a la experiencia, ya que no es una mera relación de ideas a las que el concepto de *3 + 3* es infiere expresando *6*.

De ser así, por otra parte, los cálculos perderían valor, y con ella, incluso la física newtoniana, de la que Kant es un firme defensor: las matemáticas, por tanto, deben decir cosas absolutamente seguras, pero, al mismo tiempo, enriquecer el conocimiento y es por eso los juicios que la constituyen son "un sintético a priori".

Cuando se está delante de la expresión *7 + 5 = 12* no es cierto que se analizan los conceptos de *7* y *5*, y que se conjugan en el *12* como una relación entre las ideas; por el contrario, *7 + 5* es un material de trabajo, una indicación de la operación que necesito para funcionar.

Al igual que Ludwig Wittgenstein, la teoría de Hume también yerra pues su concepto central se basa en la repetición, en la similitud. El escollo en Hume es el problema de cómo obtener conocimiento, sobre todo si la inducción es un procedimiento que carece de validez lógica y es racionalmente injustificable. Hume nunca consideró obtener conocimiento por un procedimiento no inductivo, un cierto tipo de racionalismo.

En Hume la relación entre los hechos no tiene una vinculación real, y señala correctamente lo imposible de fundamentar lógicamente a la inducción. Dicho de otra manera, no es posible inferir una teoría a partir de enunciados observables. Esto, empero, no impide decir —por el absurdo— que ello no afecta la posibilidad de refutar una teoría por enunciados observables.

Una definición en los términos de probabilidades de $C(t, e)$, es decir, del grado de corroboración (de una teoría t relativa a los elementos de juicio e) que satisfaga los requisitos, es la siguiente:

$C(<, e) = E(t, e) [1 -t- P(t)P(t, e)]$

donde $£(i, e) = [P(e, t) \_ P(e)] / [P(e, t) + f(e)]$.

Por lo cual, $C(t, e)$ no es una probabilidad. Los enunciados t no son verificables no pueden llegar siquiera a

$C(i, e) = C(f, i)$ sobre la evidencia empírica e. $C(t, t)$ es el grado de corroborabilidad de i, y es igual al grado de comprobación de t, o al contenido de t.

Cuarta Parte
Las matemáticas puras

Fermat, Pascal y la probabilidad

En el curso del siglo XVII la Europa Occidental produjo con esfuerzo una nueva forma de percibir la realidad. El cambio más importante fue la modificación de la calidad por la cantidad, el paso del "por qué" al "cómo". El universo, antes vistos como algo vivo, poseyendo sus propias metas y objetivos, ahora es visto como una colección de materia inerte que se mueve rápidamente sin fin ni significado, como así lo dijera Whitehead[1].

Estos dos modelos del pensamiento humano, llamados racionalismo y empirismo respectivamente, formaron la herencia intelectual más importante del Occidente hasta Descartes y Bacon, quienes representaron, en el siglo XVII, los polos opuestos de la epistemología. Sin embargo, así como Descartes y Bacon tienen más cosas en común que en diferencias, lo mismo sucede con Platón y Aristóteles[2].

"¿Qué es la tolerancia?" —pregunta Voltaire en su *Diccionario Filosófico*—; y responde: "Es una consecuencia necesaria de nuestra humanidad. Todos somos falibles y propensos al error. Perdonémonos unos a otros nuestros desvaríos. Ese es el primer principio del derecho natural." Considera Locke[3]: "los humanos se dejan llevar por las primeras anticipaciones de sus mentes".

El siglo XVII será testigo de dos innovaciones decisivas que marcan el nacimiento de la matemática moderna. El primero de estos fue introducido por Descartes y por Pierre Fermat, quien, a través de su invención de la geometría analítica, tuvo éxito en la correlación de los dominios de continuación esencialmente separados del álgebra y la geometría, por lo que allana el camino para la aparición del análisis matemático moderno.

La segunda gran innovación fue, por supuesto, el desarrollo del cálculo infinitesimal por Newton y Leibniz. Sin embargo, tuvieron que pagar un precio para los logros de la tesis. De hecho, condujeron a una disminución considerable de la certeza deductiva en que descansaron las matemáticas griegas. Esto fue especialmente cierto en el cálculo, donde el rápido desarrollo de las nuevas tecnologías logró un éxito espectacular para resolver los problemas anteriormente intratables, excitando la imaginación de los matemáticos.

El matemático Blaise Pascal[4] en 1640 inventó la *Pascalina*, una calculadora temprana, y validó más lejos la teoría del matemático italiano Evangelista Torricelli sobre la causa de variaciones barométricas.

En ese mismo año, Pascal también publicó su primera obra escrita, *Essay on Conic Sections*, escritos que constituyeron un salto importante hacia adelante en la geometría proyectiva, que implicó la transferencia de un objeto 3-D en un campo 2-D.

En la década de 1650, Pascal sentó las bases de la teoría de la probabilidad con Pierre de Fermat[5]. Asimismo, trabajó en secciones cónicas y produjo teoremas importantes en la geometría proyectiva, sobre la teoría de la probabilidad y el triángulo aritmético.

Su estudio sobre la teoría de la probabilidad es ampliamente conocido debido a su correspondencia con Fermat. Fue en ese año que publicó *Traite du triangle arithmetique*.

Su última obra fue sobre la cicloide, la curva trazada por un punto en la circunferencia de un círculo rodante. En 1658, Pascal empezó a discernir problemas matemáticos, aplicando el cálculo de los indivisibles de Cavalieri al problema del área de cualquier segmento de la cicloide y el centro de gravedad de cualquier segmento.

También resolvió los problemas del volumen y superficie del sólido de revolución formado por la rotación de la cicloide alrededor del eje x.

Sin embargo, este matemático es más conocido por el "Triángulo de Pascal", una presentación tabular conveniente de coeficientes bi-nomiales, donde cada número es la suma de los dos números directamente encima de él.

Donde un binomio es un tipo simple de expresión algebraica que tiene sólo dos términos operados sólo por adición, resta, multiplicación y exponentes de números enteros positivos, tales como *(x + y)* 2. Por ello, los coeficientes producidos cuando un binomio es expandido forman un triángulo simétrico

La teoría matemática de las probabilidades fue desarrollada por Blas Pascal, el francés Pierre de Fermat y Girólamo Cardano, y es una rama que aborda la determinación cuantitativa de un grupo de posibilidades que pueden ocurrir.

Pierre de Fermat, un burócrata y abogado de Toulouse cuyo pasatiempo eran las matemáticas, realizó increíbles soluciones en el campo de la geometría analítica y de la óptica. Aunque, fueron las aritméticas de Diofanto de Alejandría las que ayudaron a su aporte principal en la teoría de los números, especialmente la propiedad de los números primos[6].

La probabilidad matemática es ampliamente usada en la física, la biología, así como en las ciencias sociales, el comercio, la manufactura, las compañías de seguros, la fluidez en los patrones del tráfico.

Asimismo, se aplica a áreas como la genética, la mecánica cuántica. Ella involucra problemas teóricos profundos e importantes del análisis y cálculo matemático, de nuestro rápido desarrollo.

En Pascal, por ejemplo, la probabilidad de lanzar un 6 en un dado dos veces es *1/6 x 1/6 = 1/36*, donde "*y*" funciona como multiplicación; la probabilidad de lanzar un 3 o un 6 es *1/6 + 1/6 = 1/3*, donde "*o*" funciona como adición.

Este rigor llevó a la axiomatización con la obra de Pascal. A pesar del uso de las matemáticas superiores en temas físicos, como hizo Joseph Fourier, entre otros, se produjo una diferenciación con la física

Las invenciones y los descubrimientos de Pascal han sido fundamentales para los desarrollos en los campos de la geometría, la física y la informática, influyendo en visionarios del siglo XVII como Leibniz e Isaac Newton

Fermat colaboró con Pascal en el terreno de las probabilidades matemáticas, de las cuales se sirvió el prominente matemático Christiaan Huygens para establecer su cálculo de las probabilidades. Para comprenderlo y aun para que este cálculo tenga sentido es necesario admitir, como punto de partida, una hipótesis o una invención que implique siempre cierto grado de arbitrariedad.

Cristian Huygens (1626-1695) había encontrado la fórmula para calcular la aceleración centrípeta ($a = v^2 / R$). Kepler había descubierto una relación constante que expresa con su tercera ley ($K = R^3 / T^2$).

Para Huygens[7]: "Si la luz emplea cierto tiempo para recorrer una determinada distancia, resulta que este movimiento, comunicado a la materia en la cual se propaga, es sucesivo y, por consiguiente, se difunde, como el sonido, por superficies esféricas y ondas. Y las llamo ondas por su semejanza con las que se forman sobre el agua cuando se arroja una piedra sobre su superficie; ondas que presentan un ensanchamiento sucesivo en forma de círculos, aun cuando la causa sea distinta de la de las ondas luminosas y estén éstas en una superficie plana".

En 1847, Gabriel Lamé demostró el último teorema de Fermat, o eso creía. Lamé era un matemático francés que había hecho muchos descubrimientos importantes. En marzo de ese año percibió que había hecho quizás su mayor: una prueba elegante de un problema que había rechazado a las mentes más brillantes durante más de 200 años.

Su método se había ocultado a plena vista. El último teorema de Fermat, que afirma que no hay soluciones enteras positivas a las ecuaciones de la forma:

$a + bn = cn$ si n es mayor que 2, ha resultado ser intratable. Lamé se dio cuenta de que podía probar el teorema si simplemente amplió su sistema numérico para incluir algunos valores exóticos.

Añadir nuevos valores a los números antiguos no es difícil: hay una receta matemática sencilla de cómo incorporar la raíz cuadrada de 5 como un número normal entre 2 y 3, por ejemplo, después de lo cual se puede llevar Encendido con el negocio de la aritmética como de costumbre. Todo lo que haces es escribir cada valor en el nuevo sistema de números como $a + b\sqrt{5}$, donde a y b son números enteros.

Matemáticas puras

Para el siglo XVIII las matemáticas estaban exhaustas y estancadas, al igual que sucedía en la física. Tanto el italiano Joseph-Louis LaGrange como el astrónomo Pierre-Simón Laplace son los representantes de esta fatiga científica. Sin embargo, el siglo XIX, explotó en creatividad matemática con su alta exigencia en los niveles de rigor científico, surgiendo un grupo de brillantes matemáticos, y una abundante difusión de revistas y ensayos especializados.

Los científicos reconocían que las matemáticas puras diferían de las otras ciencias, pues su estructura no se supeditaba a las leyes de la naturaleza. Sin embargo, su permanencia entre las ciencias es producto de su empleo en todas las teorizaciones científicas.

Estas matemáticas puras devienen en una actividad independiente al concentrarse los investigadores en desarrollar algoritmos, aparte de las aplicaciones.

Laplace, fue el constructor de la doctrina del determinismo y en un sentido limitado buscó probar que el Sistema Solar era estable. Entre 1799 y 1825, Laplace publicó su *Tratado de Mecánica Celeste*, una obra monumental en cinco masivos volúmenes, donde abordó los movimientos del Sistema Solar en términos puramente matemáticos.

Igualmente, en Pierre Simón de Laplace la causalidad tiene el mismo determinismo[8]: "Así pues, hemos de considerar el estado actual del universo como el efecto de su estado anterior y como la causa del que ha de seguirle. Una inteligencia que en un momento determinado conociera todas las fuerzas que animan a la naturaleza, así como la situación respectiva de los seres que la componen, si además fuera lo suficientemente amplia como para someter a análisis tales datos, podría abarcar en una sola fórmula los movimientos de los cuerpos más grandes del universo y los del átomo más ligero; nada le resultaría incierto y tanto el futuro como el pasado estarían presentes ante sus ojos".

Laplace es quien perfecciona la teoría de las probabilidades con una nueva disciplina matemática, que permite abordar los enigmas de la física.

Pero, incluso en tiempos de Laplace, había indicaciones de que los modelos matemáticos eran inadecuados para capturar los detalles de la mecánica planetaria, en especial de la Luna. Precisamente cuando se aplicó el manual newtoniano al Sistema Solar se encontraron sus primeros atascos.

Laplace escribió[9]: "Un intelecto que en un momento dado conociese todas las fuerzas de la Naturaleza animada y las posiciones mutuas de los seres que la comprenden, podría, si su intelecto fuese lo suficientemente grande como para someter todos estos datos a análisis, condensar en una sola formula el movimiento de los mayores cuerpos del universo y el del átomo más ligero: para un intelecto como ese nada sería indeterminado; y el futuro al igual que el pasado sería presente ante nuestros ojos"

El Sistema Solar no es un conjunto estable, ni un exacto mecanismo de relojería, o un modelo de equilibrio como lo idealizaron Newton, Kepler y Laplace. Ese sistema estelar presenta problemas insolubles de mecánica celeste, sus grandes misterios, alterando su organización constantemente y mostrando un comportamiento inesperado; su dinámica contiene elementos de caos y de complejidad, donde las órbitas planetarias se comportan con incertidumbre, y demasiados parámetros que simplemente no pueden ser dilucidados por cálculos matemáticos,

Incluso, las matemáticas modernas apoyadas por la computación digital son incapaces de solventar la ubicación precisa de nuestro Sistema Solar dentro del cuadro general del Universo.

El nuevo sistema numérico carecía de factorización primitiva única, por la cual un número -por ejemplo, *12*- puede expresarse únicamente como un producto de primos: 2 *x* 2 *x* 3. Esto violaba un principio fundamental de la aritmética convencional.

La factorización primaria única asegura que cada número en un sistema numérico puede ser construido a partir de números primos de una sola manera. En un número de anillo que incluye un $\sqrt{-5}$ (en la práctica, los matemáticos suelen emplear sistemas de números que utilizan las raíces cuadradas de números negativos), la duplicidad se arrastra en: *6* es tanto *2 x 3* y también:

(1 + $\sqrt{-5}$) x 1 - $\sqrt{-5}$). Los cuatro factores son primos en el nuevo anillo de números, dando 6 una existencia dual que simplemente no hará cuando usted está intentando clavar las cosas matemáticamente.

En este contexto, se produce una "simetría" del grupo siempre que sea posible reorganizar elementos del grupo de manera que se preserve la estructura de adición del grupo. Para el grupo 2, existen dos simetrías: la simetría de "identidad" (en la que no se cambian los lugares de los elementos) y la simetría que intercambia x con z.

Porque *x + x = y y z + z = y, x y z* son intercambiables.

El grupo 1 tiene más simetrías. Los elementos a, b y c son todos intercambiables, ya que:

a + a = 0, b + b = 0 y c + c = 0. Dado que, cada forma de reordenar estos tres elementos es una simetría[10] del grupo.

LaGrange y la intuición

Influido considerablemente por la prodigiosidad de Euler, Joseph-Louis LaGrange[11] incrementó el rigor matemático excluyendo la intuición en favor de las pruebas analíticas. En su monumental *Mécanique analytique*, inaugura un tratamiento analítico puro de la mecánica, en la que establece sus luego conocidas "ecuaciones de LaGrange" para los sistemas dinámicos.

En julio de 1754 publicó su primera obra matemática que tomó la forma de una carta escrita en italiano a Giulio Fagnano. El trabajo dibuja una analogía entre el teorema binomial y las sucesivas derivadas del producto de funciones.

Comenzó a trabajar en la *tautochrone*, la curva en la que una partícula ponderada siempre llegará a un punto fijo en el mismo tiempo, independientemente de su posición inicial. A finales de 1754 había realizado importantes descubrimientos sobre la *tautochrone* que contribuirían sustancialmente al nuevo tema del cálculo de las variaciones.

En 1760, empezó a ocuparse de volúmenes y superficies. Definió el volumen y la superficie por y respectivamente, donde la ecuación de la superficie está dada por:

$z = f(x, y)$ $ydz = Pdx + Qdy$.

Aunque no dio suficientes explicaciones entonces, pero señaló que los signos integrales dobles indican que las dos integraciones deben realizarse sucesivamente.

En 1797 Lagrange publica su *Théorie des fonctions analytiques*, que tiene por objeto, enfatizar los fundamentos del cálculo diferencial liberados de toda consideración de lo infinitamente pequeño, de cantidades evanescentes, de los límites y las fluxiones, y trayendo de vuelta el análisis algebraico de lo finito.

Lagrange describió la mecánica analítica, en la que las leyes del movimiento newtoniano en- centraban su formulación rigurosa como rama de las matemáticas. Aun hoy se suele hablar de "mecánica racional", lo que significaría que las leyes newtonianas expresarían las leyes de la "razón", esto es, una verdad inimitable.

Fue más tarde en 1811, en la segunda edición de su *Mecanique Analytique*, que introdujo la noción general de una integral superficial. Observó que si el plano tangente en *dS*, el elemento de superficie hace un ángulo con el plano *xy*, entonces usando la trigonometría simple, podemos escribir *dxdy* como si *A* es una función de tres variables, entonces, el segundo integral tomada sobre una región en la superficie, la primera sobre la proyección de esa región en el plano.

Similarmente, si es el ángulo que hace el plano tangente con el plano *xz* y que con el plano *yz*, entonces tendremos *y*. Lagrange señaló que, *y* también podría considerarse como los ángulos que una normal al elemento superficial hace con los ejes *x, y,* y *z*, respectivamente.

Lagrange también hizo un estudio importante sobre la propagación del sonido, haciendo contribuciones importantes a la teoría de cuerdas vibrantes. Resolvió el sistema resultante de ecuaciones diferenciales $n + 1$, entonces n tendió al infinito para obtener la misma solución funcional que Euler había hecho.

Su obra en Berlín abarcó muchos temas: astronomía, estabilidad del sistema solar, mecánica, dinámica, mecánica de fluidos, probabilidad y fundamentos del cálculo. También trabajó en la teoría numérica demostrando en 1770 que cada entero positivo es la suma de cuatro cuadrados. En 1771 probó que, en el clásico teorema atribuido a John Wilson[12]: "teorema de Wilson", n es primo sólo si

$(n-1)! + 1$ es divisible por n.

En sus escritos de 1791 a 1801, LaGrange inventa un cálculo sobre rigurosas bases algebraicas, y desecha las referencias geométricas e intuitivas. Con ello echa las bases a las soluciones algebraicas de las ecuaciones diferenciales y la teoría de números.

LaGrange incrementó el rigor matemático excluyendo la intuición en favor de las pruebas analíticas. Así, aportó la ecuación de diferenciación parcial:

$(1 + fy2)\ fxx\ -2\ fx\ fy\ fxy + (1 + fy2)\ yo = 0.$

En 1797 publicó la primera teoría de las funciones de una variable real con *Théorie des fonctions analytiques,* aunque no prestó suficiente atención a las cuestiones de la convergencia. Afirma que el objetivo de la obra es dar: los principios del cálculo diferencial, liberados de toda consideración de las cantidades infinitamente pequeñas o fugaces, de los límites o fluxiones, y reducidos al análisis algebraico de las cantidades finitas. También afirma: las operaciones ordinarias de álgebra bastan para resolver problemas en la teoría de curvas.

Uno de los resultados básicos que siguieron en *Fonctions Analytiques* es parte de lo que hoy se conoce como teorema fundamental del cálculo. Así es como Lagrange puso el teorema en sus propias palabras: Si es positivo de

x = a a x = b, para b> a, entonces *f (b) -f (a)* es positivo. Comenzó a demostrarlo considerando la fórmula

f (x + i) = f (x) + iP, donde *P* es una función *de x e i* y se define como sigue: cuando *i = 0, P (x, i)* debe ser positivo desde *i = 0* hasta un cierto valor de *i* que puede tomarse tan pequeño como se desee.

La definición de Lagrange de un derivado es muy similar a la real que ahora, como sabemos que siempre es positivo, podemos elegir un valor pequeño positivo para *i* tal que

f (x + i) -f (x) sea positivo. Luego divide el intervalo

[a, b]) en *n + 1* partes, cada una de longitud *i*, de modo que. *(A + i) -f (a)* es positiva, *f (a + 2i) -f (a + i)* es positiva,

F (a + ni) es positiva, estableciendo sucesivamente

x = a, a + i, ... a + ni, siempre y cuando las derivadas sean positivas para *k = 0,1, ... n*.

Entonces la suma

[f (a + (n + 1) i) -f (a + ni)] + ... + [f (a + 2i) -f (a + i)] + [f (a + I) -f (a)] será también positiva.

Pero esta suma es *f (b) -f (a)*.

Así, demostró que *f (b) -f (a)* es positivo.

Esta revolución del álgebra consistió en atajos que cubrían clases enteras de cálculos, formulando métodos en la forma de meta-reglas para resolver ecuaciones abstractas.

LaGrange, a su vez, es el pionero de la teoría de los conjuntos, que será vital para el siglo XX, y es él quien transforma la mecánica en una rama del análisis matemático.

Fourier
Calor y mecánica

Jean-Baptiste Joseph Fourier realizó importantes contribuciones al estudio de la serie trigonométrica, luego de investigaciones preliminares de Leonard Euler, Jean le Ronde D'Alembert y el matemático suizo Daniel Bernoulli. Fourier introdujo la serie con el propósito de resolver la ecuación del calor en una placa de metal, publicando sus primeros resultados en su *Mémoire sur la propagation de la chaleur dans les corps solides* y publicando su Teoría analítica del calor en 1822.

Fourier[13] descubre las series matemáticas que llevarán su nombre; otros novedosos grupos numerales fueron resueltos, a su vez, por el astrónomo y filósofo William Rowan Hamilton (1788-1856). En 1805, Hamilton descubre una importante analogía entre la óptica y la mecánica:

$(\partial S / \partial x)^2 = 2m(E - U)$.

Fourier desarrolló la aritmética de los números complejos para las cuaternas (mientras que los números complejos son de la forma $a + bi$, las cuaternas son de la forma
$a + bi + cj + dk$).

Fourier participó activamente en la promoción de la Revolución Francesa. Sirvió en el comité local de la Revolución. Estaba con Napoleón Bonaparte en su expedición a Egipto y también fue nombrado Gobernador de Egipto y secretario del Instituto de Egipto en 1798.

Cuando Fourier calculó el tamaño de la Tierra y su distancia al Sol, le hizo pensar. Teniendo en cuenta la distancia, la Tierra debería haber estado mucho más fresca de lo que era. Entonces, ¿qué estaba haciendo el planeta más cálido? Fourier sugirió después de observar el calor suplementario, que había presencia de radiación interplanetaria que causó el aumento de temperatura.

Según él, la atmósfera de la tierra era un aislador que lo protegía de radiaciones externas y de varios factores que contribuían a su rotura. La propuesta de Fourier se conoce ahora como el efecto invernadero.

El *Mémoire* introdujo el análisis de Fourier, específicamente las series de Fourier. A través de la investigación de Fourier se estableció el hecho de que una función arbitraria contínua puede ser representada por una serie trigonométrica.

El primer anuncio de este gran descubrimiento fue realizado por Fourier en 1807. Las primeras ideas de descomponer una función periódica en la suma de funciones oscilantes simples datan del siglo III a. C., cuando antiguos astrónomos propusieron un modelo empírico de movimientos planetarios, basado en deferentes y epiciclos.

Fourier es esencial para entender estructuras de onda más complejas, como el habla humana. Dada una complicada y desordenada función de onda como una grabación de una persona hablando, la transformación de Fourier nos permite romper la función desordenada en una combinación de un número de ondas simples, simplificando en gran medida el análisis.

La transformación de Fourier está en el corazón del procesamiento y análisis de señales y la compresión de datos. Una serie de Fourier es una expansión de una función periódica en términos de una suma infinita de senos y cosenos. Las series de Fourier hacen uso de las relaciones de ortogonalidad de las funciones seno y coseno.

El cálculo y el estudio de la serie de Fourier se conoce como computación armónica y es extremadamente útil como una forma de dividir una función periódica arbitraria en un conjunto de términos simples que pueden ser conectados, resueltos individualmente y luego recombinados para obtener la solución al problema original o una aproximación a él a cualquier precisión deseada o práctica.

La serie de Fourier tiene muchas aplicaciones en ingeniería eléctrica, análisis de vibraciones, acústica, óptica, mecánica cuántica, econometría, teoría de vainas de paredes delgadas, etc. Se utilizan en todas las áreas de proceso de señal, es decir, audio, imágenes, radar, sonar, cristalografía de rayos-X, etc. La cancelación de ruido avanzada y la tecnología de red de telefonía celular utiliza series de Fourier donde el filtrado digital se utiliza para minimizar el ruido y las demandas de ancho de banda respectiva.

Así también en muchos algoritmos computacionales que requieren convoluciones que no tienen nada que ver con las señales. En soluciones numéricas de ecuaciones diferenciales ordinarias y parciales que pueden usarse para modelar casi cualquier cosa[14].

El número de aplicaciones y campos tocados por los métodos de Fourier es exhaustivo. La función periódica de Fourier de tiempo discreto es a menudo definida en términos de una serie de Fourier. La función Z, otro ejemplo de aplicación, se reduce a una serie de Fourier para el caso importante $|z| = 1$.

La fórmula $x/2 = sen\ x - (sin\ 2x)/2 + (sin\ 3x)/3 + \cdots$ fue publicada por Leonard Euler antes de que el trabajo de Fourier comenzara, por lo que quizás quiera reflexionar sobre la cuestión de por qué Euler no recibió el crédito por la serie de Fourier.

Mientras que hay muchas aplicaciones, la motivación de Fourier estaba en resolver las ecuaciones del calor. Por ejemplo, considere una placa metálica en forma de cuadrado cuyo lado mide π metros, con coordenadas:

$(x, y) \in [0, \pi] \times [0, \pi]$.

Si no hay fuente de calor dentro de la placa, y si tres de los cuatro lados se mantienen a *0* grados *Celsius*, mientras que el cuarto lado, dado por $y = \pi$, se mantiene en el gradiente de temperatura $T(x, \pi) = x$ grados *Celsius*, para x en $(0, \pi)$, entonces se puede demostrar que la distribución de calor estacionaria o después de un largo período de tiempo ha transcurrido.

La solución de la ecuación del calor se obtiene multiplicando cada término de la

Ec.1 por *sinh (ny) / sinh (nπ)*. Mientras que nuestra función de ejemplo *s (x)* parece tener una serie de Fourier innecesariamente complicada, la distribución de calor *T (x, y)* es no trivial. La función *T* no se puede escribir como una expresión de forma cerrada.

La Encyclopedia

Emanuel Kant describe el gran movimiento cultural que generalmente se identifica como la ideología dominante del siglo XVIII, el llamado Siglo de las luces[15] en ella se lleva a la satisfacción extrema del principio según el cual la razón, siendo condicionado, por lo que la manifestación típica de las limitaciones humanas era la única herramienta que puede proporcionar al hombre la certeza de que él tenía, desde los orígenes del pensamiento occidental, de aspiración natural

En este sentido cabe recordar la gran obra intelectual del siglo XVIII, la visión y el resultado de la cultura de la Ilustración que se había extendido por toda Europa, particularmente en Francia: *l'Encyclopédie* o *Diccionario razonado de las Ciencias, de las Artes y oficios*, proyecto directo por Dennis Diderot y Jean de Baptiste Le Rond D'Alembert, y editado por una banda gruesa de intelectuales de la época.

Jean le Rond D'Alembert, matemático, filósofo y escritor francés, alcanzó fama como matemático y científico antes de adquirir una considerable reputación como colaborador y editor de la famosa *Encyclopédie*.

D'Alembert siguió a la parte científica de la enciclopedia, y escribió numerosas entradas; se hizo cargo de las voces científicas de las primeras ediciones, antes de retirarse debido a la persistente crítica que venía de los entornos culturales tradicionales, como los jesuitas.

Publicó su importante *Traité de dynamique*, un tratado fundamental sobre la dinámica que contiene el famoso "principio D'Alembert", que establece que la tercera ley de Newton del movimiento (para cada acción hay una reacción igual y opuesta) es verdadera para los cuerpos que son libres.

Para mover tan bien como para los cuerpos rígidamente fijados. A este descubrimiento le siguió el desarrollo de las ecuaciones diferenciales parciales, una rama de la teoría del cálculo, cuyos primeros documentos fueron publicados en su obra *Réflexions sur la cause générale des évents*.

En la memoria D'Alembert considera una función
$y = y(t, x)$
que es continua para variar continuamente desde 0 a la variable x, que representa la longitud pin de la cuerda es importante observar cómo el autor hace hincapié en que la función debe estar sujeta a la ley de continuidad, y al mismo tiempo dos veces diferenciable con el fin de cumplir con el problema.

D'Alembert llegó a la ecuación $\varphi = dv/dt$, que es similar a la expresión estándar de la segunda ley de Newton, pero que carece del parámetro crucial de la masa. La función φ debía contener los parámetros para problemas específicos.

En su teorema: Si $r<1$, la serie converge. *Si $r>1$*, la serie diverge; Si $r = 1$, entonces la prueba falla. Por ejemplo, si se supone que una desaceleración dada es proporcional al cuadrado de la velocidad de un objeto, entonces la ecuación se convierte en $-gv2 = dv/dt$. El signo menos indica desaceleración, y la constante g empaqueta en los otros factores involucrados, tales como masa. De esta manera, D'Alembert fue capaz de evitar el trato con las fuerzas.

También aportó la ecuación de onda, una ecuación diferencial temprana, o una ecuación que describe cómo una propiedad está cambiando a través del tiempo en términos de la derivada de esa propiedad, como arriba.

La ecuación describe el comportamiento de las ondas - una cuerda vibrante de la guitarra, ondulaciones en un estanque después de que se arroje una piedra, o la luz que sale de una bombilla incandescente. Las técnicas desarrolladas para resolver la ecuación abrieron la puerta a la comprensión de otras ecuaciones diferenciales también.

Los siglos XIX y XX produjeron un desarrollo particularmente significativo de las relaciones entre la filosofía y las matemáticas, lo que demuestra la una afinidad entre el camino del progreso lógico y conceptual de la filosofía y el modelo típico del procedimiento matemático.

Si bien es cierto que el proceso de maduración de este desarrollo se originó en el siglo XIX, sin embargo, no parece ser capaz de localizar una ruta (entre las diferentes posibles) que se centra en la relación entre la filosofía y la ciencia matemática, dentro de la trayectoria de la historia del pensamiento occidental.

Durante el siglo XIX el mundo parece más bien proyectado hacia un futuro feliz y el sueño de una sociedad tecnocrática parece factible dentro de esa "religión de la ciencia" que aparece para resolver de forma permanente los males de la humanidad.

Esta dirección conducirá al desarrollo más profundo que la matemática tuvo nunca, y con ello las grandes aplicaciones en el campo físico y tecnológico que llevó a considerar al siglo XIX como la edad de las matemáticas de oro, con Fourier, Carl Friedrich Gauss (1777-1855), Agustín Cauchy-Luis, Peter Gustav Dirichelet (1805-1859), Évariste Galois (1811 - 1832), Carl Weirstrass (1815 - 1897), Bernhard Riemann (1826 - 1866), Richard Dedekind (1831 - 1916), Georg Cantor (1845 - 1918), Henri Poincaré (1854-1912).

En el siglo XIX se propagan ampliamente los estudios del cálculo y los diferenciales, así como las ecuaciones algebraicas, abriendo nuevos territorios para las ciencias. En esa época, los genios como el alemán Carl Friedrich Gauss y el francés Agustín–Louis Cauchy[16] desarrollan nuevos métodos analíticos para servir exitosamente a una sociedad envuelta en los inicios del maquinismo[17].

Aunque Gauss titubeó ante la idea de reconocer el infinito matemático, porque tendría que conceder entonces una realidad infinita.

Gauss: Príncipe matemático

La matemática es conocida como la "reina de las ciencias", y Carl Friedrich Gauss es ampliamente considerado como el matemático más influyente de los últimos 1000 años. Algunos incluso lo llaman el matemático más grande de todos los tiempos

Debido a sus aportaciones impresionantes y la representación de la brillantez pura en el tema se le conoce como el "Príncipe de las matemáticas" y el "Gran Matemático desde la antigüedad".

Fue un verdadero científico, que trabajó en varios campos, Sus descubrimientos y escritos influyeron y dejaron una huella duradera en las áreas de teoría numérica, estadísticas, análisis, geometría diferencia, electrostática, astronomía y geodesia y física, particularmente el estudio del electromagnetismo, pero se destacó en el campo de las matemáticas.

Gauss cubre casi toda el área de las matemáticas puras y aplicadas, y es el puente entre las ciencias del siglo XVIII y las modernas. Gauss profundiza en el electro-magnetismo, y luego se dedica a la astronomía aportando un método original para estipular la órbita de los cuerpos celestes.

Gauss continuó publicando trabajos seminales en muchos campos de las matemáticas, incluyendo la teoría de los números, el álgebra, las estadísticas, el análisis, la geometría diferencial, la geodesia, la geofísica, la electrostática, la astronomía, la óptica, etc.

El siguiente descubrimiento de Gauss fue en un área totalmente diferente de las matemáticas. En 1801, los astrónomos habían descubierto lo que ellos creían que era un planeta, al que llamaron Ceres. Eventualmente lo perdieron de vista, pero sus observaciones fueron comunicadas a Gauss, el cual calculó su posición exacta, de modo que fue fácilmente redescubierta.

Inventó la aritmética modular, un campo que se ocupa de los sistemas de números que se repiten, como en el reloj de 24 horas; simplificó enormemente las manipulaciones en la teoría numérica; se convirtió en el primero en probar la ley de reciprocidad cuadrática y publicó un resultado sobre la teoría de soluciones de ecuaciones polinómicas.

Esta ley extraordinariamente general permite a los matemáticos determinar la solubilidad de cualquier ecuación cuadrática en la aritmética modular. El teorema del número primo da una buena comprensión de cómo los números primos[18] se distribuyen entre los enteros.

Esta tesis impresionante, publicada en 1801, introduce un tratamiento novedoso en la teoría de los números, descubriendo el "teorema de los números primos", el cual indicaba la existencia de números grandes perfectos, que eran iguales. Esta teoría de los números incluye una vasta porción de las matemáticas, en particular su aspecto analítico; y se debe a la herencia de los griegos la moderna aplicación del método deductivo. Pero la teoría de los números se hallaría confinada al estudio de las integrales y los números primos[19].

Introdujo la congruencia de enteros con respecto a un *módulo* ($a \equiv b \ (mod \ c)$ si c divide $a-b$), el primer ejemplo algebraico significativo del ahora omnipresente concepto de relación de equivalencia.

Gauss logró descifrar la distribución de probabilidad normal, teorema que había desafiado a los matemáticos durante siglos y se llama "el teorema fundamental del álgebra". El mismo, tiene el gráfico de curva de campana familiar a la izquierda, es omnipresente en las estadísticas. La curva normal se utiliza en física, biología y ciencias sociales para modelar diversas propiedades. Una de las razones por las que la curva normal aparece tan muchas que describen el comportamiento de grandes grupos de procesos independientes.

El concepto de espacio curvado fue propuesto por Gauss unos dos mil años después de que Euclides formulara los elementos de una geometría correspondiente a un espacio plano. Mientras que allí él sometió una prueba que cada ecuación algebraica tiene por lo menos una raíz o solución.

Los fundamentos de esta geometría, que sintetizó los conocimientos de su época, son los cinco postulados: "—<" donde las líneas paralelas mantienen siempre una misma distancia; la suma de los ángulos interiores de un triángulo es 180°—.

Gauss propuso y organizó la medida de los ángulos del triángulo formado por los picos montañosos Inselberg, Brocken y Hoher Hagen, en el monte Harz. Este teorema se pudo confirmar, pues la suma de ángulos resultó ser de 180°, de acuerdo con la precisión de los topógrafos de su época.

Su Famoso Teorema de la divergencia plantea lo siguiente: Suponiendo que V es un subconjunto de (en caso de $n = 3$, V representa un volumen en el espacio $3D$) que es compacto y tiene un límite liso por partes S (indicado con $\partial V = S$). Si F es un vector diferenciable definido en un vecindario de V, entonces el lado izquierdo es un volumen integral sobre el volumen V, el derecho es la superficie integral sobre el límite del volumen V.

El colector cerrado ∂V es el límite de V orientado por las normales que apuntan hacia afuera, y n es el campo de la unidad apuntadora hacia el exterior del límite ∂V.

Por ello, el símbolo dentro de las dos integrales enfatiza una vez más que ∂V es una superficie cerrada[20]. En términos de la descripción intuitiva anterior, el lado izquierdo de la ecuación representa el total de las fuentes en el volumen V, y el lado derecho representa el flujo total a través del límite S.

Gauss es también el autor de la notación moderna para las congruencias, y a él le corresponde una nueva visión para su estudio. Además, fue el primero en definir una geometría no euclidiana, e hizo mejoras en la teoría de las probabilidades.

De igual forma, tuvo éxito en la interpretación física de los números complejos –con componentes reales e imaginarios–, representándolos como puntos en planos bidimensionales.

Gauss dio la primera exposición clara de números complejos y de la investigación de funciones de variables complejas a principios del siglo XIX.

Aunque los números imaginarios[21] que implican a *i* habían sido utilizados para resolver ecuaciones que no podían ser resueltas de otra manera, ya pesar del trabajo innovador de Euler sobre Imaginarios y complejos, todavía no había una imagen clara de cómo los números imaginarios se relacionaban con números reales.

Gauss no fue el primero en interpretar gráficamente los números complejos. Jean-Robert Argand produjo sus diagramas de Argand en 1806, y el danés Caspar Wessel había descrito ideas similares incluso antes del cambio de siglo, pero Gauss fue responsable de su práctica e introdujo formalmente la notación estándar *a + bi* para números complejos.

Los números complejos luego configuraron todo un campo de análisis, que más tarde ampliaron el matemático francés Agustín-Louis Cauchy, Karl Weirstrass (1815-1897), y Georg Bernhard Riemann (1826-1866).

En la ingeniería y la física los números complejos tendrían una aplicación extensiva en el siglo XX y en la actualidad, desde los circuitos eléctricos y las ondas electromagnéticas hasta las alas de los aviones.

Cauchy y los infinitos

Los textos del barón de Cauchy, publicados en 1821 y 1823, emprendieron con rigurosidad los teoremas básicos del cálculo, concediéndoles una visión lógica sustentada en cantidades finitas y la idea del límite.

Pero como siempre acontece en las matemáticas, cada solución plantea un dilema diferente; y, en este caso sería el problema de la definición lógica del "número real". El remedio concluyente lo encontraría el genial matemático alemán Richard Dedekind en los números racionales.

Cauchy no sólo probó que los ángulos de los poliedros convexos se prescribían por sí mismos, igualmente incursionó en el espinoso tema de las condiciones de convergencia en las series infinitas; de la misma manera una teoría matemática de la elasticidad y una reseña talentosa de integrales, libre del proceso de diferenciación; y finalmente preparó un estudio seminal sobre las funciones complejas.

Uno de sus más reconocidos teoremas resulta un ataque a la manida teoría de la causalidad, del cartesianismo causa-efecto. Cauchy se refiere a una "singularidad" en una región del espacio-tiempo en la cual pueden suceder violaciones de la causalidad, advirtiendo que los sistemas físicos iniciales, es decir las causas, desaparecen en el proceso de la evolución.

Comenzando entonces, por Cauchy, y antes de él ya con Bernard Bolzano, no es tan temprano en el proceso que conducirá a afirmar el análisis como una rama autónoma de las matemáticas y que descansa sobre una rigurosa y profunda investigación.

El checo Bolzano después de señalar que su prueba del teorema se llevará a cabo sólo en términos analíticos con la prueba: se definirá todo lo que es necesario para la proyección, y lo hace con la mayor precisión posible, de modo que no se puede argumentar que se atribuya a los conceptos intuitivos o metafísicos.

Así, una función $f(x)$ varía de acuerdo con la ley de continuidad para todos los valores de x, situados dentro o fuera de ciertos límites, nada más que esto: si x es uno cualquiera de esos valores, la diferencia

$f(+\omega x) - f(x)$ se puede hacer más pequeño en tamaño de cada día, si se puede tomar ω, que es cuando se tiene

$f(x + \omega) = f(x) + \omega$.

Cauchy cree que un mayor rigor es de la geometría en lugar del álgebra más general, cuyas fórmulas se pueden procesar sólo bajo condiciones estrictas; pero incluso reitera que esos conceptos obvio e intuitivo, que sirvieron y suficientes para dar la entrada para el desarrollo general del análisis de infinitesimal de Leibniz, son ahora cerca de la exactitud y el rigor que con razón pertenece a las ciencias matemáticas como tales.

Si, partiendo de un valor de x se encuentra dentro de estos dos límites, se atribuye a la variable x un infinitesimal a de incremento, la función en sí recibirá para aumentar la diferencia $f(x + a) - f(x)$ que dependen al mismo tiempo por *Alpha* nueva variable y el valor de x.

La función $f(x)$ será dentro de los dos límites asignados a la variable x, la función continua de esta variable si, para cada valor de x entre estos dos límites, el valor numérico de la diferencia $f(x + a) - f(x)$ disminuye de forma indefinida junto con la de a.

Peter Gustav Lejeune Dirichelet, matemático alemán de la primera mitad del siglo XIX, había hecho algo similar considerando las mismas desigualdades de su compatriota Karl Weirstrass, pero identificando las propiedades de las funciones continuas como un teorema a probar, y que Weirstrass toma como definición de función continua, lo que implica ya no es sólo una teoría de los límites que tiende a cero con una nueva noción de tipo topológico a partir de los propios términos, vinculado a la lengua común de Cauchy de valores sucesivos, donde la idea de que viene alrededor sólo puede utilizar términos y símbolos ciertos y rigurosos de las matemáticas.

Y así, en 1872, podemos encontrar por primera vez nuestra definición de límite en términos *ε-delta* formalizado en términos de desigualdades: esta definición de límite aparece en *Elementos* de otro alemán, Eduard Heine, uno de los matemáticos que habían dado a publicar las lecciones de Weirstrass: Si, dada una magnitud cualquier ε, hay una $\eta 0$ tal

que para $0 < \eta < \eta 0$ la diferencia $f(x0 \pm \eta) - L$ es más pequeño en valor ε absoluta, entonces
L es el límite de $f(x)$ para $x = x0$.

𝕳𝖊𝖌𝖊𝖑 𝕮𝖎𝖊𝖓𝖈𝖎𝖆 𝖉𝖊 𝖑𝖆 𝖑ó𝖌𝖎𝖈𝖆

La misma geometría fue desarrollada de manera independiente por Gauss y Bolyai, y comprende dos tipos de geometría: la hiperbólica y la elíptica. Estos científicos razonaban que la geometría de Euclides era reemplazable; que la recta geométrica puede conceptuarse como una curva, y que la esfera está sumergida en un espacio de cuatro dimensiones.

En su *Ciencia de la lógica*, Hegel[22] plantea un análisis de la Ley de la Identidad, demostrando que es unilateral e incorrecta. La apariencia de una cadena de razonamiento necesario en el que un paso sigue al otro es totalmente ilusoria. La ley de la contradicción simplemente plantea la ley de la identidad de manera negativa, puesto que es una tautología. Y lo mismo con relación a la ley del medio excluido.

Por su parte Hegel plantea cómo la introducción del infinito matemático abrió nuevos horizontes y llevó a resultados importantes, aunque se siguió sin explicar teóricamente porque chocaba con las tradiciones y los métodos existentes[23]: "Pero en el método del infinito matemático esta encuentra una contradicción radical al propio método que le es característico, y en el que se basa como ciencia. Porque el cálculo del infinito admite y exige métodos de procedimiento que cuando las matemáticas operan con magnitudes finitas, tienen que rechazar la infinitud de plano, y al mismo tiempo tratar estas magnitudes infinitas como cuantos finitos. Así se intentan aplicar a los primeros los mismos métodos que son válidos para estos últimos".

Como planteó Hegel[24], "la verdad siempre es concreta". Estamos haciendo constantemente todo tipo de asunciones lógicas sobre el mundo en el que vivimos. Esta lógica es el producto de un largo proceso de evolución.

Hegel delineó las numerosas contradicciones implícitas en las matemáticas y por eso reaccionó de manera diferente y consideró que la introducción del infinito matemático concedía opciones novedosas al conocimiento humano, pese a chocar con el mismo método que la clasificaba como ciencia, porque el cálculo del infinito exige métodos que las matemáticas tienen que refutar. Por su parte Berkeley no podía permitir que el cálculo contradijera la lógica y por eso lo rechazaba.

Pero la ciencia necesita un marco filosófico que le permita valorar sus resultados. La afirmación de John Locke de que todo en el intelecto se deriva de los sentidos contiene el germen de una idea correcta, pero presentada de una manera unilateral ha tenido las consecuencias más dañinas sobre el desarrollo de la filosofía.

La reacción contra este formalismo tuvo su reflejo en un movimiento hacia el empirismo, que dio aliento a la investigación científica y el experimento. Sin embargo, no es posible dejar al margen todas las formas de pensamiento, y el empirismo llevaba desde el principio la semilla de su propia destrucción. La única alternativa a los métodos inadecuados de razonamiento consiste en desarrollar métodos adecuados y correctos.

Lógica formal

El intocable bloque del mecanicismo determinista se comienza a atacar en primer lugar desde las matemáticas, con uno de los descubrimientos más controversiales del siglo, la geometría no euclidiana revelada simultáneamente por el matemático ruso Nicolái Ivánovich Lobachevski (1793-1856), el oficial austríaco János Bolyai (1802-1860), y el matemático Georg Riemann. Lobachevski fue quien desarrolló una geometría abierta, o de curvatura negativa[25].

Si bien Hegel y sus discípulos ensancharon el alcance de la lógica en forma completamente distinta, una teoría satisfactoria acerca del infinito matemático fue salvada por la obra de Georg Cantor, el cual demostró que las supuestas contradicciones son ilusorias, ya no hay razón alguna para buscar una explicación finita del mundo. El instinto, la intuición, o la visión interior es lo que primeramente conduce a las creencias que luego la razón confirma o refuta.

Dado el papel central que la lógica formal ha jugado en el pensamiento occidental, es sorprendente que se haya prestado tan poca atención a su contenido real, significado e historia.

En realidad, la lógica formal no escapa, en última instancia, de la experiencia, de la misma manera que cualquier otra forma de pensamiento. El método común de la lógica formal es la deducción, que intenta establecer la verdad de sus conclusiones, partiendo que ella tiene que fluir de las premisas; y las premisas tienen que ser ciertas. Si se cumplen las dos condiciones, el argumento es válido.

Sin embargo, para los lógicos formales es indiferente si las premisas son ciertas o no. En la medida en que la conclusión provenga de ellas, la inferencia es deductivamente válida, pues lo importante es distinguir entre inferencias válidas y no válidas. Al no depender la validez de la inferencia, del sujeto, la forma se eleva por encima del contenido. Según Hegel, cada premisa da lugar a un nuevo silogismo y así hasta el infinito.

La mayor contradicción reside en la premisa fundamental de la lógica formal. Al pretender que todo se justifique ante el silogismo, la lógica se ve totalmente confundida cuando se le pide que justifique sus propios presupuestos.

Hasta el Congreso Internacional de matemáticos[26] en 1900, sus axiomas se tenían como si fuesen rigurosamente lógicos; a partir de entonces, las complicaciones teóricas han llegado al grado de crisis.

Geometría no-euclidiana

En la actualidad no existe seguridad sobre cuál de las tres geometrías (euclidiana, hiperbólica, elíptica) provee la mejor representación del Universo. Se sabe que la euclidiana proporciona una representación excelente de esta parte del Universo. Se espera que el futuro se va a determinar a partir de la definición de cuál de entre ellas es la geometría apropiada para el Universo.

Si es la euclidiana, el Universo se expandirá indefinidamente a velocidad de escape; si es la hiperbólica, entonces nos hallamos ante un Universo abierto que se expandirá indefinidamente; si es la elíptica, entonces el Universo es cerrado y su expansión se detendrá, para luego colapsar y estallar nuevamente.

La geometría euclidiana es solo una geometría provisoria, pues sus axiomas no son ni juicios sintéticos a *priori* ni hechos experimentales son, sencillamente, convenciones.

¿Es verdadera la geometría euclidiana?

Los principios de la geometría no son hechos experimentales, por eso el postulado de Euclides no puede ser demostrado por la experiencia, y lo mismo sucede, por ejemplo, con el del matemático ruso Nikolái Lobachevski.

Estas hipótesis de Nikolai Lobachevski, Janos Bolyai, Bernhard Riemann y Gauss constituyeron un enérgico ataque contra la geometría euclidiana y el espacio cartesiano, y presagian la teoría de la relatividad de Einstein.

Pero el reconocimiento de la geometría no euclidiana como un método matemático fue rechazado por el grueso de los científicos, los cuales llenos de un paroxismo de fervor cuasi religioso proclamaron que la geometría euclidiana era la sola y única geometría.

En Poincaré los axiomas geométricos no son, pues, ni juicios sintéticos a priori ni hechos experimentales. Son convenciones; entonces, ¿qué se debe pensar de esta pregunta? ¿Es verdadera la geometría euclidiana? La pregunta no tiene ningún sentido, una geometría no puede ser más verdadera que otra; solamente puede ser más cómoda[27].

El intocable bloque del mecanicismo determinista comienza a atacarse, en primer lugar, desde las matemáticas, con el método de geometría no-euclidiana concebida por Lobachevski[28], y con los trabajos de Riemann.

Ambos científicos razonan que la geometría de Euclides es reemplazable, que la recta geométrica puede conceptuarse como una curva, y que la esfera está sumergida en un espacio de cuatro dimensiones.

El 10 de junio de 1854, a la edad de 28 años, Riemann dio a conocer las herramientas matemáticas necesarias para definir y calcular la curvatura positiva y dedicó el resto de su vida a tratar de unificar la gravedad, la electricidad y el magnetismo a partir de la idea de curvatura del espacio. Sus intentos fracasaron

La geometría de Riemann es la esférica extendida a tres dimensiones. La de dos dimensiones sería la de la superficie de una esfera habitada por seres chatos; en ella, la distancia más corta entre dos puntos sería una recta, pero en realidad es un arco de la circunferencia de la esfera. Esta superficie es positiva[29] En realidad esta geometría es un caso particular de muchas otras postuladas por él.

Su intento de unificación fracasaría al tomar en consideración sólo las relaciones entre gravedad, espacio y espacio curvado, en vez de gravedad, espacio-tiempo y espacio-tiempo curvado[30].

No fue hasta 1840 que Riemann define a las integrales como el límite de ciertas sumas, idea que resultará básica para el cálculo integral. Más adelante, en el siglo XX, se conformará la nueva "integral de Lebesgue", creada por el matemático francés Henri-León Lebesgue (1875-1941).[31]

223

Riemann expandió el argumento de las ecuaciones diferenciales parciales, ahondó en la teoría de las variables complejas; la geometría diferencial también fue objeto de su investigación, así como la teoría de los números analíticos.

Riemann no solo es el creador de la topología moderna, sino que sus descubrimientos de las funciones continuas –no diferenciables–, mostrarían lo inadecuado de la intuición geométrica como guía de análisis.

Puede decirse que hasta Riemann los matemáticos presumían que cualquier función continua debía poseer derivativas. Por estos aportes Riemann figura como uno de los matemáticos más reputados en su época al proveer esta ciencia con un arsenal teórico que la instalará terminantemente como la ciencia de las ciencias.

la obra de Riemann en el análisis complejo mostró que hay otras maneras de caracterizar las funciones, por nociones algebraicas, topológicas, por propiedades geométricas. Por lo tanto, la función resulta como algo más abstracto, e independiente de los diversos medios de descripción.

Ecuaciones de Navier-Stokes

En la física las ecuaciones de Navier-Stokes, nombradas por sus creadores Claude-Louis Navier y George Gabriel Stokes, en 1822, describen el movimiento de sustancias fluidas viscosas.

Al igual que la ecuación de onda, es una ecuación diferencial. Las ecuaciones de Navier-Stokes representan el comportamiento de los fluidos que fluyen: el agua que se mueve a través de una tubería, el flujo de aire sobre un avión de avión o el humo que sale de un cigarrillo.

Estas ecuaciones están en el corazón del modelado del flujo de los fluidos, para un conjunto particular de condiciones de contorno[32], y predice la velocidad del fluido y su presión en una geometría dada.

La principal diferencia entre ellos y la ecuación más simple de Euler para el flujo no viscoso es que las ecuaciones de Navier-Stokes también factorizan el "límite de Froude", la formulación matemática elaborada en el siglo XIX por el ingeniero naval inglés Robert Edmund Froude. Ellas no son ecuaciones de conservación, sino más bien de sistemas disipativos, en el sentido de que no pueden ser puestos en la forma homogénea cuasi linear ... $Yt + A \{y\} yx = 0$.

Debido a su complejidad, estas ecuaciones sólo admiten un número limitado de soluciones analíticas. Es relativamente fácil, por ejemplo, resolver estas ecuaciones para un flujo entre dos placas paralelas o para el flujo en un tubo circular.

Navier Stokes ecuaciones ha surgido recientemente como un complemento a la base de datos para el diseño de vehículos aeroespaciales. Las ecuaciones de Navier Stokes de compresión tridimensional ofrecen un enfoque para proporcionar información útil para futuros diseños.

Esto ha sido provocado por avances informáticos notables y el trabajo de una nueva generación de matemáticos aerodinamicistas computacionales de todo el mundo.

Las ecuaciones de Navier-Stokes dependen del tiempo y consisten en una ecuación de continuidad para la conservación de la masa, tres ecuaciones de conservación de momento y una ecuación de conservación de la energía. Dependiendo del régimen de flujo de interés, a menudo es posible simplificar estas ecuaciones. En otros casos, se pueden requerir ecuaciones adicionales.

En el campo de la dinámica de fluidos, los diferentes regímenes de flujo se clasifican utilizando un número no dimensional, como el número de Reynolds, nombrado por Osborne Reynolds (1842-1912) y el número de Mach (M ó Ma), la cantidad a-dimensional, como una medida de velocidad relativa.

El número de Reynolds, $Re = \rho UL / \mu$, corresponde a la relación de las fuerzas inerciales (1) con las fuerzas viscosas (3). Mide cuán turbulento es el flujo. Los flujos de número de

Reynolds bajos son laminares, mientras que los flujos de números de Reynolds más altos son turbulentos.

El número de Mach, $M = U/c$, corresponde a la relación de la velocidad del fluido, U, a la velocidad del sonido en ese fluido, c. El número de Mach mide la compresibilidad del flujo. Si bien tenemos soluciones aproximadas de las ecuaciones de Navier-Stokes que permiten a las computadoras simular bastante bien el movimiento del fluido, sigue siendo una pregunta abierta si es posible construir soluciones matemáticamente exactas a las ecuaciones.

Sería el filósofo y matemático checo Bernard Bolzano quien entronizó el "infinito completo" en sus paradojas implícitas. Los matemáticos del siglo XIX intentaron poner un "límite" a la existencia de magnitudes infinitesimalmente pequeñas de órdenes variables al proponer que lo eran solo "potencialmente".

La noción de infinito, que los filósofos denominaban "devenir" fue introducida en las matemáticas como una cantidad variable susceptible de crecer más allá de todos los límites. En ello, el trabajo de Bolzano fue ampliado por Julius Richard Dedekind (1831-1916) quien posteriormente presentó al infinito como algo positivo.

La nueva geometría no-euclidiana se asimila y explora, sobre todo con la aproximación algebraica profundizada por Dedekind y por el alemán Leopold Kronecker, el cual contribuyó en la teoría de las ecuaciones y el álgebra.

Durante un largo período de tiempo, al menos en Europa, los matemáticos intentaron abolir el concepto de infinito. Sus motivos eran bastante obvios.

Aparte de la dificultad evidente a la hora de conceptualizar el infinito, en términos puramente matemáticos implicaba una contradicción para una ciencia que trataba con magnitudes definidas.

El Aleph de Cantor

Sin olvidar en estas últimas décadas del siglo XIX al genio matemático ruso-alemán Georg Cantor, (1845-1918), un estudioso de las famosas "series de Fourier" y que concluyó una teoría de números irracionales, formulando la teoría de conjuntos, a la cual deben las matemáticas en general, y la aritmética en particular, uno de sus más notables perfeccionamientos.

El tratamiento del infinito en matemáticas ha separado matemáticos en diferentes escuelas. Los descubrimientos de Cantor abrieron el debate del siglo XX sobre el significado de los números, y Cantor introdujo la idea de que puede haber un infinito real. La matemática comienza a la diagonal que no sólo hay infinidad contable, sino que los números reales son innumerables.

Esto crea diferentes tipos de infinito, y Cantor introdujo un nuevo tipo de número, *Aleph*, para tratar de construir una forma de calcular el infinito. La siguiente pequeña introducción discute estos tipos de números en matemáticas: como la teología.

Las antinomias de Kant y las supuestas dificultades del infinito y de la continuidad fueron resueltas finalmente por Cantor, quien, a partir de definición de conjuntos infinitos en la teoría de los números, inauguró los "números transfinitos", más grandes que todos los números cardinales ordinarios, y con ellos toda una rama desconocida descansando en la teoría de los conjuntos.

Cantor demostró que, si bien no hay un último número finito, no puede haber un último número transfinito. Sus paradojas no resueltas aún recorren las matemáticas modernas.

La historia del concepto de límite matemático es, sin duda, una historia muy complicada, llena de implicaciones que van mucho más allá del problema de la definición rigurosa de límite: el concepto de límite nació en un "natural" en la búsqueda de la mejor aproximación, y estos términos positivos que ya se pueden encontrar vestigios de la antigüedad en el método de agotamiento, y el problema de la cuadratura del círculo o de la parábola, luego comienza a utilizarse, aunque no explícitamente, en la obra de Leibniz, que marca el nacimiento del cálculo.

La elaboración de la teoría de los números infinitos de Cantor en 1882, y la definición de número hecha por Gottlob Frege en 1879 dieron por resultado que el número no es ni espacial, ni físico, ni subjetivo, sino no-sensible y objetivo, en el sentido de cosa no real, concreta. Su aporte fue crucial, ulteriormente, para toda la investigación crítica de los fundamentos de las matemáticas y de la lógica matemática.

Cantor introduce el concepto de "cardinalidad" de un conjunto y demuestra que la cardinalidad del conjunto de los números reales, también conocidos como "cardinalidad del continuo", es mayor que la cardinalidad del conjunto de los números naturales, el "cardinalidad del contable".

Esto significa que es imposible de poner en correspondencia el conjunto de números naturales con el conjunto de los números reales. Con un famoso método Cantor, sin embargo, muestra que el conjunto de los números racionales se puede colocar en correspondencia con el conjunto de números naturales, y que por lo tanto el conjunto de racional es un conjunto numerable.

Su abstracta y abstrusa teoría, virulentamente atacada en su tiempo, hoy es parte sustancial de los fundamentos de las matemáticas, aplicándose al complejo estudio de la turbulencia de los fluidos. Habría que agregar que los números son propiedades de los términos generales o de las descripciones generales, y no de las cosas físicas o de los sucesos mentales.

La referida teoría fue expuesta por Cantor en sucesivas memorias publicadas en *Mathematische Annalen*, entre los años 1872 y 1895; de ellas, la que se refiere a los conjuntos infinitos se publicó en 1895. La teoría de Cantor ha encontrado una nueva aplicación en el no resuelto estudio de las corrientes turbulentas en los fluidos laminares.

Fue Cantor quien formuló la teoría de conjuntos, base del análisis de las matemáticas modernas. Lo que hace la teoría de los conjuntos es inscribir el límite en el propio infinito, sin lo cual jamás existiría el límite: en el interior de su rigurosa jerarquización, instaura una desaceleración, o más bien, como dice el propio Cantor un "principio de detención" sólo para crear un número entero nuevo, cuando la compilación de todos los números anteriores tiene la potencia de una clase de números definida, ya determinada en toda su extensión.

Al final de este proceso, lo que sabemos no es que el teorema sea "verdadero" o que algunos objetos matemáticos existentes tengan una propiedad de la que no estábamos conscientes, sino simplemente que una cierta afirmación puede obtenerse de otras declaraciones de medios, de ciertos procesos de manipulación.

Teoría de conjuntos

Hay otra actitud filosófica importante hacia las matemáticas, la del intuicionismo, aunque muy pocos matemáticos son intuicionistas.

Cantor será tildado de loco por el grueso de los matemáticos, pero sus teorías ofrecerán posteriormente el medio de unificar todas las matemáticas. Con el nuevo instrumental de Cantor a su disposición, el genio matemático de Ernest Zermelo y el israelita Abraham Fraenkel comienzan a enjuiciar los propios fundamentos matemáticos. Aquellos matemáticos que saben del intuicionismo reconocen ciertos aspectos controversiales, como el rechazo de la ley del medio excluido o la idea de que un enunciado matemático puede "hacerse realidad" cuando un no debe descartarse: tal vez debiéramos tener un debate si la lógica clásica es la única lógica por considerar.

Lo que hace la teoría de los conjuntos es inscribir el límite en el propio infinito, sin lo que jamás existiría el límite: en el interior de su rigurosa jerarquización, instaura una desaceleración, o más bien, como dice el propio Cantor, una detención, un "principio de detención" según el cual sólo se crea un número entero nuevo "cuando la compilación de todos los números anteriores tiene la potencia de una clase de números definida, ya determinada en toda su extensión".

Sin este principio de detención o de desaceleración, existiría un conjunto de todos los conjuntos, que Cantor ya rechaza, y que sólo podría ser el caos, como lo demuestra Russell.

La teoría de los conjuntos es la constitución de un plano de referencia que no sólo comporta una endo-referencia (determinación intrínseca de un conjunto infinito), sino también ya una exo-referencia (determinación extrínseca).

A pesar del esfuerzo explícito de Cantor para unir el concepto filosófico y la función científica, la diferencia característica subsiste, ya que el primero se desarrolla en un plano de inmanencia o de consistencia sin referencia, mientras la segunda lo hace en un plano de referencia desprovisto de consistencia (Gödel)[33].

Sin este principio de detención o de desaceleración, existiría un conjunto de todos los conjuntos que Cantor obviamente rechaza, y que sólo podría ser el caos, como lo demuestra luego Russell.

Frente a esta situación, lo que X está "realmente" haciendo es dar nombres diferentes a los enteros positivos. Cuando X dice "$2 + 2 = 5$", lo que realmente significa es "$3 + 3 = 6$", y más generalmente la afirmación falsa de X que "$a + b = c$" corresponde a la verdadera afirmación:

"$(a + 1) + (B + 1) = c + 1$".

Hay varias maneras de argumentar la existencia del conjunto vacío. Si no existe entonces, ¿cuál es la intersección de los conjuntos $\{1,2\}$ y $\{3,4\}$?

¿O cuál es el conjunto de todos los números naturales n tales que $n = n + 1$?

Estos argumentos demuestran que el conjunto vacío realmente existe de aceptarse las declaraciones naturales tales como que los conjuntos {1,2} y {3,4} existen y dado cualquiera se dos conjuntos A y B hay un conjunto C que consiste en D exactamente los elementos que A y B tienen en común. Así que, dudar de la existencia del conjunto vacío, probablemente se duda de la existencia de cualquier conjunto en absoluto.

La teoría de los conjuntos es la constitución de un plano de referencia que no sólo comporta una endo-referencia[34], sino también ya una exo-referencia (determinación extrínseca).

Siempre que se considere a "x como un elemento del conjunto vacío" es falso. De manera más general, para probar algo sobre conjuntos en un contexto matemático normal, hay que deshacerse de los conjuntos. Por ejemplo, una relación de equivalencia forma una partición.

Si R es una relación de equivalencia en un conjunto A, y x pertenece a A, entonces la clase de equivalencia de x es el conjunto $E\ (x) = \{y\ en\ A: xRy\}$, pero a medida que la prueba avanza, entonces una declaración como "z es un elemento de $E\ (x)$" I, como el equivalente y mucho más simple la no teoría de conjunto de la declaración xRz.

Es posible prescindir de la teoría de conjuntos, al menos cuando se trata de conjuntos definidos por propiedades. Así la expresión $A = \{x: P\ (x)\}$ se expresa no como denominando realmente un objeto llamado A sino como una cómoda abreviatura. La afirmación "z pertenece a A", pero significa sólo que $P\ (z)$.

De manera similar, si $B = \{x: Q\ (x)\}$ entonces la afirmación "$A\ B = conjunto\text{-}vacío$" significa que no existe x tal pues $P\ (x)$ y $Q\ (x)$.

A pesar del esfuerzo explícito de Cantor para unir el concepto filosófico y la función científica, la diferencia de característica subsiste, pues la primera se desarrolla en un plano de inmanencia o de consistencia sin referencia, mientras la segunda lo hace en un plano de referencia desprovisto de consistencia[35].

Esto es lo desde las matemáticas, ya que *xyy* son dos objetos matemáticos. Entonces, desde un formalismo, el par ordenado (*x, y*) se define como el conjunto

{{*x*}, {*x, y*}},

y se puede comprobar que {{*x*}, {*x, y*} } = {{*Z*}, {*z, w*}} si únicamente *x* = *zyy* = *w*. Prescindiendo del formalismo, el par ordenado (*x, y*) se asemeja al conjunto {*x, y*} pero no cuando "el orden es importante" y *x* se le permite igualar *y*.

La confusión actual es que los matemáticos ignoran a los pares ordenados, pero tienen que admitir que los puntos en el plano pueden ser representados por coordenadas, y que el punto (*x, y*) significa el punto *x* a la derecha *yy* arriba del origen. Entonces es geométricamente obvio que

(*x, y*) = (*z, w*)

sólo cuando *x* = *zyy* = *w*.

Con el refinamiento matemático de Cantor, en las últimas décadas del siglo XIX la valiosa estructura de lo infinito comienza a revelarse y sus teorías ofrecerán el medio de unificar todas las matemáticas, que se hallaban segmentadas en disímiles ramas. Las matemáticas de Cantor permitieron los experimentos de la bomba atómica anglo-norteamericana[36]. Si bien no todas las funciones son mensurables, las que realmente quieren integrar sí lo son. Ello funciona también en la declaración del análogo de dimensión infinita de un simple resultado del álgebra lineal de dimensión finita.

Sea *V* un espacio vectorial de dimensión infinita sobre *R* y sea *v* un vector no nulo en *V*, entonces tenemos un mapa lineal *f* de *V* a *R* tal que *f (v)* no es cero. Para demostrar esto en un contexto de dimensión finita tomamos el vector *v* como *v1* y lo extendemos a una base *v1, vn*. Entonces deja

f (v1) = 1 yf (vi) = 0 para todos los demás *i*.

Matemáticas planetarias

Los astrónomos Urbain Jean Joseph Leverrier (1811-1877) y John Cauchy (1818-1892), cada uno por su cuenta y valiéndose de la ley de la gravitación de Newton, pronosticaron matemáticamente la existencia de un planeta distante que perturbaba la órbita de Urano. Bajo esta sospecha fue que en 1884 se descubrió al planeta Neptuno, en una órbita cercana a la posición predicha por la fórmula matemática. Pero aún la mecánica celeste presentaba enormes enigmas.

Algunos fenómenos que involucraban la mecánica de movimiento no seguían las leyes gravitatorias o la mecánica newtoniana. Uno de ellos eran las desviaciones inexplicables observadas en la órbita del planeta Mercurio, que no respondían a tirones gravitatorios, o a la inercia de su masa.

El alcance significativo de esta equivalencia entre las masas gravitatorias e inertes, sin embargo, no fue apreciado hasta que Einstein enunciara su teoría de la relatividad, y la incapacidad para distinguir entre el campo gravitatorio y un marco de referencia acelerado.

Paralelamente, la obra matemática del inglés Arthur Cayley (1821-1895) contribuyó al avance de las matemáticas puras. De sus matrices algebraicas se sirvió la mecánica cuántica de Heisenberg en 1925. Cayley sugirió que tanto la geometría euclidiana como la no euclidiana eran variantes especiales de una sola geometría.

Lejos de considerar una prueba definitiva de estabilidad que eludiese a Newton, Laplace y Henri Poincaré, en la actualidad se ha afirmado que acaso no exista un solo modelo de equilibrio.

La incertidumbre es lo más irrefutable para las órbitas planetarias pues el Sistema Solar no se comporta como un reloj, al resultar mucho más complicado, con demasiados parámetros para procurar resultados matemáticos de su concurrente estabilidad.

Si estos confusos laberintos acontecen en este sistema con una sola estrella, el Sol, las excentricidades de los sistemas binarios de estrellas escapan a nuestros instrumentos matemáticos.

A todas luces el caos desempeñó un papel decisivo en la formación de nuestro Sistema Solar, el cual desde sus inicios no presentaba su actual configuración, con planetas bien espaciados cuyas órbitas casi circulares cursan un plano aproximado.

Cada planeta, aun tan pequeño como Plutón, y las lunas grandes, en algún grado repercuten en los otros mediante la interacción gravitacional. Pero el modelo mecánico no consideró las derivaciones exóticas que han introducido los acercamientos de estrellas masivas a nuestro Sol, los ligeros efectos de los planetas interiores en su rápido desplazamiento.

El viento solar compuesto de partículas y radiaciones que también acarrea consigo masa que hace disminuir paulatinamente la dimensión del Sol.

Así, tienen lugar las olas causadas por la proximidad lunar en la superficie terrestre que disipan energía. Se ha confirmado que las fuerzas de fricción entre la densa atmósfera gaseosa del planeta Júpiter con sus satélites producen un efecto similar; bajo tales influencias, de fricciones casi imperceptibles a no ser en lapso muy amplio, las órbitas planetarias y lunares cambian lentamente en el curso de millones de años, separándose gradualmente.

El francés Évariste Galois (1811-1832), resultará uno de los talentos científicos de la historia. Antes de su muerte, a los 21 años escribió algunos de los tratados más penetrantes y de mayor alcance en las matemáticas. Con la publicación de sus manuscritos en 1846 y 1870, la reputación de Galois como un gigante de las matemáticas fue ampliamente reconocida[37].

Galois crea la reputada "teoría de conjuntos" que resuelve muchos de los escollos asociados con las ecuaciones algebraicas, y que es una piedra angular del razonamiento y de la sociedad tecnológica. Su teoría de conjunto ha posibilitado los viajes al espacio, a la Luna y los satélites artificiales al Sistema Solar.

Tanto el veneciano Giuseppe Veronese como David Hilbert idearon nuevas geometrías que desechaban el axioma de Arquímedes. Veronese se destacó por sus aportes a los números transfinitos y la teoría de los modelos. Su obra más famosa *Fondamenti di geometría* apareció en 1891.

Igualmente, revolucionarias fueron las demostraciones electro-magnéticas de Michael Faraday (1861-1862) y de James Clerk Maxwell; este imparable proceso dio lugar a la ley de conservación de la energía enunciada por el físico inglés James Prescott Joule.

Electro-magnetismo

A partir de Albert Einstein la geometría no euclidiana se aplicaría a las físicas. Mientras la geometría descriptiva apoyaría los diseños de ingeniería y arquitectura, y la geometría analítica y proyectiva propiciaría a los matemáticos el estudio de la geometría de los espacios postridimensionales.

Tanto la geometría como las ciencias deductivas descansan en axiomas indemostrables. La ampliación de los estudios de geometría condujo al análisis de vectores en espacios afines y métricos; investigación que dio a luz a la topología y al concepto de fractales.

El escocés James Clerk Maxwell, el teórico de la física más destacado del siglo XIX, combinó una rigurosa habilidad matemática con una extraordinaria percepción, que le permitió notables avances en dos de los campos básicos de la ciencia de su tiempo: la naturaleza electromagnética de la luz, donde ambos campos oscilaban en ondas de luz, y la teoría cinética de los gases.

Fue un genio a nivel de Einstein y Newton que tomó un conjunto de leyes experimentales conocidas[38] y las unificó en un complejo coherente simétrico de ecuaciones conocidas como ecuaciones de Maxwell.

Su tesis electromagnética de la luz, cimentada en los estudios de Faraday, produjo el eminente ensayo *On Physical Lines of Force* donde perfeccionó un modelo para acarrear la electricidad y los efectos magnéticos. Maxwell, en un principio, se inclinó hacia una interpretación esencialista de su teoría, y que contribuyó más que cualquier otra a la decadencia del esencialismo.

La primera ecuación -que la divergencia de E es la densidad de carga sobre $\varepsilon_0 \varepsilon_0$- es verdadera en general. Tanto en los campos dinámicos como en los estáticos, la ley de Gauss siempre es válida. El flujo de E a través de cualquier superficie cerrada es proporcional a la carga interior.

La segunda ecuación es que la curvatura de E es $-\partial B / \partial t$ - $\partial B / \partial t$, es la ley de Faraday y fue discutida en los dos últimos capítulos. También es generalmente cierto.

La tercera ecuación es la ley general correspondiente para los campos magnéticos. Puesto que no hay cargas magnéticas, el flujo de B a través de cualquier superficie cerrada es siempre cero.

La última ecuación tiene algo nuevo. Hemos visto antes sólo la parte de ella que sostiene para las corrientes constantes. En ese caso dijimos que la curvatura de B es

$j / \varepsilon_0 c^2 j / \varepsilon_0 c^2$, pero la ecuación general correcta tiene una parte nueva que fue descubierta por Maxwell.

Las "Ecuaciones de Maxwell" resultan un conjunto de cuatro ecuaciones diferenciales que describe el comportamiento y la relación entre la electricidad (*E*) y el magnetismo (*H*).

Las ecuaciones de Maxwell son para el electromagnetismo clásico como las leyes de Newton del movimiento y la ley de la gravitación universal son a la mecánica clásica, pues resultan la fundación de nuestra explicación de cómo el electromagnetismo trabaja en una escala de día a día.

La Primera Ley de la Termodinámica establece que la energía no puede ser creada o destruida; la cantidad total de energía en el universo permanece igual.

La Segunda Ley de la Termodinámica se refiere a la calidad de la energía. Afirma que a medida que la energía se transfiere o se transforma, más y más de ella se desperdicia. La Segunda Ley también establece que hay una tendencia natural de cualquier sistema aislado a degenerar en un estado más desordenado.

La segunda ley establece que existe una variable de estado útil llamada entropía S. El cambio en el delta de entropía S es igual al delta de transferencia de calor Q dividido por la temperatura T delta $S = delta\ Q/T$.

Para un proceso físico dado, La entropía del sistema y el ambiente permanecen constantes si el proceso puede ser invertido. Si denotamos los estados inicial y final del sistema por "i" y "f": $Sf = Si$ (proceso reversible)

De acuerdo con la Segunda Ley de la Termodinámica cuando se tiene un sistema que pasa de un estado de equilibrio A otro B, la cantidad de entropía[39] en el estado de equilibrio B será la máxima posible, e inevitablemente la del Estado de equilibrio

Este paradigma descansaba en los anteriores logros del físico Rudolf Clausius, quien en 1857 y 1858 demostró que los gases se constituían de moléculas en constante movimiento que chocaban unas con otras, y con las paredes del contenedor.

Maxwell infirió y afinó las ecuaciones demostrativas de que la luz consistía en ondas que causaban el fenómeno eléctrico y magnético.

Esto sería confirmado por experimentos para detectar la dispersión de Thomson, atribuida al químico escoces Thomas Thomson y que, consiste en la interacción de un fotón en un átomo, a partir de protones que mostrarían potencia dispersa que es menor por un factor de $(me/mp)\ 2\ (me/mp)\ 2$ como se esperaba de la fuerza de Lorentz[40].

237

Asimismo, predijo la luz no visible que hoy conocemos en la radiación y el espectro de rayos gamma. Gamma es una unidad de intensidad de un campo magnético empleado en geofísica, y es igual a un nano-tesla (1.0×10^{-9} *tesla*) y también 1.0×10^{-5} *gauss*. Sus estudios sobre la percepción visual del color le llevaron a producir en 1861 la primera fotografía en colores.

Maxwell estableció en fórmulas matemáticas la teoría cinética de los gases, posibilitando se conociese a relación entre el movimiento de las partículas.

En el modelo cinético de los gases la presión es igual a la fuerza ejercida por los átomos golpeando y rebotando desde un área unitaria de la superficie del recipiente de gas. Consideremos un gas de N moléculas, cada una de masa m, encerrada en un cuboide de volumen $V = L3$.

Esta teoría de Maxwell fue reedificada por el austriaco Ludwig Boltzmann en 1868. En 1888, el sensacional físico también alemán Heinrich Rudolf Hertz hizo el descubrimiento de que, las ondas de radio corroboraran las ideas de Maxwell, estableciendo las bases para el radio-receptor, el radar, la televisión y otros medios de comunicaciones.

La cinética de los gases

En la "teoría cinética de los gases" de Clausius y del inglés James C. Maxwell, la presión de un gas sobre una pared debía interpretarse como la media estadística de los impactos de las moléculas, y la temperatura como una magnitud proporcional a la energía cinética media de las moléculas.

Igualmente, Maxwell aseveró que los anillos de Saturno estaban estructurados de muchas pequeñas partículas. Las imágenes de los anillos de Saturno tomadas por el satélite artificial *Pioneer* en 1970 y el *Voyager* en la década 1980 confirmaron su hipótesis.

Como veremos, sin embargo, la física moderna se basa en una explicación mecánica cuántica del electromagnetismo, y ahora está claro que estas elegantes ecuaciones son sólo una aproximación que funciona bien en escalas humanas.

La fórmula de materia en energía de Maxwell consiste en lo siguiente, $(E = hf)$ donde "E" es energía; igual a "h", o acción universal; y "f", su frecuencia. Asimismo, la ley correspondiente del cálculo de probabilidades:

$p\ (a) \wedge p\ (a\ b) \wedge p\ (b)$ donde los signos de desigualdad están invertidos.

Las proposiciones del químico John Dalton y el matemático Amedeo Avogadro redondearon los cimientos de la teoría cinética de los gases fomentadas por Maxwell, por el físico austríaco Ludwig Boltzmann y otros

Maxwell y Boltzmann, definen en un teorema las partículas con spin $(½\ h/2\pi)$. Mientras el físico teórico y laureado premio Nobel Paul Dirac lo hace para una ecuación relativista adecuada al electrón:

$(E = \sqrt{p^2c^2 + m^2 c^4})$.

El descubrimiento del electro-magnetismo de Maxwell precipitó la revisión de la física clásica, en especial las suposiciones atomistas, sobre todo con los trabajos de Ernst Mach, precursor de la fenomenología de la ciencia, y los experimentos químicos de William Ostwald.

Al arraigarse como una ciencia *per se*, su campo de teorización se ahondará con las investigaciones en electricidad y magnetismo. El demonio electromagnético de Maxwell, en el marco de nuestra civilización, tecnificó la cultura y reformó la faz del planeta al entronizar un ininterrumpido ascenso tecnológico; fue el gestor de la hiper-industrialización y de soluciones industriales trascendentales, como el dínamo, el telégrafo, la luz eléctrica, entre otros.

Una de sus líneas, la rama termodinámica –por su parte– apuntalará a la ingeniería mecánica. Del mismo modo, entre los campos que deben su sostén teórico a la termodinámica figurarán la ingeniería química, las plantas eléctricas, la de los aires acondicionados.

Como consecuencia los niveles de vida y salud aumentaron y obligaron a la concertación de una modalidad particular de nación y de gobierno que marcaría el talante occidental hacia una nueva utopía: la democracia.

Más que las ideas de eruditos y filósofos de los siglos XVII y XIX sería un paradigma del físico Maxwell tuvo más consecuencia que todas las hipótesis combinadas, esbozadas por pensadores tales como Adam Smith, John Locke, Claude Saint-Simón, Jean-Jacques Rousseau, Hegel, Max Weber, Arnold Toynbee, Henri Bergson y otros.

El físico Sir Benjamin Thompson, Conde Rumford en uno de sus informes considera[41]: En los hechos y sucesos de la vida diaria se presentan muchas oportunidades para contemplar los fenómenos más curiosos de la naturaleza, y a menudo se pueden efectuar los más interesantes experimentos filosóficos, casi sin molestias ni gastos, por medio de la maquinaria ideada para servir meramente en la mecánica de las artes o de las manufacturas.

"He tenido frecuente ocasión de observarlo, y estoy persuadido de que el hábito de mantener los ojos abiertos para todo lo que acontezca en la labor diaria ha conducido, ya por accidente, ya por excursiones agradables de la imaginación, excitada con la observación de sucesos comunes, a dudas útiles y a excelentes esquemas de investigación y progreso, más a menudo que todas aquellas intensas meditaciones filosóficas de las horas expresamente dedicadas al estudio[42].

"Estando encargado, últimamente, de dirigir la perforación de los cañones en los talleres del arsenal militar de Munich, me quedé sorprendido ante el enorme grado de calor que adquiere dicha arma de bronce en corto tiempo, al ser horadada, y con el calor aún más intenso (mucho mayor que el del agua hirviendo, como comprobé experimentalmente) de las virutas metálicas separadas por el barreno[43].

"¿De dónde viene el calor, producido de hecho en la operación mecánica arriba mencionada? "¿Acaso lo proveen las virutas metálicas que desprende el barreno de la masa del metal?

"Si éste, fuera el caso, de acuerdo con las doctrinas modernas del calor latente y del calórico, su capacidad calorífica no debe cambiar simplemente, sino que la variación debe ser grande, lo bastante para explicar todo el calor producido[44].

"Pero no hay tal cambio. En efecto, tomando cantidades iguales en peso, de esas virutas y de delgadas tiras, del mismo bloque de metal, cortadas por una fina sierra, e introduciéndolas a la misma temperatura (la del agua hirviendo) y en cantidades iguales, en agua fría (esto es, a la temperatura de *59½° F.*), encontré que la porción de agua en que se pusieron las virutas no se calentó más ni menos que la oirá con las tiras de metal"[45].

Y llega a la conclusión: "Y al analizar el asunto, no debemos olvidar la circunstancia más notable: que la fuente de calor generada por fricción aparece, en estos experimentos, como inagotable. "Apenas resulta necesario agregar que todo aquello que un cuerpo o sistema de cuerpos aislados puede continuar suministrando sin limitación, no puede, de manera alguna, ser una sustancia material, y me parece extremadamente difícil, si no imposible, imaginar algo capaz de producirse y comunicarse como el calor en estos experimentos, a no ser movimiento"[46].

Finaliza en lo siguiente: La creciente mecanización y ultra-simplificación de la mayor parte de procesos de manufacturación suponen un serio peligro de degeneración general para nuestro órgano de la inteligencia. El resultado puede llegar incluso hasta una selección negativa en cuanto a talentos y promesas[47].

Boltzmann probabilidad entrópica

El siglo XIX legaba entonces dos visiones conflictivas de la naturaleza. ¿Cómo reconciliarlas? Fue el problema central del físico vienes Ludwig Boltzmann. Sigue siendo el intento actual, de lograr en física lo que Charles Darwin había conseguido en biología, y fracaso.

En palabras de Ludwig Boltzmann[48]: "Si ustedes me preguntan por mi convicción más íntima, sobre si nuestra época se conocerá como el siglo del acero, o siglo de la electricidad o del vapor, les contestaré sin dudar que será llamado el siglo de la visión mecanicista de la naturaleza, el siglo de Darwin".

Según el físico vienés Boltzmann, se estaba ante la tendencia natural de todo sistema a evolucionar desde un estado ordenado hacia otro menos ordenado, y podía temerse que la definición estadística del tiempo no resultase siempre en la misma dirección temporal para distintos sistemas físicos.

Boltzmann consideró audazmente esta eventualidad; y mantuvo que el Universo era lo suficientemente grande y que había existido por un período lo bastante largo para que el tiempo pudiese realmente fluir, en lugares muy distantes, en la dirección opuesta. Este punto fue argumentado en so época, pero difícilmente puede serlo hoy en día.

Boltzmann desconocía algo que para nosotros es familiar: el Universo tal como lo conocemos, no es lo bastante grande ni antiguo como para que estas inversiones temporales tengan lugar a gran escala.

En 1877 Boltzmann, rompiendo con el mecanicismo newtoniano, trató de ajustar las leyes de la termodinámica a la física clásica, y redefinió la entropía como una probabilidad más en vez de un estado dado de la materia. Asimismo, consideró la energía cinética promedio, para una molécula, por grado de libertad, o sea $kT/2$, donde $k = 1,38.10^{-23}$ $J\ °K^{-1}$. Se llama constante de Boltzmann.

El teorema de Boltzmann pone en escena el modo en que las colisiones modifican a cada instante la distribución de las velocidades en el seno de una población de partículas.

En efecto, el siglo XIX nos entregó un doble legado: por una parte, las leyes de Newton, que como vimos corresponden a un universo estático, y por otra una descripción evaluada asociada con la entropía[49].

Boltzmann elaboró la Segunda Ley de la Termodinámica, afirmando que, en un sistema cerrado, la entropía *(S)* es siempre constante o creciente. La entropía termodinámica es, a grandes rasgos, una medida de lo desordenado que es un sistema. Un sistema que comienza en un estado ordenado y desigual - digamos, una región caliente junto a una región fría - siempre tenderá a igualar, con el calor fluyendo de la zona caliente a la zona fría hasta distribuirse uniformemente.

En 1877 ya Ludwig Boltzmann había señalado a la "entropía *S*" como una magnitud termodinámica fundamental, e incluso se había adelantado al Nobel de física, Max Planck al advertir en sus fórmulas matemáticas, que la dinámica de las moléculas se producía de manera discontinua, pues la posición y la velocidad solo podían tener un número finito de valores.

El dúo Maxwell-Boltzmann, definen en un teorema las partículas con spin ($½\ h/2\pi$). Mientras Dirac lo hace para una ecuación relativista adecuada al electrón:

$(E = \sqrt{p^2c^2 + m^2c^4})$.

Existen convergencias entre lo propuesto por Boltzmann con el darwinismo, pues tanto en la evolución biológica como en la disipación de la energía, las fluctuaciones casuales conducen al cambio irreversible. Boltzmann también consideró que todo sistema tiende al equilibrio, puesto que el aumento irreversible de la entropía expresaba un desorden molecular que implicaba la multiplicidad de acontecimientos que se anulaban unos a los otros.

Para Boltzmann cualquier líquido o gas es un conjunto de pedazos individuales, tantos que muy bien pudieran ser infinitos. Si cada uno se moviera con independencia, el fluido tendría otras posibilidades infinitas, otros infinitos "grados de libertad, como se dice en la jerga especializada, y las ecuaciones que describen el movimiento habrían de tratar con otras variables infinitas.

Pero cada partícula no se mueve con independencia: su movimiento depende del de sus vecinas, y en uno uniforme, los grados de libertad llegan a ser escasos.

El último universalista

Jules Henri Poincaré fue apodado como el "Último Universalista", un hombre que está a gusto en todas las ramas de la matemática, tanto pura como aplicada. Poincaré fue uno de estos raros sabios capaz de hacer muchas contribuciones importantes a campos tan diversos como el análisis, el álgebra, la topología, la astronomía y la física teórica[50].

Sería la inusual perspectiva geométrica de Poincaré la que descubre el determinismo del caos con su observación del espacio en los sistemas deterministas para considerar las pequeñas perturbaciones, provocadoras de un alto grado de incertidumbre.

Poincaré había ensayado con sistemas matemáticos clásicos de tipo no-lineal llegando a conclusiones que darían pie a la teoría del caos. Este matemático partió del dogmático esquema "laplaciano" según el cual, si conocemos con exactitud las condiciones iniciales del Universo, y sus leyes naturales se puede prever la situación del universo en cualquier instante de tiempo subsiguiente.

En otras palabras, la situación inicial del Universo solo podemos conocerla con cierta aproximación. Pero, al ser indescifrables las inestabilidades del Sistema Solar mediante la aplicación de la mecánica newtoniana y al esquema laplaciano, Poincaré inició sus exploraciones en el terreno del caos y el orden, y advirtió que el movimiento pendular del Sistema Solar contenía dinámicas caóticas.

Este aporte llevó a la comprobación de los elementos imperceptibles de caos, y posibilitó las predicciones a escalas de tiempo humano. En su eminente ensayo *Ciencia y método*, escrito en 1903, Poincaré introducía el concepto de soluciones caóticas u homo-clínicas, que él llamaba doblemente asintóticas.

Luego, llegó a la inverosímil conclusión del impedimento de conocer exactamente las leyes de la naturaleza y el Universo en su momento inicial, lo cual nos impide predecir textualmente su estado en períodos posteriores, al igual que pronosticó como una imperceptible perturbación en sus requisitos iniciales al final introduce cambios exorbitantes[51], acorde con leyes generales preexistentes.

Poincaré se dedicó a profundizar en este problema y observó que las estimaciones hechas por los matemáticos sobre la órbita de un asteroide o de un planeta no eran exactas, sino "aproximadas"[37], los cuales desestimaban cualquier débil atracción de un segundo planeta o cuerpo celeste y por ello acudían a la "aproximación" para calcular una órbita.

Para asombro de los astrónomos de su tiempo formuló un teorema en el cual bajo ciertas condiciones críticas las pequeñas correcciones empezaban a acumularse, realimentándose, hasta afectar totalmente la órbita de un cuerpo celeste, provocando su oscilación, o como planteó entrando en "resonancia", apuntando que saliera despedido violentamente del Sistema Solar.

En su teorema llegó a la conclusión de cómo las variaciones de segundos o minutos de cada planeta, en un período de tiempo prolongado, creaban condiciones para una transmutación abrupta de su configuración orbital, capaz de desorganizar incluso a todo el Sistema Solar.

De hecho, es difícil anticipar cuáles serán los movimientos de un objeto sometido a los efectos de más de una fuerza, como el caso de un meteorito sujeto al doble alcance de la gravitación de la Tierra y la Luna.

Esto se debe a los efectos no lineales de la retroalimentación: los planetas no pueden ser tratados como si sus efectos fueran esencialmente independientes y adicionables los unos a los otros.

El increíble descubrimiento de Poincaré implicó que lo impredecible –las conductas fuera de los modelos generales- podía tener lugar en un sistema regido por leyes exactas e inquebrantables, y evidenció lo impracticable de la computación precisa de los acontecimientos en el mundo físico.

Al demostrar que las ecuaciones matemáticas y los sistemas de la física desembocaban en el caos, Poincaré realizó esfuerzos para fusionar la mecánica newtoniana con su nueva propuesta del caos, y así abordar la estabilidad del Sistema Solar y de otros sistemas planetarios en otros rincones galácticos.

Einstein había intentado algo parecido, aunque sin éxito, al tratar de asociar su relatividad general con la mecánica cuántica para explicar el Universo.

Poincaré y La Topología

Poincaré, se adelantó demasiado a su tiempo y fracasó en hacer valer su magnífica visión a sus contemporáneos.

Poincaré también desarrolló la ciencia de la topología, que Leonard Euler había anunciado con su solución al famoso problema de Siete Puentes de Königsberg. La topología es una especie de geometría que implica la correspondencia *uno-a-uno* del espacio. A veces se la denomina "geometría flexible" o "geometría de láminas de caucho" porque, en topología, dos formas son iguales si uno puede doblarse o transformarse en el otro sin cortarlo.

"No hay espacio absoluto y no concebimos sino movimientos que son siempre relativos; no hay tiempo absoluto. Por último, la geometría euclidiana no es ella misma más que una especie de convención de lenguaje."[52]

"Los axiomas geométricos no son, pues, ni juicios sintéticos a priori ni hechos experimentales. Son convenciones. Entonces, ¿qué se debe pensar de esta pregunta? ¿Es verdadera la geometría euclidiana? La pregunta no tiene ningún sentido. Una geometría no puede ser más verdadera que otra; solamente puede ser más cómoda."[53]

La topología sería una suerte de geometría que lidia con las continuidades y las conexiones entre cantidades disímiles; la topología, hoy día, se ha transformado en una herramienta poderosa para la descripción del comportamiento caótico.

No nos representamos, pues, los cuerpos exteriores en el espacio geométrico, pero razonamos sobre ellos como si estuvieran situados en el espacio geométrico. Con respecto al mundo no euclidiano, se] concibe entonces que seres cuya educación se hiciera en un medio donde esas leyes fueran así trastornadas, podrían tener una geometría muy diferente a la nuestra[54].

A finales del siglo XIX, Poincaré describió todas las posibles superficies topológicas bi-dimensionales pero, ante el reto de describir la forma de nuestro universo tridimensional, se le ocurrió la famosa conjetura de Poincaré, que se convirtió en una de las más importantes preguntas en matemáticas durante casi un siglo.

La conjetura mira un espacio que, localmente, se parece al espacio tridimensional ordinario, pero está conectado, de tamaño finito y carece de cualquier límite[38]. Afirma que, si un bucle en ese espacio puede ser continuamente apretado hasta un punto, de la misma manera que un bucle dibujado en una esfera bidimensional puede, entonces el espacio es sólo una esfera tridimensional.

De este modo el espacio representativo, en su triple forma, visual, táctil y motriz, es esencialmente distinto del espacio geométrico. No es homogéneo ni isótropo; no se puede decir tampoco que tenga tres dimensiones.

Nuestras representaciones sólo son la reproducción de nuestras sensaciones; no pueden, pues, colocarse sino en el mismo marco que ellas, es decir en el espacio representativo[55].

No sabemos si los cambios de quanta son efectivamente súbitos o no; no sabemos si el espacio encerrado en la estructura atómica es continuo o discreto[56].

El problema permaneció sin resolver hasta 2002, cuando una solución extremadamente compleja fue proporcionada por el excéntrico matemático ruso Grigori Perelman, que involucra las formas en que las formas tridimensionales pueden ser "envueltas" en las dimensiones superiores.

Dado un sistema arbitrariamente de muchos puntos de masa que atraen a cada uno de acuerdo con la ley de Newton, bajo la suposición de que no hay dos puntos alguna vez chocan, trate de representar las coordenadas de cada punto como una serie en una variable, función del tiempo y para todos cuyos valores la serie converge uniformemente.

Para comprender el movimiento de los cuerpos celestes de acuerdo con las leyes de la mecánica clásica, esto es, las leyes del movimiento de Newton y las leyes de la gravedad de Newton.

El problema *n-cuerpo*: dado un conjunto inicial de datos con las posiciones si *(0)*, las masas *mi* y las velocidades $s\dot{}i$ *(0)* de *n* cuerpos:

$(i = 1, 2, ..., n)$, con *si 0) 6 = sj (0)* para todos mutuamente distintos *i* y *j*, para determinar los movimientos de los *n* cuerpos, y para *Önd* sus posiciones en otros tiempos *t*, de acuerdo con las leyes de la mecánica clásica

Puesto que la gravedad era responsable del movimiento de los planetas y de las estrellas visibles, Newton tuvo que expresar interacciones gravitatorias en términos de un problema del valor inicial para las ecuaciones diarias esenciales ordinarias *(ODE)*.

Sobre la base de su segunda ley del movimiento, afirma que la solución del problema es: para la solución del sistema de segundo orden de:

n ODE $mi\, s\ddot{}\,i\,(t) = \gamma\, \Sigma\, j6 = i\, mi\, mj\, [sj\,(t)$

Si (T)] jsj (t) si (t) j 3, para i = 1,. . N
donde *m _ {1}, m2,*
Entonces *Mn* son constantes que representan las masas de *n* puntos de masa y:

s1 (t), s2 (t), . . ., Sn (t) que describe las posiciones de los *n* puntos de masa.

Según la ciencia moderna, la falta de precisión en las predicciones dinámicas de *Önal* se consideraba un problema menor porque se suponía que era teóricamente posible obtener predicciones casi perfectas para el comportamiento de cualquier sistema físico, poniendo una entrada cada vez más precisa (Condiciones iniciales) en leyes dinámicas, obtuvimos una salida más precisa para cualquier tiempo posterior o anterior.

El conjunto de acontecimientos de esta manera relacionados es lo que se llama una porción de materia. En el caso de los cambios súbitos, que admite la teoría de los quanta, existe, a pesar de ello, continuidad en todo, excepto en la posición espacial y esta última sufre un cambio que se encuentra necesariamente entre un pequeño número de cambios posibles.

Toda generalización es una hipótesis. Es preciso igualmente tener cuidado entre las distintas clases de hipótesis. Hay, en primer lugar, aquellas que son completamente naturales y de las cuales no se puede de ningún modo prescindir.

Hay una segunda categoría de hipótesis que calificaré de indiferentes. Las hipótesis de tercera categoría son las verdaderas generalizaciones y son ellas las que la experiencia debe confirmar o invalidar."

Poincaré lo aclara[57] "Si nosotros no fuéramos ignorantes, no habría probabilidad, no habría lugar sino para la certeza; pero nuestra ignorancia no puede ser absoluta, sin lo cual no habría tampoco probabilidad." "¿qué es el azar? Este concepto es difícil de justificar y más aún de definir.

"El azar no es más que la medida de nuestra ignorancia. Si conociésemos las leyes de la Naturaleza y la situación del

Universo en el instante inicial, podríamos predecir con exactitud la situación de este Universo en un instante ulterior. Nuestra debilidad no nos permite abarcar el Universo entero y nos obliga a dividirlo.[58]"

Quinta Parte
Los forjadores

Lógica moderna

La lógica es el estudio del razonamiento válido, y pretende mostrar por qué unos tipos de argumento son válidos y otros no; por eso, la lógica deductiva es el estudio de la validez, no de la verdad.

Gottlob Frege (1848-1925) es considerado el pionero de la lógica moderna y de la filosofía moderna de las matemáticas. Frege ha creado una revolución en la filosofía porque hizo su acercamiento a la filosofía, el punto de partida para toda la disciplina.

La nueva filosofía se basa en que el análisis, la estructura general de nuestros pensamientos, que es la base de la lógica matemática moderna y que fue iniciada por Frege. A partir de Frege, la filosofía de las matemáticas fue desarrollado como una disciplina independiente, y que Frege fue el primer filósofo de la matemática.

Por lo tanto, preguntar lo que la lógica matemática ha contribuido a la filosofía es hacer la pregunta equivocada. La nueva filosofía está escrita por personas a las que los principios básicos de la representación de las proposiciones en forma cuantificable que es el lenguaje de la lógica matemática son tan familiares como el alfabeto.

Ahora es el momento de convertir a las consideraciones para avanzar más allá de la perspectiva del fundador de la lógica matemática, el italiano Giuseppe Peano, la última perfección de la "aritmetización" de las matemáticas, más allá a la de Gottlob Frege, el primer logicista matemático.

Frege desarrolló la lógica matemática que posteriormente fue la base para el lenguaje de las computadoras. Pero Frege no albergaba intención alguna de extender su método más allá de las fronteras de las matemáticas.

Frege apuntaba a una reducción similar de los números naturales a un sistema de lógica apropiado. Encontrar las razones por las que el tratamiento de Peano es menos definitivo de lo que parece ser; el conocer por qué la inducción matemática, más que cualquier otra cosa, es la característica esencial por la cual el finito es distingue del infinito[1].

Una gran parte de la filosofía de las matemáticas tiene que ver con las relaciones, sus muchos tipos y sus diferentes tipos de usos. Muchos de los conceptos más importantes en la lógica de las relaciones de funciones descriptivas son del dominio de los campos inversos.

Por ejemplo, a menudo se dice que el espacio y el tiempo son subjetivos que tienen su contraparte; o que los fenómenos son subjetivos causados por cosas objetivas, cuyas diferencias se corresponden con las diferencias en los fenómenos a que dan lugar. ¿Tiene la filosofía una sorpresa matemática que la desconcierta por completa, o bien tiene entonces que hacer algún tipo de matemática esotérica?

En pocas palabras, la filosofía de la matemática se ocupa de los problemas especiales que surgen de nuestra posesión del conocimiento matemático. Por lo tanto, es una rama de la epistemología, el estudio de cómo las cosas que sabemos, al igual que la filosofía de la ciencia y la filosofía de la percepción.

A diferencia de otras formas de conocimiento, donde se aprende por la experiencia, el conocimiento matemático es puramente una cuestión del reino del pensamiento. En los últimos 30 años, Michael Dummett, profesor de lógica en Oxford, ha abogado por el intuicionismo impugnando los argumentos semánticos del realismo de Frege.

Frege estuvo de acuerdo con Kant en que la geometría se basa en las intuiciones sobre el espacio. Pero, por cada número N que podamos entretener, por grande que sea, habrá un *N-gon* regular. Y sabemos que habrá teoremas geométricos verdaderos de esta forma, p; que la suma de sus ángulos interiores será $(N - 2) \pi$.

Frege[2], se destacará entonces como el arquitecto del llamado fundamentalismo matemático, y el más formidable lógico desde los tiempos de Aristóteles. Sus ttrabajos hacen el revolucionario reclamo de que Aristóteles caracteriza equívocamente a la lógica, y ofrece como alternativa una teoría de cuantificación que se identifica con los rudimentos de la teoría de los tipos y la teoría de los resultados.

Frege, es el fundador del logicismo, la teoría donde la acción es lo más fundamental de las matemáticas que es reducible a la lógica simbólica, y se puede probar usando las leyes de la lógica. Frege creía que todas las declaraciones de la aritmética y el análisis son leyes verdaderas de cualquiera de la lógica o pueden ser probados con las leyes de lógica.

Frege argumenta que todos los conceptos legítimos matemáticos pueden definirse en términos lógicos, y que todos los teoremas matemáticos se deducen de los principios de la lógica. Durante algún tiempo, los lógicos estuvieron obsesionados con un principio de parsimonia, que los justificó en la reducción del número de estos conceptos fundamentales, por ejemplo, definiendo $p \supset q$ (p implica q) como $\neg p \vee q$ o incluso como $\neg (p \wedge \neg q)$.

Frege intenta desplazar la intuición del ser racional al distinguir la lógica matemática de la geometría y admitir que la verdad de la geometría euclidiana no se funda en la lógica, sino en la primitiva intuición del espacio euclidiano.

Frege ideó el primer lenguaje formal en el que varios teoremas matemáticos podían ser formulados en términos absolutamente precisos y no ambiguos, y el primer sistema formal en el que gran parte del razonamiento de los matemáticos podía llevarse a cabo de una manera que permitía Principio para verificar mecánicamente si una secuencia de declaraciones fue una prueba o no. Por otra parte,

En su lenguaje simbólico de la lógica, la frase conjuntiva "poder", de la aritmética básica y declaraciones de todo lo demás que pudiera derivarse se ejemplifica con la definición de los números naturales que comienza con la asignación de 0 como un concepto que se aplica a cualquier objeto.

Esta asignación es apropiada desde un concepto tal aplica a cero objetos. Además, señaló que "el número ($n + 1$) se aplica al concepto F si hay un objeto a que cae bajo F y tal número que *n* se aplica al concepto, cae bajo *F*, pero no idéntico con *a*.

Si un objeto cae bajo el concepto *F*, donde *f* es el concepto de ser blanco, tiene vértice o punto de un triángulo. Hay otros dos vértices que caen bajo este concepto. Así, el número 2 + 1, como una instancia de:

n + 1, se aplica a *F*-.

Si bien esta definición, aunque innecesariamente engorrosa, es legítimamente clásica, no está permitida en la lógica intuicionista (véase más adelante). En el mismo espíritu, muchos matemáticos adoptaron la definición de la teoría de conjuntos Wiener-Kuratowski[3] del par ordenado <*a*, *b*> como {{*a*}, {*a*, *b*}}, donde {*a*} es el conjunto cuyo único elemento es *a*, que disfraza su verdadero significado.

El trabajo de Frege representa el comienzo de la lógica moderna debido a su invención de la notación de cuantificadores y variables. Con Frege se establece una aproximación formal y mecánica al razonamiento, con sus simbolismos explícitos, sus axiomas y reglas explícitas y sus comprobaciones explícitas.

Frege trató de demostrar -por otra vez la prueba- que gran parte de la matemática clásica podía ser reducida a la lógica. Esta concepción de la matemática se denomina lógica: primero, Frege definiría conceptos matemáticos como el número natural, *0*, menos que (para los números naturales), etc., sobre la base de conceptos puramente lógicos:

como ¬ *(no)*, ∨*(o)*, → (si-entonces), ∃ (existe), ∀ (para todos), = (identidad) y similares.

Una vez que todos los conceptos matemáticos de un teorema matemático hubieran sido reemplazados por los conceptos lógicos que los definían, derivaría el teorema por reglas puramente lógicas de inferencia a partir de axiomas puramente lógicos.

Lenguaje simbólico

En lo adelante, las reglas de la lógica se configuran como leyes generales del humano, la ley de las leyes de la naturaleza, en palabras de Frege, cuya obra deviene en uno de los paradigmas fundacionales.

La filosofía tradicional especula lo que podría-haber-sido evitado si la importancia de la estructura, y la dificultad de conseguir detrás de él, se hubiera definido.

Frege refina y amplía el lenguaje simbólico por primera vez con el fin de llevar a cabo, con detalle formal, completo, el análisis del concepto de número, y la derivación de las leyes fundamentales de la aritmética.

Su universo lógico incluyó dos hechizos de "entidad": funciones y objetos. Cualquier función f asociado a cada valor del argumento ξ TIC (Consistencia de la Inducción Transfinita) es un objeto $f(\xi)$: si este objeto es siempre uno de los dos valores de verdad 0 (falso) ó 1 (verdadero), entonces f representa un concepto o función proposicional, y cuando es:

$f(\xi) = 1$ ξ cae bajo el concepto f.

Si hay dos funciones f y g la misma asigna todos los objetos de sus argumentos; si f y g son conceptos entonces ambos son a la vez extensiones de lo mismo.

El paso decisivo de Frege fue la introducción de un nuevo tipo de objeto que deberá escribirse como f ^- para simbolizar a los valores de f y establecer como principio básico la afirmación:

$L\Gamma = g \leftrightarrow \forall \xi [f(\xi) = g(\xi)]. 4 (1)$.

Por lo tanto, si escribimos $v(F)$ para el número cardinal de F así definido, y $F \approx G$ para el concepto F, y equis números con el concepto de G, entonces se deduce a partir de:

(1) que $v(E) = v(G) \leftrightarrow F \approx G. (2)$

Lógicamente derivado de principios que no implican ninguna referencia explícita a las intuiciones espacios-temporales.

En el lenguaje natural, la generalidad se representa insertando una expresión como "todo" o "algo" en el argumento-lugar del predicado, en la notación utilizada en la lógica desde Frege, el argumento-lugar se rellena con una letra variable, digamos X, y la expresión resultante prefijada por un cuantificador, "por cada x" o "por algún x", dijo que "atar" esa variable.

Mediante esta notación resolvió el problema que había desconcertado a los lógicos de la Edad Media Y evitó el avance de la lógica desde entonces,

Frege fue capaz de explicar la mayoría de las nociones matemáticas con la ayuda de su esquema de comprensión, que afirma que para todo φ (fórmula o enunciado) debería existir un conjunto X tal que, para todo x, $x \varepsilon X$ si y sólo si φ (X) es verdadera. Por otra parte, por el axioma de "extensionalidad", este conjunto X está determinado únicamente por $\varphi(x)$.

En el logicismo de Frege lo ideal sería anulado por el uso de la intuición, que va contra el criterio. Sin embargo, Frege no tuvo éxito en la eliminación de la paradoja sin depender de la intuición que, como descubrió Bertrand Russell, los conjuntos de auto-referencia son derivables de la teoría de conjuntos de Frege[4].

Un defecto en el sistema de Frege fue descubierto por Russell, quien señaló algunas contradicciones obvias que implican conjuntos que se contienen como elementos, por ejemplo, tomando:

$\varphi(x)$ para ser $\neg (x \varepsilon x)$.

Esto fue señalado a Frege por el filósofo británico Bertrand Russell (1872-1970), que él mismo - junto con Alfred North Whitehead intentaron reducir la matemática a la lógica de nuevo, pero esta vez sin ninguna conclusión contradictoria.

Sin embargo, la intuición dicta que con el fin de hacer que el sistema de Frege sea consistente, los conjuntos de auto-referencia deben ser excluidos. La eliminación de los grupos de auto-referencia no es un mandato de principios de la lógica. Russell fracasó de manera similar para describir una teoría plausible logicista. Su estructura ramificada requiere de la intuición para tener en cuenta un conjunto infinito de números naturales.

El matemático norteamericano húngaro John von Neumann (1903-1957) sugirió una definición aún más simple, a saber:

$X \varepsilon 2$ si y sólo si $X = 0$ o $X = 1$,

donde 0 es el conjunto vacío y 1 es el conjunto que consiste en 0 solo. Ambas definiciones requieren un axioma extralógico para hacerlas funcionar: el axioma del infinito, que postula la existencia de un conjunto infinito.

¿Qué es un sistema natural de anotaciones para los números ordinales? El ejemplo de paradigma para ello es el sistema de anotaciones de Cantor para los ordinales hasta $\varepsilon 0$, la menor solución de $\omega a = a$. Los resultados de completitud que se han citado para las progresiones dependen fundamentalmente de la construcción de nociones no naturales que de alguna manera codifican las verdades que han de probarse.

La teoría de conjuntos modernos, que todavía forma parte de la lógica matemática, y que tuvo un tremendo impacto en todas las áreas de la matemática moderna al convertirse al mismo tiempo en el lenguaje universal y en el sistema fundacional de axiomas matemáticos, Frege o Russell y Whitehead.

Pero al menos quedó claro que más o menos todos los conceptos matemáticos podrían ser reducidos a combinaciones de conceptos lógicos y el concepto de conjuntos aglutinados ($\in$), y más o menos todos los teoremas matemáticos conocidos podrían derivarse de axiomas lógicos En combinación con los axiomas de la teoría de conjuntos, es decir, los axiomas que gobiernan $\in$ 2.

Por ejemplo, las matemáticas clásicas una vez que el gran intuicionista rival (al igual que la escuela estrechamente relacionada del constructivismo) rechaza la ley lógica del medio excluido ($A \vee \neg A$) y exige generalmente la prueba de una reivindicación de existencia $\exists x P(x)$ a, procedimiento por el cual una *instancia P (a)* puede ser realmente construida o determinada.

El aporte de Frege se complementará más adelante con los ensayos de Cantor, Dedekind, Zermelo, Peano, Russell y Hilbert, forjadores de la disciplina de la lógica matemática y de muchos de los instrumentos básicos de las matemáticas modernas.

Estos trabajos iniciales de lógica fueron modernizados por los británicos Russell y Whitehead, coautores de la *Principia Mathematica*, así como Alonzo Church[5], Kurt Gödel, David Hilbert, Emil Post, y Alfred Tarski (1902–1983). De acuerdo con el físico y filósofo argentino Mario Bunge a la filosofía de las ciencias se la considera como un "análisis lógico de la ciencia.

El programa "neo-fregeano", desarrollado por los británicos Crispin James Wright y Bob Hale a partir de una propuesta del lógico matemático profesor de MIT, George Boolos, es una forma moderna de logicismo. En primer lugar, lo "neo-fregeano" sustituye el axioma del infinito por un número de operación y por un axioma formal tomado del "principio del filósofo David Hume".

Es decir, para cualquier predicado, *S*, el concepto "número de *S*" tiene un comportamiento esperado. A continuación, se muestra que, en el contexto de la lógica de segundo orden, el principio de David Hume es suficiente para derivar el axioma del infinito, y por lo tanto tiene una porción sustancial de las matemáticas ordinarias.

La Sociología tradicional descansa en lógicas comparativas estáticas que reducen la sociedad a indicadores y a índices; en la cual la singularidad es un residuo marginal. Así, la intuición misma no proporciona forma de decidir cuál de las dos intuiciones en conflicto es correcta.

La lógica es reduccionista por esencia y pretende convertir el concepto en una función de acuerdo con la senda que trazaron Frege y Russell. Lo que define la función es una relación de dependencia o de correspondencia.

El conocimiento es una función. Las proyecciones geométricas, las sustituciones y transformaciones algebraicas no consisten en reconocer algo a través de las variaciones, sino en distinguir variables y constantes, en discernir términos que tienden hacia límites sucesivos.

En la medida en que un número cardinal pertenece al concepto proposicional, la lógica de las proposiciones exige una demostración científica de la consistencia de la aritmética de los números enteros a partir de axiomas; ahora bien, de acuerdo con los dos aspectos del teorema de Gödel, la demostración de consistencia de la aritmética no puede representarse dentro del sistema no hay endo-consistencia, y el sistema tropieza necesariamente con enunciados verdaderos que sin embargo no son demostrables, que permanecen indecidibles (no hay exo-consistencia, o el sistema consistente no puede estar completo[6].

Dedekind: Números Reales

Julius Richard Dedekind[7] fue uno de los más grandes matemáticos del siglo XIX, así como uno de los más importantes contribuyentes a la teoría del álgebra y los números de todos los tiempos.

Dedekind será parte de una tradición distinguida en matemáticas, extendiéndose de Gauss y de Peter Dirichlet a través de Riemann, de Weber, y de Cantor en el siglo XIX, sobre a David Hilbert, Ernst Zermelo, Emmy Noether, el danés Bartel Leendert Van der Waerden, Nicolás Burbaque y otros en el siglo XX.

Tanto Frege como Dedekind se preocupaban de proporcionar a las matemáticas definiciones rigurosas. Creían que los conceptos centrales de las matemáticas eran en última instancia de naturaleza lógica y, como Leibniz, que las

261

verdades sobre estos conceptos debían establecerse por medios puramente lógicos.

El "logicismo" de Dedekind abarcaba todos los conceptos matemáticos: los conceptos de los conceptos numéricos, racionales, reales, complejos y geométricos como la continuidad. Como matemático practicante, Dedekind aportó cierta latitud a la concepción de lo que iba a ser considerado como una noción "lógica" -una ley del pensamiento- como lo atestigua su observación de que

El análisis de Dedekind de la continuidad, el uso de Dedekind corta en la caracterización de los números reales, la definición de ser Dedekind-infinito, la formulación de los axiomas de Dedekind-Peano, la prueba de su categoricidad, el análisis de los números naturales como ordinal finito.

Los números, la justificación de la inducción y la recursión matemáticas y, sobre todo, la insistencia en las nociones generales y extensivas de conjunto y función, así como la aceptación del infinito real, todas estas contribuciones pueden aislarse de las antinomias teóricas.

Dedekind utiliza letras minúsculas para nombrar las cosas Dinge[8], tales como a, b y c, e introduce la notación $a = b$ para indicar que a y b denotan lo mismo. Observa que $a = b$ implica $b = a$, y observa que $a = b$ y $b = c$ implica $a = c$.

Más directamente, el ensayo de Dedekind estaba ligado a la aritmetización del análisis en el siglo xix -Cauchy, Bolzano, Weierstrass y otros- que a su vez fue una reacción a las tensiones dentro del cálculo diferencial e integral, introducido antes por Newton, Leibniz, Y sus seguidores

Este matemático alemán será conocido por sus estudios en continuidad y definición de los números reales. Entre sus aportes figuran sus análisis sobre la naturaleza de los números y la inducción matemática, incluyendo la definición de los conjuntos finitos e infinitos. Su trabajo sobre la teoría de los números, en particular los campos de números algebraicos resultarán influyentes.

Por lo tanto, Dedekind es capaz de dar una definición axiomática de continuidad a través del acto creativo de los números reales, y luego ser capaz de definir como el límite de una función continua: y todo esto se ha hecho sobre la base de conceptos aritméticos.

Para un espacio de dimensión infinita, la prueba es exactamente análoga, pero cuando se extiende $v1$ a una base, hay que continuar trans-finitamente, y como cada vez que se elige un vi no se demuestra y hay que apelar al axioma de elección.

Y, sin embargo, no se pueden hacer las elecciones simplemente porque no se pueden especificar, pues tampoco se pueden especificar las opciones en el contexto de dimensión finita y por la misma razón, no se expresa el espacio vectorial V, salvo que se le conceda una función, entonces la imagen cambia, aunque con una estrecha analogía entre las dos situaciones.

A veces hay una elección bastante obvia de la función f, pero a veces no hay forma canónica de extender v a una base. Entonces, lo que determina si V es finito-dimensional ese hacer digamos 10 billones de opciones no canónicas en lugar de hacerlas infinitamente.

En 1871, la famosa teoría de los ideales de Dedekind fue presentada por primera vez; asimismo se consolidará la teoría de conjuntos.

¿Cada punto de la línea corresponde a un número racional? Fundamentalmente, esta cuestión puede ser reformulada en términos de la idea de Dedekind de "cortes" definidos directamente sobre los números racionales, de modo que cualquier intuición geométrica sobre la continuidad puede ser puesta a un lado.

Es decir, si dividimos todo el sistema de números racionales en dos partes disjuntas mientras conservamos su orden, ¿cada una de tales divisiones está determinada por un número racional? La respuesta es no, ya que algunos corresponden a números irracionales (por ejemplo, el corte consiste en:

$\{X: x2 <2\}$ $\{x: x2 <2\}$ y $\{x: x2> 2\}$ $\{x: x2> 2\}$

Corresponde a $2-\sqrt{2}$).

En este sentido explícito y preciso, el sistema de números racionales no es continuo, es decir, no lineal.

Hacia finales del siglo xix, trabajos adicionales de Carl Weirstrass, Cantor, Dedekind y otros mostraron cómo se podía dar sentido a los números reales en términos de secuencias o conjuntos de números racionales, y era bien sabido que los racionales podían Se entiende en términos de pares de números naturales.

El análisis de Dedekind equivale a una reducción de los números naturales a una incipiente teoría de conjuntos y funciones.

Se encuentran, por ejemplo, instancias de pruebas que suprimen deliberadamente información algorítmica en el trabajo de Dedekind sobre teoría de números algebraicos.

Lo importante es que se trata de una estructura dotada de un elemento de partida *0* y de una función inyectiva que, dada cualquier número, devuelve su «sucesor»; Siempre y cuando la estructura resultante satisfaga el principio de inducción. Además, Dedekind demostró que cualquier estructura que cumpla estos criterios es isomorfa, por lo que las referencias a una pueden traducirse a referencias a la otra sin ningún efecto adicional a la teoría.

Una introducción rigurosa de esa noción implica la idea innovadora de Dedekind de una "cadena". Como se diría en la terminología contemporánea, una cadena es el cierre mínimo de un conjunto *A* en un conjunto *B* que contiene *A* bajo una función *f* en *B* (donde el concepto de "mínimo" se concibe en términos de la noción general de intersección).

Consideremos un conjunto *S* y un subconjunto *N* de *S* (posiblemente igual a *S*). Entonces *N* se llama simplemente infinito si existe una función *f* en la Arena un elemento *1* de *N* tal que: *(i)* f manda *N* en sí mismo; *(Ii)* *N* es la cadena de *{1}* *{1}* en *S* bajo *ff*; *(Iii)* *1* no está en la imagen de *N* bajo *ff*; entonces *(iv)* *ff* es uno-a-uno.

Estos axiomas se llaman así correctamente los axiomas de Dedekind-Peano. Como tampoco es difícil ver, cualquier infinito simple consistirá en un primer elemento *1*, un segundo elemento $f\,(1)\,f\,(1)$, un tercero $f\,(f\,(1))\,f\,(f\,(1))$, y así, como cualquier modelo de los axiomas de Dedekind-Peano.

La antinomia de Russell y los problemas relacionados establecen que la concepción original de Dedekind del conjunto es insostenible. Sin embargo, no invalidan sus otras contribuciones a la teoría de conjuntos. Dedekind expresa que un conjunto es una cosa, lo que permite un conjunto de conjuntos.

También, con la comprensión de que un conjunto está determinado por sus elementos, declara que dos conjuntos son iguales, $S = T$, cuando tienen exactamente los mismos elementos.

Menciona que el conjunto S que contiene sólo un elemento a no debe considerarse igual a la cosa a misma. Diríamos que el conjunto de singleton {a} no es el mismo que a.

Paradojas matemáticas

A principios del siglo XIX los matemáticos pensaban que habían logrado una descripción aproximada de la naturaleza y se solazaban en las reconstrucciones de estructuras lógicas. Pero finalizado ese siglo no podían soslayar la existencia de múltiples contradicciones que se iban acumulando, a las que llamaban "paradojas".

En su libro Morris Klein describe lo siguiente[9]: "Las creaciones del siglo XIX, extrañas geometrías y extrañas álgebras, obligaron a los matemáticos, a regañadientes, a reconocer que los exactos matemáticos y las leyes matemáticas de la ciencia no eran verdades. Descubrieron, por ejemplo, que muchas geometrías diferentes encajaban igualmente bien con la experiencia espacial. No puede ser que todas ellas sean ciertas. Aparentemente el diseño matemático no era inherente a la naturaleza, o si lo era, las matemáticas humanas no eran necesariamente la descripción de ese diseño. Se había perdido la llave de la realidad.

Apunta Klein[10]: "La creación de estas nuevas geometrías y álgebras hizo que los matemáticos experimentasen una conmoción de otro tipo. Se habían quedado tan embelesados con el convencimiento de que estaban consiguiendo verdades que se habían lanzado impetuosamente a asegurar estas verdades aparentes a costa de un razonamiento con una base sólida. El darse cuenta de que las matemáticas no eran un cuerpo de verdades hizo tambalear su confianza en lo que habían creado, y se comprometieron a reexaminar sus creaciones. Estaban consternados por haberse dado cuenta que la lógica de las matemáticas estaba en mala forma".

Durante el siglo XIX tuvo lugar en Europa una conjunción de la filosofía con las matemáticas, en especial entre los alemanes, de los cuales Ernst Mach y el físico Friedrich Moritz Schlick pasaron a ser sus figuras cimeras. De esta tradición se valió Russell para configurar el método de la lógica analítica.

A fines del siglo XIX el filósofo inglés George Edward Moore escribió que la discrepancia dentro de la filosofía se debió al intento de explicar un sinnúmero de interrogantes sin intentar descubrir cuál de ellas se deseaba responder. Moore concluyó aconsejando que la filosofía estuviera necesitada de análisis mucho más cuidadosos[11].

De tales criterios se desarrollará en las sociedades tecnológicas de Occidente la filosofía analítica, donde la matemática resulta su módulo central. Los resultados matemáticos, entonces parecen ser los paradigmas de la precisión, del rigor y de la certidumbre; desde los teoremas elementales sobre los números y figuras geométricas hasta las construcciones complejas del análisis funcional.

El fisicalismo o la consideración de que todos los objetos son espaciales–temporales, llevan a que la tendencia intelectual reciente del "constructivismo" asuma una realidad de un universo matemático de leyes, independiente del humano, que inventa sus propios paradigmas matemáticos.

El matemático-filósofo Alfred North Whitehead, reconocido como uno de los grandes filósofos del siglo XX, realizó contribuciones definitivas en el campo de la teoría matemática[12] Whitehead poseía también un conocimiento profundo de filosofía, de literatura y su cultura general le posibilitó el estudio de los fundamentos matemáticos, de la filosofía de las ciencias y el desarrollo de la lógica simbólica.

Whitehead desarrolló a principios del siglo XX su método de abstracción extensiva, por el cual supeditaba las ciencias a la filosofía, opuesto a los conceptos marxistas del "materialismo científico".

Con ello propició la exploración y la explicación de conceptos naturales fundamentales en términos científicos y, de hecho.

Para formular una filosofía de las ciencias naturales tuvo que hacer una pirueta metodológica incongruente, al examinar conceptos presuntamente aceptables a las ciencias puras como hipótesis inexplicadas que intentaban explicarse y verificarse a través de su método de análisis filosófico.

Al final Whitehead se inclinó hacia una filosofía más específica y heterogénea, enfocando la metafísica, la religión, los principios del conocimiento, creando una revolución en la epistemología. La influencia de Whitehead en un amplio número de aspectos ha sido extensa y variada. Se le asocia con la llamada "filosofía del proceso", en el pensamiento contemporáneo, y sus ideas han sido asumidas indistintamente, incluyendo teólogos y filósofos de la religión.

La metafísica y sus especulaciones proto-cosmológica, diseñada como una filosofía en la Edad Media era considerada como la sierva de la teología. Por eso Stephen Hawking y el escritor científico Leonard Mlodinow han dicho que los metafísicos que buscan hacer frente a cuestiones cosmológicas no están lo suficientemente capacitados científicamente para hacer una contribución útil. A los efectos de la cosmología, la metafísica es inaplicable, y por eso es reemplazada por la más informada filosofía de la física.

Por otra parte, lo que tienen que hacer los modelos matemáticos es describir las observaciones, y para ello no necesitan la metafísica. La relevancia explicativa de los modelos puede ser el núcleo de la historia de la ciencia, que desempeña un papel menor en comparación con su capacidad descriptiva y predictiva. La mecánica cuántica es un excelente ejemplo, dada su indudable utilidad a pesar de la ausencia de una interpretación filosófica compartida.

Pero los metafísicos avalan una doctrina filosófica que llaman modelos dependientes del realismo, donde la idea de que una teoría o mundo físico es un modelo de naturaleza matemática y un conjunto de reglas que conectan los elementos del modelo a las observaciones. Sin embargo, es claro que es inútil preguntar si un modelo es real sólo si está de acuerdo con las observaciones.

En sus tentativas por borrar el abismo entre la razón pura y la metafísica espiritual, a través de una filosofía de las ciencias, y de toda una concepción estructuralista, Whitehead[13] une esfuerzos con Russell en la aspiración de una gran unificación lógica. Es cuando Cantor llega al análisis de lo infinito en las matemáticas y Frege, al de los números.

Pero estas aspiraciones aportarán poco al entendimiento de cómo la verdad matemática se comporta, y, por ende, toda la naturaleza. Si bien las matemáticas habían servido, hasta la fecha, para dar respuesta satisfactoria al aspecto práctico de la civilización –su tecnología–, se mostraban insuficientes para dilucidar los paradigmas de la mecánica cuántica o del insondable Universo.

David Hilbert: 24 problemas

Será una gran tragedia, la Primera Guerra Mundial, la que borrará cualquier noción de progreso y optimismo, hasta el punto de que el siglo XX puede ser llamado un siglo en el que el término "crisis" pasó por todas las áreas del conocimiento de construcción: la crisis de la razón, de las certezas, de las fundaciones, de los valores, de la familia, del estado, de la religión, del arte, de la música, etc. De hecho, incluso el significado de la muerte constituyó el tamaño final de la cultura occidental.

En 1900, todo lo que vale y brilla en el mundo matemático se da cita en un congreso para escuchar a David Hilbert[14] plantear allí los 24 problemas más importantes del pensamiento abstracto aún no resueltos por las matemáticas, y señalar que en la medida que se solucione cada uno de ellos, se abrirán nuevos campos en las matemáticas, sistemas infalibles y se brindará al resto de las ciencias poderosas herramientas para transformar la humanidad.

Los más brillantes matemáticos y filósofos de la época emprendieron casi inmediatamente la tarea de resolver estas contradicciones. Hasta el presente, la mitad de los 24 problemas de Hilbert se han resuelto, y producto de sus resultados nuestra civilización ya ha sufrido un vuelco.

De hecho, se concibieron, formularon y avanzaron cuatro métodos matemáticos diferentes, cada uno en los cuales se congregó a numerosos adherentes. Todas estas escuelas fundacionales intentaron no solo resolver las contradicciones conocidas sino asegurar que nunca más iban a surgir nuevas contradicciones, es decir, establecer la consistencia de las matemáticas.

El afán de resolver los escollos ante las matemáticas solo llevó a nuevas e insolubles contradicciones. En estos esfuerzos fundacionales surgieron nuevas cuestiones. La aceptación de algunos axiomas y algunos principios de la lógica deductiva se convirtió en un punto de discusión que llevó a que las múltiples escuelas adoptaron posiciones diferentes[15].

El famoso trío matemático conocido como el Círculo de Königsberg[16], de David Hilbert, el matemático destacado en la geometría Adolf Hurwitz y Hermann Minkowsky (quien descubre por la época las implicaciones cuatri-dimensionales de la relatividad de Einstein) conformaron la famosa tendencia formalista, que trató a brazo partido de imponerse como la vertiente válida en la matemática.

El trabajo del alemán Hilbert, bautizado como formalismo[17], fue abrazado por John von Neumann y Gödel. Hilbert elabora una obra formidable de tan profundas repercusiones que prácticamente desbarata varios campos y disciplinas de investigación tenidas como sacrosantas.

También propuso formalizar partes relevantes de las matemáticas con ayuda de una lengua artificial basada en la lógica, y con ello probar por medio de las matemáticas finitas que ninguna paradoja se puede derivar de los sistemas formales.

En cuanto a la doctrina de "formalismo" en sí misma, para Hilbert consistía en no reclamar las matemáticas que podrían ser aprobadas con los sistemas axiomáticos formales. Por el contrario, consideraba que el papel de los sistemas formales como blanco era proporcionar la destilación de la práctica matemática con un grado de precisión suficiente para permitir a sus características formales ser puestas de relieve.

El formalismo es la teoría de que la matemática es un procedimiento formal de manipulación de símbolos. En este procedimiento, los objetos matemáticos son símbolos matemáticos cuyo manejo se determina por las reglas y axiomas. Hilbert elaboró la liberación de formalismo, conocido como "deductivismo" que en los símbolos de las matemáticas no hacen referencia a los objetos reales.

Sin embargo, cualquier aplicación de los teoremas matemáticos es intrascendente para el matemático. El deductivismo afirma que el conocimiento de las matemáticas es el conocimiento de las reglas de un procedimiento. Para Hilbert, la tesis gobierna a las leyes de la lógica, y permite un pequeño papel para la motivación de la intuición como axioma de elección. Puesto que los axiomas no pueden ser probadas, no pueden seguir a partir de un procedimiento. La elección axiomática de Hilbert está fuera del tema de las matemáticas.

Al principio, los formalistas habían logrado describir los sistemas con tal rigor que podían ser estudiadas como objetos matemáticos en sí mismos. Las operaciones efectuadas en los sistemas tomados como objetos se consideran las matemáticas meta-meta-operaciones. Hilbert descansó en el uso de la meta-matemática para demostrar que un conjunto de axiomas es consistente y es suficiente para garantizar que todas las declaraciones en el sistema deberías ser considerado para ser verdad[18].

Por ejemplo, el símbolo" +" se utiliza en la aritmética. En segundo lugar, las fórmulas, reglas o símbolo para su uso son desarrolladas. Es significativo para definir como" +" se utiliza en algunas circunstancias. En una adición de números naturales, una oración como *"12 ++"* no tiene sentido, mientras que una frase como *"16 + 2 = 20"* si lo hace. En este supuesto, el valor de verdad de la frase no es importante.

Hilbert, considerado el matemático más genial de su época, trabaja en casi todas las áreas de las matemáticas y se erige en la cabeza visible del movimiento hacia la abstracción, que luego domina el pensamiento y la cultura del siglo XX.

Como filósofo de las matemáticas, incursionó en la teoría de los números algebraicos, el análisis funcional y el cálculo de las variantes. No obstante, sobresalió en los estudios de geometría, al punto de considerársele junto a Euclides las dos figuras cimeras de esa materia en toda la historia.

Geometría Axiomática

En 1899 Hilbert publicó su obra que hizo época: *Fundamentos de la Geometría*. Al no presentar algún tipo de simbología especial, en este trabajo Hilbert formula un riguroso y absoluto tratamiento axiomático de la geometría euclidiana, dejando al descubierto los supuestos ocultos, y cerrando las brechas lógicas, en esa materia.

Así establece el sistema axiomático de consistencia al mostrar que pueden ser interpretadas, o poseen un modelo, en el sistema de los números reales.

Para Hilbert, en lugar de ver la geometría como la "verdadera" ciencia del espacio, se podría tomar como el estudio de las propiedades de diversas geometrías, es decir, de sistemas de puntos y líneas que satisfacen diversos conjuntos de axiomas.

David Hilbert en sus estudios sobre los fundamentos de la geometría estableció que la geometría matemática era a priori, y la geometría física era sintética, ya que ninguna geometría era ambas cosas al mismo tiempo.

Este punto de vista de la geometría como el estudio de sistemas que satisfacen algunos axiomas se ilustra con fundamentos de la geometría.

De esta manera, el programa de Hilbert contenía la Consistencia de la Inducción Transfinita, (TIC) que gestaba la provisión de una nueva base para las matemáticas no reduciéndolo a la lógica. En su lugar el objetivo era mediante la representación de la TIC como forma esencial en el reino de los símbolos concretos.

Hilbert considera tres conjuntos separados de los objetos. Dejar que los objetos del primer punto de referencia se llamen caducado al estar indicados entonces por *A, B, C,* ...; dejar que los objetos de la segunda serie se llamen líneas expiradas al estar indicados por *a, b, c,* ...; dejar que los objetos de la tercera conjunto al ser planos y llamado a expirar al ser denotado por a, β, γ, ...

Se considera que los puntos, líneas y planos tienen algunas relaciones mutuas y las relaciones de tesis se denotan por palabras como "conexión", "entre", "congruentes". La descripción precisa y completa matemáticamente de estas relaciones se deduce de los axiomas de la geometría[19].

El creciente énfasis en la caracterización abstracta de las estructuras matemáticas comenzó a dibujar su práctica lejos de las preocupaciones algorítmicos. De hecho, pensar en los objetos matemáticos en términos de sistemas abstractos dio lugar a la posibilidad de probar las declaraciones existencia en la falta de cálculos explícitos y tales métodos conceptuales a menudo se prefiere a los explícitamente computacionales.

El programa de Hilbert fue desarrollado con las matemáticas finitas en mente, pues no creía que el espacio y el tiempo eran infinitamente ancho ni infinitamente divisible, y quería reflejar su matemática finita del universo.

Dado que la meta-matemática dispone de un objeto real, y el universo real es finito, era necesario que Hilbert introdujera el concepto de la "matemática finita" para describirlo. Para Hilbert, una declaración era un finito pues cualquier declaración de cualquier cuantificador está acotada de alguna manera[20].

Aunque fue sensible a los problemas de coherencia, Hilbert se resistió enérgicamente al rechazo de los métodos de teoría de conjuntos modernos, criticando cualquier restricción de las libertades recién descubiertas sobre las tesis matemáticas.

El programa de Hilbert trataba la representación del razonamiento matemático moderno utilizando sistemas axiomáticos formales, y luego que los "sistemas tesis" demuestran que son coherentes, utiliza métodos "finitos" únicos incontrovertibles. Ello garantizaba, en particular, que cada declaración concreta (universal) se demostraba usando los nuevos métodos; así, ¿Se podría interpretar las referencias a los conjuntos infinitos y estructuras como instrumentos ideales para facilitar la obtención de resultados concretos, finitos?

El formalismo deductivo de Hilbert ha demostrado ser insostenible como una teoría filosófica. Bajo su programa, sólo los sistemas matemáticos triviales pudieron evitar el resultado de los teoremas de incompletitud de Kurt Gödel.

Sin embargo, muchas de las matemáticas no triviales resultan bastante útiles, aunque incompletas. Es de suponer que una buena descripción de la realidad no podría estar incompleta, así que la mayoría de la teoría de Hilbert no describe la realidad y está en conflicto con tal criterio.

Zermelo y el continuo

Cantor había introducido la noción de tamaño "cardinal" para conjuntos infinitos. En 1908, Ernst Zermelo formuló una lista de axiomas para la teoría de conjuntos, especialmente la hipótesis del continuo y el axioma de elección, lista que desencadenó una gran polémica. Gödel, sin embargo, demostró que ambos principios eran coherentes con los restantes axiomas.

En matemáticas, la teoría de conjuntos de Zermelo-Fraenkel, llamada así por los matemáticos Ernst Zermelo y Abraham Freaenkel, es uno de los varios sistemas axiomáticos que se propusieron a principios del siglo XX para formular una teoría de conjuntos libres de paradojas como la paradoja Russell.

En 1908 Zermelo publicó su sistema axiomático a pesar de su fracaso para probar la consistencia, y aportó siete axiomas: axioma de la extensionalidad, axioma de los conjuntos elementales, axioma de la separación, axioma del poder, axioma de la unión, axioma de la opción y axioma del infinito.

En otro marco axiomático, a la famosa teoría *Zermelo-Fraenkel* se le adjudicó el TIC (Consistencia de la Inducción Transfinita), una formulación moderna como una teoría basada en la lógica de primer orden, y fue mostrado para proporcionar una base sólida y sorprendentemente matemática.

Mucho se ha hecho por los proponentes de la meta-matemática de la teoría de conjuntos, por el hecho observado de que todos los sistemas naturales han sido extensiones del teorema *Zermelo-Fraenkel*, al ser comparables considerados por la relación de interpretabilidad relativa en el sentido de Alfred Tarski.

Tal vez sería útil dar una definición de un conjunto bien ordenado en este punto. Un conjunto S está bien ordenado si

tiene una relación definida en él que satisface tres propiedades:
Para cualquier elemento *a*, *b* en S ya sea:
a = *b*, *a* <*b* o *b* <*a*.
Para cada *a*, *b*, *c* en S con *a* <*b* y*b* <*c*
entonces *a* <*c*. (Iii)
cada subconjunto no vacío de S tiene un elemento menor.

El conjunto de números naturales con el ordenamiento habitual es por lo tanto un conjunto bien ordenado, pero el conjunto de enteros no está bien ordenado con el ordenamiento habitual ya que el subconjunto de enteros negativos no tiene ningún elemento menor.

Tanto Russell como Zermelo[21] notaron que *x* = {*a*: *a* no está en *a*} lo que conduce a una contradicción. ¿Está *x* en el conjunto *x*? Cualquiera de las dos respuestas conduce a una contradicción. Los matemáticos ahora reconocen que el campo puede formalizarse usando la llamada teoría de conjuntos de Zermelo-Fraenkel.

En 1963, el matemático norteamericano Paul Cohen, basándose en el trabajo de Gödel, mostró que el "axioma de elección e hipótesis del continuo" de Cantor es independiente de los axiomas de *Zermelo-Fraenkel*, de la teoría de conjuntos.

En otras palabras, dos tesis fundamentales de declaraciones acerca de conjuntos no pueden derivarse del otro, refutado por el diseño conjunto dado por los axiomas de *Zermelo-Fraenkel*.

Ramanujan y el infinito

Es una de las historias más románticas en la historia de la matemática fue un matemático indio y autodidacta, llamado "El hombre que conocía el infinito".

En 1913, un paquete llegó a Cambridge para Godfrey Harold Hardy, el matemático inglés. Contenía un manuscrito matemático del hindú Srinivasa Ramanujan de un pobre empleado en la India, con una carta de presentación solicitando apoyo financiero.

El manuscrito contenía teoremas salvajes y fantásticas y sin una sola prueba. Al principio, Hardy descartó el manuscrito como procedente de un estudiante, las fórmulas meta extrañas que contenía le habían molestado, y decidió pasar por el documento a J. E. Littlewood, su colega.

Su hallazgo fue que habían encontrado un genio. Hardy obtuvo financiación para hacer que Ramanujan fuese a Cambridge, y ambos colaboraron hasta la muerte de Ramanujan de tuberculosis en 1920.

Ramanujan inspiró una explosión de actividad matemática febril, mientras trabajaba a través de los resultados. Además de su trabajo publicado, Ramanujan dejó detrás varios cuadernos, que han sido objeto de mucho estudio.

Ramanujan elaboró la serie de Riemann, las integrales elípticas, las series hiper-geométricas y las ecuaciones funcionales de la función zeta.

Un resultado notable de Ramanujan fue una fórmula para el número $p(n)$ de particiones de un número n. Una partición de un entero positivo n es sólo una expresión de n como una suma de enteros positivos, independientemente del orden. Así $p(4) = 5$ porque 4 puede escribirse como:

$1 + 1 + 1 + 1, 1 + 1 + 2, 2 + 2, 1 + 3$ o 4.

El problema de encontrar $p(n)$ fue estudiado por Euler, quien encontró una fórmula para la función generadora de $p(n)$ (para la serie infinita cuyo *n-ésimo* término es $p(n) xn$). Mientras que esto permite calcular $p(n)$ recursivamente, no conduce a una fórmula explícita. Ramanujan ideó tal fórmula.

Luego, Hans Rademacher demostró en su teoría de la distribución de probabilidades, que da el valor exacto de $p(n)$.

En el último año de su vida, Ramanujan dedicó gran parte de su energía que fallaba a una nueva clase de función llamada funciones de la maga del *theta*.

Aunque después de muchos años se han probado las afirmaciones que Ramanujan hizo, tienen muchas aplicaciones. Por ejemplo, en la teoría de los agujeros negros en la física.

En Ramanujan las fracciones infinitas no terminan como se ve $(1) = 1,5574$. La parte del número entero de esto es *1* y la parte fraccional es *0,5574*. El recíproco de la parte fraccional entonces es *1 / 0,5574 = 1,7940*.

Ello confirma el teorema de Taylor, por el cual una función *f (x)*, se puede expresar como una serie de potencias ascendente en términos de las derivadas de la función. En particular:

f (x) = f (0) + f '(0) x1 + f!' '(0) + x22 ...!

Fue su visión de las fórmulas algebraicas, las transformaciones de series infinitas, y así sucesivamente que fue más asombroso. De este lado, ciertamente, nunca he conocido a su igual, y sólo puedo compararlo con Euler o Carl Jacobi[22].

"Supongamos que clasificamos a los matemáticos sobre la base del talento puro[23] en una escala de 0 a 100. Hardy se dio una puntuación de 25, Littlewood 30, Hilbert 80 y Ramanujan 100.

Cada uno de los 24 modos de la función Ramanujan corresponde a una vibración física de una cuerda. Cada vez que la cadena ejecuta sus complejos movimientos en el espacio-tiempo mediante la división y la recombinación, debe satisfacerse un gran número de identidades matemáticas altamente sofisticadas. Estas son precisamente las identidades matemáticas descubiertas por Ramanujan[24].

Russell, lógica y matemática

Aunque el hegelianismo predominó en Inglaterra y en el Continente, la oposición a él y el desprecio por su presuntuosidad nunca murieron completamente. Su caída fue provocada por un filósofo que, al igual que Leibniz, Berkeley y Kant, antes que él, tenía un cabal conocimiento de la ciencia, especialmente de la matemática; me refiero a Bertrand Russell.

Bertrand Russell (1872-1970), premio Nobel, cuyo énfasis en el análisis lógico determinó el curso de la filosofía en el siglo XX, intentó extraer las matemáticas de las nociones abstractas filosóficas y concederles un marco científico preciso.

En 1901 el joven Russell, recién arribado a los círculos matemáticos, en una breve publicación se encargaría de señalar las inconsistencias de Frege. En su obra *The Problems of Philosophy*, Russell echó mano de la sociología, la psicología, la física y las matemáticas para refutar la escuela dominante en la filosofía del período[25].

Russell es también el autor de la clasificación estrechamente relacionada con su famosa *teoría de los tipos* que constituye la base de la concepción de la filosofía que sostiene Wittgenstein; la clasificación de las expresiones de un lenguaje en: "enunciados verdaderos", "enunciados falsos", "expresiones sin sentido", entre las cuales hay los llamados "seudo enunciados".

Russell usó esta clasificación para resolver el problema de las paradojas lógicas descubiertas por él. Para *su* solución era esencial distinguir, muy especialmente, entre enunciados falsos y expresiones sin sentido.

Pero Russell reserva el calificativo de "carente de sentido" para expresiones de un tipo que es más conveniente no describir como enunciados falsos porque la negación de un enunciado significativo pero falso es siempre verdadera.

Para Russell, el objeto que perciben nuestros sentidos tiene una realidad inherente e independiente de nuestra mente[26]: "Cuando decimos que una cosa es "independiente" de otra, queremos decir o bien que a una le es posible existir lógicamente sin la otra, o bien que no hay relación causal entre ambas, como sería el caso si una ocurriera como efecto de la otra. La única manera, hasta donde yo entiendo, en que una cosa puede ser lógicamente dependiente de otra es aquella en que esta otra es parte de la primera.

En este sentido, pregunta Russell[27]: "¿podemos conocer la existencia de cualquier realidad de la cual no es parte nuestro yo?" formulaba de esta manera, creo que, cualquiera sea la forma en que el "yo" pueda ser definido, nunca se lo puede suponer como parte del objeto inmediato de los sentidos. La cuestión de la dependencia causal es mucho más difícil".

Es Russell quien muestra la contradicción entre los descubrimientos conceptuales como la conexión más natural entre la ontología y la epistemología en las matemáticas, con el principio de que cada propiedad natural determina un resultado que satisface la propiedad del mismo[28]: "Si deseamos construir una ciencia exacta debemos desconfiar de las asociaciones que la experiencia nos lleva a formar".

Una colección finita de variables, como $\{x, y, z\}$, debe ser un conjunto y una colección infinita de números, como los naturales $N = \{1, 2, 3, 4, 5, ...\}$ también debe ser un conjunto. En geometría, la colección de todos los puntos entre dos puntos dados, el segmento de línea que conecta los dos puntos dados, es un conjunto.

De ahí la afirmación de Russell de que las verdades de la matemática están disfrazadas de la lógica. Es la afirmación básica del logicismo de que la matemática es realmente una rama de la lógica, y se expresa diciendo que la matemática[29] es reducible a la lógica. ¿Qué debe mostrar alguien para demostrar que una teoría es, en este sentido, reducible a otra?

La "paradoja de Russell", como se llamará a este estudio, conmociona el mundo de la lógica y atenta de plano contra todos los conceptos y fundamentos de las matemáticas, que hasta ese momento eran las bases de todo el pensamiento racional, mecánico y lógico de cualquier humano, y era el instrumento que permitía las descomunales construcciones metálicas, desde las estructuras de rascacielos a los intimidantes buques de guerra.

En los medios científicos cunde la alarma con Russell ante la realidad de que se desmorone todo el edificio mental levantado desde Newton. ¿Era posible que las observaciones de un jovenzuelo, por muy precoz que fuese, desmoronasen con tanta facilidad el edificio teórico de la lógica que, ladrillo por ladrillo se construyera a partir de Aristóteles?

Se impone entonces la reconstrucción de esta disciplina evadiendo sus paradojas e inconsistencias. Entonces, influido por Moore y por las nuevas conceptualizaciones en lógica del italiano Giuseppe Peano.

La Principia

Para Russell las matemáticas del siglo XIX habían resuelto muchos de los tópicos que estaban enmarcados entre los grandes misterios del pensamiento humano, por ejemplo, la naturaleza de lo infinito, de la continuidad, del espacio, del tiempo y del movimiento.

Acaso la filosofía –pensaba Russell– podía extraer de ello sus métodos de análisis y finalmente avanzar por nuevas sendas. En Russell el misticismo resultaba lo que oscurecía el pensamiento humano. El entendimiento teórico del mundo, que es el objeto de la filosofía, no es asunto de gran importancia práctica ni para los animales, ni aún para la gran mayoría de los humanos civilizados.

Citando a Russell entendemos mejor tal postulado[30]: "Es imposible eliminar totalmente el factor subjetivo en nuestro conocimiento del mundo, puesto que no podemos averiguar experimentalmente qué aspecto ofrece el mundo desde un punto en que no haya nadie para verlo. La historia de un trozo de materia es una "línea de Universo"; la historia de una onda luminosa no lo es.

La paradoja de Russell, que publicó en *Principles of Mathematics* en 1903, demostró una limitación fundamental de tal sistema. En la actualidad, este tipo de sistema se describe en términos de conjuntos.

El matemático Georg Cantor y los otros teóricos de la primera teoría de conjuntos estaban operando en un mundo de lo que hoy conocemos como "teoría de conjuntos ingenuos", en los cuales un conjunto fue muy vagamente definido. Tenemos una idea intuitiva de que un conjunto debe ser una colección de cosas, y la ingenua teoría de conjuntos básicamente lo considera como la definición de un conjunto.

Russell introduce el tema de las colecciones, o establece que cuando dos conjuntos tienen una relación uno-uno entre ellos, son similares.

Así se conforman "teorías" para establecer conjuntos de oraciones, que incluyen un conjunto de axiomas básicos. Los axiomas se expresan en términos de conceptos indefinidos y básicos (en lo que se refiere a la teoría). A partir de ellos seguirán otras oraciones los llamados teoremas de la teoría.

Aunque la filosofía se fundamenta en la razón y evade el dogma con Russell se halla en el medio entre teología y ciencia pues propone hipótesis sobre cuestiones cuyo conocimiento no se ha comprobado[31]: "La filosofía, desde sus primeros tiempos, ha sustentado mayores pretensiones y ha alcanzado menores resultados que cualquier otra rama del conocimiento".

En vez de afrontar una nueva realidad, la comunidad científica de la época entonces se decide por la estrategia del avestruz, por la reconstrucción de unas matemáticas que evaden las paradojas introducidas por Russell. Irónicamente, esta nueva tarea será emprendida por el propio Russell, el cual juntamente con Alfred North Whitehead intenta en 1903 salvar el logicismo en su voluminosa *Principia Mathematica*.

La *Principia* develó los métodos e instrumentos cardinales que dieron forma al siglo XX, como la "teoría de las descripciones" que pretendía solventar un problema con el cual ya Platón venía luchando: el de cómo uno puede pensar y hablar sobre cosas no existentes.

Para Russell es imposible eliminar totalmente el factor subjetivo en nuestro conocimiento del mundo, puesto que no podemos averiguar experimentalmente qué aspecto ofrece el mundo desde un punto en que no haya nadie para verlo.

La historia de un trozo de materia es una línea de universo; la historia de una onda luminosa no lo es[32]. En la teoría de Heisenberg el electrón no es un punto, ni tampoco tiene magnitud finita, puesto que las concepciones espaciales ordinarias no son aplicables a él[33].

"Llegamos, pues, a la conclusión de que, dado un acontecimiento x en un tiempo t, existirán en los tiempos contiguos acontecimientos muy análogos al primero. Esto lo podemos simbolizar diciendo que, si existe un acontecimiento x en un tiempo t, existirá en cualquier otro tiempo contiguo **t+dt**, otro acontecimiento: $x + f_1(x) dt + f_2(x) dt^2$ siendo $f_1(x)$ una función continua en el tiempo, en tanto que $f_2(x)$ viene determinada por las ecuaciones diferenciales del segundo orden de la física[34].

Los "tipos" de Russell

Asimismo, la famosa "doctrina de los tipos" que Russell orientó a la solución de algunas paradojas matemáticas, y que proponía un conjunto de reglas definidas capaces de discernir si una serie específica de palabras tenía significado. Al establecerse por las matemáticas un criterio técnico de lo que no tenía sentido, quedaban eliminadas las paradojas matemáticas.

Así, podemos describir la colección de números *4, 5 y 6* diciendo que x es la colección de enteros, representados por *n*, que son mayores que *3* y menores que *7*. Escribimos esta descripción del conjunto formalmente como:

$x = \{N: n \text{ es un entero y } 3 < n < 7\}$.

Cuando Russell descubrió esta paradoja, Frege inmediatamente vio que tenía un efecto devastador en su sistema. Aun así, no fue capaz de resolverlo, y ha habido muchos intentos en el siglo pasado para evitarlo.

Así Russell introdujo una jerarquía de objetos: números, conjuntos de números, conjuntos de números, etc. Este sistema sirvió de vehículo para las primeras formalizaciones de los fundamentos de las matemáticas; Todavía se utiliza en algunas investigaciones filosóficas y en las ramas de la informática.

La solución de Zermelo a la paradoja de Russell era reemplazar el axioma "para cada fórmula $A\ (x)$ hay un conjunto $y = \{x: A\ (x)\}$" por el axioma "para cada fórmula $A\ (x)$ y cada conjunto b hay un conjunto:

$y = \{x: x\ está\ en\ b\ y\ A\ (x)\}.$ "

El lenguaje formal contiene símbolos tales como e para expresar "es un miembro de", = para igualdad y ¿para denotar el conjunto sin elementos. Así que uno puede escribir fórmulas tales como $B\ (x)$: si y e x entonces y está vacío. En la notación de constructor de conjuntos podríamos escribir esto como $y = \{x: x = ¿\}$ o más simplemente como $y = \{¿\}$. La paradoja de Russell se convierte en:

$y = \{x: x\ no\ está\ en\ x\}, es\ y\ en\ y?$

Veamos lo que dice Russell al respecto[35]: "La física es matemática, no porque sepamos mucho del mundo físico sino, precisamente, porque lo que sabemos es muy poco". Y continua "La única actitud legítima respecto al mundo físico nos parece que debe ser la de un completo agnosticismo en lo que concierne a todo lo que no sean sus propiedades matemáticas."

También puede haber otra clase de oraciones, definiciones, que definen nuevas expresiones en términos del vocabulario en los axiomas. Si una teoría contiene definiciones, así como axiomas, los teoremas de la teoría incluirán todas las oraciones que siguen de los axiomas, junto con las definiciones.

El sistema lógico de Russell extiende los sistemas usuales de lógica añadiendo el símbolo primitivo $\in$, que significa intuitivamente *"es un elemento de"* o *"es un miembro de"*.

El esquema del axioma de la comprensión:

$\exists y \forall x\ (Fx \equiv x \in y)$, el cual informalmente dice que, para cada predicado en el lenguaje, hay un conjunto de cosas que satisfacen ese predicado. Como lo expresa el destacado filósofo lingüista Nicholas Soames, pensar en esto como un principio lógico es, en efecto, pensar que hablar de un individuo x es así e intercambiable con decir que x está en el conjunto de cosas que son así.

El axioma de la extensión considera:

$\forall a \forall b\ [\forall x\ (x \in a \equiv x \in b) \rightarrow a = b]$.

En el cual, si *a* y *b* son conjuntos con los mismos miembros, son el mismo conjunto.

En el axioma del infinito $\emptyset \in / N$ se entiende *t*.

Para algunas escuelas filosóficas, la positivista en especial, ello implicaba la apertura hacia campos más extensos, como el de un criterio general para lo "sin sentido", el cual eliminaría no solamente las paradojas matemáticas sino todo un conjunto de problemas filosóficos. La idea tomó cuerpo posteriormente en el famoso "Círculo de Viena".

En medio de su labor Russell se familiarizó con los trabajos del matemático alemán Gottlob Frege, el cual había refinado la lógica de Peano tratando de demostrar que partes de las matemáticas realmente eran una rama de la lógica.

Al respecto plantea Russell[36]: "Dondequiera que observamos una serie cualitativa, tal como la de los colores de un arco iris, suponemos que debe haber causalidad e insistimos en que los números utilizados como medidas deben tener el mismo orden que las cualidades que miden. Lo primero es un postulado, lo segundo una convención. Ambos han demostrado su utilidad, pero ninguno de ellos es una necesidad a priori".

Russell también comparte este principio y reflexiona que las matemáticas[37] resulta una rama de la lógica. Pero su *Principia* no es del todo satisfactoria pues no logra lidiar con las paradojas del propio autor, como se demostrará más adelante.

En términos generales, la visión matemática ahí expresada, identificada con la lógica puede ser correcta, pero ha probado ser estéril en la práctica. Russell pensó en forma diferente y consideró que el método de la lógica analítica podía ser el modelo para revolucionar la filosofía, de la misma forma en que Galileo le dio un vuelco a la física.

Desde un punto de vista teórico esta visión matemática identificada con la lógica era impecablemente correcta; sin embargo, probará toda su inconsistencia al comparecer en la escena de las ciencias, la física cuántica y los teoremas del matemático y filósofo Kurt Gödel.

Contradicciones y paradojas

Es cierto que Descartes consolidó a las matemáticas como una ciencia del orden y las relaciones, al igual que los griegos clásicos. Pero fue Leibniz fue quien maduró la idea de que las matemáticas eran capaces de explorar las estructuras de todos los mundos posibles. Luego, Henri Poincaré y Herman Weyl consideraron las matemáticas como una ciencia del infinito.

La filosofía del positivismo se basaba en la experiencia y el conocimiento empírico de los fenómenos naturales, en los cuales la metafísica y la teología eran consideradas como un sistema de conocimiento inadecuado e imperfecto.

La doctrina fue llamada positivista por el matemático y filósofo Auguste Comte, aunque muchos de sus conceptos pueden trazarse a David Hume, Saint-Simón y Kant. El grupo de filósofos conocidos como positivistas lógicos incluían a Ludwig Wittgenstein, Russell y George Edward Moore.

La autoridad intelectual y los trabajos científicos de Cantor, Frege, Hilbert, Whitehead, Russell, Wittgenstein y Burbaque no son suficientes para afianzar al pensamiento racional y lógico, clásico, en pleno desastre. Estamos a principios del siglo XX, y es en el campo de las matemáticas donde se está librando la magna batalla de las ideas centrales del humano, de las físicas exóticas y de su futuro.

Como explica el escritor y matemático Morris Kline[38]: "Hacia 1900 los matemáticos creyeron que ya habían conseguido su objetivo. Aunque tenían que conformarse con las matemáticas como una descripción aproximada de la naturaleza y muchos incluso habían abandonado la creencia en el diseño matemático de la naturaleza, gozaban con la contemplación de su reconstrucción de la estructura lógica de las matemáticas. Pero antes de que hubieran acabado de brindar por su supuesto éxito, se descubrieron contradicciones en las matemáticas reconstruidas. Normalmente se referían a estas contradicciones como paradojas, un eufemismo que evita enfrentarse al hecho de que las contradicciones viciaban la lógica de las matemáticas.

Es una contienda silenciosa en medio de la inadvertencia general, pues las luces del público ilustrado estaban enfocadas erróneamente a otros campos, como el de la plástica, la antropología o la psicología, por citar ejemplos.

La frustración en las formulaciones tradicionales matemáticas no es solo su inhabilidad para articular las actuales experiencias, sino también para armar una alternativa viable a los dogmas que subyacen en su óptica fundacional. Para los propósitos de reformar el formalismo contenido en sus teoremas no era suficiente el restablecimiento de los programas fundacionales, o platónicos, los logicismos, los formalismos o los intuicionismos.

Morris Kline[39]: describe cómo los más brillantes matemáticos y filósofos de la época emprendieron casi inmediatamente la tarea de resolver estas contradicciones. De hecho, se concibieron, formularon y avanzaron cuatro métodos diferentes, cada uno de los cuales congregó a numerosos adherentes.

Todas estas escuelas fundacionales intentaron no sólo resolver las contradicciones conocidas sino asegurar que nunca más iban a surgir nuevas contradicciones, es decir, establecer la consistencia de las matemáticas. En estos esfuerzos fundacionales surgieron nuevas cuestiones.

La aceptabilidad de algunos axiomas y algunos principios de lógica deductiva se convirtieron en los puntos de discusión sobre los que las múltiples escuelas adoptaron diferentes posiciones.

El logicismo de Russell, el intuicionismo de Lutzen Brouwer y el formalismo de Hilbert tienen que ver con la forma en que los matemáticos perciben entonces los conjuntos, el rol de la lógica y sus consideraciones sobre la comprobación matemática. Así, parece que Hilbert y Burbaque con su dominio sobre los fundamentos de las matemáticas, determinarán todo el siglo XX.

Henri Poincaré, Russell, y otros diagnosticaron el problema de la mentira en el im-predicativo de las definiciones; por ejemplo, la definición del conjunto S de Russell Implica una variable que oscila sobre la colección de todos los conjuntos, de que S en sí es un miembro.

Russell respondido al problema mediante la introducción de una teoría "ramificada" de tipos de barras estratificando el lenguaje de modo que una definición sólo se puede cuantificar con aquellos conceptos que son definiciones lógicas anteriores.

Dicho sistema resultó la base del libro de Russell y Whitehead, la *Principia Mathematica*, y luego, partes de las matemáticas se revelaron sobre esa base. En 1902 Bertrand Russell escribió a Frege para detallarle su trabajo de la inconsistencia. Con ello, Russell descubrió que las preocupaciones de Frege de la extensionalidad y la teoría de conjuntos se resolvían con lo que ahora se conoce como la paradoja de Russell.

Sea R el concepto que se aplica a un objeto x, sólo si hay un concepto Fx, tal que es la extensión de F y Fx es falsa. Sea r la extensión de R. Si consideramos que Rr es cierto, a continuación, hay un concepto F tal que r es entonces la extensión de F y Fr es falsa.

Se deduce de la "Ley Básica" V que Rr es falsa (r es ya la extensión de R). Así, si Rr es cierto, entonces Rr es falsa. Así Rr es falsa. Entonces hay un concepto F (a saber, R) tal que r es la extensión de F y Fr es falsa. Por lo tanto, por definición, R tiene de R y Rr es tan cierto. En caso cualquiera, tenemos que decir que Rr es verdadera y falsa, o sea, una contradicción[40].

El logicismo de Russell en algunos aspectos era aún más radical que la de Frege, y más cerca de los puntos de vista de Leibniz. El afirma que las matemáticas y la lógica son idénticas, y proclama que la matemática pura es la clase de todas las proposiciones de la forma "p implica q" donde p y q son propuestas, y ni p ni q contienen constantes, con excepción de cualquier constante lógica-

No hay duda de que Russell y Whitehead lograron demostrar las matemáticas que se pueden derivar de la teoría ramificada de clases a partir de los axiomas de la infinitud y reducibilidad.

De hecho, y como Russell admite, el propósito de los axiomas de la infinitud y reducibilidad para ser verdades deben tener como base a la verdad de los enunciados matemáticos sobre la condición de que hay un número infinito de x.

Lógica Formal

La posición platónica básica es bastante simple. Entre las variedades de realismo matemático, el platonismo más influyente sigue siendo, que especifica que las entidades abstractas son no físicas; no se encuentran en el espacio-tiempo, y no pueden estar en relación causal con los estados físicos de los asuntos.

Los conceptos matemáticos tienen una existencia objetiva independiente de nosotros, y una declaración como "$2 + 2 = 4$" es verdad porque dos más dos realmente iguala cuatro. En otras palabras, para un platónico los enunciados matemáticos son bastante similares a afirmaciones tales como "ese reloj está en la pared" incluso si los objetos matemáticos son menos tangibles que los físicos.

El logicismo es un intento de justificar nuestra extrema confianza en las afirmaciones matemáticas. Es la opinión que toda la matemática se puede deducir de unos pocos axiomas simples e indiscutiblemente verdaderos usando pasos lógicos simples y válidos.

Por lo general estos axiomas nacen de la teoría de conjuntos, y se supone forman el fundamento sobre el que descansa todo el edificio de la matemática moderna. Por eso, se puede ser platónico y lógico al mismo tiempo.

El formalismo es la antítesis del platonismo. Se puede caricaturizar diciendo que el formalista cree que las matemáticas son unas pocas reglas para reemplazar un sistema de símbolos sin sentido con otro.

Si empezamos escribiendo algunos axiomas y deducimos de ellos un teorema, entonces lo que hemos hecho es aplicar correctamente nuestras reglas de reemplazo a las cadenas de símbolos que representan los axiomas, concluyendo con una cadena de símbolos que representa el teorema.

El objetivo de la lógica formal era proporcionar un punto de referencia para distinguir argumentos válidos de los que no lo eran. El pensamiento lógico formal está construido sobre la base de un método deductivo, que procede de un silogismo más general a través de un número de premisas para llegar a la conclusión necesaria. Existen diferentes tipos de silogismos que en realidad son variaciones sobre el mismo tema.

Aristóteles fue el primero en escribir una explicación completa de la lógica formal como métodos de razonamiento, y en su *Organon* nombra diez categorías, algo que se ignora frecuentemente[41]. Por ejemplo, Russell considera que estas categorías no tienen sentido; pero esto no sorprende pues los positivistas lógicos, como el propio Russell, han descartado prácticamente toda la historia de la filosofía.

Las categorías de la lógica formal son generalizaciones elementales de la realidad. Las reglas de la lógica son aplicables a la realidad, por ser útiles al tratar con situaciones reales. La aplicación de las reglas de la lógica es constituye una inferencia.

Es decir, a partir de "premisas", obtiene otros enunciados o descripciones de hechos, llamados "conclusiones". Se deducen del hecho de que cualquier objeto tiene ciertas cualidades que le distinguen de los demás; que cualquier cosa existe en cierta relación con las otras cosas; que los objetos forman categorías más amplias, en las que comparten propiedades específicas; que ciertos fenómenos provocan otros fenómenos.

Las construcciones laberínticas de la lógica formal hacían parecer que estaban realmente implicados en una discusión muy profunda; la razón de esto reside en su propia naturaleza. Como su nombre sugiere se trata de la forma en la cual no cuenta el contenido; este es precisamente el principal defecto de la lógica formal, su talón de Aquiles.

El hecho de que una regla, o una proposición parezcan ser verdadera no es razón suficiente para que sea verdadera, y ello pone en entredicho a Russell, Morris Cohen y al filósofo de las matemáticas, el suizo Ferdinand Gonseth[42].

El problema es que las categorías de la lógica formal, deducidas de una cantidad de observaciones y experiencias bastante limitadas, realmente solo son válidas dentro de estos límites. De hecho, cubren una gran cantidad de fenómenos de la vida diaria, pero son bastante inadecuados para tratar con fenómenos más complejos que impliquen movimiento, turbulencia, contradicción y cambio de cantidad en calidad.

Las proposiciones lógicamente verdaderas no lo son porque describan la conducta de todos los hechos posibles; lo serían de asumir el riesgo de ser refutadas. Al aplicarse un cálculo a la realidad este pierde su carácter lógico, pues se convierte en una teoría descriptiva empíricamente refutable.

La aplicabilidad de las fórmulas afirmadas por los cálculos lógicos es limitada pues esos cálculos son sistemas semánticos construidos para la descripción de ciertos hechos. Así, la aritmética de números naturales o la de números reales sólo describen ciertos tipos de hechos, pero no otros.

Las abstracciones de la lógica formal son adecuadas para expresar el mundo real solo dentro de unos límites bastante estrechos. El propósito del conocimiento es reflejar el mundo objetivo y sus leyes subyacentes y relaciones necesarias tan fielmente como sea posible.

Pero el pensamiento humano es esencialmente concreto, al punto que la mente no asimila fácilmente conceptos abstractos. Nos sentimos más cómodos con lo que tenemos delante de nuestros ojos, o por lo menos con cosas que se pueden representar de manera concreta.

Pero la ciencia no es sólo ensayos y errores; la ciencia newtoniana, por ejemplo, no es sólo un conjunto de cuatro conjeturas[43]; ellas sólo constituyen el "núcleo firme" del programa newtoniano, con una heurística disponible para la solución de problemas con la ayuda de matemáticas sofisticadas.

La validez de las formas de pensamiento depende de si se corresponden a la realidad del mundo físico, algo que no se puede establecer a priori, sino que se tiene que demostrar a través de la experimentación y la observación. En contraste con todas las ciencias naturales la lógica formal no es empírica, es a priori, y al no derivar del mundo real presenta una contradicción flagrante entre forma y contenido.

No siempre razonamos de acuerdo con las leyes de la lógica. Por tanto, no es cierto que las reglas de la lógica son leyes naturales del pensamiento; asimismo no son leyes normativas que nos dicen cómo debemos pensar; ni son las leyes más generales de la naturaleza, leyes descriptivas válidas para un objeto cualquiera.

Se plantea que las leyes de la lógica formal son construcciones totalmente artificiales, construidas por los lógicos, en la creencia de que tendrán alguna aplicación en algún campo del pensamiento, en el que revelarán alguna que otra verdad. Las llamadas "leyes" de la lógica formal se han considerado como una expresión absoluta del pensamiento dogmático.

Las leyes de la lógica formal, que parten de una visión esencialmente estática de las cosas, pueden ser útiles para los fenómenos normales y simples, pero cuando se trata con fenómenos complejos que implican movimiento, cambios cualitativos, se hacen inadecuadas, llenas de problemas y contradicciones de carácter filosófico.

La ciencia se basa en la búsqueda de leyes que puedan explicar el funcionamiento de la naturaleza. Tomando la experiencia como partida intenta generalizar, yendo de lo particular a lo universal.

Lógica Inductiva

¿Es posible que las leyes eternas de la lógica sean defectuosas?

La historia de la ciencia se caracteriza por un proceso de aproximación, sin llegar nunca a conocer "toda la verdad". En última instancia la prueba de la verdad científica es el experimento, como dice Richard Feynman, "el único juez de la verdad científica".

En los últimos años ha tenido lugar una reacción sana contra el reduccionismo mecánico, contraponiéndole la necesidad de un punto de vista holístico de la ciencia. Ello no invalida que las ideas se deriven de una u otra manera del mundo físico y, en última instancia, se apliquen de nuevo a este. De esta manera se considera que la validez de cualquier teoría, más tarde o más temprano, tiene que demostrarse en la práctica.

La capacidad de pensar en abstracciones marca una conquista colosal del intelecto humano. La capacidad de hombres y mujeres para pensar lógicamente es el fruto de un proceso prolongado de evolución social. Precede a la invención de la lógica formal. John Locke[44] ya había expresado esa idea en el siglo XVII.

No solo las ciencias "puras" sino también las ingenierías serían imposibles sin el pensamiento abstracto, que nos eleva por encima de la realidad inmediata y finita del ejemplo concreto, y da al pensamiento un carácter universal. En última instancia, los grandes avances en la teoría llevan a grandes avances en la práctica.

¿Es el criterio de falsabilidad de Karl Popper la solución del problema de la demarcación entre la ciencia y la seudociencia? En 1934, Popper[45] defendió que la probabilidad matemática de todas las teorías científicas, para cualquier magnitud de evidencia, es cero. Esto supone que las teorías científicas son también igualmente improbables.

Acorde con Willard Quine[46]: "Confiar en la inducción como una vía de acceso a las verdades de la naturaleza es, de otra parte, suponer, o punto menos, que nuestro espacio de cualidad (factor de similitud) se adecua al del cosmos. La bruta irracionalidad de nuestro sentido de similitud, su irrelevancia en cualquier respecto en lógica y matemática ofrece escasa razón para esperar que tal sentido sea algo en consonancia con el mundo —un mundo que, a diferencia del lenguaje, nunca hicimos".

Quine rechazó igualmente cualquier intento de justificar la ciencia cono "primeros principios", es decir, los prejuicios metafísicos anteriores. En su lugar, vio el filósofo como el trabajo en el marco del conocimiento científico contemporáneo, comprometido en una tarea de higiene metodológica.

Es decir, la tarea del filósofo es examinar la ciencia contemporánea y poner en orden el lenguaje y los fundamentos conceptuales. Quine vio este punto de vista como un refinamiento de una filosofía naturalista que se encuentra en escritos del siglo XIX de John Stuart Mill.

En el trabajo de *Das Kontinuum* (1918) de Hermann Weyl de su período predicativista, explicó cómo todo el análisis del siglo XIX de las funciones continuas por piezas podría ser explicado en términos predicativos. El examen del sistema de Weyl demostró que podría formalizarse dentro de una teoría de tipos finitos conservadores sobre **PA**.

Modificando esto a un sistema Weil más flexible de tipos finitos variables también conservador sobre PA, pude comprobar que gran parte del análisis funcional del siglo XX de las funciones medibles de Lebesgue puede formalizarse en **W**. Luego se me llevó a conjeturar que todos los datos científicos Las matemáticas aplicables pueden formalizarse en W, y por lo tanto descansa sobre una base completamente predicativa.

Lo probable suministra una escala continua desde las teorías débiles de probabilidad baja, hasta las de probabilidad elevada. No es posible atenuar el ideal de verdad probada llegando al de "verdad probable" como hacen algunos empiristas lógicos, estilo Rudolf Carnap, o al de "verdad por consenso" como proceden los sociólogos del conocimiento, en especial el antropólogo y economista húngaro Karl Polanyi[47] juntamente con Thomas S. Kuhn.

El hecho de que a toda regla de inferencia conocida le corresponda una fórmula hipotética o condicional lógicamente verdadera de algún cálculo conocido ha llevado a confundir las reglas de inferencia con las fórmulas condicionales correspondientes.

Las reglas de inferencia son enunciados incondicionales para todo lo deducible, calificando así, como reglas de procedimiento o de ejecución; pero las fórmulas de los cálculos son enunciados condicionales o hipotéticos.

Después de la sustitución de las variables por constantes, las reglas de inferencia afirman algo acerca de un determinado argumento; el método para construir un cálculo lógico consiste en reducir sistemáticamente un gran número de reglas de inferencia a una sola.

Edmund Husserl (1859-1938), fundador de la fenomenología, fue uno de los filósofos más influyentes del siglo XX, cuya proyección se puede ver en casi todos los ámbitos de la investigación filosófica. En su trabajo temprano, especialmente las investigaciones lógicas, Husserl se basa en su formación en matemáticas y psicología para abordar cuestiones relacionadas con el significado, la verdad y la cognición.

Su principio metodológico fundamental fue lo que él llamó "reducción fenomenológica", esencialmente una especie de reflexión sobre el contenido intelectual. Afirmó que podía "fijar" los datos de la conciencia suspendiendo todas las preconcepciones al respecto, incluyendo especialmente las que se derivaban de lo que él llamó el "punto de vista naturalista".

Por lo tanto, en su filosofía, no importaba si un objeto en discusión realmente existía o no mientras pudiera al menos concebir el objeto, y los objetos de pura imaginación podrían ser examinados con la misma seriedad que los datos tomados del mundo objetivo.

Husserl también defendió la idea de que las verdades de la aritmética tenían una especie de necesidad que no podía explicarse por el empirismo. Así, uno de los temas principales de su libro, *Las investigaciones lógicas,* fue un argumento contra el "psicologismo", la tesis de que la verdad depende de la mente humana. Más bien, argumentó que las verdades necesarias no son reducibles a nuestra psicología.

Su posterior fenomenología "trascendental" es una investigación de gran alcance en las estructuras fundamentales de la experiencia consciente y su relevancia a temas como la conciencia del tiempo, la intersubjetividad y la naturaleza de la investigación científica.

En *La Filosofía de la Aritmética*, Husserl aplicó algo similar al análisis del psicólogo Wilhelm Wundt a las nociones fundamentales de la aritmética, para desarrollar un relato genético de conceptos como "algo", "unidad", "uno", "combinación colectiva", multiplicidad" y "número".

Lo que hace interesante el trabajo son los términos dinámicos que se usan para caracterizar el modo en que surgen estos conceptos y el papel que desempeñan en el pensamiento.

Por ejemplo, una combinación colectiva surge de "enfocar la atención" en la relación entre los objetos en un grupo, y "notar" que comparten algo en común; una "multiplicidad" surge entonces de "ver" los objetos como unidades y "desatender" su naturaleza individual.

La exposición de Husserl es discursiva e imprecisa, pero su exuberante explicación de los conceptos que interactúan en un reino mental vivo encontró resonancia con los científicos cognoscitivos.

La lógica matemática es la ciencia que consiste en utilizar símbolos para generar una teoría exacta de deducción y de inferencia lógica, basada en definiciones, axiomas, postulados y en reglas que transforman elementos primitivos en relaciones y teoremas más complejos.

Números no descriptivos

El matemático inglés George Peacock sería el inventor del álgebra simbólica, tema sobre el cual se expresa Randall Collins[48]: "Las intenciones de Peacock y Augustus De Morgan eran tradicionales en que negaron la posibilidad de otras formas de álgebra que la que seguía las leyes de los enteros positivos; su modelo fue la ciencia empírica y no dieron valor en una matemática abstracta por sí misma".

El profesor de matemáticas inglés, Morris Kline lo describe así en su libro[49]: "Las creaciones del siglo XIX, extrañas geometrías y extrañas álgebras, obligaron a los matemáticos, a regañadientes, a reconocer que los exactos matemáticos y las leyes matemáticas de la ciencia no eran verdades. Descubrieron que muchas geometrías diferentes encajaban igualmente bien con la experiencia espacial. No puede ser que todas ellas sean ciertas.

Aparentemente el diseño matemático no era inherente a la naturaleza, pues de serlo las matemáticas del humano no serían necesariamente la descripción de ese diseño, y se habría perdido la llave de la realidad.

A lo que sigue Kline[50]: "El darse cuenta de eso fue la primera de las calamidades que iban a caer sobre las matemáticas. La creación de estas nuevas geometrías y álgebras hizo que los matemáticos experimentasen una conmoción de otro tipo. Se habían quedado tan embelesados con el convencimiento de que estaban consiguiendo verdades que se habían lanzado impetuosamente a asegurar estas verdades aparentes a costa de un razonamiento con una base sólida.

El darse cuenta de que las matemáticas no eran un cuerpo de verdades hizo tambalear su confianza en lo que habían creado, y se comprometieron a reexaminar sus creaciones. Estaban consternados por haberse dado cuenta que la lógica de las matemáticas estaba en mala forma[51].

La creciente generalización y abstracción que fueron adquiriendo las matemáticas obligaba al abandono del estudio solo de los números naturales y llevaba seriamente a la consideración de sistemas numerales arbitrarios para solucionar las ecuaciones y los conjuntos. Para buscar un sentido a todo ello, los matemáticos del siglo XIX e inicios del XX necesitaron de un nuevo conjunto de criterios, pues aún se trataban las variables como nombres de números no descriptivos.

La lógica sería el tema de investigación de varios matemáticos a fines de ese siglo y principios del siglo XX. Un destacado grupo de matemáticos se impuso la tarea de modernizar la lógica formal como George Boyle (1815-1864), Augustus De Morgan (1806-1871), Ernst Schroeder, Gottlob Frege, Bertrand Russell y Whitehead.

La contribución de Boyle se halla en su famosa ley, en la cual el volumen (V) de una masa dada de gas a una temperatura constante es inversamente proporcional a su presión:

(p), i.e. pV = constante.

Así se inauguró un campo nuevo, hoy conocido como la lógica simbólica, o lógica moderna. Esta lógica provee el estudio sistemático del razonamiento para reconocer la verdad y los medios para analizar la consistencia de los conceptos básicos.

Aparte de la introducción de nuevos símbolos, y de ciertas exclusiones embarazosas, en realidad no hubo un cambio real. Se hacían afirmaciones por parte de los filósofos lingüísticos, pero sin mucho fundamento.

La semántica, que estudia la validez de un argumento, se separó de la sintaxis, que trata la deducibilidad y las conclusiones a partir de los axiomas y premisas. Pero ya los antiguos griegos se habían enfrentado a lo mismo y lo tenían clasificado como lógica y retórica.

La lógica es reduccionista por esencia y pretende convertir el concepto en una función de acuerdo con la senda que trazaron Frege y Russell. Lo que define la función es una relación de dependencia o de correspondencia, al ser el conocimiento una función.

Las proyecciones geométricas, las sustituciones y transformaciones algebraicas no consisten en reconocer algo a través de las variaciones, sino en distinguir variables y constantes, en discernir términos que tienden hacia límites sucesivos.

En la medida que un número cardinal pertenece al concepto proposicional, la lógica de las proposiciones exige una demostración científica de la consistencia de la aritmética de los números enteros a partir de axiomas.

Ahora bien, de acuerdo con los dos aspectos del teorema de Gödel, la demostración de consistencia de la aritmética no puede representarse dentro del sistema (no hay endoconsistencia), y el sistema tropieza necesariamente con enunciados verdaderos que sin embargo no son demostrables, que permanecen indecidibles (no hay exoconsistencia, o el sistema consistente no puede estar completo)[52].

Lógica y simbolismo

Para sorpresa absoluta, el ejercicio de las matemáticas en el siglo XX es más filosófico que pragmático, pues se caracteriza por una mayor abstracción y generalización. El italiano Giuseppe Peano fue reconocido por su trabajo en lógica matemática o simbólica.

Los matemáticos del siglo XIX descubrieron que el lenguaje de las matemáticas podía reducirse a la teoría de conjuntos (desarrollada por Cantor), tratando con la pertenencia (ε) y la igualdad (=), junto con una aritmética rudimentaria que contenía al menos símbolos para cero (0) y sucesor (S).

Los conceptos básicos básicos son la conjunción (∧), la disyunción (∨), la implicación (⊃), la negación (¬) y los cuantificadores universales (∀) y existenciales (∃), formalizados por el matemático alemán Gottlob Frege.

La lógica desempeña un papel crucial en la filosofía contemporánea pues se basa en las relaciones lógicas entre conjuntos de frases. Su centro de atención se ha desplazado desde el silogismo hacia los argumentos hipotéticos y disyuntivos, algo que ya vemos en Hegel.

El método básico no ha variado pues el "valor verdadero" era una cuestión de "esto o lo otro". A esto se le llamó cálculo proposicional, pero el mismo ni siquiera puede tratar con argumentos que previamente eran estudiados por el silogismo más básico. Más que una innovación en la historia del pensamiento lo que se ha hecho es resucitar viejos teoremas.

Arend Heyting[53], el fundador de la escuela intuicionista en matemáticas niega la validez de algunas de las pruebas utilizadas en la matemática clásica. Sin embargo, la mayoría de los lógicos se aferran desesperadamente a las viejas leyes de la lógica formal.

La lógica, podríamos decir, consta de dos partes. La primera investiga lo que son las proposiciones. La segunda se ocupa de ciertas proposiciones sumamente generales que aseguran la verdad de todas las proposiciones de determinadas formas.

Esta segunda parte se funde con la matemática pura. La lógica determina que es posible, a veces, establecer una correlación de similitud entre un gran número de cosas de una perspectiva y un gran número de cosas de otra.

De esta manera, el espacio que consiste en relaciones entre perspectivas puede ser transformado en continuo, y si lo preferimos en tridimensional. Por eso, todos los aspectos de una cosa son reales, mientras que la cosa es una construcción puramente lógica.

Ésta tiene, con todo, el mérito de ser neutral entre los diferentes puntos de vista, y de ser visible para más de una persona, en el único sentido que puede ser visible, es decir, en el sentido de que cada cual ve uno de sus aspectos. Cada aspecto de una cosa es miembro de dos clases diferentes de aspectos, a saber.

Pero la introducción de símbolos matemáticos en la lógica no cambia su "corpus" tradicional, pues siempre se tienen que transformar en palabras y conceptos. Son útiles para operaciones técnicas de informática, pero ello no le hace variar el contenido acostumbrado.

El análisis lógico no contendría la comprensión del mundo, y por ello las ciencias no contendrán a la comprensión del mundo. Pero no es así en la filosofía de las ciencias que debe ser armónica con él.

Al estar cuajado de innumerables contradicciones el sistema lógico de Frege y de su antecesor Cantor demuestra su inconsistencia en sus pretensiones de ingenio de análisis de todas las disciplinas del saber humano. Frege se percata de que su elegante sistema contiene una inconsistencia precisamente en su base, el famoso axioma-V.

En su esfuerzo se revela un absurdo, cuando por una parte tiene lugar el último empeño serio por desplazar la intuición del ser racional (su lógica), y por la otra sucede el primer sorprendente descalabro del sistema que pretende instituir.

Términos como "predicados monódicos", "variables individuales", "cuantificadores" y demás, no le conceden a la lógica formal la categoría de ciencia, puesto que el valor científico de un cuerpo de creencias no es directamente proporcional a la complejidad de su exposición, sean símbolos o lenguaje.

No creemos que exista una lógica no-aristotélica como existe una geometría no-euclidiana. Estos axiomas son tautologías que se aplican de manera mecánica y externa a cualquier sujeto, y solo funcionan cuando se trata de procesos lineales. Pero cuando se enfrentan a fenómenos más complejos, contradictorios y no-lineares, estas leyes de la lógica formal se rompen.

La realidad es que, pese a sus cambios formales (el cálculo proposicional y el cálculo predicativo), todo indica que con el avance de las ciencias la lógica formal hace mucho llegó a su límite de uso, pues cualquier nuevo añadido nada agrega.

En sus intentos por borrar el abismo entre razón pura y metafísica espiritual, a través de una filosofía de las ciencias, de una concepción estructuralista, Cantor llega al análisis de lo infinito, Frege al de los números y Russell y Whitehead al intento de una gran unificación, pretensiones que poco aportarán al entendimiento de cómo la verdad matemática es conocida.

En su búsqueda de la naturaleza y los límites del conocimiento, logró revivir la filosofía empirista en el campo de la epistemología.

Brouwer: el Solipsismo

A partir de sus teoremas, tanto el matemático holandés Jan Brouwer como el polaco Jan Lukasiewicz (1878- †) fundaron la escuela de lógica intuitiva[54].

El nuevo movimiento en matemáticas conocida como intuicionismo tuvo componentes tanto filosóficas como metodológicas. Este moderno intuicionismo es la teoría de los objetos matemáticos; son conceptos abstractos, anti-realistas, y operaciones matemáticas y los principios son construcciones mentales.

El conjunto de números naturales puede abstraerse contando momentos de esta secuencia de conjuntos. Los discretos de números racionales (números negativos y fracciones) y números reales (números racionales y decimales no repetidos) se derivan de la noción de "entre" números naturales. En aritmética, el análisis real, y la geometría se pueden todos derivar de esta manera.

Los matemáticos de la vertiente intuicionista, que encabeza el danés Jan Brouwer, arremeten contra el programa del logicismo de Russell, y apuntan que las matemáticas eran mucho más que la lógica, pues ellas se enraízan en nuestra capacidad mental para describir las entidades matemáticas y discernir sus propiedades. Brouwer extrae de Kant la noción de que la certidumbre cognoscitiva se halla implícita en la mente humana.

Brouwer creía que la intuición acerca de las matemáticas comienza con la percepción temporal y no creía que el valor de verdad de los enunciados matemáticos derivase de la metafísica. Aseveró que la matemática es una función de la mente, una forma de interpretar los datos sensoriales pues el mundo se entiende como una secuencia discreta de tiempo.

En el lado filosófico, Brouwer dio una versión solipsista del conocimiento matemático en términos de construcciones intuitivas; aproximadamente, una de afirmación en la que un enunciado matemático es cierto por ser equivalente a la afirmación de que uno ha efectuado una construcción mental que permite reconocer que este es el caso.

El concepto de existencia es el presupuesto de la posibilidad en la filosofía de Russell, la cual comprende no solo las cosas físicas existentes en el espacio y en el tiempo, sino también las intemporales; por eso sus determinaciones son inciertas y equívocas, porque bordean el solipsismo. Solo una determinación resulta clara y es la negativa, que excluye la posibilidad de la existencia.

Como una teoría seriamente epistemológica el solipsismo afirma la idea de que no hay modo para deducir los acontecimientos que experimentamos, el carácter de los mismos, y ni siquiera la existencia de los que no experimentamos. También se desarrolló una teoría llamada "fenomenalismo", ocupando una posición intermedia entre el solipsismo y las ideas científicas corrientes.

Esta teoría admite que hay otros acontecimientos además de los experimentados, pero sostiene que, en su totalidad, son percepciones u otros acontecimientos mentales. Prácticamente ello quiere decir lo siguiente, cuando la teoría se ha definido por científicos que han aceptado el testimonio experimental de otros observadores, pero se niegan a deducir cualquier cosa que no haya sido experimentada por observador alguno.

Luego de escribir una extensa obra, en 1943 Russell se declara insatisfecho de todos sus ensayos menos de la *Lógica matemática* y afirma[55]: "la teoría del conocimiento, de la que me he ocupado muy por extenso, tiene cierta subjetividad esencial; dicha teoría pregunta ¿cómo conozco yo? e inevitablemente toma su punto de partida de la experiencia personal. Sus datos son egocéntricos, lo mismo que los primeros estadios de su argumentación".

Russell admite junto a Kant y a Locke que las cosas no eran objetos del conocimiento directo, sino que partían de los datos sensibles, de introspección y los de la memoria[56].

Para él, todo el conocimiento y el lenguaje nacían de la experiencia individual inmediata, de nuestro Yo, aunque la experiencia no resultase un método de comprobación. De ahí su crítica al neo-empirismo al afirmar que "el significado de una proposición es el método de su comprobación", concepto que deja a un lado los juicios de la percepción.

Para Russell el lenguaje está constituido de proposiciones y sus símbolos significan hechos que hacen verdaderas o falsas tales proposiciones. Tanto los objetos que componen los hechos como los significados de los símbolos son necesarios para el lenguaje.

También adicionaba el "conocimiento por descripción", constituido por la verdad; así, un objeto no puede ser conocido directamente al no aplicarse su descripción, pero es reducible al conocimiento directo, como los objetos físicos y los espíritus de otras personas.

Esto será el principio y la base de la lógica y de su teoría del lenguaje, buscando justificar las modalidades de la inferencia de los datos a las realidades físicas o síquicas del sentido común y la ciencia. Más que inferencias, son intentos de reducir los conceptos de la ciencia a datos síquicos presuntos, que por su inmediatez ex hipótesis se admiten como definitivos e indiscutibles.

Al respecto abunda[57]: "Los objetos de los sentidos, aun cuando se presentan en sueños, son, fuera de toda duda, objetos reales que nos son conocidos. ¿Qué nos hace entonces llamarlos objetos irreales de los sueños? Únicamente la naturaleza inusitada de su conexión con otros objetos de los sentidos. Y contrariamente, no debe esperarse que los objetos de la vigilia tengan mayor realidad intrínseca que la de los sueños. A medida que caminamos alrededor de la mesa su aspecto cambia.

Cuando todo ha cambiado por un movimiento corporal, ningún lugar permanece tal como era. El mundo tridimensional visto por una mente no contiene por lo tanto ningún lugar en común con el mundo visto por otra, pues los lugares solo pueden estar constituidos por las cosas que están dentro o alrededor de ellos. Aún más, podemos suponer que hay un número infinito de mundos que en realidad no son percibidos[58].

Dada una escena onírica, con nuestra intervención, puede ocurrir en un sueño, caso en el cual se considera que la inferencia es equivocada.

¿Hay algo que pueda hacer más convincente el argumento por analogía cuando estamos como creemos despiertos?

La hipótesis natural sería la de creer que los demonios y los espíritus de los muertos nos visitan mientras dormimos; pero, por regla general, las mentes modernas rechazan esta opinión, aunque es muy difícil ver lo que se podría decir en contra.

Sexta Parte
El asalto a la razón

Carnap y el continuo

La física contemporánea puede dividirse en dos partes: una, que se ocupa de la propagación de la energía en la materia o en regiones donde no hay materia, y la otra que estudia los intercambios de energía entre esas regiones y la materia. La primera exige la continuidad, pero la segunda precisa de la discontinuidad.

Rudolf Carnap y su círculo (en el cual Otto Neurath tuvo especial influencia) trataron de construir un "lenguaje de la ciencia", en el cual todo enunciado legítimo fuera una fórmula a la que no fuera expresable ninguna de las teorías metafísicas, o bien porque no contuviera la terminología adecuada para ellas, o porque no hubiera fórmulas bien formadas que las expresaran.

Carnap perseguía lo que llamaba una *reconstrucción racional*. Cualquier construcción del discurso fisicalista en términos de la experiencia sensible, la lógica y la teoría de conjuntos hubiera sido considerado como satisfactorio. Él estudió cómo traducir sentencias que contuvieran cierto término a otras que no lo tengan, pretendiendo elaborar de este modo equivalencias —aunque en realidad daban implicaciones.

En general, el físico habla de observables en un sentido muy amplio, comparado con el estrecho sentido que da el filósofo de la palabra, pero en ambos casos, la línea de separación entre lo observable y lo inobservable es muy arbitraria. Para Rudolf Carnap son las que contienen términos directamente observables por los sentidos o medibles mediante técnicas relativamente simples. Se las suele denominar también generalizaciones empíricas.

Cuando nos referimos al "orden", a lo "continuo", a lo "operacional", a lo "organizacional", no citamos solo nociones puestas exclusivamente por el sujeto; es decir, estas corresponden, de una manera particular, a ingredientes de lo real. Lo "continuo" no existe en sí mismo puesto que esa noción de una realidad "pegada", libre de la "nada", no existe como tal.

Por ejemplo, lo continuo existe en su relación con el sujeto epistémico con el objeto. Y no podría engendrarse si no existiera ese objeto particular mencionado. De manera precisa, las nociones básicas de las matemáticas se construyen a partir de la relación sujeto–objeto, que posee una esencial dimensión material.

Carnap había propugnado lo que llamó un "solipsismo metodológico", o sea, tomar las propias experiencias como base sobre la cual construir los conceptos de la ciencia y, por consiguiente, el lenguaje de la ciencia.

Hacia 1931 Carnap abandonó esta posición, bajo la influencia de Neurath, y adoptó la tesis del fisicalismo, según la cual debía haber un lenguaje unificado que hablara de cosas físicas y de sus movimientos en el espacio y el tiempo[1].

En Willard Quine[2]: "Confiar en la inducción como una vía de acceso a las verdades de la naturaleza es, de otra parte, suponer, o punto menos, que nuestro espacio de cualidad (factor de similaridad) se adecua al del cosmos. La bruta irracionalidad de nuestro sentido de similaridad, su irrelevancia en cualquier respecto en lógica y matemática ofrece escasa razón para esperar que tal sentido sea algo en consonancia con el mundo —un mundo que, a diferencia del lenguaje, nunca hicimos."

Para Carnap nosotros debemos distinguir un empleo filosófico (como *pseudo*) del de las de empleo científico. Por otra parte, Kant pretendió mostrar que el estado-mental de los "objetos existe independientemente de nosotros" y son "empíricamente" verdaderos, pero "trascendentalmente" falsos porque son otro caso de género de distinción, no de la categoría que especifica Carnap.

La relación entre la investigación filosófica del conocimiento, por un lado, y las de todas las cosas que son ordinarias en la vida científica, sobre la otra, son más extrañas y oscuras las últimas que como fue frecuentemente se ha supuesto.

Si bien Poincaré trató de interpretar las teorías físicas como definiciones implícitas, esta concepción no fue aceptable para Carnap. Einstein fue un creyente en la metafísica durante largo tiempo, pues operaba libremente con el concepto de "físicamente real", aunque —sin duda— la pretenciosa verbosidad metafísica le disgustaba. La mayoría de los conceptos con los que trabaja la física —como los de fuerza, campo y hasta electrón y otras partículas— constituyen lo que Berkeley (por ejemplo) llamaba "*qualitates occultae*".

Para Poincaré, el continuo no es más que una colección de puntos dispuestos en un cierto orden, en un número infinito, pero inconexos los unos de los otros. No es ésta la concepción ordinaria entre los elementos del continuo, en la cual se supone existe una especie de vínculo íntimo que los hace un todo.

De ahí que se califique al continuo matemático de primer orden, a todo conjunto de términos formados conforme a la misma ley que la escala de los números conmensurables o racionales. En el caso de intercalar nuevos escalones se obtendría un continuo de segundo orden, en la cual hay curvas que no tienen tangentes[3].

Carnap perseguía lo que llamaba una reconstrucción racional, donde cualquier construcción del discurso fisicalista en términos de la experiencia sensible es considerado como satisfactorio, como la lógica y la teoría de conjuntos.

Este punto es importante porque la teoría concerniente al carácter "fisicalista" de los enunciados sometidos a comprobaciones se opone radicalmente a todas esas teorías, muy difundidas, según las cuales construimos el "mundo extremo de la ciencia" a partir de "nuestras propias experiencias".

En Carnap[4]: "Consideremos el teorema de que la suma de los ángulos interiores de un triángulo es igual a 180 grados. Es posible derivarlo lógicamente de los axiomas euclidianos, de modo que hay un conocimiento a priori de su verdad. Pero también es cierto que, si se traza un triángulo y se miden sus ángulos, se encuentra que suman 180 grados"

En sus experimentos, Carnap buscó cómo traducir sentencias que contuvieran cierto término a otras que no los tuvieran, con el objetivo de elaborar las equivalencias, aunque en realidad el resultado eran las implicaciones[5].

Para Carnap debemos distinguir siempre un empleo filosófico (como *pseudo*) del científico. No debe confundirse a Carnap con los teoremas de Kant pertenecientes a otra categoría. En Kant el estado-mental de los "objetos existe independientemente de nosotros" y son "empíricamente" verdaderos, pero "trascendentalmente" falsos porque son otro caso de género de distinción.

Sus postulados demuestran que la relación entre la investigación filosófica del conocimiento no puede ser comparada con las de todas las cosas que son ordinarias en la vida científica, por ser estas últimas más extrañas y oscuras.

"Es cierto —escribe Carnap[6]— que una sucesión de palabras sólo tiene sentido si están dadas sus relaciones derivativas a partir de oraciones protocolares, oraciones observacionales"; vale decir, si "se conoce la manera de [su] verificación. La falta de significado en un sentido preciso es una sucesión de palabras que, dentro de un lenguaje dado, no constituyen una oración. En un principio se sostuvo que una oración, para ser significativa, debe ser completamente verificable. Dentro de esta concepción no había lugar para leyes de la naturaleza entre las oraciones del lenguaje. Popper ha hecho una crítica detallada de la concepción según la cual las leyes no son oraciones."[7].

Sigue Carnap[8]: "las conclusiones principales son que debemos distinguir entre comprender el significado de una expresión dada e investigar si tiene aplicación y cómo se aplica".

Según Carnap[9] la física está prácticamente libre, en su totalidad, de la metafísica, gracias a los esfuerzos de Mach, de Poincaré y Einstein; y, con esperanzas que nunca se cumplieron aboga que los esfuerzos en la psicología terminarán por convertirla en una ciencia libre de la metafísica.

Para Carnap la ciencia de formular el principio del empirismo de una manera más exacta, enunciando un requisito de confirmación o comprobación como criterio de significado[10]: "Como empiristas, exigimos que se restrinja de cierta manera el lenguaje de la ciencia; exigimos que no se admitan predicados descriptivos y, por ende, oraciones sintéticas que no tengan alguna conexión con observaciones posibles. Aquello que no debe admitirse es, por supuesto, la metafísica".

Carnap no entiende que su enunciado es un problema sin solución, un pseudo problema, pues resulta imposible construir un lenguaje de la ciencia que incluya todo lo que desea decir la ciencia, excluyendo el lenguaje considerado metafísico.

Aunque intriga el poco interés por intentar resolver, de ser posible, el dualismo aparente de ciencia-metafísica. ¿Por carecer de significado la metafísica? Digo intriga ante el enorme interés por ahondar tal dualismo, y por "extirpar" la metafísica, como el viejo sueño de Wittgenstein por hacer que la metafísica carezca de sentido.

Ante la idea constantemente emitida por Carnap, de si todas las mentes desaparecieran del universo, las estrellas continuarían su curso, pues según él se trataba de una afirmación científica perfectamente legítima, basada en leyes universales confirmadas, los físicos Lewis y Schlick afirmaban que esta oración de Carnap no era verificable, pues una ley universal o una teoría no es un enunciado propiamente dicho, sino más bien "una regla, o un conjunto de instrucciones, para la derivación de enunciados singulares a partir de otros enunciados singulares.

Según Schlick, una ley universal o una teoría no es un enunciado propiamente dicho, sino más bien "una regla, o un conjunto de instrucciones, para la derivación de enunciados singulares a partir de otros enunciados singulares".

El artículo de Carnap *Testability and Meaning* es, quizás, el más interesante e importante de todos los trabajos sobre la filosofía de las ciencias empíricas que se escribieron en el período entre el *Tractatus* de Wittgenstein y la publicación en alemán del ensayo de Tarski sobre el concepto de verdad.

Los axiomas de Tarski

Los teoremas de Gödel, de Tarski y luego del matemático británico Alan M. Turing[11], profeta y pionero de la computación electrónica, conforman una familia en torno a las limitaciones y dificultades intrínsecas en todas las lenguas simbólicas, y enumeran lo imposible del afán de la física y de las ciencias y humanidades por absolutizarse como conocimientos superlativos de la civilización, por establecer la comprobación exacta y lógica en cualquier sistema, por fundar axiomas fundamentales.

La lógica se convirtió en una ciencia independiente hace mucho tiempo, incluso antes que la aritmética y la geometría. Y, sin embargo, fue relativamente reciente, en la última parte del siglo XIX -después de un largo período de estancamiento casi completo- fue que esta disciplina inició un desarrollo intensivo, durante el cual experimentó una transformación y adquirió un carácter similar al de las disciplinas matemáticas.

En esta nueva forma se la conoce como lógica matemática o simbólica, y también ha sido llamada logística.

Los escollos epistemológicos de la física cuántica no son resueltos por el paradigma del positivismo lógico que falla lastimosamente en establecer una distinción entre "lo significativo" y "lo no-significativo". En 1936, el brillante matemático polaco Alfred Tarski va más allá de los postulados del Círculo de Viena al establecer una restricción más amplia a la lógica y expresar que no existe una lengua universal, pues cada lengua formal incluye alocuciones que no pueden clasificarse como verdaderas o falsas[12].

La gran realización de Tarski y la verdadera importancia de su teoría para la filosofía de las ciencias empíricas residen en el hecho de que restableció una teoría de la correspondencia de la verdad absoluta u objetiva, que se había vuelto sospechosa. Reivindicó el libre uso de la idea intuitiva de la verdad como correspondencia con los hechos.

Al reiterar que no existe un lenguaje universal como pretendían las matemáticas Tarski sería el pionero en las equivalencias que establecen una restricción más abismal a la lógica, pues cada lengua formal, ya sea científica o humanista, incluye alocuciones que no pueden clasificarse como verdaderas o falsas.

Tarski es reconocido como uno de los cuatro más grandes lógicos de todos los tiempos, siendo los otros tres Aristóteles, Frege y Gödel. De estos Tarski fue el más prolífico como un lógico. Los primeros grandes resultados de Tarski fueron publicados en 1924 cuando comenzó a construir sobre los resultados de la teoría de conjuntos obtenidos por Cantor, Zermelo y Dedekind.

Tarski publicó un trabajo conjunto con el matemático polaco Stefan Banach sobre lo que ahora se llama la paradoja de Banach-Tarski. El resultado demuestra que una esfera puede ser cortada en un número finito de piezas y luego reensamblada en una esfera de mayor tamaño, o alternativamente puede ser reensamblada en dos esferas del mismo tamaño que la original.

En 1937 publicó otro artículo clásico, esta vez sobre el método deductivo, que presentaba claramente sus puntos de vista sobre la naturaleza y el propósito del método deductivo, así como el papel de la lógica en los estudios científicos.

Tarski hizo contribuciones importantes en muchas áreas de la matemática: como la teoría de conjuntos, la teoría de medidas, la topología, la geometría, el álgebra clásica y universal, la lógica algebraica, y varias ramas de la lógica formal y las meta-matemáticas.

En sus investigaciones produjo axiomas para la "consecuencia lógica", y trabajó en sistemas deductivos en álgebra de la lógica y la teoría de la definibilidad.

En aritmética, por ejemplo, encontramos constantes tales como "número", "cero" ("*0*"), "uno" ("*1*"), "suma" ("+") y muchos otros. Como variables emplea, por regla general, letras seleccionadas; en aritmética generalmente elige unas pocas letras minúsculas del alfabeto latino:

"a", "b", "c", ..., "x", "y", "z".

Aunque a diferencia de las constantes, las variables no poseen ningún significado por sí mismas. En Tarski la sustitución de las variables en una función sentencial por constantes-constantes iguales tomando el lugar de variables iguales- puede conducir a una oración verdadera; en tal caso, los objetos denotados por esas constantes satisfacen la función sentencial dada que definió como a "$x = f(y)$".

Aparte de los objetos individuales separados, que también se llamarán individuos para abreviar, la lógica se ocupa de las clases de objetos. En la vida cotidiana, así como en las matemáticas, las clases definidas por Tarski se refieren más como conjuntos. La aritmética, por ejemplo, frecuentemente se ocupa de conjuntos de números y en geometría el interés no radica tanto en puntos individuales como en conjuntos de puntos, es decir, en configuraciones geométricas.

Fundamental en la teoría de las clases de Tarski son frases tales como lo siguiente: el objeto x es un elemento para, un miembro de la clase K, el objeto x pertenece a la clase K, de ahí que la clase K contiene al objeto x como elemento o, como miembro.

La idea de que su teoría es aplicable solamente a lenguajes formalizados es equivocada; es aplicable a cualquier lenguaje consistente e incluso a un lenguaje "natural", siempre y cuando puedan eludirde sus inconsistencias a partir del análisis de Tarski; lo que significa introducir cierto grado de "artificialidad", o cautela, en su uso.

La *Logical Syntax* de Carnap es uno de los pocos libros filosóficos que pueden ser considerados como de primera importancia. Indudablemente, algunos de sus argumentos y doctrinas están superados, debido principalmente a los descubrimientos de Tarski, como el mismo Carnap explicó francamente en el famoso último párrafo de su *Introduction to Semantics*.

La lógica considerada así por Tarski, se transformaba en la base de todas las demás ciencias, aunque sólo sea por el hecho de que en cada argumento se emplean conceptos tomados del campo de la lógica y entonces, toda inferencia correcta procede de acuerdo con sus leyes.

Pero donde Tarski yerra es en considerar que un conocimiento profundo de la lógica sea esencial para un pensamiento correcto; incluso los matemáticos en sus inferencias desconocen la lógica, aunque hacen uso de ella de manera subconsciente[13].

De todos modos, el conocimiento de la lógica es de considerable importancia práctica para tensar e inferir correctamente, puesto que realza las facultades innatas y adquiridas en esta dirección y, en casos excepcionales cometer errores.

El mundo filosófico situado al oeste de Polonia aprendió el método de analizar lenguajes en un "metalenguaje" y de construir "lenguajes objeto", método cuya importancia para la lógica y la fundamentación de la matemática es imposible exagerar. Y también se hizo por vez primera la afirmación de que este método es de la mayor importancia para la filosofía de la ciencia. Luego se comprendió, por supuesto, que el análisis sintáctico metalingüístico es inadecuado y fue reemplazado por lo que Tarski llamó "semántica".

Para el propósito de facilitar la comprensión de la relación entre el lenguaje objeto y el metalenguaje, era más conveniente tratar el metalenguaje como distinto del lenguaje objeto, lo que propicia mostrar que una parte del metalenguaje —suficiente para los propósitos de Gödel— puede ser expresada en el lenguaje objeto, sin dar énfasis a la tesis errónea de que es posible expresar de tal forma todo el metalenguaje.

Epistemología platonista

De acuerdo con la filosofía platónica, los objetos de las matemáticas tales como números, conjuntos, funciones y espacios se supone que existen independientes de los pensamientos humanos. Sus construcciones y sus entidades abstractas concerniente a tesis se suponen tienen un valor de verdad independiente de nuestra capacidad para determinar.

Los intentos del platonismo en la solución del problema hacen que sea muy parecido al formalismo fallido de Hilbert. En términos generales se afirma que la consistencia del platonismo objeto dentro de una teoría implica la existencia de objetos en algún reino platónico. Sin embargo, esto no aborda el primer teorema de incompletitud de Gödel donde no todas las declaraciones que se comprueban constan dentro de una teoría.

Por lo tanto, el intento de evitar los hechos de problemas epistemológicos describe un proceso de abstracción, y por su propia admisión igualmente no resuelve el problema epistemológico. Dado que ni el platonismo ni anteriormente el estructuralismo pueden explicar cómo los seres humanos conocen los objetos matemáticos, las teorías no describen la realidad de la relación humana con las matemáticas.

Un enfoque estructuralista a la solución del problema de identificación es el de aplicar un platonismo moderada o un realismo a la estructura del número natural, por ejemplo, en lugar de los números naturales por sí mismos.

Los estructuralistas buscan la identificación fiable para evitar el problema mediante la observación, donde la estructura de los números naturales crea una instancia. El estructuralismo *rem* ya ha sido descalificado debido a un conflicto con el criterio de la TIC, o Consistencia de la Inducción Transfinita.

La filosofía en general, y la metafísica en particular, no es tan nítida como la matemática porque debe comprometerse con el desorden del mundo para ayudarnos a averiguar sus verdades. Por lo tanto, no tiene el lujo de ser puramente abstracto.

La metafísica intenta extraer verdades sobre el mundo y articular esas verdades en formato proposicional. Esto lo hace examinando las consecuencias lógicas de los supuestos sobre la realidad que se basan lo más cerca posible en la realidad, casi exactamente como la matemática (contar y las figuras geométricas son puntos de partida empíricos para gran parte de nuestro razonamiento matemático) - y así la metafísica debe comenzar con el reconocimiento de que las ciencias son el único camino legítimo.

Afortunadamente, la idea de que la filosofía debe ser más matemática y científica tiene un fuerte precedente en la historia de la disciplina[14] para enganchar nuestras ideas a la realidad. Un debate duradero en la filosofía de las matemáticas se refiere al estatus ontológico de los números, como 2, π y 34, 295.17.

Los realistas, como Alan Baker[15] sostienen que los números existen mente-independiente, mientras que los anti-realistas (o nominalista) proponen que los números no existen aparte de nuestras propias mentes.

Baker argumenta que hay muchas explicaciones de la ciencia que hacen uso de las matemáticas. Pero ¿hay casos en que el componente matemático de una explicación científica sea explicativo por derecho propio? Este número de explicaciones matemáticas en la ciencia ha sido en su mayor parte descuidado.

Baker[14] considera que hay verdaderas explicaciones matemáticas en la ciencia, y presente con cierto detalle un ejemplo de tal explicación, tomado de la biología evolutiva, que involucra a las cigarras periódicas.

También señala[16] cómo la respuesta a la pregunta afecta a cuestiones más amplias en la filosofía de las matemáticas; en particular, puede ayudar a los platonistas a responder a un reto reciente de Joseph Melia en relación con la fuerza del "argumento de indispensabilidad".

Las problemáticas se arremolinan alrededor de la restricción de conteo, la paráfrasis asignada a p, y el número de $Fs = nq$ el cual debe tener las mismas condiciones de verdad que $p\exists! Nx (F x) q$. 2 2.

En la Restricción Inferencial tenemos lo siguiente, considerando que φ y ψ son oraciones aritméticas, y que las condiciones de verdad de φ son al menos tan fuertes como las condiciones de verdad de ψ (para corto: φ implica ψ). Entonces la paráfrasis asignada a φ debería incluir la paráfrasis asignada a ψ.

Considerando que una masa de un kilogramo se define como la masa de N átomos de carbono-12 (donde N es reemplazada por algún número particular) 18, y que se desea especificar un contenido nominalista para los kilogramos de Oscar en 72.

Se podría sugerir la cláusula semántica siguiente: la masa de Oscar en kilogramos es 72 es verdadera en w si y sólo si:

$\exists X ((xx) = N \times 72) \wedge \forall x (Xx \rightarrow [12C\text{-}átomo (x)] w) \wedge$

[la misma masa de $(Oscar, X)] x)$. Es posible subrayar la variable pertinente, haciendo suposiciones numerológicas adecuadas.

Aquí, $P1 \ldots, Pk$ es una lista de todos los tipos de propiedades fundamentales que poseen masa y, para cada $i \leq k$, las partículas de Ni de tipo Pi tienen una masa de un kilogramo:

$\exists X1 \ldots \exists Xk (\#x (X1 (x)) N1 + \ldots + (\#x (Xk (x)) Nk = 72 \wedge \forall x$ ([*Fondo Partido* $(x) \wedge$ *Parte de X1* $(x) \wedge [P1 (x)] w) \vee \ldots \vee (Xk (x) \wedge [Pk (x)] w)!$

Símbolo NA o L, cuyo valor en SI unidades es:

6.022 1367 (36) × 1023. F) con un valor en SI unidades de 9.648 5309(29) × 104 C mol–1. Su constante gravitacional fue expresada como sigue: (G) con un valor en SI unidades:

6.672 59(85) × 10–11 m3 kg–1 s–2.

El mito del cerebro como máquina es inadecuado para describir el trabajo matemático, pues cada problema y cada solución están determinados históricamente, más allá de los aspectos imaginarios e ideales. Asimismo, el pensamiento matemático no es análogo a la operación de la computadora, ni la inteligencia artificial es una ciencia independiente.

Turing y la computación

Turing fue un matemático, lógico, criptoanalista, filósofo y biólogo teórico, considerado como el padre de la informática teórica y la inteligencia artificial[17].

Turing demostró en su artículo de 1936, "*On Computable Numbers*", que no puede existir un método algorítmico universal para determinar la verdad en matemáticas. También escribió dos artículos sobre enfoques matemáticos para el código de ruptura, que se convirtieron en activos tan importantes para el Código y la Escuela de cifrados.

También abordó la Inteligencia Artificial en su artículo de 1950, "*Computación de maquinaria e inteligencia*", y propuso un experimento conocido como "Prueba de Turing", un esfuerzo para crear un estándar de diseño de inteligencia para la industria de la tecnología.

Turing demostró por un argumento ingenioso que si uno forma el Sa por iterar las declaraciones de consistencia empezando por $S1 = PA$, toda afirmación verdadera A de la forma $\forall x R (x)$ con R recursiva primitiva se puede probar en Sa para algunos a $\in O$ que denota $\Omega + 1$.

Turing estaba particularmente interesado en obtener un resultado similar para declaraciones en la siguiente forma cuantitativa superior, $\forall x \exists y R (x, y)$, a través de iteración del principio de reflexión local; Esta clase incluye muchos problemas abiertos interesantes en la teoría numérica[18].

En el proceso del conocimiento hay tres factores funcionalmente importantes: el sujeto, la sociedad, y el objeto material. El sujeto epistémico, por hallarse en lo biológico y lo físico, es activo y el objeto material es también dinámico y activo, y ambos se influyen. La referencia a lo social como factor epistemológico les da una dimensión histórica a los procesos del conocimiento.

La lógica inductiva busca definir las probabilidades de teorías dispares según la evidencia tenida a mano. Si la probabilidad matemática de una teoría es elevada entonces la cualifica como científica; si es baja no es científica. Por tanto, el distintivo de la honestidad intelectual sería afirmar sólo todo aquello que sea, por lo menos, muy probable.

Turing explicó que su "máquina de cálculo universal" sería capaz de realizar cualquier cálculo matemático concebible si fuera representable como un algoritmo.

En el contexto de las máquinas de Turing, definimos un alfabeto Σ terminado en cualquier conjunto que contiene al menos dos símbolos especiales. Dado un Σ alfabeto y un conjunto Q (el conjunto de estados que la máquina puede asumir) que contiene al menos un elemento de qi (estado inicial) y un elemento qf (el estado final), se le da una función:

$\delta\ Q \times \Sigma \rightarrow \Sigma \times \times Q \{\leftarrow, \downarrow, \rightarrow\}$

(dicha función de transición) de tal manera que

$\delta\ (/, *) = (/, *, \rightarrow)$.

La máquina quíntuple de Turing ($\Sigma, Q, qi, QF, \delta$)

Esta personalidad genial estaba interesada en la morfogénesis, el desarrollo de patrones y formas en los organismos biológicos. Entre otras cosas, buscaba explicar la filotaxis del italiano Fibonacci, o sea la existencia de números de Fibonacci en las estructuras de las plantas. Sugirió además que un sistema de químicos reaccionando entre sí y difundiéndose a través del espacio, denominado sistema de reacción-difusión, podría explicar "os principales fenómenos de la morfogénesis.

Por consiguiente, la enseñanza última de las matemáticas es que no se pueden cotejar los teoremas de cualquier ciencia con la realidad exterior, pues sólo pueden llegar a aproximaciones o ensayar probabilidades y conductas caóticas. Y es que no se pueden construir deducciones en una lengua exacta, ya sea matemática, física, de neurociencia, psicológica o sociológica.

Las leyes de la naturaleza no se pueden discernir de modo deductivo, axiomático y formal, debido a lo utópico en describir un mundo rigurosamente seguro y perfecto aun con los conceptos abstractos de los axiomas y las deducciones, pues ese mundo no existe así. Sin embargo, en muchas ramas de las ciencias se continúa bajo la premisa ya demolida de que la naturaleza obedece a un conjunto de leyes fijas propias que son completas, precisas y consistentes.

En momentos que Gödel sanciona la inconsistencia de las matemáticas y proclama la ilusión de considerarlas como ciencias exactas, absolutas, capaces de la verificación, están aconteciendo cosas parecidas en otras ramas del saber. El ejemplo de las físicas, donde la teoría atómica y la cuántica tropiezan con la imposibilidad de conocer la naturaleza de las partículas subatómicas –materia o energía–, la llamada incertidumbre de la materia.

Igualmente, esta noción hace su entrada en la astrofísica, donde Einstein derriba la idea corriente de tiempo lineal (pasado, presente y futuro) y de espacio absoluto.

De manera idéntica sucede en la geofísica, donde el evolucionismo gradual darwiniano se ve sacudido por la incidencia de los fenómenos catastróficos en la historia del Universo *(big-bang,* supernovas, colisiones galácticas); y la espada de Dámocles de meteoritos capaces de devastar nuestro planeta.

Lo mismo en nuestra sociedad contemporánea, consciente de una historia que necesariamente no debió transcurrir como la conocemos. De forma similar sobreviene en el arte, el cual articula la total liberación de los arquetipos impuestos por la realidad de la naturaleza y se desborda en la corriente surrealista.

A todo ello seguirán descubrimientos desconcertantes como la teoría de una naturaleza donde rige el caos y no el orden. El concepto de una realidad nuestra muy lejos de ser geométrica de rectas, curvas, conos, etcétera, sino fractal o sea irregular, de remolinos, bifurcaciones.

Un Universo donde todos los hechos no están aislados, sino interconectados, por muy remotos, insignificantes y limitados que sean. De partículas subatómicas en comunicación instantánea a velocidades superiores a la de la luz, no importa la distancia de su separación en el Universo.

De nosotros, humanos, como partes y constructores mentales del entorno natural que nos circunda, pero a la vez resultados de ese mundo exterior. Un Universo de energía y no de materia, donde estamos implicados.

Del mundo físico no gobernado por la ecuación causa-efecto sino la de probabilidades. Una realidad en la cual no prevalece la casualidad en los hechos y fenómenos, por muy banales que parezcan, sino que todo se halla sincronizado.

Después de haber hecho contribuciones importantes en el campo de la teoría numérica a comienzos de su carrera, la energía ilimitada de Yves Meyer y la curiosidad lo incitaron a trabajar en métodos para descomponer objetos matemáticos complejos en componentes más simples de onda - un tema llamado análisis armónico.

Esto le llevó a ayudar a construir una teoría para el análisis de señales complicadas, con importantes ramificaciones para las tecnologías informáticas y de la información. Luego volvió a abordar problemas fundamentales en la matemática del flujo de fluidos.

Junto con Ronald Coifman y Alan McIntosh, resolvió un problema de larga data en el campo en 1982 probando un teorema sobre una construcción llamada el operador integral de Cauchy. Este interés en la descomposición armónica llevó a Meyer a la teoría de la onda, que permite que las señales complejas sean "atomizadas" en una especie de partícula matemática llamada wavelet.

La teoría de las ondas es ahora omnipresente en muchas de estas tecnologías. El análisis de onda de imágenes y sonidos permite que se descompongan en fragmentos matemáticos que capturan las irregularidades del patrón usando funciones matemáticas lisas y "bien comportadas. Esta descomposición es importante para la compresión de imágenes en informática, siendo utilizada por ejemplo en el formato *JPEG 2000*. Las ondas también son útiles para caracterizar objetos con formas muy complejas, como los llamados multifractales.

Las ondas son una extensión del conjunto de herramientas matemáticas del análisis de Fourier, llamado así por Joseph Fourier, quien inició el campo en el siglo XIX. Él descubrió que una forma de onda compleja se puede descomponer en componentes más simples, onda senoidal. Es decir, una pieza de información tal como una nota musical o una señal sísmica puede expresarse de una manera compacta usando técnicas de Fourier.

Los algoritmos computacionales basados en las ondas están entre las herramientas estándar utilizadas por los investigadores para procesar, analizar y almacenar información. También tienen aplicaciones en el diagnóstico médico, donde pueden ayudar a acelerar la resonancia magnética, por ejemplo; y en entretenimiento, para codificar películas de alta resolución en archivos de tamaño manejable.

En la etapa de descomposición (o análisis), la señal digital si *(k)* se divide en dos secuencias de tamaño medio si *+ 1 (k) y di + 1 (k)* filtrándola con un par conjugado de filtros paso alto y paso alto

$H \sim (z1)$ y $G \sim (z1)$, respectivamente) y muestreo descendente de los resultados a partir de entonces.

Esencialismo e instrumentalismo

Las paradojas del movimiento, las antinomias, la objeción de Henri Bergson al análisis y la insistencia de los filósofos en que el continuo "cantoriano" no resuelve sus dificultades, se derivan todas de este mismo problema de que un movimiento parece componerse de movimientos, o, según dice Kant, un espacio está compuesto de espacios.

La posición kantiana es empirista en el descubrimiento, pero apriorista en la justificación. Según Carnap las ciencias contienen enunciados analíticos y sintéticos por los métodos de justificación que aplican. El célebre filósofo vienés Ernst Mach, dijo que el papel de la ciencia es producir economía de pensamiento de la misma manera que la máquina produce economía de esfuerzo.

Así, un resultado nuevo tiene valor cuando reúne elementos conocidos, hace mucho tiempo, pero dispersos hasta el punto de parecer extraños los unos a los otros, e introduce de repente el orden donde reinaba el desorden. Para obtener un resultado que tenga valor real, no es suficiente crear solamente el orden, sino el orden inesperado[19].

Para Carl Gustav Hempel (1905-1997), destacado filósofo de la lógica empirista, las ciencias empíricas se diferencias de las que no lo son por los métodos que usan para justificar sus afirmaciones, que se confirman con el control empírico.

El esencialismo en la física distingue el Universo de la realidad esencial, el universo de los fenómenos observables y el universo del lenguaje descriptivo o de la representación simbólica.

El esencialismo forma parte de la filosofía galileana de la ciencia; con ella el científico aspira hallar una descripción verdadera del mundo que sea también una explicación de los hechos observables, para establecer la verdad de tal teoría más allá de toda duda razonable.

Según el esencialismo, las teorías científicas, describen las "naturalezas esenciales" de las realidades que están detrás de las apariencias. Ella tiende a las explicaciones últimas que no pueden ser ulteriormente explicadas ni requieren tal explicación ulterior.

Isaac Newton, envuelto en el esencialismo quiso hallar una explicación última y definitiva de la gravedad tratando de deducir la ley del cuadrado de la distancia; pero fracasó al descansar su explicación a partir del impulso mecánico, la acción causal de Descartes.

Se da el caso también de James C. Maxwell, el cual partiendo del esencialismo galileano creía en las esencias, pero cuya obra demolió su propia creencia.

La concepción instrumentalista transformada en el dogma actual de la teoría física, sin embargo, fue objetada por Einstein y por el Nobel de física Erwin Schrödinger. Para el filósofo instrumentalista considera que la relatividad einsteiniana solo analiza los resultados de observaciones y, por tanto, el objeto de estudio era realmente un instrumento para predecir observaciones.

El instrumentalismo es una tesis según la cual las teorías científicas no son más que reglas de inferencia para el cálculo tecnológico; son meros instrumentos o herramientas prácticas para propósitos específicos, como la predicción de sucesos futuros.

Los físicos instrumentalistas se apoyan solo en el dominio del formalismo matemático, es decir, del instrumento; y sus aplicaciones, y creen que se han liberado finalmente de todos los contrasentidos filosóficos.

Si bien el instrumentalismo ofrece una descripción perfecta de estas reglas, es incapaz de explicar la diferencia entre ellas y las teorías puesto que las ciencias "puras" se someten a prueba y ensayo y pueden no ser correctas; es lo que Bacon consideró como las encrucijadas entre dos teorías. No solamente se somete a prueba la teoría científica en específico, sino que con ello también a todo el sistema de teorías y suposiciones consideradas válidas para ese momento[20].

En la perspectiva instrumentalista, no tenemos forma de saber lo que constituyen los elementos de la realidad última. En esa perspectiva, la realidad se limita sólo a lo que vemos; no es necesario que exista un uno-a-uno con los modelos matemáticos teóricos para describir las observaciones.

Por eso de todas las teorías el instrumentalismo es notorio por su vaguedad y no ofrece solución.

En realidad, la ciencia debe someter a prueba sus teorías y eliminar las que no resistan las comprobaciones. En este sentido, todas las teorías son y seguirán siendo hipótesis y no conocimientos irrefutables. La constante búsqueda y refutación es la manera que la ciencia avanza. Pero ello no se aplica a las reglas de computación o de cálculo tecnológicas.

Si bien el astrónomo puede considerar falsa la teoría de Newton, luego de someterla a prueba, para los instrumentalistas carece de sentido someter un instrumento a pruebas con el fin de rechazarlo, puesto que los instrumentos y sus teorías no pueden ser refutados, sólo pueden afirmar diferentes campos de aplicación.

El pretendido carácter científico de la astrología, de la teoría marxista de la historia, del psicoanálisis y de la psicología del individuo. La teoría marxista de la revolución social fue refutada por la historia. En el caso del psicoanálisis de Freud y la psicología del individuo del vienés Alfred Adler[21] al no ponerse a prueba y partir sólo de observaciones clínicas se erigen como "irrefutables".

Es el caso también de la metodología de las ciencias sociales con sus predicciones históricas, su historicismo, el determinismo histórico y el relativismo histórico, todo vinculado al determinismo y al relativismo lingüístico.

Toda generalización es una hipótesis y es preciso igualmente tener cuidado entre las distintas clases de hipótesis. Un enunciado es verdadero si es coherente con los demás enunciados del sistema, por eso el concepto de la verdad no pertenece a la lógica, es una tarea del análisis filosófico, semiótico-semántico, pues no hay un criterio general que la obtenga como aplicable a todos los casos, sino que son siempre parciales y fiables.

Carnap dice que un enunciado analítico es verdadero en virtud del significado de sus términos. Esto es criticado porque se piensa que esta definición no está expresando el sentido de la verdad, ya que no hablaría nada del mundo sino solamente de lo que hay dentro del mismo enunciado. Un enunciado sintético es verdadero o falso en virtud de cómo es el mundo y no qué significan sus términos.

Ha sido un error en la filosofía la creencia o convicción inconsciente de que todas las proposiciones tienen la forma de sujeto y predicado. El filósofo británico Francis Herbert Bradley[22] afirmaba que[23]: "todo lo que el sentido común cree, es pura apariencia. Nosotros volvemos al extremo contrario y pensamos que es real todo lo que el sentido común, no influido por la filosofía ni la teología, supone que es real".

Pero las proposiciones que pertenecen a la ciencia pueden ser verificadas mediante enunciados verdaderos[23]. Einstein pone en claro que carece de sentido hablar de movimiento absoluto, incluso en el caso de la rotación, puesto que podemos elegir cualquier sistema como punto de referencia (relativo) en reposo.

Einstein se enamora de las matemáticas a una edad temprana leyendo a Euler y Lagrange; Ningún historiador le dijo que lo hiciera o le ayudara a leer. Pero en su tiempo la matemática progresó a un ritmo menos febril que hoy. Sin duda, un joven puede buscar modelos e inspiración en el trabajo de sus contemporáneos; pero esto resultará ser una limitación estricta en poco tiempo.

Positivismo Lógico

Ludwig Wittgenstein fue uno de los pensadores más influyentes del siglo pasado, en especial por su contribución al movimiento conocido como filosofía analítica y lingüística.

En su *Tractatus Logico-philosophicus* creía haber proveído la solución final a los problemas filosóficos, considerando esta disciplina como un análisis conceptual y lingüístico.

El *Tractatus logico-philosophicus* no es más que una formulación poética literaria del cálculo proposicional. No podemos obviar a Einstein y sus lecciones sobre la simetría; al teórico matemático alemán Hermann Weyl, con su verdad matemática caracterizando la universalidad del método deductivo[24].

En su *Tractatus* argumentaba que el lenguaje estaba compuesto de proposiciones complejas susceptibles de analizarse en proposiciones simples hasta arribar a proposiciones muy elementales.

El positivismo lógico asociado con el Círculo de Viena fue influido grandemente por sus conclusiones. Al final de su quehacer intelectual Wittgenstein consideró que su *Tractatus* era erróneo, en especial por su visión estrecha del lenguaje, puesto que el mismo podía describir nunca la estructura lógica intrínseca del mundo.

Para Wittgenstein, el empirismo lógico, o la lógica positivista divide la vocación del conocimiento científico en componentes analíticos y sintéticos. A grandes rasgos, el componente analítico consistir en aquellos cuya justificación verdades descansa en las convenciones comúnmente aceptadas de la práctica científica.

Esta noción analítica fue tomada de Ludwig Wittgenstein, que la utilizó para caracterizar las tautologías lógicas tienen simplemente verdades y que reflejan el uso adecuado del lenguaje[25]. Como empirista lógico extendió el concepto para incluir las matemáticas, así como las definiciones científicas y las convencionales.

De esta manera se prescribe la tesis galileana cuyo conocimiento astronómico parte solo de la conducta de las estrellas, describiendo y prediciendo observaciones. Wittgenstein soñaba con desarrollar un "lenguaje formal" para todas las ciencias, incluso la psicología.

Utilizando una analogía inexacta con la física, el llamado "método atómico" desarrollado por Russell y Wittgenstein (y más tarde repudiado por este último) se intentó dividir el lenguaje en "átomos", o sea, la frase simple, a partir de la cual se construirán las frases compuestas[26].

Las frases, entonces, se someterían a una "prueba de veracidad" utilizando las viejas leyes de la identidad, contradicción y medio excluido.

Donde Wittgenstein está errado es que ninguna teoría científica puede ser deducida de enunciados observacionales ni ser descripta como función de verdad de enunciados observacionales.

Tratar de imponer leyes a la naturaleza resulta un dogmatismo. Las teorías científicas no se han transmitido como dogmas, sino con el propósito de descubrir sus puntos débiles para poder mejorarlas. El razonamiento lógico deductivo, la inferencia basada en las observaciones, ha desempeñado un papel importante en la ciencia porque ha permitido descubrir las implicaciones de las teorías.

Sin embargo, el método científico no depende exclusivamente del inductivo. A diferencia de las "ciencias aplicadas", las "ciencias puras" no son una reducción de lo desconocido a lo conocido, todo lo contrario, es la reducción de lo conocido a lo desconocido.

La metodología de la ciencia se hace comprensible al considerar que su objetivo es obtener teorías explicativas. Todas las leyes y teorías científicas son esencialmente tentativas, trabajan con conjeturas, debido al método crítico que trata de efectuar refutaciones. Si bien no es posible inferir una teoría a partir de enunciados observacionales, sin embargo, se refuta una teoría a partir de enunciados observacionales.

Según Popper[27]: "El método del ensayo y el error es un *método para eliminar teorías falsas* mediante enunciados observacionales, y su justificación es la relación puramente lógica de deducibilidad, la cual nos permite afirmar la falsedad de enunciados universales si aceptamos la verdad de ciertos enunciados singulares".

Universo infinito

La matemática se basa en la estructura de la experiencia inmediata y la progresión potencialmente infinita de secuencias de tales experiencias. La matemática implica la creación de la verdad que tiene un significado objetivo. Esta es la verdad sobre lo que hace una computadora si se le permite correr para siempre tal vez siguiendo un número cada vez mayor de caminos.

El ordenamiento de los eventos asociados con tal proceso es el aspecto creativo de la matemática. Las afirmaciones matemáticas que no pueden ser interpretadas como preguntas sobre eventos que se producirán en un universo potencialmente infinito determinista no son ni verdaderas ni falsas en ningún sentido absoluto. Por supuesto, pueden ser propiedades útiles que son verdaderas o falsas en relación con un sistema formal particular.

Los teoremas son deducciones de los axiomas. Cada línea en una prueba es una simple consecuencia de las líneas anteriores de la prueba, o de los teoremas previamente probados. Nuestras conclusiones son verdaderas, incondicionales y eternas. La fórmula cuadrática de los babilonios y la prueba griega de la irracionalidad de $\sqrt{2}$ son verdaderas incluso en la Nebulosa de Andrómeda.

En otras palabras, si un no matemático preguntara a un matemático qué significa que un hecho matemático o una idea sea cierto, ¿cómo respondería el matemático?

El matemático diría que una afirmación matemática es verdadera en el caso de que se adhiera a las reglas de la lógica, es decir, justo en el caso de que pueda deducirse lógicamente de otras verdades establecidas de las matemáticas. Pero entonces, ¿de dónde vienen las reglas de la lógica y qué hace que las reglas de la lógica sean verdaderas? Por lo tanto, la pregunta es realmente doble

La matemática comienza (lógicamente) a partir de un conjunto de suposiciones que llamamos axiomas.

Por ejemplo, suponemos que el conjunto de enteros positivos *(1, 2, 3, ...)* es infinito, está en una progresión (el primer número es *1* y luego cada número tiene un número "siguiente"), y es el más pequeño.

Esto nos da un lugar para comenzar, y luego utilizamos estos axiomas para probar otras cosas, tales como que cada subconjunto de enteros positivos tiene un número más pequeño. La diferencia esencial entre la verdad matemática y la verdad científica radica en la dirección del razonamiento.

En la ciencia, hay (suponemos) un conjunto de reglas que define la "verdad"; Y tratamos de adivinar lo que son observando los resultados. En matemáticas, sabemos cuáles son las reglas, porque tenemos que inventarlas; Y luego tratamos de ver qué resultados se derivan de esas reglas.

Otra forma de expresar esto es que las verdades en matemáticas son "formales", es decir, autónomas. Ninguna verdad matemática existe con independencia de un conjunto de axiomas, y un conjunto de reglas acordadas para deducir teoremas de axiomas. Todos ellos se unen como un sistema; y estrictamente hablando, no tienen ninguna conexión necesaria con nada fuera del sistema.

Dentro de la física, usted tiene al menos dos opciones: física relativista y física cuántica, cada una de las cuales parece estar en desacuerdo con la otra, en que la primera requiere espacio para ser continua, mientras que la segunda es inconsistente con ese requisito.

El argumento más importante para la existencia de objetos matemáticos abstractos deriva de Gottlob Frege. El lenguaje de las matemáticas pretende referirse y cuantificarse sobre objetos matemáticos abstractos. Y un gran número de teoremas matemáticos son verdaderos.

Pero una oración no puede ser verdad a menos que sus sub-expresiones tengan éxito en hacer lo que pretenden hacer. Así que existen objetos matemáticos abstractos sobre los cuales estas expresiones se refieren y cuantifican.

La abstracción matemática

En la década de 1930 comparece de pronto un matemático desconocido, Nicolás Burbaque, un visionario que anuncia públicamente en Francia la enciclopédica tarea de transformar todo el "corpus" de las matemáticas modernas, para ver de qué forma se salva de la corrosión introducida por las paradojas de Russell.

El trabajo de Burbaque adquiere dimensiones monumentales, al modernizar el marco obsoleto que hasta el momento sostiene las estructuras de las matemáticas; entonces todo el vínculo entre las diversas ramas matemáticas se hace claramente visible. Con ímpetu Burbaque publica obra tras obra cuya profundidad deja boquiabiertos al mundo de las ciencias.

La intención del grupo Burbaque se torna controvertible, pues los resultados a que llega son contrarios a sus postulados iniciales. Con el grupo Burbaque se viene abajo la obra lógica de Russell, que inicialmente querían salvar.

La lógica de Russell se muestra incompetente como método para hallar las complejidades de las diferentes teorías matemáticas que va abordando Burbaque. Es entonces que Burbaque decide separar definitivamente las matemáticas de la lógica, y ésta queda restringida a una pequeña parcela de la filosofía de las matemáticas.

Por largo tiempo Burbaque será un enigma; nadie, ni siquiera sus editores, conocían dónde enseñaba este supergenio y a qué institución estaba vinculado; la única pista es que escribía en francés. Hasta que al fin se descubre que era un nombre ficticio tras el cual los mejores matemáticos franceses[28], formaron un colectivo que debatía, investigaba y escribía bajo tal seudónimo, convencidos que de forma individual nunca lograrían el dominio sinóptico de su ciencia.

El grupo se encontraba unido bajo un sino conceptual común: la matemática como abstracción; de tal esfuerzo surgió la primera filosofía coherente de esta ciencia, marcando un caso único de desinterés individual en la creación científica.

A pesar del argumento de Frege, los filósofos han desarrollado una variedad de objeciones al platonismo matemático. Por lo tanto, se afirma que los objetos matemáticos abstractos son epistemológicamente inaccesibles y metafísicamente problemáticos.

El platonismo matemático ha sido uno de los temas más debatidos en la filosofía de las matemáticas en las últimas décadas.

Hay cifras de números primos entre 10 y 20. Es verdad, de hecho, no hay objetos matemáticos y, en consecuencia, en particular no hay números. Pero no hay contradicción aquí.

Debemos distinguir entre el lenguaje **LM** en el que los matemáticos hacen sus afirmaciones y el lenguaje **LP** en el cual nominalistas y otros filósofos hacen suyos. La declaración *(1)* se hace en **LM**.

Pero la afirmación nominalista de que *(1)* es verdadera pero que no hay objetos abstractos se hace en **LP**. La afirmación del nominalista es, por lo tanto, perfectamente coherente siempre que *(1)* se traduce no homofónicamente de **LM** a **LP**.

Y, de hecho, cuando el nominalista afirma que los valores de verdad de las oraciones de **LM** están fijados de una manera que no apela a objetos matemáticos, es precisamente este tipo de traducción no homofónica que ella tiene en mente. La vista mencionada en la nota anterior proporciona un ejemplo.

Pitágoras creía que los números no eran sólo el camino hacia la verdad, sino la verdad misma. El teorema de Pitágoras indica que $a^2 + b^2 = c^2$.

Esto se utiliza cuando se nos da un triángulo en el que sólo sabemos la longitud de dos de los tres lados. C es el lado más largo del ángulo conocido como la hipotenusa. Si a es el ángulo adyacente, entonces b es el lado opuesto. Si b es el ángulo adyacente, entonces a es el lado opuesto.

Si $a = 3$, y $b = 4$, entonces podríamos resolver para:

c. $3^2 + 4^2 = c$ $ ^2 $. $9 + 16 = c^2$. $25 = c^2$. $C = 5$.

Las dos primeras reivindicaciones son tolerablemente claras para los presentes propósitos. La existencia se puede formalizar como $\exists x Mx$, donde Mx abrevia el predicado x es un objeto matemático que es verdadero para todos y sólo los objetos estudiados por matemáticas puras, tales como números, conjuntos y funciones.

La razón es que muchos grandes e importantes teoremas en realidad no tienen pruebas. Ellos tienen bosquejos de pruebas, esquemas de argumentos, sugerencias e intuiciones que fueron obvias y que, esperanzadamente, son entendidas y creídas por alguna parte de la comunidad matemática.

Los aspectos más superficiales de la escena intelectual del siglo pasado se han desarrollado, sobre todo los ataques contra la objetividad y la racionalidad, que a menudo toman la forma de ataques a la ciencia.

La matemática es una disciplina variada y fascinante que combina el razonamiento abstracto con poderosas aplicaciones prácticas.

En el campo de las ciencias naturales y sociales, las matemáticas proporcionan una herramienta poderosa y elegante que le permite describir conceptos que no son accesibles al lenguaje ordinario con eficacia y precisión. Así, por ejemplo, en la distribución básica utilizada en las estadísticas, el número "*pi* griego" es la relación entre la longitud de la circunferencia y el diámetro.

Dentro de la física teórica, la clasificación y el estudio de partículas elementales es posible a través de sofisticadas técnicas algebraicas y analíticas. En economía, en el análisis de los mercados financieros, juegan un papel crítico en la compleja metodología del cálculo matemático de probabilidades. Los ejemplos no terminan aquí y hay tantos en Ingeniería, Biología, Medicina. Los matemáticos aplicados tienen mucho que decir en estas áreas.

Prácticamente todos los conceptos fundamentales y razonamientos de algunas de las más importantes ciencias modernas están representados por términos propios de un lenguaje matemático preexistente sin el cual en tales ciencias no sería posible discutir ni siquiera pensar.

¿Cómo podrían los científicos, por ejemplo, los inventores del inventor elemental de partículas estándar, tener una bolsa de nociones matemáticas "listos para usar" como, por ejemplo, la teoría de los grupos de Lie y la teoría de sus representaciones?

Una respuesta que capta gran parte de la verdad es que los matemáticos que han acumulado esta bolsa de conocimiento no estaban motivados por intereses de aplicación particulares, sino sólo querían "entender" el mundo matemático y, por esta razón, se trasladaron a todas las direcciones posibles mediante la creación de un universo de conceptos y técnicas listas para su uso. Este es el trabajo del Matemático Puro, tan importante como el del Matemático Aplicado.

Se ha señalado brevemente la relación de la geometría con la arquitectura y la topografía, y de sūnya a sūnyavāda. Se ha referido al estatus ontológico de los infinitos e infinitesimales, al debate entre los intuicionistas y los formalistas, y ha concluido este argumento particular (incluido como una hebra en un argumento más amplio) con citas de John von Neumann y Norbert Wiener.

Como ya se ha observado, la decisión de la verdad por la autoridad es particularmente adecuada a las matemáticas formalistas del siglo XX, que ve a las matemáticas como a priori y pre-empírica y, por consiguiente, no tiene un punto de referencia externo, como el mundo empírico, refutado

De acuerdo con los criterios abstractos especificados por esta filosofía, un enunciado matemático es válido si es un teorema. Un teorema en el sentido actual es la última frase de una prueba.

Una demostración es una secuencia de enunciados tales que cada afirmación es un axioma o se deriva de dos afirmaciones precedentes por el uso de modus ponens u otra regla de razonamiento especificada[29].

Pero ¿qué garantiza la validez de los criterios de validez matemática? ¿Por qué la matemática debe ser a priori y divorciada de lo empírico? ¿Es esto una creencia cultural, o es universalmente el caso. El más mínimo conocimiento de la historia de las matemáticas nos dice que la definición anterior de la prueba se originó con las metamatemáticas de Hilbert.

Esta metamatemática, a su vez, se relaciona con una identificación particular de las demostraciones en los *Elementos*, consideradas por largo tiempo, desde el punto de vista teológico, por los árabes y por Occidente como el último estándar de demostración.

Los motivos teológicos eran, por supuesto, diferentes en los dos casos: entre los Mutazilah era la deducción de la verdad manifiesta de la "igualdad" postulada en los *Elementos* que era importante, mientras que entre los escolares lo importante era la demostración racional de las verdades universales a los no creyentes que no aceptaron la autoridad de la escritura.

La noción actual de la prueba está completamente divorciada de lo empírico. La matemática actual es a priori y no empírica, tal vez incluso anti-empírica, aunque puede ser utilizada en una teoría física que modela el mundo empírico. Esto está en línea con la filosofía platónica que consideraba las matemáticas como perfectas y el mundo real como imperfecto. Por lo tanto, tenía que haber diferentes criterios de prueba para las matemáticas y la física.

Este divorcio de lo empírico crea la posibilidad de tener una teoría matemática que es físicamente absurda. Consideremos, por ejemplo, la siguiente teoría formal: un sistema algebraico con los símbolos *1, 2, 3, 4, 5,* y una operación binaria + definida por las siguientes reglas de aspecto extraño para la adición.

1 + 1 = 3, 1 + 2 = 4, 1 + 3 = 5, 1 + 4 = 1, 1 + 5 = 2, y etc.

Un examen de la historia de la filosofía occidental desde los escolares hasta el Renacimiento muestra claramente la influencia continua de Aristóteles y Platón. Las creencias actuales sobre la lógica se remontan a los comienzos de la filosofía escolástica. Los principios de la filosofía escolástica, como es bien sabido, fueron profundamente influenciados por el aprendizaje árabe. Aparte de los averroístas, escolásticos como Duns Escoto tomaron posiciones que recuerdan fuertemente a al Gazali.

Pero Ibn Siná, al Gazali e Ibn Rushd aceptaron la lógica aristotélica, incluso con al Gazali afirmando explícitamente que Alláh estaba sujeto a las leyes de la lógica. La creencia en la universalidad de la razón (aristotélica) dentro de un estado universal dirigido por una iglesia universal también encontró su primera articulación clara en los escritos de Roger Bacon.

En cualquier caso, no hay razón para la "universalidad" de la lógica subyacente en las matemáticas actuales y las metamatemáticas. Si la lógica subyacente a las matemáticas formalistas modernas se cambiara, eso, por supuesto, cambiaría también los teoremas válidos o las verdades matemáticas universales. La lógica es el principio clave utilizado para decidir la verdad matemática, pero no está claro cómo se puede fijar este principio sin introducir consideraciones sociales y culturales.

Muchos físicos todavía creen que esta matemática no es rigurosa, pero "funciona". Ambas creencias son falsas. El proceso de extraer una parte finita de las integrales divergentes de la teoría del campo cuántico equivale a una definición, y difícilmente puede cuestionarse el "rigor" de una definición.

La definición usual no funciona ni siquiera para los lagrangios polinomiales de grado mayor que 4. También no funciona cuando se aplica al mismo problema matemático en la teoría de campos clásicos, por ejemplo, en relación con las ondas de choque, o singularidades En esta situación se puede decidir entre teorías matemáticas alternativas por consideraciones de aplicación más amplia posible.

El Círculo de Viena

Se acuñó la frase advirtiendo que los practicantes de las ciencias matemáticas, por un lado, y las artes y las humanidades, por el otro, están perdiendo la capacidad de entenderse, significando el empobrecimiento de todos.

La idea de unir las dos culturas, creando una tercera cultura, se acerca al puente principalmente desde el lado científico. Muchos de los científicos de avanzada se involucran con el tipo de preguntas que tradicionalmente han sido abordadas por los humanistas, preguntas que tienen que ver con lo que significa ser humano.

No hay nada menos emocionante que reducir todo a las construcciones sociales a puntos de vista humanos. El placer de pensar es intentar salir de nosotros mismos, esto es tan cierto en las artes y las humanidades como en las matemáticas y las ciencias.

Entre las dos guerras mundiales, Viena era un lugar de fermentación intelectual. Hubo decepción y desilusión con las viejas formas de hacer las cosas.

Los horrores de la Primera Guerra Mundial seguían siendo un recuerdo actual y hubo un intento de desechar los viejos caminos, de repensar las cosas, en muchas áreas. Así vemos el psicoanálisis desde allí, y la arquitectura modernista de Adolf Loos, y Arnold Schoenberg con su música atonal. Había mucho diálogo intercultural e interdisciplinario.

Los positivistas lógicos formaban parte de esto. Intentaron repensar los fundamentos del conocimiento, repensar los fundamentos del lenguaje. Afirmaron que si purificamos el lenguaje podremos purificar el conocimiento.

Muchos de ellos, Otto Neurath y Carnap ciertamente- tenían políticas muy influidas por el marxismo. Neurath fue un científico social, filósofo científico y líder inconformista del Círculo de Viena que defendió "la actitud científica" y el movimiento Unidad de la Ciencia. Neurath era un polimático cuya vida de trabajo abarcaba la economía política, la sociología, la filosofía, el urbanismo y la comunicación visual.

Neurath denegó cualquier valor a la filosofía más allá de la búsqueda del trabajo en la ciencia, en la ciencia y para la ciencia. Y, para Neurath la ciencia no estaba lógicamente fija, sólidamente fundada en la experiencia ni era el proveedor de ningún sistema de conocimiento.

Un programa visual para mostrar hechos e información cuantitativa, el sistema *ISOTYPE* nació de la investigación y las teorías de Otto Neurath (1882-1945), un filósofo, economista y científico social vienés. Cuando era niño, estaba fascinado por la función de los jeroglíficos egipcios: sus formas y capacidad de comunicar una historia. Esta influencia temprana se integró en el trabajo de su vida, el desarrollo de un sistema para organizar pictóricamente la estadística.

La discusión filosófica que se desarrolló alrededor de los miembros del Círculo de Viena se asoció con la formulación del empirismo lógico y la bandera de la "unidad de la ciencia contra la metafísica", pero no puede entenderse adecuadamente sin tener en cuenta la diversidad de proyectos en evolución.

El Círculo de Viena se integraba por una amalgama de diversas corrientes del pensamiento filosófico y científico y brillantes personalidades. Así, figuraban Carnap muy influenciado por la tradición neokantiana; las teorías de Einstein sobre la relatividad; la fenomenología de Husserl; la lógica de Frege y el enfoque axiomático "hilbertiano" de las matemáticas, así como el propio logicismo de Russell y su proyecto filosófico de construcciones lógicas que se referían a las condiciones de la posibilidad del conocimiento objetivo, que él consideraba especialmente manifiesto en la exactitud formal de las afirmaciones científicas.

También incluía a Moritz Schlick el cual se inspiró en los convencionalistas franceses de principios de siglo como el sociólogo David Emile Durkheim y Poincaré; la filosofía de Wittgenstein de la representación de los hechos, así como las teorías de la relatividad de Einstein y las definiciones implícitas de Hilbert y el acercamiento axiomático a las matemáticas estaba interesada en el significado de términos en el cual el conocimiento científico real de la realidad se expresa así como su fundamento en creencias verdaderas y ciertas realidad.

Ottto von Neurath estaba inspirado por Mach, por las variedades del convencionalismo francés, especialmente el de Durkheim, y el marxismo trataron de explorar las condiciones empíricas e históricas de la práctica científica tanto en las ciencias naturales como en las sociales.

Carnap distinguía dos lenguas: una monologizadora" (fenomenalista) y otra intersubjetiva" (fisicalista), pero una sola lengua entra en cuestión desde el principio, y eso es el fisicalista. Se puede aprender el lenguaje fisicalista desde la primera infancia.

Si alguien hace predicciones y quiere comprobarlo él mismo, debe contar con cambios en el sistema de sus sentidos, debe usar relojes y gobernantes, en resumen, la persona supuestamente aislada ya hace uso de las relaciones inter-sensuales e intersubjetivas, idioma. El pronosticador de ayer y el controlador de hoy son, por así decirlo, dos personas.

Wittgenstein tuvo una enorme influencia en los positivistas lógicos del Círculo de Viena. Russell, junto con Whitehead, había escrito *Principia Mathematica*, tratando de reducir la aritmética a la lógica y la teoría de conjuntos. En ese libro, publicado en 1922, se trató de delinear los alcances del lenguaje y mostrar que el lenguaje tiene una frontera a su alrededor.

Un problema abrumador era cómo defender su sistema de lógica y establecer la teoría de conjuntos paradójicos. Russell mismo había descubierto una de estas atrocidades de razón a priori: el conjunto de todos los conjuntos que no son miembros de sí mismos.

Esto lleva a una paradoja cuando preguntamos si este conjunto es un miembro de sí mismo: si es entonces no lo es y si no lo es entonces lo es. En otras palabras, no puede haber tal conjunto puesto que conduce a la paradoja. Podría significar que todos los hechos se pueden decir y que se pueden decir con claridad, o puede significar que hay hechos que están ahí fuera, pero nuestro lenguaje no es adecuado para expresarlos: que nuestro lenguaje está dejando de lado los trozos de la realidad. Si tratamos de expresar lo indecible en el lenguaje, violaremos las reglas del lenguaje y comprometeremos lo que pienso.

Gödel contradijo ácidamente a Wittgenstein; sus visiones meta-matemáticas estaban profundamente en desacuerdo con Wittgenstein, y aunque Wittgenstein no era un positivista, sus puntos de vista sobre los fundamentos de la matemática, especialmente en el *Tractatus*, estaban en la vena positivista.

Si los recursos expresivos del lenguaje, es decir, el que se da en las paráfrasis nominalistas- son suficientemente poderosos, es fácil definir una función parafraseadora trivialista.

Hay, por ejemplo, un método para parafrasear cada oración del lenguaje de la aritmética como una oración de un lenguaje de orden ($\omega + 3$). ¿Sería esto una función para-frasica trivialista? Lo es si se supone que la lógica del orden ($\omega + 3$) es una "lógica genuina" (si se supone, en otras palabras, que cualquier verdad de la lógica del orden ($\omega + 3$) tiene condiciones de verdad triviales). Esto es, sin embargo, una suposición muy controvertida.

La lógica del orden ($\omega + 3$) es, de hecho, lógica genuina, y nuestra función ($\omega + 3$) parafraseadora es, de hecho, una función trivialista parafraseadora. Pero, incluso, no es sin lugar a duda una función parafraseadora trivialista. Los supuestos lingüísticos que uno necesitaría para justificar tal afirmación son demasiado grandes.

Estructuralismo y probabilidad

El estructuralismo es una teoría respaldada por Stewart Shapiro y Paul Benacerraf, la cual afirma que los objetos matemáticos existen sólo como relaciones dentro de sus sistemas. Por ejemplo, el número natural 3 es nada más que la relación con los otros números naturales *+1-2, 3-6, 8-11*, etc.

Stewart Shapiro es una figura destacada en la filosofía de las matemáticas donde defiende una versión del estructuralismo. ¿Existen números, conjuntos y demás? ¿Qué significan las afirmaciones matemáticas? ¿Son literalmente verdaderas o falsas, o carecen de valores de verdad por completo? Abordando las preguntas que han atraído un debate animado en los últimos años, Shapiro sostiene que los relatos realistas y anti-realistas de las matemáticas son problemáticos.

En opinión de Benacerraf[30] hay dos tipos de inquietudes muy distintas que han motivado por separado los relatos de la naturaleza de la verdad matemática: la preocupación por tener una teoría semántica homogénea en la que la semántica para las proposiciones de las matemáticas sea paralela a la semántica para el resto del lenguaje, Y la preocupación de que el relato de la verdad matemática encaje con una epistemología razonable.

Para Benacerraf el conocimiento matemático no es menos conocimiento para ser matemático. Puesto que nuestro conocimiento es de verdades, o puede ser interpretado así, un relato de la verdad matemática, para ser aceptable, debe ser consistente con la posibilidad de tener conocimiento matemático: las condiciones de la verdad de las proposiciones matemáticas no pueden hacernos imposible saber que están satisfechos.

En la terminología estructuralista, un sistema es cualquier conjunto de objetos relacionados. Según Shapiro, la matemática es el estudio de las formas de relación que se abstraen de los sistemas de contención destacando las interrelaciones entre los objetos, y haciendo caso omiso de cualquiera característica de los que no afectan forma en que se relaciona con otros objetos en el sistema[31].

Desde el estructuralismo *ante rem*, tan similar al realismo platónico, se debe encontrar una manera de superar los problemas que enfrentan los platónicos. Hacer una pregunta acerca de las propiedades de teoría de conjunto de un elemento arbitrario en esta estructura puede resultar en dos respuestas diferentes del sistema en función de qué es elegido.

El estructuralismo dicta que la estructura de los números naturales son instancias de ambos sistemas, el sistema de la teoría de conjuntos cuyo objetivo es la estructura idéntica del TIC o Consistencia de la Inducción Transfinita.

Stewart Shapiro, Michael Resnik, y Charles Parsons han explorado la posibilidad de utilizar las ideas estructuralistas en la metafísica de las matemáticas, donde los objetos matemáticos básicos se entienden nada más como "lugares" en las estructuras.

Hubo un tiempo en el cual se pensaba que el conocimiento matemático era cierto. Para utilizar una imagen familiar fundacionalista, el conocimiento matemático era visto como la base segura en la que podríamos construir nuestros edificios epistémicos. A diferencia del conocimiento empírico, no se pensaba que el conocimiento matemático estuviera sujeto al tipo de error que conduce a la revisión y reemplazo de las teorías científicas.

Una vez demostrado, un teorema matemático se pensaba era para siempre. Pero tal fe en las matemáticas se sacudió a finales del siglo xix cuando, a pesar de un par de cientos de años de avances significativos en el rigor del análisis, surgieron varias paradojas de la teoría de los conjuntos que sacudieron las matemáticas hasta su núcleo.

Por su parte, Marcus Giaquinto ha tratado de encontrar un lugar para la visualización en la epistemología de las matemáticas. Giaquinto reabre la investigación de pensadores anteriores de Platón a Kant en la naturaleza y la epistemología de las creencias y habilidades matemáticas básicas de un individuo, en la nueva luz derramada por las ciencias cognitivas que maduran.

La imaginación visual o la percepción de diagramas y conjuntos de símbolos, y las operaciones mentales sobre ellos - es omnipresente en matemáticas. ¿Es este pensamiento visual simplemente una ayuda psicológica, facilitando la comprensión de lo que se recoge por otros medios? ¿O también tiene funciones epistemológicas, como medio de descubrimiento, de comprensión, e incluso de prueba?

Al examinar los muchos tipos de representación visual en las matemáticas y las diversas formas en que se utilizan, Marcus Giaquinto sostiene que el pensamiento visual en matemáticas rara vez es sólo una ayuda superflua; por lo general tiene un valor epistemológico, a menudo como un medio de descubrimiento.

A partir del trabajo filosófico sobre la naturaleza de los conceptos y de los estudios empíricos de la percepción visual, la imaginación mental y la cognición numérica, Giaquinto explora una fuente importante de nuestra comprensión de las matemáticas, utilizando ejemplos de geometría básica, aritmética, álgebra y análisis real.

Él muestra cómo podemos discernir las verdades generales abstractas mediante imágenes específicas, cómo el conocimiento a priori sintético es posible y cómo los medios visuales pueden ayudarnos a captar estructuras abstractas.

Bohm Universo no-local

David Bohm fue uno de los físicos teóricos más distinguidos de su generación y un audaz desafiante de la ortodoxia científica[32]: "El espacio no está vacío. Está lleno, un *plenum* en lugar de un vacío, y es la base para la existencia de todo, incluyendo a nosotros mismos. El universo no está separado de este mar cósmico de energía."

Sus intereses e influencia se extendieron mucho más allá de la física y abarcó la biología, la psicología, la filosofía, la religión, el arte y el futuro de la sociedad. Subyacente a su enfoque innovador de muchos temas diferentes, estaba la idea fundamental de que más allá del mundo visible y tangible hay un orden más profundo e implicado de totalidad indivisa.

Sin embargo, mientras trabajaba en su doctorado en Berkeley, descubrió "los cálculos de dispersión de las colisiones de protones y deuterones" que fue utilizado por el equipo del Proyecto Manhattan, y fue inmediatamente clasificado.

Más tarde señaló que con frecuencia tenía la impresión de que el mar de electrones estaba en cierto sentido vivo.

El holo-movimiento es un concepto clave en la interpretación de Bohm de la mecánica cuántica y para su visión general del mundo. Reúne el principio holístico de "totalidad indivisible" con la idea de que todo está en un estado de proceso o de devenir, o lo que él llama el "flujo universal". Para Bohm, la totalidad no es una unidad estática, sino una totalidad dinámica en movimiento en la que todo se mueve en un proceso interconectado.

Como escribió luego Bohm[33]: "Las partes parecen estar en conexión inmediata, en la cual su relación dinámica depende en manera irreducible del estado del sistema total, desde luego, del estado de los sistemas más extensos en los cuales están contenidos, extendiéndose en principio y definitivamente por el universo entero.

Con esto, uno se siente llevado a una nueva noción de un todo no roto que niega la idea clásica que creía en la posibilidad de establecer un análisis del mundo en sus partes existentes separada e independientemente."

Si esta explicación es correcta, en ese caso vivimos en un Universo no-local (la localización falla) que se caracteriza por conexiones super-lumínicas[34] entre "partes separadas" aparentemente, en una extraña "conexión informativa" entre los fenómenos cuánticos, conectando de manera íntima y directa las partes separadas del Universo.

Si la teoría de la Gran Explosión *(big bang)* es verdadera, el Universo entero está correlacionado desde el principio. En otras palabras: el todo es mayor que la suma de las partes. Esto es lo que Jack Sarfatti[35] llama "la desigualdad termodinámica del orden emergente"; de este modo no seguirán siendo realmente "partes separadas".

David Bohm[36] considera que la renuncia a la causalidad en la interpretación usual de la teoría cuántica no se debe considerar simplemente como el resultado de nuestra incapacidad para medir los valores precisos de las variables que entrarían en la expresión de las leyes causales a nivel subatómico, sino, más bien debería ser considerada como un reflejo de que no existen tales leyes".

Luego comenta[37]: "Por lo tanto no existe un caso real de un conjunto de relaciones causales una-a-una perfecto que en principio pudiera hacer posibles predicciones de carácter ilimitado, sin necesidad de tener en cuenta juegos de factores causales cualitativamente nuevos existentes fuera del sistema de interés o a otros niveles".

"En estos estudios quedó claro que incluso el sistema de un solo cuerpo tiene una característica no mecánica, en el sentido en que este y su entorno se tienen que entender como un todo indivisible, en el que los análisis normales clásicos de sistema más entorno, considerados como separados y externos, ya no se pueden aplicar". La relación de las partes "depende crucialmente del estado del todo, de tal manera que no se puede expresar solamente en términos de propiedades de las partes. De hecho, las partes se organizan de manera que fluyen del todo[38]".

Según la teoría de Everett, explica Howard Wiseman, cada universo se divide en una serie de nuevos universos cuando se realiza una medición cuántica. Partiendo de sus ideas, se ha demostrado que es precisamente a partir de la interacción entre estos mundos, especialmente repulsivo, que se generarían fenómenos cuánticos.

Según Lisa Randall, la multi-dimensión es una posible vía es el vínculo con la investigación sobre la naturaleza de la fuerza de la gravedad. Entre los más citados en los últimos años, los otros universos, cercanos a los nuestros, aunque invisibles, estarían inmersos en un espacio más amplio, como un archipiélago de islas esparcidas por el océano.

Uno de estos islotes se concentraría en las partículas que ejercen la fuerza de la gravedad como fotones con luz. Se llaman gravitones y serían los únicos capaces de saltar de un universo a otro. Pero sólo algunos podrían "visitar" nuestro universo. Por eso la fuerza de la gravedad parece tan débil, ya que se diluye en varios universos, que la absorben como una esponja.

Esta es una alternativa a la interpretación de múltiples mundos, que establece que todos los desarrollos en un evento y todo futuro posible son reales, y cada uno representa un mundo paralelo.

El problema de esta teoría no es obviamente demostrable, puesto que las observaciones sólo pueden hacerse en nuestro mundo, en el que estamos.

Todo esto era conocido también por los antiguos griegos. Euclides, por ejemplo, definió el concepto de punto (objeto sin dimensiones), línea (una dimensión), plano (dos dimensiones) y espacio (tres dimensiones). En siglos posteriores, se entendió que, al menos desde un punto de vista matemático, es posible concebir un hiperespacio mayor, que consta de más de tres dimensiones.

Hermann Minkowsky, que contribuyó a la formulación matemática de la relatividad limitada[39]: "De ahora en adelante, el espacio y el tiempo como tales están destinados a desaparecer como simples sombras, y sólo una especie de unión de los dos seguirá teniendo una realidad independiente".

Un espacio tridimensional curvado, entre otras cosas, puede ser representado como un espacio curvo inmerso en un espacio "plano" de cuatro dimensiones, mientras que un espacio-tiempo curvo corresponde a un espacio de cuatro dimensiones inmerso en un "espacio plano" de cinco dimensiones. Todo esto no agrega dimensión a nuestra realidad, sino que nos proyecta en un espacio matemático abstracto, formado por un número mayor, hasta un máximo de cinco.

En un espacio-tiempo así, y en presencia de campos gravitacionales tan intensos para producir curvaturas significativas, pueden surgir situaciones muy extrañas.

Las distorsiones pueden concebirse para permitir viajes en el pasado; o estrellas compactas como los agujeros negros que curvan el espacio para producir una singularidad, es decir, un punto con curvatura infinita como la punta de un alfiler; o túneles espacios-temporales (los llamados agujeros de gusano) que conectan puntos distantes en el espacio y el tiempo.

O, por último, puntos de contacto con otros universos que de otro modo estarían completamente desconectados de los nuestros.

Las teorías físicas que implican universos paralelos forman una jerarquía natural de cuatro niveles de multiversos que permite una diversidad progresivamente mayor.

Una predicción genérica de la inflación es un universo ergódico infinito, que contiene volúmenes de Hubble que realizan todas las condiciones iniciales, incluyendo una copia idéntica de usted a unos 10^{10} metros

Los mapas de la distribución tridimensional de las galaxias han demostrado que la espectacular estructura a gran escala observada (grupos de galaxias, racimos, supercúmulos, etc.) da lugar a una uniformidad a grandes escalas, sin estructuras coherentes mayores de 10^{24} m.

Más cuantitativamente es colocar una esfera de radio *R* en varias ubicaciones aleatorias, midiendo la cantidad de *M* encerrada cada vez, y calculando la variación entre las mediciones cuantificadas por su desviación estándar ΔM. Las fluctuaciones relativas $\Delta M/M$ se han medido para ser unidad de orden en la escala $R \sim 3 \times 10^{23} m$, y caer en escalas más grandes.

El *Sloan Digital Sky Survey* ha encontrado que $\Delta M / M$ es tan pequeño como 1% en la escala $R \sim 10^{25} m$ y las mediciones cósmicas de fondo de microondas han establecido que la tendencia hacia la uniformidad continua hasta el borde de nuestro universo observable

($R \sim 10^{27} m$), *donde* $\Delta M/M \sim 10\text{-}5$.

Estrictamente hablando, el campo aleatorio es ergódico si el espacio es infinito, las fluctuaciones de masa $\Delta M / M$ acercan a cero en grandes escalas (como sugieren las mediciones) y las densidades en cualquier conjunto de puntos tienen una probabilidad gaussiana multivariante (según lo predicho por los modelos de inflación más populares, lo que se remonta al hecho de que la ecuación del oscilador armónico que gobierna las fluctuaciones del campo de inflaton proporciona una función de onda gaussiana para el estado fundamental).

Números primos y factores mórficos

El individuo contemporáneo, y las elites culturales y políticas aún razonan a la usanza newtoniana, en términos geométricos, racionales, lógicos y de causa-efecto. Y, en las humanidades y en muchas ramas de las ciencias se continúa bajo premisas prevalecientes hasta el siglo XIX, pero ya demolidas como la de una naturaleza regida por un conjunto de leyes fijas propias, completas, precisas y consistentes.

Es bastante desconocido el gigantesco avance de las matemáticas durante el siglo XX. Sin el mismo hubiera sido imposible revelar la relatividad einsteiniana, ingeniar la física cuántica, forjar la astronomía, concebir la computación y crear las tecnologías de punta.

Pero es más decisiva su ruptura total, su diferenciación con las matemáticas que se venían practicando desde el principio de la civilización. Anterior al siglo XX las matemáticas se enfocaban primordialmente en los objetos y sus propiedades, en lo que existe fuera de su terreno, hasta que finalmente los matemáticos se percataron del poder de abstracción de su ciencia.

En forma simple puede explicarse que las matemáticas ya no se caracterizan solo por su interrelación con los objetos, su aplicación en números o geometría; ella se definirá también por su morfismo, es decir, por la forma en que todo se transforma bajo sus mapas o funciones. Así, objetos y morfismo en lo adelante resultan su coro central.

El desarrollo de computadoras poderosas y ultra-rápidas no solo permitiría a los científicos llevar a cabo fórmulas complicadas, dando un nuevo impulso a muchos aspectos de la teoría de los números, incluyendo los primos grandes, y las dificultades en manejar números mayores.

Estos adelantos en los números primos y los factores resultaron decisivos en el desarrollo, almacenamiento y transmisión codificada de las bases de datos bancarios, del PIB[40] y la programación económica, de los movimientos bursátiles, de la trayectoria de los satélites, de las comunicaciones, etcétera.

El presente atolladero de la filosofía de las matemáticas, visible en las actuales polémicas sobre sus estructuras, sus conceptos interactivos y las nuevas propuestas de definiciones de veracidad, en parte resultan secuelas de la gran controversia concerniente a sus fundamentos provocada por Frege, Russell y Whitehead hasta Jan Brouwer, Hilbert y Gödel.

Entre los textos matemáticos más importantes y de obligada referencia, figuran la del filósofo británico Philip Kitcher, *The nature of Mathematical Knowledge* publicada en 1983 y la obra del también filósofo británico Paul Ernest *The Philosophy of Mathematics Education*, las cuales se afanan en la búsqueda de los fundamentos teóricos[41].

La teoría de la verdad en las matemáticas de Kitcher no califica de logicista o de formalista; es de naturaleza histórica y muy similar a la de Herbert Spengler. Solo que el criterio histórico no es suficiente para establecer la racionalidad de las matemáticas.

Aunque Kitcher considera que las ciencias y las matemáticas están bajo el mismo marco epistemológico; su error reside en establecer la diferencia entre los objetos de las ciencias naturales y los de las matemáticas. Los objetos matemáticos no son una abstracción aristotélica sino productos de una realidad de la relación sujeto-objeto.

Es el caso también de Paul Ernest el cual proclama el "constructivismo social" en la filosofía de las matemáticas, aceptando las dos ideas centrales de Kitcher (origen empírico y evolución social del conocimiento matemático), aunque soslayando el historicismo.

La práctica matemática descansa en el ir y venir entre el conocimiento subjetivo y el objetivo; el otro criterio adicional se refiere a cómo su énfasis está centrado en la parte social, o lo que la comunidad legitime como tales, y no partir de lo que demande la contrastación con la experiencia empírica.

Séptima Parte
El mundo al revés

El fotón

Después que Henry Bergson lanza su asalto contra la razón y el evolucionismo mecanicista, se precipita el derrumbe de los inmutables preceptos de la filosofía de las ciencias que, en adelante, será una disciplina en incesante exploración.

En la física existen innumerables absurdos, como la paradoja Einstein-Podolsky-Rosen, el principio de incertidumbre de Heisenberg, el concepto onda-partícula de Schrödinger, la separabilidad de spines, etc., la conexión supra-luminar de Bell.

Por tales razones, la física se encuentra en mitad de camino entre una matemática y una filosofía. Con respecto a la "realidad virtual", la imagen del monitor es bi-dimensional mientras que nosotros vivimos en lo inmanente, en mundos diferentes.

El desarrollo de la física en el siglo XX ya había transformado la consciencia de los que con ella están relacionados. El estudio de la complementariedad, el principio de incertidumbre, la teoría cuántica de campos y la Interpretación de Copenhague de la mecánica cuántica producen conocimientos íntimos de la naturaleza de la realidad muy semejantes a los producidos por el estudio de la filosofía.

Uno de los logros más notables fue la redefinición de la dinámica clásica, de la mano de los pioneros de Poincaré y el físico-matemático ucraniano Alexander Liapunov a finales del siglo XIX. A ello se unió el extraordinario descubrimientos, en el siglo XX, de que las partículas elementales suelen ser inestables.

Para Helmholtz el problema de las ciencias físicas naturales consiste en referir todos los fenómenos de la naturaleza a variables fuerzas de atracción y repulsión, cuyas intensidades dependan totalmente de la distancia. La posibilidad de resolver este problema constituye la condición de una comprensión completa de la naturaleza. Y su función habrá terminado tan pronto como se cumpla la reducción de todos los fenómenos naturales a esas simples fuerzas y se demuestre que ésta es la única reducción posible.

Está aceptado por la física que nuestro Universo existe gracias a ciertas constantes, como la velocidad de la luz, la constante de Max Planck, el número del químico italiano Amedeo Avogadro, la carga elemental, el electrón-voltio, etcétera. El número de Avogadro se refiere al número de entidades elementales, como átomos, electrones y demás, que existen en una porción (*un mol*) de cualquier sustancia. La ecuación sería la siguiente: *1 mol = 6,022045 x 10^{23}*.

Hay razones para este postulado pues el Universo paralelo es un paradigma matemático aceptado por la física. Lo difícil es detectar su existencia. Se llega a la conclusión de que, dado un acontecimiento "*x*" en un tiempo "*t*", existirán en los tiempos contiguos acontecimientos muy análogos al primero. Esto se simboliza diciendo que, si existe un acontecimiento "*x*" en un tiempo "*t*", existirá en cualquier otro tiempo contiguo *t + dt*, otro acontecimiento:

x + $f_1(x)$ dt + $f_2(x)$ dt^2 siendo $f_1(x)$

una función continua en el tiempo, en tanto que $f_2(x)$ viene determinada por las ecuaciones diferenciales del segundo orden de la física.

La primera rajadura de la física clásica la entroniza Max Planck con relación a la radiación del cuerpo negro. Planck comenzó a investigar la radiación negra sin violar la Segunda Ley de la Termodinámica, ya que no aceptaba el atomismo y las concepciones estadísticas, debido a que la interpretación del calor producto de la agitación de los átomos, reducía su ley de la entropía a una probabilística.

Max Planck, el padre de la mecánica cuántica, escribió lo siguiente[1]: "La ciencia significa una conducta sin descanso, un desarrollo en continuo progreso hacia un objetivo que la intuición poética puede captar, pero que el intelecto nunca llegará a entender por completo."

Igualmente, Planck se adentró en el esotérico tema de la física relativo a los cuerpos oscuros o las cavidades de radiación. De tal forma, desarrolló la fórmula para determinar la densidad energética de los cuerpos oscuros[2]. Esta se representa con:

$\psi\ (\lambda)\ d\lambda = 8\pi ch\lambda^{-5} [exp\ (ch/\lambda kT) - 1]\ d\lambda$

donde c es la velocidad de la luz, h es la constante de Planck, k es la constante de Boltzmann, T es la temperatura y λ la onda de radiación).

La constante de Planck cuyo símbolo es h, en la cual la constante fundamental es igual al radio de energía E de un quantum de energía en su frecuencia v: $E = hv$, con un valor de $6.626\ 176 \times 10^{-34}\ J\ s$.

Esta constante contenía el valor siguiente:
$5.6697 \times 10^{-8}\ J\ s^{-1}\ m^{-2}\ K^{-4}$.

En 1914 Planck define su hipótesis, a partir del *quantum* de luz, precisando que las emisiones de energía radiante (la luz) no tienen lugar por medio de una onda continua, sino de manera explosiva y en ráfagas, en forma de granos luminosos o corpúsculo que él llamó cuantas, que, al igual que sucede con la corriente eléctrica, está integrada por nódulos eléctricos llamados electrones.

Los cuantos de luz: $E = hv$ y $p = hv/c$ (v es la frecuencia, c es la velocidad de la luz) llegando a relacionar la constante de Planck (h) y el momento (p) con la longitud de onda.

𝕷𝖆𝖘 𝖕𝖆𝖗𝖙𝖎́𝖈𝖚𝖑𝖆𝖘

El neozelandés y premio Nobel, Ernest Rutherford había logrado escalar la fama científica con sus experimentos de la liberación de los iones bajo el bombardeo de los rayos–x, y con su descubrimiento de los rayos alfa, beta y gamma[3].

La ley de Newton justifica perfectamente al celebre demonio de Laplace, capaz de observar el estado presente del universo y deducir toda evolución futura.

En 1911, Rutherford mostró, finalmente, que los átomos de la materia tenían verdaderamente una estructura interna: están formados por un núcleo extremadamente pequeño y con carga positiva, alrededor del cual gira un cierto número de electrones. Rutherford llegó a comprobar la radiación *Alpha (α)*, que era absorbida por la materia, y la radiación *beta (β)* que penetraba la materia. La radiancia espectral:

$(R_T = R_T. (v). dv)$.

Es sabido que la física newtoniana fue destronada en el siglo XX por la mecánica cuántica y la relatividad. Entre los cambios científicos más significativos figuraron en la química, el estudio de sistemas químicos complejos, sus patrones de formación y otros tipos de estructuras disipativas; en las matemáticas, el estudio de las bifurcaciones de los sistemas inestables.

El Estadounidense Robert Andrews Millikan (1868-1953), Premio Nóbel de Física en 1923 mide entre 1908-1917 la carga del electrón aislado y verifica experimentalmente la teoría fotónica-electrónica de Einstein a posteriori. El danés Niels Böhr (1885-1962, Premio Nobel de Física en 1922) cuantifica la emisión fotónica de Einstein en longitudes de onda radiada.

Alberto Einstein postula la teoría de la relatividad general (fundación de la física teórica) entre 1905-25 otorgando plasticidad al espacio, al tiempo y a la masa; asimismo descubre el efecto fotoeléctrico como la emisión fotoeléctrica cuantificada por la luz en los metales.

El francés Luís Víctor de Broglie (Premio Nobel de Física en 1929) fundar la mecánica ondulatoria en 1924, trabajaría sobre el concepto teórico del electrón como onda-partícula.

El italiano Enrique Fermi (1901-1954, Premio Nobel de Física en 1938) es precursor de la técnica neutrónica para la disgregación del átomo, trabaja en los niveles cuánticos de los materiales semiconductores y logra los primeros experimentos sobre la pila atómica junto a Leo Szilard y Walter H. Zinn.

El austriaco Erwin S. Schrödinger (1887-1961, que comparte con Dirac el Premio Nobel de Física en 1933) demostró definitivamente la dualidad onda-partícula de la materia.

Pero los rasgos fundamentales de la ley de Newton -su determinismo y simetría temporal- sobrevivieron. Por supuesto que la mecánica cuántica ya no describe trayectorias sino funciones de onda, pero su ecuación de base, la ecuación de Schrödinger también es determinista y de tiempo reversible.

La Ecuación de Schrödinger es la principal en la mecánica cuántica[5]. Como la relatividad general explica nuestro universo en sus escalas más grandes, esta ecuación rige el comportamiento de átomos y partículas subatómicas. Erwin S. Schrödinger, que comparte con Paul Dirac el Premio Nobel de Física en 1933, demuestra definitivamente la dualidad onda-partícula de la materia. La referida ecuación de Schrödinger es la siguiente:

$\nabla^2\psi + 8\pi^2 m (E - U) \psi/h^2 = 0$

donde ψ es la función ondulatoria, ∇^2 el operador de Laplace, h la constante de Planck, m la masa de la partícula, E el total de energía, y U su energía potencial.

La magnitud central es la función de onda ^xE, desempeña un papel similar al de la trayectoria en mecánica clásica. La ecuación fundamental, la de Schrödinger, describe la evolución de la función de onda en el curso del tiempo. Transforma la función de onda dada en el instante inicial $t\#$ en función de onda t) en el tiempo t, exactamente como, en mecánica clásica, las ecuaciones del movimiento llevan de la descripción del estado inicial de una trayectoria a cualquiera de sus estados en otros instantes.

Siguiendo su interpretación física, la función de onda 4* es una amplitud de probabilidad. Ello significa que el cuadrado:

$l^\wedge l^2 = 4^A P^*$ (4^1 tiene una parte imaginaria y una parte real,

y 4** es el complejo conjugado de 4*) corresponde a una probabilidad.

En una situación donde la energía puede adoptar dos valores: E_I y E_2. Una vez medida la energía del sistema, atribuimos a este la función de onda u, o u_2 conforme al valor observado de la energía.

Antes de efectuar la medición, la función de onda del sistema corresponde a una superposición lineal $^*\Psi = c_1 u_1 + c_2 u_2$. La función está por lo tanto bien definida, pues se está ante un caso puro. En esta situación el sistema no se halla en el nivel 1 ni en el 2, sino que participa en ambos. Según la mecánica cuántica, una medición efectuada sobre un conjunto de sistemas caracterizados por esta función de onda acabara por medir E_1 o E_2, con probabilidades respectivamente dadas por el cuadrado de las amplitudes $|c_1|^2$ y $|c_2|^2$.

Esto significa que, partiendo de un caso puro, de un conjunto de sistemas representados todos por la misma función de onda Ψ^*, desembocamos en una mezcla, en un conjunto de sistemas representados por dos funciones de onda distintas, u_1 y u_2, es decir, la "reducción" de la función de onda[6].

Einstein alteró radicalmente el curso de la física con sus teorías de la relatividad especial y general. La teoría atómica y la teoría de la relatividad serán dos de las herramientas conceptuales más formidables concebidas por el humano.

Sería la autoridad del entonces gran patriarca de la física y premio Nobel, el holandés Hendrik Antoon Lorenz[7], quien le daría el vuelco total a este abstruso escenario al abandonar la explicación clásica de la radiación negra. Las investigaciones y conceptos matemáticos de Lorenz permitieron a que Einstein arribara a su teoría de la relatividad.

Lorenz[7], en una ecuación que llevaría su nombre, describió la fuerza de la carga de una partícula moviéndose en una electricidad específica cuyo resultado es un vector de ecuación; donde la carga es en *coulomb*, el campo eléctrico dispone de unidades de voltámetros, y el campo magnético se mide en unidades Tesla.

Einstein manifestará que la luz es similar a un haz de proyectiles, partículas o fotones, los cuales disponen de una cierta cantidad de energía que se absorbe, emitiéndose en granos, de forma cuantificada, los llamados *quantum* de luz.

La ecuación clásica $E = mc2$ plantea que la materia y la energía son equivalentes entre sí. La relatividad especial trajo ideas como la velocidad de la luz que es un límite de velocidad universal y el paso del tiempo que es diferente para la gente que se mueve en velocidades diferentes.

La relatividad general describe la gravedad como una curvatura y plegamiento del espacio y del tiempo, y fue el primer cambio importante en nuestra comprensión de la gravedad desde la ley de Newton. La relatividad general es esencial para nuestra comprensión de los orígenes, estructura y destino final del universo.

Einstein en su conferencia en honor de Herbert Spencer[8] dice: "La teoría general de la relatividad mostró que es posible, usando principios básicos muy diferentes de los de Newton, hacer justicia a toda la gama de los datos de la experiencia."

Según Einstein las mismas leyes de la electrodinámica y de la óptica son válidas en todos los sistemas de referencia para los que son ciertas las ecuaciones de la mecánica la constancia de la velocidad de la luz en el vacío independientemente del estado de movimiento del cuerpo emisor. Y concluye "que los teoremas de la geometría euclídea no pueden cumplirse exactamente sobre el disco rotatorio ni, en general, en un campo gravitacional. También el concepto de línea recta pierde con ello su significado".

Einstein[9]: "A pesar de todo el esfuerzo que le he dedicado, no he logrado llegar a una formulación clara del principio de complementariedad de Bohr".

Einstein asumió que en el efecto foto-eléctrico la luz se comportaba como una lluvia de partículas, cada una con la energía E establecida por Planck. Esta energía expresada como $E = hf$, en la cual f es la frecuencia de la luz y h es la constante de Planck cuya definición para la energía de los fotones llevó a la expresión equivalente del p de tales fotones: $p = h/\lambda$, donde λ es la onda de la luz.

En su ecuación, *Sobre la teoría de la relatividad especial y general*, Einstein describe la forma:

$a = (3/4\pi N)[(n^2-1)/(n^2+2)]$,

donde N es el número de moléculas por unidad de volumen.

(E) y en un campo magnético (B), con la siguiente velocidad v: $F = q(E + v \times B)$. Es la unidad de densidad de flujo magnético, o inducción magnética del Sistema Internacional de Unidades.

($a = m = -|-n=; h = 2mn; c=.m- — n'-$,

aquí m y n como números naturales y $m > n$). De tal manera que el radio de dos términos consecutivos tiende a lo siguiente ½ $(1 + \sqrt{5})$. No existen soluciones a la ecuación $an + bn = cn$ con a, b y c enteros positivos si es mayor que 2.

Einstein[10] hizo la sugerencia de que la gravedad no es una fuerza como las otras, sino que es una consecuencia de que el espacio–tiempo no sea plano, sino curvado, o deformado por la distribución de masa y energía en él presente. La ecuación de energía de Einstein: $E^2 = m^2 c^4 + p^2 c^2$. De ahí que, en la definición de la diferencia entre materia y espacio vacío, la conservación de la energía es la conservación de M, no de m.

La energía simbolizada en E, y expresada en:

$E = mc^2/\sqrt{(1 - v^2/c^2)}$, devendría infinita, pues la velocidad de la luz en el vacío es de:

$2.997\,924\,58 \times 10^8\, m\, s^{-1}$.

Para un cuerpo moviéndose linealmente con una aceleración constante a, con una velocidad u, a una velocidad v, nos lleva a la siguiente fórmula clásica:

$a = (v - u)/t = (v^2 - u^2)/2s$

donde t es el tiempo que toma y s la distancia. Tomando la Teoría Especial de la Relatividad, la masa m de un cuerpo moviendo a una velocidad dada v se enuncia por:

$m = m0/\sqrt{(1 - v^2/c^2)}$, donde $m0$ es su masa en reposo y c la velocidad de la luz.

Supongamos tres cuerpos moviéndose en la misma dirección uniformemente. La velocidad del segundo relativamente al primero es v, la del tercero al segundo w. ¿Cuál es la velocidad del tercero respecto al primero? Esto indica la forma en que la velocidad de la luz desempeña el papel de infinito, límite, en relación con los movimientos materiales.

Debería creerse que $v + w$; pero, en realidad es:

$(v + w) / (1 + v\,w / c^2)$.

Entre los resultados de la teoría de la relatividad de mayor popularidad es la ecuación que relaciona masa, energía y velocidad: $E^2 = m^2\,c^4 + p^2\,c^{2\,ee}$

En la cual, E representa energía, "m" es la masa de la partícula, "p" es el momento de la partícula y "c" es la velocidad de la luz. La que se reduce a $E = m\,c^2$ cuando el momento es cero.

La teoría de la relatividad especial, o restringida del matemático Hermann Minkowsky se expresa en la fórmula siguiente ($ds^2 = c^2\,dt^2 - dx^2 - dy^2 - dz^2$).

Si para los físicos que seguían a Einstein el problema del tiempo estaba resuelto, para los filósofos seguía siendo la interrogante por excelencia, en la que se jugaba el significado de la existencia humana.

Relatividad y/o Mecánica cuántica

El dilema de ambas teorías es expuesto por Stephen Hawking[11]: "Los científicos actuales describen el universo a través de dos teorías parciales fundamentales: la teoría de la relatividad general que describe la fuerza de la gravedad y la estructura a gran escala del universo y la mecánica cuántica que, por el contrario, se ocupa de los fenómenos a escalas extremadamente pequeñas. Ambas]no pueden ser correctas a la vez. Uno de los mayores esfuerzos de la física actual es la búsqueda de una nueva teoría que incorpore a las dos anteriores: una teoría cuántica de la gravedad.

"Pero muchos físicos excelentes", comenta Popper[12], "estaban enormemente impresionados por el operacionalismo de Einstein, que consideraban (como hizo el propio Einstein durante mucho tiempo) parte integrante de la relatividad. Y de esta manera fue como el operacionalismo se convirtió en la inspiración de la comunicación de Heisenberg de 1925, y de su sugerencia ampliamente aceptada de que el concepto del rastro del electrón, o de su clásica posición-*cum-momentum*, no tenía sentido".

Es de notar que Einstein llevó a cabo un experimento, el famoso experimento de condensación Bose-Einstein que resulta de importancia cardinal para explicar el fenómeno de la super-fluidez atómica. El efecto de Albert Einstein fue llevado a cabo juntamente con el brillante físico hindú Satiendra Nath Bose[13].

A muy bajas temperaturas (alrededor de 2×10^{-7} K) la condensación *Bose-Einstein* puede crear formas en las cuales miles de átomos se transforman en una sola entidad, un super-átomo.

Para el filósofo Moritz Schlick, uno de los alentadores del Círculo de Viena, la relatividad era la transferencia de la lógica al terreno de la física, que minaba tanto al neo-kantianismo como al empirismo filosófico. La geometría utilizada extraía fórmulas de las coordenadas "gaussianas", de la geometría "riemanniana" y de las matemáticas de los geómetras italianos Gregorio Ricci-Curbastro y Tullio Levi-Civita.

La mecánica cuántica moderna y la relatividad general son las dos teorías científicas más exitosas de la historia: todas las observaciones experimentales que se han hasta la fecha son totalmente coherentes con sus predicciones. La mecánica cuántica también es necesaria para la mayoría de la tecnología moderna: la energía nuclear, las computadoras basadas en semiconductores y los láseres se construyen alrededor de fenómenos cuánticos.

Además del hallazgo del *quantum* por Planck, sobreviene el análisis del espectro del hidrógeno del genio de la física, el danés Niels Böhr, en 1913, que nos llevaría al real del mundo subatómico. La solución la daría el propio Böhr[14] cuando aplicó al esquema atómico el principio cuántico de Planck.

Böhr sugería soslayar el conferir un valor explicativo a la función de onda, evitar pensar que rinde cuenta del mundo cuántico: no representa al otro mundo, sino nuestras posibilidades de comunicarnos con él. ¿Quién opera la distinción entre un objeto y su entorno? En último término, dicha distinción es solo una versión disfrazada de la posición de John von Neumann, según la cual somos nosotros, por nuestra acción, quienes procedemos a la reducción de la función de onda.

Böhr descubre que los electrones se desplazaban alrededor del núcleo atómico, en órbitas fijas, pero propuso que los electrones solo pueden ocupar órbitas en las cuales el momento angular posea valores fijos ciertos:

$h/2\pi, 2h/2\pi, 3h/2\pi, \ldots nh/2\pi,$

donde h es la constante de Planck.

Böhr discrepará de Ernst Rutherford[15], considerado el padre de la física nuclear, al declarar que la emisión de la energía no se engendra por electrones que circulan alrededor del núcleo, sino que se emite de forma intermitente, discontinua en paquetes de luz, al transitar de un estado de energía a otro, saltando de una órbita a la otra, y no como una trayectoria constante.

Entramos así en el meollo de la teoría cuántica, que lidia con probabilidades de combinaciones que pueden ser calculadas con extrema precisión[16]. Solo que el azar, y no las leyes específicas ordenadas, lo que fija tales combinaciones, y acomoda la comparecencia de la materia en el Universo.

Una definición en términos de probabilidades de $C\,(t,\,e)$, es decir, del grado de corroboración (de una teoría "t" relativa a los elementos de juicio e) que satisfaga los requisitos, es la siguiente:

$C\,(<,\,e) = E\,(t,\,e)\,[1\,\text{-}t\text{-}\,P(t)P\,(t,\,e)]$

donde $£(i,\,e) = [P\,(e,\,t)\,\_\,P(e)]/[P(e,\,t) + f\,(e)]$.

Por lo cual, $C\,(t,\,e)$ no es una probabilidad. Los enunciados "t" no son verificables no pueden llegar siquiera a:

C (í, e) = *C (f, í)* sobre la evidencia empírica *e*. *C (t, t)* es el grado de corroborabilidad de "*t*", y es igual al grado de comprobación de "*t*", o al contenido de "*t*".

El austriaco y premio Nobel Wolfgang Pauli, juntamente con Böhr y el alemán Heisenberg, conforman el grupo de científicos que desarrolla y crea la teoría cuántica[17].

Heisenberg trató de modelar lo que estaba ocurriendo, y asumió que, contrario a las reglas de la aritmética, el orden de las operaciones sí tenía importancia, si se consideran las cantidades matemáticas como acciones y no como números. En álgebra convencional, *a x b* = *b x a*, pero en la mecánica cuántica misteriosamente esto no resultaba mecánicamente así: *a x b* no era igual a *b x a*, pues al alterarse el orden de lo multiplicado el resultado sí es distinto.

Y en Heisenberg[18]: "Se desprende de esto que ya no podemos decir: la mecánica de Newton es falsa. Más bien, usamos ahora la siguiente formulación: la mecánica clásica es "correcta" exactamente allí donde puedan aplicarse sus conceptos." Puesto que aquí "correcta" significa "aplicable", esta afirmación equivale a decir: "la mecánica clásica es aplicable allí donde sus conceptos pueden ser aplicados".

Para Heisenberg[19] "La mecánica cuántica, habiendo descubierto leyes precisas y maravillosas que gobiernan las probabilidades, es con números como estos con los que la ciencia supera su hándicap de indeterminación básica. De esta manera la ciencia predice decididamente. Aunque ahora se confiesen humildemente incapaces de predecir el comportamiento exacto de electrones o fotones individuales u otras entidades fundamentales, sin embargo, te pueden decir con bastante confianza como deben comportarse precisamente en grandes cantidades".

Heisenberg planteó una cuestión profunda que proyectó las partículas, y la propia física, prácticamente al reino de lo incognoscible. Pero Hawking discreparía al considerar que quizás el error es que no existen posiciones y velocidades de partículas, sino sólo ondas. Se trata simplemente de que se intenta ajustar las ondas a ideas preconcebidas de posiciones y velocidades.

Max Born escribió[20]: "Sería verdaderamente notable que la naturaleza hubiese encontrado la manera de resistir el progreso del conocimiento escondiéndose tras la muralla de las dificultades analíticas del problema con *n* cuerpos.

"Ninguna observación o experimento, por más que se los extienda, puede dar más que un número finito de repeticiones"; el enunciado de una ley $-B$ depende de $A-$ siempre trasciende la experiencia. Sin embargo, se formula este tipo de enunciado en todas partes y en todo momento, y a veces a partir de materiales muy escasos.[21]"

En Born[22] la inducción nos permite generalizar una serie de observaciones para obtener una regla general: que la noche sigue al día y el día sigue a la noche... Pero mientras que en la vida cotidiana no hay ningún criterio definido para determinar la validez de una inducción... la ciencia ha elaborado un código, o una regla práctica, para su aplicación.

Por eso considera que[23] "ninguna observación o experimento, por más que se los extienda, puede dar más que un número finito de repeticiones"; el enunciado de una ley — B depende de A— siempre trasciende la experiencia. Sin embargo, se formula este tipo de enunciado en todas partes y en todo momento, y a veces a partir de materiales muy escasos."

¿Cuáles son los límites de validez de la descripción newtoniana, en términos de trayectorias, o de la descripción cuántica en términos de función de onda?

Einstein mostró que, para incorporar la gravitación en la métrica espacio-temporal, debíamos pasar de la geometría euclidiana a la geometría riemaniana.

Tradicionalmente, las operaciones matemáticas asociadas a la mecánica cuántica y a la mecánica estadística se definen en el seno del espacio de Hilbert. Ahora bien, ello implica el empleo de funciones singulares y por lo tanto el paso del espacio de Hilbert a espacios funcionales mas generales. Es un campo nuevo de las matemáticas, hoy en pleno auge.

El matemático húngaro John von Neumann publica en 1932 su sólido teorema "Los fundamentos matemáticos de la mecánica cuántica", trabajo que sustenta el fenómeno cuántico, y que atestigua como el mundo no está hecho de objetos con atributos innatos, sino de la combinación de configuraciones ordinarias inobservables.

$(X + Y; \phi) = (X; \phi) + (Y; \phi)$ (1) Teorema de John von Neumann sobre la mecánica cuántica.

El átomo

El drama psicológico que supuso para el ser humano aceptar la presunción de Copérnico –de que no éramos el centro del Universo– se igualó con el que provocó la mecánica cuántica, cuya esencia presentaba a la naturaleza fundamentalmente irracional y manipulada por las probabilidades.

Los átomos están compuestos de un número determinado de protones, o cargas positivas, y electrones o cargas negativas. El radio de un átomo es de $3.10^{-10}m$. y la masa de un electrón es de $9,11.10^{-30}$ Kg. El radio de un protón oscila alrededor de $8.10^{-16}m$. El radio de un núcleo típico es alrededor de $3.10^{-15}m$.

La fuerza nuclear, a veces conocida como "fuerza de Coulomb", sucede entre dos partículas cargadas, y los puntos de cargas resultan $Q1$ y $Q2$ la distancia d aparte, es proporcional al producto de las cargas e inversamente proporcional al cuadrado de la distancia entre ambas. Esta ley física en la actualidad se plantea de esta forma:

$F = Q1Q2/4\pi\varepsilon d2$, donde ε es la permisividad absoluta del medio interventor, $\varepsilon = \varepsilon r \varepsilon 0$, donde εr es la permisividad relativa (la constante dieléctrica) y $\varepsilon 0$ es la constante eléctrica.

La fuerza nuclear débil no se comprendió bien hasta 1967, en que Abdul Salam, del Imperial College de Londres, y Steven Weinberg, de Harvard, propusieron una teoría que unificaba esta interacción con la fuerza electromagnética, de la misma manera que Maxwell había unificado la electricidad y el magnetismo unos cien años antes.

La fuerza nuclear débil, que es la responsable de la radioactividad. Esta no se comprendió bien hasta 1967, y se conocen como W^+, W^- y Z^0.

Las partículas se identifican de la manera siguiente: p = protón, n = neutrón, a = particular Alfa, γ = fotón (rayo gamma), e^- = electrón, ν_e = electrón neutrino, d = deuterón ^2H, $e+$ = positrón, etcétera.

El electrón se considera una partícula elemental, clasificada como un leptón, con una masa en reposo (símbolo me) de

$9.109\ 3897(54) \times 10^{-31}$ kgl, una carga negativa de
$1.602\ 177\ 33(49) \times 10^{-19}$ coulomb.

Por ejemplo, la fisión del núcleo de uranio U-235 por un lento neutrón se comporta de la manera siguiente:

$^{235}U + n \rightarrow\ ^{148}La +\ ^{85}Br + 3n$. La energía liberada es aproximadamente 3×10^{-11} J para el núcleo de ^{235}U. Para 1 kg de ^{235}U es equivalente a 20,000 mega watt horas, o sea, la cantidad de energía producida por la combustión de 3×10^6 toneladas de carbón.

El fenómeno observado por Compton tiene lugar cuando el fotón colisiona con un electrón; entonces, parte de la energía del fotón se transfiere al electrón, y por consiguiente el fotón pierde energía $h\ (\nu 1 - \nu 2)$, donde h es la constante de Planck y $\nu 1$ y $\nu 2$ son las frecuencias de antes y después de la colisión. De tal manera sucede $\nu 1 > \nu 2$, o sea, la onda de la radiación se incrementa después de la colisión.

Las variables del espín, desarrollado por David Bohm, uno de los más brillantes teórico-físico del siglo XX, sirvieron para que el matemático John S. Bell estableciese su famosa teoría de las desigualdades. Dadas las condiciones descriptas, se establece que el número de pares A^+B^+ no puede ser superior a la suma de los pares A^+C^+ y el número de pares B^+C^+. La desigualdad queda expresada de esta manera:

$n\ (A^+B^+) < n\ (A^+C^+) + n\ (B^+C^+)$.

Los campos magnéticos se mueven a la velocidad de la luz en el espacio exterior en forma de ondas. Esta fuerza se genera por la carga oscilante de los cuerpos y jamás puede destruirse. Dado que la masa y la energía están relacionadas por la ecuación de Einstein podemos hablar de equivalentes energético de la masa del electrón.

En términos de electrón voltios obtendremos para un electrón: E **(energía)** $= m_e\, c^2$ (ecuación de Einstein):

$E = 9{,}11.10^{-33}g.\ 3.10^{11} cm/seg.\ E = 0{,}51.10^6\, ev.$

Para un protón obtendremos $E = 9{,}39.10^8\ ev$. El electrón posee una energía de **0,511 Mev**. El protón posee una energía de **0,9383 Gev**. El neutrón tiene una energía de **0,9396 Gev**.). La fuerza eléctrica entre el electrón y el protón es 10^{40} más poderosa que la fuerza de gravedad entre dos partículas.

Además de sus trabajos iniciales y como vimos anteriormente, Russell vigorizó el positivismo lógico en las décadas treinta y cuarenta del siglo XX. El filósofo Wittgenstein, se hallaba bajo el ascendiente teórico de Russell, en lo que respecta al atomismo lógico.

𝕷𝖆 𝖎𝖓𝖈𝖊𝖗𝖙𝖎𝖉𝖚𝖒𝖇𝖗𝖊

¿Quedaba el humano de nuevo a merced de la naturaleza, y de las fuerzas y entes divinos, al perder su instrumento de control sobre la misma?

La respuesta era negativa, puesto que, en otra latitud de las ciencias, en la física cuántica, se descubría que el humano ni gobernaba la naturaleza a lo Newton, ni que tampoco la administraba a lo San Agustín de Hipona, sino que era parte integrante de la misma.

Es también el novísimo concepto de complementariedad de la naturaleza que había sido elaborado por Böhr para explicar la dualidad onda–partícula de la luz, y corroborado cuando Arthur Compton al experimentar con rayos–x (las ondas) comprueba las radiaciones electromagnéticas (las partículas).

Einstein declaraba al respecto[24]: "A pesar de todo el esfuerzo que le he dedicado, no he logrado llegar a una formulación clara del principio de complementariedad de Bohr".. Hecho que sirve para que Louis-Víctor De Broglie unifique la fórmula de los fotones de Einstein con la de los electrones de Arthur Compton, y se aplique a todas las partículas. Y para que Max Born establezca que las funciones ondulatorias no son observables, pero nos conceden la probabilidad de percibir su otro perfil, el de partícula.

1935, Albert Einstein[25] colaboró con Boris Podolsky y Nathan Rosen para publicar un artículo que ahora se refiere simplemente por las iniciales de sus tres autores: EPR. En esencia, llegaron a la conclusión de que la Mecánica Cuántica era incompleta porque existían las denominadas "variables ocultas" que debían explicar al menos parte de la incertidumbre inherente a ella.

Partiendo del pensamiento clásico, una partícula está confinada en un ámbito del espacio: está aquí o allá, pero no en dos lugares a la vez. Si se comunica con otra partícula en distancias remotas, la conexión tomará tiempo; si las partículas se hallan en galaxias diferentes entonces el enlace tomaría milenios.

"Variables Ocultas" significa que hay propiedades microscópicas de partículas fundamentales que no podemos observar directamente mediante pruebas, quizás debido a limitaciones tecnológicas que podrían no existir en algún momento futuro. Es decir, para ellos, tal vez simplemente se necesitaba un microscopio más grande para ver los detalles que están sucediendo en el nivel más pequeño, y eso podría explicar el misterioso comportamiento de las partículas.

El Principio de Incertidumbre de Heisenberg[26], un componente clave de la Mecánica Cuántica, dice que estas variables no son sólo inobservables; simplemente no existen fuera del contexto de una observación, lo que entonces se desvía de nuestra visión cotidiana de la realidad.

Acorde con la asunción teórica de Einstein, el eje angular de una partícula tendría que ser exactamente opuesto al de la otra y, por tanto, ello permitiría deducir en ambas y de forma simultánea su posición (su cualidad de onda) y su *momentum* (su cualidad de materia).

En 1935, la teoría de la relatividad de Einstein era la piedra angular de la física moderna, al probar su validez cada vez que se ensayaba. Aparte del grupúsculo de teóricos de la física, alrededor de Böhr, nadie tenía el suficiente coraje de cuestionar su paradigma de la velocidad de la luz para defender la brumosa teoría cuántica, a la cual Einstein creía haber reducido al absurdo.

Pero Einstein estaba turbado porque en el mundo subatómico las partículas se relacionaban con independencia de la distancia. Entonces, propone un experimento tan definitivo que, de ser cierto quedaría invalidado para siempre uno de los dos supuestos en litigio (el suyo, por la física clásica o el de Böhr a favor de la mecánica cuántica).

Einstein rechazaba la incertidumbre del átomo expuesta por Heisenberg, porque le resultaba utópico que la naturaleza se presentase de forma tan incomprensible. El golpe final al logicismo y al positivismo y a casi todos los ismos del siglo lo propinó Kurt Gödel en 1930, genio de las matemáticas y de la lógica, en palabras de Einstein; y de nuevo el mundo de las ciencias matemáticas sufre los embates de otro ciclón. Puede tildarse a Gödel como el heredero moderno de Aristóteles.

𝕸atemática inconsistente

Para René Thom[27], el auto-titulado "imperialista de la matemática" era imposible verificar experimentalmente, de forma completa, las leyes científicas en las que intervenían funciones $f(x) = y$, pues hay una infinidad de valores para "x". Tal limitación era demasiado importante pues era con su solución de que podía plantearse la exactitud de la ciencia moderna.

Kurt Gödel[28] es el producto del increíble fermento intelectual de la Viena de principios del siglo XX. Una sociedad cosmopolita que desplaza al París romántico y al Londres victoriano como el foco de las ideas, y que produce a pensadores de talla en la física, la filosofía, las matemáticas, la psicología, la sociología como Wittgenstein, Karl Kraus, Gustav Klimt, Ludwig Boltzmann y Sigmund Freud, entre otros; y que Jung hubiera calificado como la "sincronicidad vienesa".

Gödel se sumó al Círculo de Viena, junto al filósofo Moritz Schlick que se hallaba bajo el influjo de Ernst Mach, el ideólogo del racionalismo. El coro central de los matemáticos del Círculo lo constituían Rudolf Carnap el filósofo de la ciencia y Karl Menger, filósofos y lógicos de las matemáticas. La inclinación del Círculo por el meta-lenguaje se dejó sentir en las matemáticas de Gödel, aunque nunca compartió del todo el positivismo contumaz del Círculo de Viena.

La Primera Guerra Mundial destruye esta sincronicidad del espacio y el tiempo, que gesta un genio tras otro en todos los campos de las ciencias y las humanidades.

El Círculo de Viena puso a Gödel en contacto con Carnap y Menger[29]. El Círculo se hallaba enfrascado en los escritos de Wittgenstein, cuya preocupación por el metalenguaje indujo a Gödel a sondear cuestiones similares en matemática. Asimismo, Carnap, el matemático austriaco Hans Hanh y el físico Hans Thirring[30] investigaban los fenómenos parapsicológicos, a los que también Gödel mostraba interés.

Convencido de que, además del mundo de los objetos, existe un mundo de los conceptos al que los humanos tienen acceso por intuición, Gödel se apartó de la visión positivista del Círculo de Viena,

Sin dudas, el quehacer científico de este matemático responde a una tenaz búsqueda de la racionalidad en la naturaleza. Sus teoremas de incompletitud minaron los fundamentos de las matemáticas y engendraron un intenso debate filosófico sobre la naturaleza de la verdad. Ellos ponían en tela de juicio incluso los métodos fundamentales de las matemáticas clásicas.

Gödel aventuró el teorema de la incompletitud con la tesis de la existencia de enunciados verdaderos de los números naturales que no pueden ser demostrados; es decir, la existencia de objetos sometidos a los axiomas de la teoría de números, pero que no se comportan como números[31].

Al no contradecirse los axiomas serían formalmente "indemostrables", pues ningún sistema de leyes (axiomas o reglas) es capaz de demostrar todos los enunciados verdaderos de la aritmética, al no poder hacerlo también con los falsos.

El mundo matemático quedó atónito y su figura cimera del momento, Hilbert, quedó desarmado en su intento de fundamentar las matemáticas con una teoría lógica y sencilla.

Los grandes genios matemáticos se frustraron durante más de 2 milenios porque no podían probar todos sus teoremas. Había muchas cosas que eran "obviamente" verdaderas, pero nadie podía encontrar una manera de probarlas[32].

Teoremas de Gödel

En 1931, el joven matemático Kurt Gödel hizo un descubrimiento histórico, tan poderoso como cualquier cosa que Albert Einstein desarrolló. El descubrimiento no sólo se aplicó a las matemáticas, sino que literalmente a todas las ramas de la ciencia, la lógica y el conocimiento humano. Tiene implicaciones verdaderamente quebrantadoras de la tierra. Curiosamente, pocas personas saben algo al respecto.

A principios de 1900, sin embargo, un tremendo sentido de optimismo comenzó a crecer en los círculos matemáticos. Los matemáticos más brillantes como Russell, Hilbert y Wittgenstein estaban convencidos de que se acercaban rápidamente a una síntesis final.

Una "Teoría del Todo" unificadora que finalmente clavaría todos los cabos sueltos. La matemática sería completa, a prueba de balas, hermética, triunfante. En 1931 este joven matemático austriaco, Gödel, publicó un artículo que de una vez por todas previó que una sola teoría de todo es realmente imposible.

Los teoremas de incompletitud de Gödel son considerados como logros de las matemáticas del siglo XX. Los teoremas dicen que el sistema natural de números, o aritmética, tiene una oración verdadera que no se puede probar y la consistencia de la aritmética no puede ser probada usando su propio sistema de prueba.

Su teorema de incompetencia fue un golpe devastador para el "positivismo" de la época. Los Positivistas Lógicos del Círculo de Viena propusieron el llamado "Principio de Verificación" por el cual el significado de una proposición era su método de verificación; Witgenstein sostuvo que tal significado estaba constituido por el uso, y el uso se ha interpretado a menudo como "condiciones de asertividad".

Pero si la verdad supera lo demostrable, entonces el significado de una proposición que se dice verdadera no puede ser dada por su método de verificación, y el uso de los términos no se limita a sus condiciones de asertividad[33].

Las matemáticas de Frege y Gödel son una versión del objeto-platonismo, la visión de que el reino matemático es un sistema de objetos matemáticos abstractos, tales como números y conjuntos, y que nuestras teorías matemáticas, por ejemplo, teoría de números y teoría de conjuntos, describen estos objetos.

En la visión de Gödel, adquirimos el conocimiento de objetos matemáticos abstractos de la misma manera que adquirimos conocimiento de objetos físicos concretos: así como adquirimos información sobre objetos físicos a través de la facultad de percepción sensorial, adquirimos información sobre objetos matemáticos Por medio de una facultad de intuición matemática.

Ahora bien, otros filósofos han apoyado la idea de que poseemos una facultad de intuición matemática, pero la versión de Gödel de este punto de vista implica la idea de que la mente no es física en cierto sentido y que somos capaces de forjar contacto y obtener información de objetos matemáticos no físicos.

Otros que apoyan la idea de que poseemos una facultad de intuición matemática tienen una teoría de la intuición sin contacto que es consistente con una filosofía materialista de la mente.

Es decir, si tomamos los teoremas de nuestras varias teorías matemáticas en el valor nominal, entonces según deductivistas, no son verdad. Lo que los deductivistas afirman es que los teoremas de nuestras teorías matemáticas "sugieren" o "representan" ciertas afirmaciones matemáticas estrechamente relacionadas que son verdaderas.

Por ejemplo, si T es un teorema de "Aritmética de Peano", entonces según deductivistas, representa o representa la verdad:

$'AX:> T'$, o $'D\ (AX:> T)'$, donde AX es la conjunción de todos los axiomas de Peano utilizados en la prueba de T.

Ahora bien, debe quedar claro que los deductivistas encuentran el mismo problema de aplicabilidad e indispensabilidad que encuentran los ficcionalistas. Pues mientras que las frases como $'AX:> T'$ son verdaderas, según deductivistas, AX y T y PA no son verdad, y así que es misterioso todavía cómo las matemáticas podrían ser aplicables (o, de hecho, indispensables) a la ciencia empírica.

Lo indemostrable

El primer teorema de Gödel muestra que Hilbert tendría éxito en la búsqueda de las consistencias de al menos algunas declaraciones en la auto-referencia en la aritmética particular. El segundo teorema de Gödel muestra Hilbert que no podían aceptar cualquier sistema que no fuese trivial como las matemáticas.

Gödel comparaba los objetos matemáticos con los objetos físicos[34], pues tales objetos físicos son naturales descubiertos a través de la observación; no son invenciones humanas. Cada sujeto puede percibirlos pues se presentan a todos en la misma forma.

Los seres humanos, tienen ideas de los objetos físicos, como particularidad. Su existencia no se agota en las ideas de las tesis. Gödel concluye que los objetos matemáticos son similares a los objetos naturales que se descubren mediante la observación, al presentarse de manera objetiva, y existencialmente independiente de la percepción.

El aritmetización de la meta-matemática como se ejemplifica en particular por la segunda incompletitud del teorema de Gödel (indemostrabilidad de consistencia), ha formalizado la versión de que son teoremas de completitud en el otro.

Ambos estados de consistencia involucrados, en la forma que se axiomatiza recursivamente la teoría S es interpretable en la aritmética de Peano (PA), cuando la consistencia de S, se añade como un axioma.

Esto se explica en términos del predicado de demostrabilidad aritmética de S *ProvS* (x), y que a su vez está determinado por la definición aritmetizada *AxS* (x) del conjunto de axiomas de S, una vez que se fija la lógica de la clásica de primer orden del cálculo de predicados.

Resulta que es suficiente para *AxS* (x) ser formalizado para el teorema de completitud, para bi-numeral los axiomas de S en la aritmética de Peano (PA). Pero es un propósito que no es suficiente para la indemostrabilidad del teorema de consistencia, ya que un ejemplo de una definición se puede dar por medio del bi-numerativo de los axiomas de la aritmética de Peano, que para la sentencia asociada es demostrable, en contraste, por supuesto, a la definición de "canónica".

El teorema de completitud de Gödel de 1929 muestra que en las tesis coinciden dos conceptos: una declaración es una consecuencia deductiva de algunos supuestos por si acaso es una consecuencia semántica de estas hipótesis.

Por el contrario, la lógica de segundo orden se extiende como lógica de primer orden, con variables que van sobre los predicados y las relaciones; y es una consecuencia del teorema de incompletitud de Gödel, como un sistema deductivo eficaz para la lógica de segundo orden que es completo para la semántica estándar, que en las variables son llevados sobre todos los predicados en el dominio de primer orden[35].

Desde el punto de vista cinemático de la variable independiente, en su trasformar, traza la función, así que cuando llegamos a ver el límite, lo tendrá en el sentido de que si una cantidad variable x asume valores progresivamente más cerca de dado valor, a continuación, una y variable (función de la variable x) tenderá a un cierto valor de b (asumir un valor tal más cerca ab) en la misma medida en que la variable x se acerca al valor; desde el punto de vista en lugar de la aproximación es el grado de aproximación con la que se dibuja una variable determinada y para controlar el proceso de acercamiento a la variable independiente, y por lo tanto el de variación de las variables.

Gödel y sus paradigmas

Los paradigmas de Gödel han establecido los límites informáticos y computacionales y, sin quererlo, minaron las bases del logicismo matemático. Entre otros resultados significativos e inquietantes demostraba que los principios lógicos aceptados por varias escuelas no podían demostrar la consistencia de las matemáticas, incluyendo el tan reputado método axiomático-deductivo.

Esto no se podía hacer sin invocar principios lógicos tan dudosos como para cuestionar lo que se conseguía. La intención de Gödel no fue desbancar el método axiomático-deductivo, sino señalar la imposibilidad de mecanizar la deducción de los teoremas.

Los teoremas de Gödel introdujeron en el aparentemente imperturbable campo de la lógica lo imposible de la auto-confirmación matemática[36]. No solo era insostenible controlar la elusiva realidad exterior, sino incluso nuestros propios constructos mentales.

Gödel demostró tal cosa cuando nos dijo que no podemos enunciar sistemas lógicos de una cierta complejidad que sean coherentes y completos, como por ejemplo la aritmética elemental, pues siempre contendrán proposiciones indecisas de las cuales no podremos decir si son ciertas o falsas.

Estrictamente hablando esto no es exactamente la versión propia de Gödel del teorema[37], sino más bien la modificación posterior de John Barkley Rosser, un lógico americano, conocido por su parte en el teorema de Church-Rosser, del cálculo lambda, y que en la teoría numérica desarrolló lo que se conoce como el "tamiz Rosser".

En la prueba original de Gödel del Primer Teorema de Incompletitud, la existencia de una oración "auto-referencial" juega un papel importante, donde una oración autorreferencial es simplemente una que habla de sí misma (vía codificación) o de una oración que es equivalente a sí mismo.

Tal como lo demostró Gödel, hay una oración G del lenguaje de la aritmética elemental, tal que, si S satisface las suposiciones mencionadas en el Primer Teorema de Incompletencia, entonces S prueba la fórmula de equivalencia $G \leftrightarrow \neg Prov\ S\ (pGq)$ donde, generalmente, si B es una fórmula en LS, pBq es un término aritmético que denota el código de Gödel de B (y donde un ordenador podría ser programado para determinar ese término dado B como entrada). En este sentido, hasta la equivalencia probable, G.

A partir de su paradigma, un enunciado debía tener un "valor de verdad" bien definido –ser verdadero o no serlo– tanto si había sido demostrado como si era susceptible de ser refutado o confirmado empíricamente. Desde su propio punto de vista, tal filosofía constituía una ayuda para su excepcional penetración en las matemáticas.

Así demostró lo defectuoso del método axiomático-deductivo tan altamente considerado en el pasado como método para el conocimiento exacto.

Sin embargo, Gödel no consideraba que sus teoremas demostrasen la inadecuación del método axiomático, sino que hacían ver la imposibilidad de mecanizar las deducciones de los teoremas. A su modo de ver, justificaban el papel de la intuición en la investigación matemática.

Formalmente indecible

Para Gödel en la medida que los axiomas puedan ser caracterizados por un sistema de reglas mecánicas, no importa cuáles sean los enunciados tomados como axiomas, pues siempre resultan indiferentes

Si algunos enunciados son verdaderos para los números naturales, otros enunciados verdaderos sobre los números naturales seguirán siendo indemostrables.

En particular, al no contradecirse los axiomas entre sí, entonces, ese hecho mismo, codificado en un enunciado numérico, será "formalmente indecidible" –esto es, ni demostrable ni refutable– a partir de dichos axiomas. Cualquier demostración de consistencia habrá de apelar a otros principios diferentes a los propios axiomas.

Gödel demostró su teorema en blanco y negro y nadie podía discutir con su lógica. Sin embargo, algunos matemáticos fueron a sus tumbas en la negación, creyendo que de alguna manera u otro Gödel seguramente estaría equivocado.

Por ejemplo, no puede probar que la gravedad siempre será consistente en todo momento. Sólo se puede observar que es siempre cierto cada vez. No puedes probar que el universo es racional, sólo se puede observar que fórmulas matemáticas como:

$E = MC\text{^}2$ parecen describir perfectamente lo que hace el universo.

La incompletitud del universo no es prueba de que Dios existe. pero es una prueba de que, para construir un modelo racional y científico del universo, la creencia en Dios no es sólo 100% lógica, es necesario. Si los 5 postulados de Euclides no son formalmente probables, entonces Dios tampoco es formalmente probable.

Pero, así como no se puede construir un sistema coherente de geometría sin los postulados de Euclides, tampoco se puede construir una descripción coherente del universo sin una primera causa y una fuente de orden.

Significa que, si se quiere creer que el mundo tiene esas características deseables, las reglas de la aritmética deben ser pensadas como nada más que una noción abstracta que es una herramienta útil para dar sentido al mundo que te rodea, en lugar de una noción fundamental que define ese mundo.

Este enfoque identifica algunos límites en cuanto a qué conocimiento es posible. No es posible saber que el universo está construido de tal manera que pueda probar todas las afirmaciones de Peano sin saber, por correlación, que el universo es incompleto, inconsistente, improbable, intratable[38] o ilógico que no sigue las definiciones tradicionalmente reconocidas de la lógica, la verdad o la falsedad.

El Primer teorema de Incompletitud de Gödel muestra que la aritmética es negación incompleta. Su otra forma, el Teorema 2, muestra que ningún sistema axiomático para la Aritmética puede ser completo. Dado que la axiomatización de la Aritmética se realiza verdaderamente en la lógica de segundo orden, muestra también que cualquier sistema axiomático como el cálculo de Hilbert para la lógica de segundo orden seguirá siendo incompleto.

Los teoremas o leyes usuales de la lógica son válidos en esta teoría. Asumimos una teoría de la aritmética, digamos: $N = (N, +, \times)$ que sea consistente.

Consideremos X para que "X sea un teorema en N.

Su visión platónica, que no interfería con su mundo objetivo, descansaba en la creencia de un mundo de conceptos accesible a la intuición humana, como la verdad que consideraba un enunciado independiente de nuestra experiencia.

Como apuntara el filósofo de las ciencias Georg Kreisel[39], el platonismo en la filosofía gödeliana se evidenciaba en su indagación de nuevas configuraciones y derivaciones analizando conceptos imprecisos.

Gödel demostró que los métodos matemáticos aceptados desde tiempos de Euclides eran inadecuados para descubrir todas las verdades relativas a los números naturales. Su descubrimiento minó los fundamentos sobre los que se había construido la matemática hasta el siglo XX, acicateó a los pensadores para buscar otras posibilidades y engendró un vivaz debate sobre la naturaleza de la verdad.

Definimos el número g ( ) de símbolos, fórmulas en general, cadenas. Enumerar los símbolos como conectivos, cuantificadores, signos de puntuación, predicados, símbolos de función y variables como:

$>, \perp, \neg, \wedge, V, \rightarrow, \leftrightarrow, (,), P1, f1, x1, P2, f2, x2$.

Por tanto, podemos extender g a cadenas de estos símbolos por

$g\ (\sigma 1 \sigma 2\ \cdot\cdot \sigma m) = 2g\ (\sigma 1) \times 3\ g\ (\sigma 2) \times\ \cdot\cdot\times p\ g\ (\sigma m)\ m$

donde pi es el i-ésimo número primo.

Esto define a g en términos y fórmulas. A continuación, extienda g a las pruebas de fórmulas por:

$g\ (X1\ X2\ ...\ Xm) = 2g\ (X1) \times 3g\ (X2) \times\ \cdot\cdot \times pg\ (Xm)\ m$.

Donde pi es el i-ésimo número primo.

Existe una oración C en N tal que $6\ 'C\ y\ 6\ \grave{}\neg C$. Si se toma $C = A$, la oración usada en (11). Si A, entonces por (7), $P\ (A)$.

Pero por **(11)**, *A* implica que ¬*P (A)*. Esto es una contradicción. Por otro lado, si ˋ¬*A,* entonces por:
(11), *P (A).* **por *(13)* y *(5)**, P (0 = 1)*.
Esto de nuevo contradice **(10)**.
Por lo tanto, ni *A*, ni ¬*A*. Existe una oración verdadera en *N* que no es demostrable en *N*. Cualquiera *de A* o ¬*A* es verdadero sirve como la oración solicitada en el teorema.

Este resultado será electrificante en las ciencias del siglo XX, indicando que las matemáticas no eran infalibles, al probar Gödel que todos los teoremas de un sistema matemático –aun cuando se constate su consistencia–, finalmente resultan una imposibilidad y, por lo tanto, no resultan un instrumento de convalidación para ninguna ciencia[40].

𝕸atemáticas incompletas

Esto hace añicos la monumental obra de Frege, deconstruye la lógica de Russell, precipita al olvido el programa formalista de Hilbert, supera el enciclopedismo del grupo Burbaque y, de paso, también desmonta todos los sistemas, ideologías, filosofías y disciplinas absolutas en las ciencias y las humanidades, que se habían elaborado desde Newton y Descartes[41].

El aporte axiomático de Gödel solo tiene como calificativo el de increíble; no tiene precedentes en la lógica y en las matemáticas, o en el resto del pensamiento humano, y su aplicación al resto de las ciencias y a la filosofía se va efectuando lentamente por sus implicaciones revolucionarias.

Lo que significa es lo siguiente: las verdades de las matemáticas, o de cualquier otra ciencia y disciplina humanista, jamás podrán comprobarse, pues las matemáticas en esencia son incompletas. Uno de sus teoremas establece que la prueba finita nunca puede proporcionarse; así, se desvanece el sueño de David Hilbert de verificar la consistencia de toda la matemática, y por ende de las ciencias.

La muerte del programa de Hilbert a manos del teorema de Gödel aniquiló el concepto leibziano de que el conocimiento puede ser a la vez exhaustivo y reducible a procedimientos algorítmicos. Los teoremas de Gödel alterarán profundamente nuestra visión de las matemáticas y ofrecen a las ciencias una forma novedosa de investigación.

En los momentos que confirma la inconsistencia matemática, la ilusión de una ciencia exacta, absoluta, capaz de la verificación, lo mismo está aconteciendo en las físicas, donde la mecánica cuántica ya ha tropezado con la imposibilidad de conocer la naturaleza total de las partículas, o sea, la incertidumbre de la materia; en la astrofísica, donde Einstein derriba la noción de tiempo lineal y de espacio absoluto; en la geofísica, donde el evolucionismo gradual darviniano se ve sacudido por la incidencia de los fenómenos catastróficos casuales.

También acontece en el arte, donde se logra la total liberación de las formas impuestas por la realidad de la naturaleza y donde surge el movimiento surrealista. El sólido mundo cartesiano y newtoniano –la inconmovible sociedad europea– se viene abajo, al menos en términos conceptuales.

Los teoremas de Gödel alterarán considerablemente nuestra impresión de las matemáticas y proponen a las ciencias un perfil novedoso de investigación.

Sus teoremas provocaron una debacle en todas las ciencias, y los paradigmas posteriores basados en sus teoremas, lejos de traer soluciones incorporaron nuevas complicaciones. El efecto resultante de este nuevo desarrollo fue el de añadir a la variedad de posibles métodos matemáticos y dividir a los matemáticos en un número de fracciones divergentes todavía mayor.

Con Gödel se entroniza una gama de escuelas y corrientes de matemáticos (platónicos, conceptualistas, formalistas, intuicionistas, etcétera), ninguna de las cuales acepta los postulados de las otras. Si para los platónicos las matemáticas todavía son infalibles, los conceptualistas la ven como un modelo simétrico ajeno a la realidad.

Los formalistas, seguidores de Hilbert, conciben las matemáticas como una manipulación de símbolos a partir de reglas específicas cuyas afirmaciones tautológicas le conceden consistencia interna, aunque sin sentido real.

Para la escuela intuicionista las fórmulas matemáticas solo representan al propio acto de la computación. Ellas serán utilizadas por Niels Böhr para describir los fenómenos de la mecánica cuántica.

Años más tarde, Gödel le haría notar al economista Oscar Morgenstern[42], que en el futuro se descubrirían fenómeno extraño a partir del descubrimiento de las partículas elementales físicas por los científicos del siglo XX, a quienes ni siquiera se les hubiera ocurrido considerar la posibilidad de factores psíquicos elementales.

Enunciados axiomáticos

Uno de los temas más controvertido en la filosofía de la ciencia se refiere a cómo es el conocimiento. Pero las ciencias han demostrado que el conocimiento puede ser al mismo tiempo sintético, por lo lógico y porque va más allá de los significados de los términos, y a priori por lo epistemológico, porque se lo puede saber con certidumbre, de manera que no requiere justificación experimental.

Ello lo han demostrado, por ejemplo, todos los teoremas que se derivan lógicamente de los axiomas de la geometría física, de los cuales resulta imposible decir que no sean verdaderos, por ejemplo: la línea recta entre dos puntos. Este enunciado no necesita de una comprobación práctica, es suficiente con la intuición.

Gödel se destacó inicialmente en lógica matemática, como lo demuestra su tratado *Sobre las proposiciones formalmente indecidibles de Principia Mathematica y sistemas afines*, publicada en 1932. En su *La completitud de los axiomas del cálculo funcional de primer orden*, resolvía un problema pendiente, que Hilbert y Wilhelm Ackermann habían planteado en 1928, sobre la manipulación de expresiones que contengan conectivas lógicas y cuantificadores permitirían, adjuntados a los axiomas de una teoría matemática, la deducción de todas y solo todas las proposiciones que fueran verdaderas en cada estructura que cumpliera los axiomas.

En lenguaje llano, ¿sería realmente posible demostrar todo cuanto fuera verdadero para todas las interpretaciones válidas de los símbolos?

Se esperaba que la respuesta fuese afirmativa, y Gödel confirmó que así era. Su disertación estableció que los principios de lógica desarrollados hasta aquel momento eran adecuados para el propósito al que estaban destinados, que consistía en demostrar todo cuanto fuera verdadero basándose en un sistema dado de axiomas.

No demostraba, sin embargo, que todo enunciado verdadero referente a los números naturales pudiera demostrarse a partir de los axiomas aceptados de la teoría de los números.

Entre dichos axiomas, propuestos por el matemático italiano Giuseppe Peano en 1899, figura el principio de inducción[43]. El axioma, al que se dio en llamar "principio dominó" –porque si cae el primero, caerían derribados todos los demás– podría parecer evidente por sí mismo.

Sin embargo, los matemáticos lo encontraron problemático, porque no se circunscribe a los números propiamente dichos, sino a propiedades de los números. Se consideró que tal enunciado de "segundo orden" era demasiado vago y poco definido para servir de fundamento a la teoría de los números naturales.

Por tal motivo, se refundió el axioma de inducción y se le dio la forma de un esquema infinito de axiomas similares concernientes a fórmulas específicas, en vez de referirse a propiedades generales de los números.

Pero estos axiomas ya no caracterizan unívocamente los números naturales, como demostró el lógico noruego Thoralf Skolem[44] algunos años antes del trabajo de Gödel: existen también otras estructuras que los satisfacen.

El teorema de Gödel enuncia que es posible demostrar todos aquellos enunciados que se siguen de los axiomas. Existe, sin embargo, una dificultad: si algún enunciado fuese verdadero para los números naturales, pero no lo fuese para otro sistema de entidades que también satisface los axiomas, entonces no podría ser demostrado.

Ello no parece constituir un problema serio, porque los matemáticos confiaban en que no existieran entidades que se disfrazasen de números para diferir de ellos en aspectos esenciales. Por este motivo, el teorema de Gödel que vino a continuación provocó auténtica conmoción.

En su artículo de 1931, Gödel demostraba que ha de existir algún enunciado concerniente a los números naturales que es verdadero, pero no puede ser demostrado. Se podría eludir este "teorema de incompletitud" si todos los enunciados verdaderos fueran tomados como axiomas. Sin embargo, en ese caso, la decisión de si ciertos enunciados son verdaderos o no se torna problemática a priori.

Los teoremas de Gödel anulan los postulados de Hilbert, promotor de un programa para fijar los fundamentos de las matemáticas por medio de un proceso "auto-constructivo", donde la consistencia de teorías matemáticas complejas pudiera deducirse a partir de la consistencia de teorías más sencillas y evidentes.

Asalto a la objetividad

No todos los conceptos de la matemática son reducibles a la lógica proposicional pero sí a la teoría de conjuntos. Sabemos, por obra de Gödel, que ningún sistema axiomático consistente puede cubrir toda la matemática. En la fundamentación de la matemática no se revela el conocimiento matemático. Del mismo modo que la matemática ha de reducirse a la lógica y la teoría de conjuntos, así el conocimiento natural ha de basarse de alguna manera en la experiencia sensible.

El fenómeno de la independencia en la teoría de los conjuntos muestra la sorprendente ubicuidad de la contingencia en las matemáticas. Por ejemplo, la "Hipótesis de Continuo" es verdadera es algunos mundos de teoría de conjuntos y falsa en otros y podemos controlarla exactamente.

Hay cientos de otros ejemplos de declaraciones con el mismo estado de independencia son verdaderos en algunos mundos y falsos en otros. El método de forzar se ha utilizado con un efecto espectacular para probar muchos de estos resultados de independencia.

Una de las cosas extrañas que sucedieron en el siglo XX fue que los resultados de las matemáticas y la física se convirtieron en el asalto a la objetividad y la racionalidad. Estoy pensando principalmente en la teoría de la relatividad y en los teoremas de incompletitud de Gödel.

Y la ironía es que tanto Einstein como Gödel no podrían haber estado más comprometidos con la idea de la verdad objetiva. Ambos eran super-realistas cuando se trataba de sus campos, Einstein en física, Gödel en matemáticas.

La ironía se agudiza en el caso de Gödel, ya que no sólo era un realista matemático, creyendo que la verdad matemática está basada en la realidad, sino, más irónicamente, fue esta convicción meta-matemática la que realmente motivó sus famosas pruebas.

Gödel creía que la matemática era verdadera al ser descriptiva, no de la realidad empírica, por supuesto, sino de una realidad abstracta. La intuición matemática es algo análogo a una especie de percepción sensorial[45].

En su ensayo "¿Cuál es la hipótesis del continuo de Cantor?", Gödel escribió que no estamos viendo cosas que son verdaderas, estamos viendo cosas que deben ser ciertas. El mundo de las entidades abstractas es un mundo necesario, por eso podemos deducir nuestras descripciones de él a través de la razón pura.

Gödel desconfiaba de la capacidad de comunicarse. El lenguaje natural, pensó, era impreciso, y generalmente no nos entendemos. Gödel quería probar un teorema matemático que tendría toda la precisión de la matemática -el único lenguaje con cualquier pretensión de precisión- pero con el barrido de la filosofía.

Quería un teorema matemático que hablara de los problemas de las meta-matemáticas. Y sucedieron dos cosas extraordinarias. Una es que realmente produjo tal teorema. La otra es que fue interpretada por las partes tradicionalistas de la cultura intelectual como diciendo, filosóficamente exactamente lo contrario de lo que había estado intentando decir con él.

Incluso Euclides hizo las cosas mal, en el sentido de que hay enunciados en los *Elementos* que no siguen lógicamente los axiomas. Pasaron 150 años después de Leibnitz y Newton hasta que los fundamentos del cálculo diferencial e integral se formularon correctamente y se pudo rellenar pruebas de gran parte de los análisis matemáticos de los siglos XVIII y XIX.

La clasificación de los grupos finitos simples proporciona otro ejemplo. Todavía hay incertidumbre sobre si hay una prueba completa de la clasificación y, si hay una prueba, exactamente cuando el teorema fue probado.

La mayoría de los matemáticos, como Hilbert, la figura imponente de la generación anterior de matemáticos, y todavía vivo cuando Gödel era un joven, eran formalistas. Decir que algo es matemáticamente cierto es decir que es demostrable en un sistema formal.

El programa de Hilbert fue para formalizar todas las ramas de las matemáticas. El propio Hilbert ya había formalizado la geometría, condicionado por la formalización de la aritmética. Y lo que la famosa prueba de Gödel demuestra es que la aritmética no puede formalizarse. Cualquier sistema formal de aritmética va a ser inconsistente o incompleto.

La matemática plantea con fuerza las meta-preguntas, ya que es *a priori*, inmune a la revisión empírica, necesaria. ¿Cómo podemos tener este tipo de conocimiento? ¿De que se trata? Las verdades que aprendemos acerca del reino espacio-temporal son, en última instancia, empíricas; y son contingentes. No son inmunes a la revisión empírica, por lo que la física requiere equipos caros para probar sus predicciones contra el mundo.

Las innovadoras matemáticas de Gödel, aplicables sin dificultad en algoritmos de cómputo, echaron también los cimientos de las ciencias de computación modernas.

Con las matemáticas exactas que anteceden a Gödel no se podría avanzar en la investigación más allá de las dimensiones que conocemos, sería imposible abordar el espacio-tiempo como unidad indivisible, no podríamos adentrarnos en la fisión atómica, en la inteligencia artificial, en la robótica; resultarían imposibles los ensayos en los aceleradores de partículas; no podríamos explicarnos la velocidad de la luz, los agujeros negros, el *big-bang*.

Así, Gödel permitía la entrada triunfal a las teorías de las probabilidades, de las ciencias complejas, del caos, la computación y la geometría fractal.

Los conceptos y los métodos introducidos por Gödel desempeñan un papel central en toda la informática moderna. Generalizaciones de sus ideas han permitido la deducción de otros resultados relativos a los límites de los procedimientos computacionales. Para finales de la década de 1930, Gödel obtuvo apasionantes resultados en teoría de conjuntos.

Al final de su vida, se orientó hacia la filosofía y hacia la teoría de la relatividad. En 1949 demostró que eran compatibles con las ecuaciones de Einstein los universos donde se pudiera viajar retrógradamente en el tiempo.

Gödel publicó excepcionalmente poco en vida –menos que ninguno de los otros grandes matemáticos, si se exceptúa a Bernhard Riemann–, pero la influencia de sus escritos ha sido enorme. Sus trabajos han afectado prácticamente a todas las ramas de la lógica moderna.

Al modificar el rumbo por donde se encauza el pensamiento humano en todas sus disciplinas y categorías, Gödel, junto a Einstein, Niels Böhr y John S. Bell, pertenece a los próximos siglos, donde sus paradigmas se generalizarán y llegarán a transformar totalmente la faz de nuestra civilización.

Un desconocido para los enclaustrados en las disciplinas humanísticas, Gödel califica entre los más profundos pensadores de todos los tiempos y será recordado por milenios.

Octava Parte
La realidad nebulosa

El Teorema de Bell

Tanto el platonismo de Gödel y el estructuralismo *ante rem* caen presa de un problema epistemológico, donde la teoría no proporciona una explicación adecuada de cómo los humanos pueden conocer objetos abstractos que no tienen relación causal.

Pero ¿qué implica eso sobre la realidad? Si pudiéramos mirar por detrás de las cortinas de la teoría cuántica, ¿encontraríamos que los objetos realmente tienen posiciones y momentos bien definidos?

¿O el principio de incertidumbre significa que, en un nivel fundamental, los objetos no pueden tener una posición clara y un momento al mismo tiempo? En otras palabras, ¿es la turbidez en nuestra teoría o es en realidad en sí misma?

Según este punto de vista, la mecánica cuántica es una descripción completa de la realidad en este nivel, y las cosas en el universo no tienen una posición definida ni un momento. Es una realidad intrínsecamente nebulosa.

Cuando se mide dónde está una partícula, no tiene una posición definida hasta el momento en que la miden. El acto de medir su posición la obligó a tener una posición definida.

El físico David Bohm entonces se da a la tarea de establecer un terreno donde la no localidad implicara la conexión entre partículas jimaguas sin violar el vallado einsteiniano de la luz. Puesto que la potencialidad cuántica permeaba todo el espacio, las partículas subatómicas se interconectaban de forma no-local y no se desplazaban en un espacio vacío, sino como el resto de las cosas que eran partes de un inseparable tejido empotrado al espacio.

De acuerdo con la definición clásica, lo orgánico responde a informaciones procesadas; pero el descubrimiento salido de los aceleradores de partículas, que ha dejado atónitos a los físicos, es que las partículas subatómicas constantemente están "tomando decisiones propias".

Y, lo que es más desconcertante aún, estas decisiones, a todas luces, se basan en otras decisiones tomadas, paralela e instantáneamente, en otras latitudes.

La cuestión central no resuelta en las tres décadas de debate entre Einstein y Böhr, y entre todos los físicos reconocidos es la abordada por John Stewart Bell, físico nuclear del Centro de Investigación Nuclear de Europa[1] cuando publica una fórmula matemática que posibilita experimentar el problema planteado por Einstein, en especial la correlación de partículas pares cuyos ejes se hallan inclinados en ángulos opuestos uno al otro.

El Teorema de Bell es famoso por trazar una línea importante en la arena entre la Mecánica Cuántica y la física clásica, o sea el mundo tal como lo conocemos intuitivamente. Es simple y elegante, y al mismo tiempo toca muchas de las cuestiones filosóficas fundamentales que se relacionan con la física moderna.

Este paradigma que buscaría analizar cuál de los dos postulados –el de Böhr o el de Einstein–, era el correcto, quedaría bautizado como el teorema de Bell, y con el mismo (böhrniano o einsteiniano) establecerían las leyes fundamentales de la física y de la filosofía del siglo XXI.

En propias palabras de Bell[2]: "Ninguna variable local oculta puede explicar las correlaciones que se dan en la paradoja EPR, lo que deja abierta la posibilidad, aun cuando las separen años luz, de que las partículas permanezcan conectadas por un nivel sub-cuántico no local que nadie conoce".

Bell, impresionado por las ideas de Böhm[3], concluyó que la naturaleza, gobernada por las predicciones de la teoría cuántica, no era localista, revelando conexiones sorpresivas entre eventos ocurridos en puntos distantes.

En el experimento de Bell, dos partículas salen disparadas de un campo cuántico definido, hacia lugares opuestos y al llegar cada partícula a un instrumento de medición se registra el impacto. La distancia entre ambas partículas, y de un instrumento al otro, es suficiente como para que ninguna señal cubra esa distancia incluso a la velocidad de la luz.

Al establecer la barrera de la velocidad de la luz, Einstein había eliminado la posibilidad de que el resultado de un instrumento influyese en el otro, o que las partículas pudiesen "comunicarse" entre sí, en pleno vuelo.

La onda electromagnética tiene la misma velocidad que una onda luminosa o una onda de radio, todas ellas viajan a unos trescientos mil kilómetros por segundo. Una señal de radio precisa varios segundos en llegar de la Tierra a la Luna y regresar. La extraordinaria velocidad de la luz hace que la comunicación mediante las señales luminosas parezca instantánea.

Al romper el experimento de Bell esta barrera abría las puertas para toda clase de paradojas impensables y demolía los criterios de Einstein, al demostrar que este se había equivocado, concediendo la razón a la incertidumbre atómica de Böhr.

Velocidad super-lumínica

En 1964, Bell demostró matemáticamente que ciertas correlaciones cuánticas, a diferencia de todas las demás correlaciones en el Universo, no pueden surgir de ninguna causa local. Este teorema se ha convertido en el centro de la metafísica y la ciencia de la información cuántica.

Sin embargo, no existe hasta la década de los setenta la tecnología sofisticada que requería un experimento de laboratorio sofisticado.

En un primer ensayo de laboratorio en Pasadena, California, en 1972, donde se utilizan fotones de calcio y mercurio, en vez de electrones, el teórico físico americano John Francis Clauser y el investigador de la física Stuart Freedman corroboraron la total validez del Teorema de Bell: la comunicación super-lumínica instantánea, comprueba lo profundamente equivocadas de nuestras ideas racionales y las de Einstein acerca del mundo que vivimos y del Universo.

Un año después, Henry Stapp, un antiguo colaborador de Heisenberg, valida desde la Universidad de Berkeley, California, las deducciones de la no-localidad y la comunicación super-lumínica propuesta por Bell, confirmado anteriormente en el experimento Clauser-Freedman. A ello siguieron en esa década otros ensayos arrojando el mismo resultado[4].

La prueba definitiva se realizó en 1982, en el Instituto de Óptica de la Universidad de París, bajo la dirección del físico francés Alain Aspect; allí se utilizaron interruptores ópticos mientras los fotones estaban lo suficientemente alejados como para que no se comunicasen a la velocidad de la luz[5].

La paradoja de la aceleración super-lumínica se ha demostrado por las emisiones de radio que muestran el plasma viajando a velocidades transversales más allá de la velocidad de la luz.

Este desplazamiento super-lumínico se detecta en los núcleos de radio-galaxias y en los cuásares, y ello es posible por la presencia de movimientos altamente relativistas y por orientaciones favorables[6].

Es decir, cuando se hace una observación del sistema en una región, la función de onda varía instantáneamente, y no sólo en esa región sino en otras muy distantes. A nuestro nivel de realidad, la función de onda asociada al par de fotones "transmite órdenes desde más allá del espacio y el tiempo".

Por lo tanto, la probabilidad de que las mediciones de estas dos partículas en los ángulos que difieren por que dan ambos el mismo resultado (tanto hacia arriba como hacia abajo) es *sin (q/2) 2*, y la probabilidad de que produzcan resultados opuestos (uno arriba y uno Abajo) es *cos (q/2) 2*.

El ángulo q entre las dos mediciones se puede expresar como *a - b* donde *a* es el ángulo de la medición realizada sobre una de las partículas y *b* es el ángulo de la medición realizada en la otra. Se dice que las dos partículas emitidas desde un estado están enredadas, ya que independientemente de cuán lejos se muevan antes de que se hagan las mediciones de espín, los resultados exhibirán estas probabilidades conjuntas.

En cambio, dado que las predicciones mecánicas cuánticas para el acuerdo y el desacuerdo son *sin (q/2) 2* y *cos (q/2) 2* respectivamente, la predicción mecánica cuántica para la correlación es.

La idea de que la aleatoriedad y la imprevisibilidad son causadas por cosas desconocidas (o desconocidas) se considera como "teoría de variables ocultas". Por ejemplo; 2, 2, 3, 6, 0, 6, 7, 9, 7, 7, 4, 9, 9, ... no es aleatorio, pero parece aleatorio. Sería muy difícil predecir el próximo término (7) si no conoce la variable oculta. La probabilidad de que las mediciones sean las mismas (para un par enredado) es, donde está la diferencia de ángulos entre los polarizadores.

El intercambio supra-luminar de información entre hechos separados espacialmente resulta parte integral de nuestra realidad física. Un incremento de información en estas regiones astrales, en este rincón de la Galaxia, en nuestro sistema solar está acompañada por un incremento de la información en sistemas de otras latitudes, está entonces íntimamente conectado, de forma inmediata, con lo que sucede en toda nuestra Galaxia, en todo el Universo.

No importa cuán distantes se hallen en el Universo, la partícula **A**, en un punto del Universo, conoce instantáneamente la dirección de rotación de la partícula **B**, ubicada en el otro extremo, asumiendo la rotación y dirección contraria. Si una partícula aquí se comunica con otra partícula en distancias remotas, la conexión tomaría tiempo aún si fuesen milésimas de segundos; si las dos partículas se hallan en Galaxias diferentes entonces la conexión tomaría siglos.

Si el conocimiento que se tiene del sistema cambia como consecuencia del resultado de una observación, en ese caso la función de probabilidad deberá cambiar. Refleja que las partes del sistema están correlacionadas entre sí y, por lo tanto, un incremento de la información aquí está acompañado por un incremento de la función del sistema en cualquier otra parte.

En resumen, las partículas en el experimento realizado por John F. Clauser y Stuart J. Freedman, la teoría "Clauser-Freedman parecen estar conectadas de algún modo, pese a que, de acuerdo con las leyes de la física, no pueden estarlo (si realmente están espacialmente separadas) porque la única manera en que podrían comunicarse sería mediante el envío y recepción de señales.

𝕮onstructibismo empírico

Si Philip Kitcher cae en el relativismo histórico, el filósofo Ernest von Glasersfeld lo hace en el relativismo social. Este constructivismo empírico de ambas tendencias exhibe un innegable subjetivismo, y de manera general tratan de decir que las viejas categorías de lo a priori, a posteriori, analítico-sintético, o la de los "fundamentos" deben abrir paso a nuevas ideas, métodos y actitudes filosóficas.

Es por esa razón que Gödel concluye[7] que "Dios, por definición, es lo más perfecto que puede ser pensado. Si pensáramos en Dios como inexistente, entonces no sería realmente la idea de Dios, pues tendría la imperfección de no existir. Entonces, la oración Dios existe es necesariamente verdadera; por lo tanto, Dios existe.

Este razonamiento matemático no tiene como intención convencer de la existencia de Dios, sino demostrar que el llamado "argumento ontológico" de la existencia de Dios es válido. Es decir, lo considerado misterioso y enigmático podía ser descifrado mediante las ciencias, en este caso las matemáticas".

Se podría pensar que el principio de la bivalencia no es muy importante. ¿Qué importa, uno se pregunta, que una proposición tiene o no un valor verdadero cuando no se conoce ese valor? La importancia radica en el hecho de que la bivalente es un principio lógico que se utiliza actualmente en el razonamiento matemático, y es el principio que justifica las pruebas por contradicción.

Como ya se ha mencionado, los intentos para reconstruir las matemáticas constructivistas se ocupan de la matemática infinita potencial y como una verdad puramente matemática como demostrable no han tenido mucho éxito. La matemática dominante de hoy es clásica, mientras que la intuicionista es cultivada por pocos eruditos. El error de Brouwer es la afirmación de censurar la matemática clásica y la ilusión de que sus puntos de vista filosóficos podrían dar lugar a la construcción de unas matemáticas "reales".

La crítica constructiva a la matemática clásica no ha sido abandonada, sino que existe una comprensión más profunda de ella. La matemática que se experimenta en el arte de la deducción, filosóficamente ingenua, se inclina principalmente a identificar la verdad con demostrables, en base a que las verdades establecidas por una teoría matemática no son más que los teoremas deducido por los axiomas.

Pero esto no evita absurdos al revisar los métodos habituales de inferencia que siguen a la razón de la lógica clásica.

Por lo tanto, en la teoría de conjuntos, la base matemática de todo el edificio en la disposición actual, los números se identifican con ciertos conjuntos particulares:

$\emptyset = 0, 1 = \{0\}, 2 = \{0, 1\}, 3 = \{0, 1, 2\}, ...$

Que el cero se identifica con el conjunto vacío y todos los otros números con sus precedentes. De esta manera los números llegan a ser entidades precisas del universo. La concepción del potencial infinito caracteriza las matemáticas constructivas, en especial las matemáticas intuicionistas. Esto fue establecido a principios del siglo XX por el holandés Jan Brouwer Luitzen Egbertus.

En particular, no es la tarea de la filosofía aprobar o censurar los métodos utilizados por los matemáticos en el trato del infinito. Lo que la filosofía puede hacer es estudiar las diversas posibilidades de interpretación del mundo de ficción que describe el discurso matemático.

Las teorías nacen y se desarrollan sobre la base de idealizaciones no bien definidas y confundidas. Sólo cuando una teoría matemática alcanza un considerable grado de desarrollo y se ha puesto formalmente en versión axiomático, se puede seguir la búsqueda de tales concepciones.

Los actuales atisbos cuasi-empiristas, si bien resultan una forma coherente para abordar la filosofía de las matemáticas, no pueden tenerse como una nueva dirección y abandonar los paradigmas fundacionales.

La razón es que este cuasi-empirismo está limitado en lo concerniente al descubrimiento de la veracidad de los resultados; no puede constatar a plenitud las pruebas formales, así como a otras caracterizaciones fundacionales, que son prácticamente equivalentes a la lógica matemática, y donde el resto solo es una superestructura irrelevante.

La corriente cuasi-empirista en las matemáticas todavía no aborda la dicotomía básica entre el realismo y el constructivismo.

Todo el sentido de la lógica, los axiomas y los fundamentos de las matemáticas iniciados por Frege, Russell y Gödel, pueden verse a distancia como un inmenso y necesario desvío para que esta ciencia llegue a transfigurarse de una disciplina lógica en una intuitiva.

Al descubrirse nuevas definiciones de las matemáticas surgen campos inéditos de estudio, como las ciencias y la teoría de las complejidades, como la modelación de la realidad en formas simbólicas. Estos inesperados terrenos enriquecen nuestras experiencias y vidas, y sientan las bases instrumentales especulativas que precisan las ciencias y la tecnología de este siglo XXI.

El logro de las matemáticas es vasto, y es un componente poderoso de nuestra cultura humana y en el futuro nos deparará sorpresas. Ellas son instrumentos mentales para suscitar descubrimientos; a medida que inventemos nuevos y más poderosos algoritmos matemáticos las ciencias podrán avanzar con mayor efectividad.

A pesar de todo lo que en el campo de las matemáticas se ha recorrido desde los pitagóricos, en realidad estamos en los comienzos de nuestra exploración de esa ciencia. Hemos adquirido la confianza de poder establecer un orden trascendente de la realidad; en tal sentido, el ordenamiento material del Universo no puede expresarse racionalmente si no utilizamos las matemáticas.

Los mapas teóricos matemáticos nos revelan lo visible y lo invisible (partículas, células), y el territorio espacioso e incógnito por recorrer, como el origen del Universo, el inicio de la vida, el enigma de la mente, etcétera.

No hay substituto programable para la actividad de la imaginación matemática. Como hemos planteado con anterioridad, las computadoras más poderosas que poseemos, y las que podemos figurar, son incapaces de lidiar directamente con los números infinitos de puntos, de líneas o curvas.

Debemos aclarar algo importante: el mundo matemático de la computación no es un continuo y no puede abordar las consideraciones intuitivas. Se necesitarán aproximaciones originales matemáticas, y todo indica que serán las conectadas con la teoría del caos.

Una relación no-lineal no se puede resolver con facilidad desde las matemáticas; no existe un gráfico que describa una línea continua. En las relaciones no-lineales las leyes son aproximaciones que se van refinando con el descubrimiento de "nuevas" leyes o modelos matemáticos teóricos.

Los transfinitos

Antes de Cantor[8] se pensaba que el concepto de infinidad no podía ser superado, pero él mostró lo contrario y afirmó en 1885: "Después de que Kant adquirió la ciudadanía entre los filósofos la falsa idea de que el límite ideal de lo finito es lo absoluto, mientras que en verdad este límite sólo puede ser pensado como transfigurado y precisamente como el menor de todos los transfinitos."

Los números transfinitos son claves para entender la naturaleza del tiempo y el espacio. La mecánica cuántica utiliza conceptos matemáticos de características contradictorias, como los números "q" descubiertos por el físico Paul Dirac, los cuales desafían las leyes de las matemáticas (al plantear que $a \times b = b \times a$). La física moderna acepta lo infinito en el tiempo, en el universo.

Cantor partió del siguiente teorema, conocido hoy como el teorema de Cantor[9]: "Dado cualquier conjunto U, el conjunto correspondiente de partes $P(U)$ tiene una potencia mayor que la de U-conjunto".

Los números cardinales están estrechamente ligados a los conjuntos: si A es cualquier conjunto, denotemos el número cardinal (A). Si A tiene un número finito n de elementos, decimos que la carta $A = n$; si A es un conjunto infinito, la carta (A) es un número transfigurado.

Cantor utilizó las operaciones entre conjuntos para definir corresponsales entre números cardinales, abriendo así el camino a una aritmética generalizada, que incluyese, además de los números finitos, y números transfinitos.

Así, partiendo de dos conjuntos disjuntos A, B, Cantor construye la adición de dos números cardinales como sigue:

tarjeta (A) + tarjeta (B) = tarjeta $(A \cup B)$

La adición, en el caso de cardinales finitos, se comporta como la definida en N. Pero si los cardinales se transfiguran, se obtienen nuevas relaciones que contrastan con las de N. Vemos algunos ejemplos:

$$x = x + n,$$
para cada $n\ n$
$$x = x + x = 2x$$

Paralelamente a la definición de número cardinal, ahora se puede introducir la siguiente definición del número ordinal, dos conjuntos bien ordenados tienen el mismo número de orden sólo si se puede establecer entre ellos una similitud.

Cantor introduce una novedad que consiste en colocar, como los datos existentes, el nuevo número ω, con respecto a que el conjunto N de los números naturales es la sección inicial, de acuerdo con la siguiente secuencia:

0,1,2,3,4,5 ..., *n*, ... ω

Este es un conjunto bien ordenada (donde *0* es el primer número en <ω), muy diferente del cardinal de sucesión 0,1,2,3,4, ... *n* ..., ya que, en este caso, ω no es junto a cualquier *n*. En consecuencia, el orden de *0,1,2,3,4* ..., *n*, ... ω es mayor que el de conjuntos numerables.

Por lo tanto, siempre que se introduce un nuevo número de límite en la secuencia de números ordinales transfinitos, aumenta la cardinalidad.

Apocalipsis es el teorema de la ausencia de la revelación gnóstica. No hay conocimiento de las cosas. Las cosas son irreparables, como enseña la lección hebrea. La ciencia de la experiencia, la cifra, donde cero e infinito son funcionales y no potentes, no es la ciencia del conocimiento, no es la ciencia del discurso.

Las matemáticas modernas se fundamentan en el concepto de continuidad: entre dos puntos en el espacio existe un número infinito de puntos, y entre dos puntos en el tiempo hay un número infinito de momentos.

Pero, tales contradicciones eran rechazadas de manera sistemática, y solo debido a la capacidad matemática de Hegel fue que se desbrozó el camino para dar cabida a lo finito e infinito en el tiempo, el espacio y el movimiento.

Entonces, con Aristóteles, no era "nada", lo que sólo introdujo parcialmente la cuestión de cero. De hecho, en el idioma alemán el cero sigue siendo nulo hoy. Incluso el infinito, gemelo cero, con Aristóteles se introduce parcialmente como potencial infinito, dado como excluido en el presente.

Para Hegel el Universo era finito e infinito a la vez. El manejo de la lógica formal en Europa dilató el progreso matemático, y con él a todas las ramas de la ciencia y su impacto en el progreso tecno-social.

En las teorías matemáticas cualquier intento de las matemáticas fundacionales no tuvo éxito. Frege, Dedekind, Cantor y sus éxitos son el resultado de un compromiso lingüística a las contradicciones de los intentos de cimentación. También Russell, Zermelo, Gödel, Cohen enarbolaron el mismo compromiso lingüístico que ahora constituye la teoría de las cuerdas.

Muchos persisten en excluir la objetividad del infinito y su capacidad de reflejar el mundo objetivo y real y solo lo circunscriben a las matemáticas "puras". Y todo pese a que el infinito es dable como instrumento matemático ya que se corresponde con la existencia del infinito en la propia naturaleza.

Supongamos absurdamente que los números reales entre 0 y 1 (es decir, el segmento de los extremos 0 y 1) pueden ser numerados; se pueden expresar como números decimales y ordenar de acuerdo con el orden ordenable:

$a_1 = 0, a_{11}a_{12}a_{13} ...$
$a_2 = 0, a_{21}a_{22}a_{23} ...$
pero entonces el número
$b = 0, b_1b_2b_3 ...$
tal que
$b_k = 9$ es $a_{kk} = 1$ y $b_k = 1$ si a_{kk} es 1

e diferente de todos los enumerados y está entre 0 y 1, contra la hipótesis de enumerar todos los números reales entre 0 y 1.

En consecuencia, los puntos de un segmento son más que naturales, es decir, más de X_0. serán X_1 (con $X_0 < X_1$) y X_1 se llamará potencia continua

Si estamos de acuerdo con esa convención, entonces cada cardinal grande es un cardinal débilmente inaccesible por lo menos, lo que significa que es un punto $\aleph\aleph$-fijo.

A saber, $\kappa = \aleph_{\kappa\kappa} = \aleph_\kappa$ (y de hecho, es el límite de los puntos fijos, y los límites de los límites de los puntos fijos y así sucesivamente).

Entonces, $\aleph\omega CK1\aleph\omega 1CK$ sólo ha contado muchos $\aleph\aleph$ debajo de él. Eso es sólo una pequeña fracción de los cardinales debajo del primer punto fijo. Si κκ es inaccesible entonces es el κκ-punto fijo, lo que significa que es insondablemente más grande.

Un cardinal fuertemente inaccesible es también un punto fijo (con propiedades similares a las discutidas arriba), donde los números de בב se definen usando la operación del sistema de la energía, más bien que los cardinales del sucesor.

Estamos familiarizados con la idea del *continuum*, o creemos estarlo, y no nos es habitual la dificultad que este concepto presenta a la mente, a menos que se conozcan las matemáticas modernas, del matemático alemán Peter Lejeune Dirichlet, de Dedekind, de Cantor. Al *continuum* todavía lo empleamos para el espacio y el tiempo, y difícil sería eliminarlo en la geometría abstracta, pero puede muy bien quedar fuera de lugar cuando se trata del espacio y del tiempo físicos.

El hecho de que los "no matemáticos" esquiven estas dificultades, y olviden cómo la mente griega comprendía la idea del *continuum*, se debe, en mi criterio, a la notación decimal. En nuestros días escolares nos tropezamos que existían fracciones decimales de infinitas cifras, y que tales fracciones representaban un número, incluso cuando no es posible señalar recurrencia alguna en sus cifras.

Mucho de lo que se estudia en las matemáticas se centra en esos conceptos. El infinito es un concepto distintivo de las matemáticas. En la geometría hablamos de prolongabilidad "infinita" de la línea recta, la posibilidad de dividir un segmento en igual n *parte*, con n que puede ser "tan grande como quieras"; aproximación del área del círculo con polígonos regulares inscritos y circunscritos, etc.

En el análisis matemático que también se llama "infinitesimal", el infinito está constantemente presente en todas las cuestiones e incluso si lo hace uso de "casual". No podemos hablar de los conceptos fundamentales de las matemáticas, como un número real, continuidad, derivabilidad e integralidad de una función, sin el uso de los límites de una definición de función.

Pues bien, el concepto de límite, que en la historia de las matemáticas requiere un tiempo bastante largo para su definición, utiliza continuamente la noción de "infinito" y hay teoremas que enseñan casi hacen que un "cálculo con el infinito."

El infinito es entonces dominado y casi somete a un cálculo algebraico de análisis matemático en el estudio. Esta "regla" en el infinito, se ha logrado progresivamente con la disposición del análisis matemático en los límites de la función. El análisis matemático es la base de todos los estudios científicos, sobre todo es el lenguaje de la física y de todas las disciplinas científicas y tecnológicas utilizando herramientas matemáticas.

De cualquier modo, nos percatábamos que se podía adscribir un número definido a cada uno de los puntos de una recta, entre *0* y *1*, así como entre *0* e infinito, e incluso también entre *(-)* infinito y *(+)* infinito, siempre que señaláramos en la recta el punto cero. Esa era la única manera de sentirnos en posesión del *continuum*.

Todas las dificultades atribuidas a la continuidad tienen su origen en el hecho de que un ordenamiento continuo deberá tener un número infinito de elementos: ellas son, por consiguiente, dificultades referentes al infinito.

Al respecto el criterio de Russell no arroja mucha luz[10]: "La infinita divisibilidad de un objeto parecería significar, a primera vista, que hay distancias infinitesimales. Esto es, sin embargo, un error. "Pero", se dirá, "al fin la distancia se volverá infinitesimal". No, puesto que no hay fin.

La totalidad del cálculo diferencial e integral, y en verdad, prácticamente toda la matemática superior, depende de la noción de límite. Anteriormente se suponía que los infinitesimales estaban incluidos en los fundamentos de esta noción, pero él en su época considerado un genio matemático, el alemán Karl Weirstrass, padre del análisis moderno, demostró que esto era un error[11]; cuando se estaba en presencia de lo que se creía que eran los infinitesimales se estaba, en realidad, frente a un conjunto de cantidades finitas que tienen como límite inferior a cero.

Una obra muy interesante desde el punto de vista epistemológico del límite en el que se pone en evidencia no sólo dos diferentes puntos de vista sobre la noción epistemológica del concepto de función, a saber, en el "límite cinemático" y la "aproximación", sino también la existencia de una relación dialéctica entre estos dos puntos de vista.

Habitualmente se consideraba a este "límite" como una noción esencialmente cuantitativa, es decir, como una cantidad a la cual otras se aproximaban cada vez más, hasta poder diferir de ella en menos que cualquier cantidad dada.

Pero, en realidad, la noción de "límite" es puramente ordinal y no implica idea alguna de cantidad[12]. Un punto dado sobre una línea puede ser el límite de un conjunto de puntos de la misma, sin que sea necesario introducir coordenadas, medidas o términos cuantitativos de ninguna naturaleza.

Grothendieck: genio solitario

Alexander Grothendieck, cuya mente brillante electrificó el mundo de las matemáticas en los años cincuenta y sesenta, ganándole el equivalente del Premio Nobel en su campo y que luego desapareció en una misteriosa vida de aislamiento autoimpuesto.

Grothendieck fue uno de los más importantes pensadores matemáticos del siglo XX. Sus contribuciones a las matemáticas a menudo se compararon a las de Einstein en física.

Su especialidad nominal era la geometría algebraica, que combina elementos de ambas disciplinas matemáticas, pero Grothendieck hizo avances en todo el espectro de las matemáticas. Dos de sus principales publicaciones, *Elementos de Geometría Algebraica* y *Fundamentos de Geometría Algebraica*, son esenciales para los matemáticos.

Grothendieck desarrolló conceptos unificadores que podrían aplicarse a una variedad de vías del pensamiento matemático, incluyendo la teoría de números, teoría de categorías, el análisis funcional y la topología. Asimismo, se aplicó a la programación computacional, el desarrollo de programas, las comunicaciones por satélite, los sistemas de clasificación y el estudio de datos biológicos.

Sus ideas fueron fundamentales para resolver uno de los enigmas de la matemática, el último teorema de Pierre de Fermat. En 1637, Fermat anotó una notación matemática en el margen de un libro, pero su prueba había confundido a las más grandes mentes matemáticas del mundo durante más de tres siglos.

Finalmente, en 1995, el matemático británico Andrew Wiles publicó una prueba del teorema utilizando los principios de la geometría algebraica que Grothendieck había redefinido a sus fundamentos.

La primera gran contribución de Grothendieck a la geometría algebraica fue la noción de un esquema. Descartes podría quizás ser considerado el "padre" de la geometría algebraica debido a su observación de que las soluciones a las ecuaciones algebraicas se pueden representar geométricamente. Pero ¿qué pasa con las ecuaciones sobre campos finitos tales como Z/pZ ?, las ecuaciones polinomiales?

Las variedades algebraicas correspondientes -los conjuntos de soluciones a tales ecuaciones- son finitos y, a primera vista, parecería no haber algún tipo de geometría razonable o no trivial sobre un conjunto finito.

Pero la idea de Grothendieck fue considerar no sólo la variedad algebraica por sí misma, sino junto con un conjunto de funciones. Así, es posible hablar de formas diferenciales, vectores tangentes[13] y vectores sobre estas variedades algebraicas finitas, así como objetos geométricos y algebraicos más generales, de una manera coherente que asemeja a la teoría procedente de la geometría diferencial.

Uno de los grandes problemas a los que se aplicó por primera vez la teoría de los esquemas fue la conjetura de Well en cuanto a la cuestión del número de soluciones de ecuaciones algebraicas sobre campos finitos.

Para la prueba de estas conjeturas, Weil postuló la existencia de una teoría de cohomología para tales variedades algebraicas que imitaban la teoría del cohomology que venía de la topología de variedades.

Sin embargo, la construcción de la teoría de cohomología topológica[14] no podría aplicarse directamente a los esquemas debido a que no hay "suficientes" conjuntos abiertos en la topología del ruso-americano Oscar Zariski.

Así Grothendieck generalizó la noción de topología, que, junto con la maquinaria de funciones derivadas, también introducida por Grothendieck permitió posteriormente la construcción de la teoría de cohomología postulada por Weil y, finalmente, la prueba del belga Pierre René Deligne de las conjeturas de Weil.

De hecho, Grothendieck imaginó un conjunto más amplio de conjeturas, que él llamó las "conjeturas estándar" de las cuales seguirían las conjeturas de Weil; Hasta ahora estas conjeturas estándar todavía están parcialmente abiertas.

Grothendieck amplió nuestra comprensión y concepción de la geometría notando que un objeto geométrico XX puede ser en cambio completamente entendido en términos de todos los mapas de otros objetos en XX. Así, XX puede ser reemplazado por el factor que asocia cada YY al conjunto de mapas

$Y \to XY \to X$. Volviendo esto, esto nos permite pensar geométricamente sobre ciertos factores.

Grothendieck, es un matemático completamente desconocido para el público, un genio solitario que marcó la cultura de su tiempo abriendo nuevos caminos no imaginados en matemáticas. Una contribución que requerirá quizás décadas para ser asimilada por las siguientes generaciones de matemáticos.

Esta contribución es el resultado de la búsqueda de un entendimiento completo que ignora los límites establecidos entre campos separados, al unir los dos mundos separados de la geometría y la aritmética desarrollando lo que propone llamar una nueva "geometría aritmética".

Grothendieck identificó las estructuras matemáticas de su tiempo que mejor ayudarían a modelar el mundo de los fenómenos físicos para reemplazar los modelos difuntos heredados de sus predecesores.

Caos y determinismo

En la cosmología griega, el caos es la mezcla de elementos materiales e indeterminado que existe antes que surgiera el cosmos como un conjunto maravillosamente ordenado. Hoy en día, para los matemáticos y físicos, la palabra caos tiene un significado mucho menos general y aún más determinista.

Las leyes de la física describen un mundo idealizado, un mundo estable, y no el mundo inestable, evolutivo, en el que vivimos. La vida solo es posible en un universo alejado del equilibrio. El notable desarrollo de la física y la química del no equilibrio durante los últimos decenios refuerza entonces las conclusiones.

El caos es la ciencia que estudia los grandes efectos que resultan de causas pequeñas. O, de una manera más rigurosa, es la ciencia que estudia la dinámica de sistemas no lineales, de sistemas sensibles a las condiciones iniciales que cambian con el tiempo de forma impredecible.

La ciencia clásica privilegiaba el orden y la estabilidad, mientras que en todos los niveles de observacion reconocemos hoy el papel primordial de las fluctuaciones y la inestabilidad.

Apenas se incorpora la inestabilidad, la significación de las leyes de la naturaleza cobra un nuevo sentido[15]. La ecuación de Newton en dinámica clásica y la de Schrödinger en mecánica cuántica-, los procesos irreversibles implican una rotura de la simetría temporal.

León Rosenfeld no cesaba de enfatizar, toda teoría se funda en conceptos físicos asociados a idealizaciones que tornan posible la formulación matemática de esas teorías; por ello, "ningún concepto físico está suficientemente definido si no se conocen los límites de su validez[16].

En realidad, el "descubrimiento" del caos realizado en los años 60 fue un "redescubrimiento". Mucho antes, Blaise Pascal había señalado que: "Si la nariz de Cleopatra hubiera sido diferente, sería cambiar toda la faz de la tierra." Con ello señalaba que el sentido común siempre conoce de la extrema sensibilidad a las condiciones iniciales, y por tanto la inestabilidad de algunos sistemas naturales que nos rodean, incluyendo los artificiales.

La auto-organización y las estructuras disipativas, hoy ampliamente utilizados en ámbitos que van de la cosmología a la ecología y las ciencias sociales, pasando por la química y la biología. La física de no equilibrio estudia los procesos disipativos caracterizados por un tiempo unidireccional y, al hacerlo, otorga una nueva significación a la irreversibilidad[17].

Tal vez menos acreditado es el hecho de que la existencia de sistemas inestables fue también conocido por los padres de la mecánica clásica. De hecho, la física de Newton nació con este conocimiento. Newton trató infructuosamente de establecer ecuaciones que le permitiesen calcular con precisión la órbita de cada planeta alrededor del Sol.

Pero el sistema solar no funciona sólo las interacciones gravitacionales entre el Sol y los planetas individuales; sin embargo, las interacciones gravitacionales entre los planetas mismos son mucho más pequeñas.

Sin embargo, estas perturbaciones son suficiente para poner en peligro a largo plazo no sólo la previsibilidad de la dinámica planetaria, pero incluso la propia estabilidad del Sistema Solar.

Newton evoca la intervención de Dios, ya que no tiene las herramientas de cálculo para lidias con los efectos perturbadores de la atracción gravitatoria mutua entre los planetas.

Por lo tanto, nos enfrentamos a la paradoja de la física newtoniana, las condiciones iniciales, que su fundador ha demostrado poseer en exceso.

En los siglos XVII y XVIII, la mecánica newtoniana triunfó en su explicación del sistema solar. De hecho, muchos teólogos en aquella época describían a Dios como un gran relojero, que sólo tenía que comenzar el universo y luego retroceder y dejar que las leyes de Newton determinaran el futuro. Pero ¿todo en el universo funciona como un buen reloj?

La racionalidad lineal se estableció con el tiempo, cuando Euler, Lagrange y, por último, Pierre Simón de Laplace la utilizaron para el cálculo de las perturbaciones. En particular Laplace, apoyado en Johannes Kepler muestra que, debido a las perturbaciones gravitacionales mutuas, los planetas se mueven en órbitas elípticas fijas y geométricamente perfectas.

Pero a las órbitas erráticas, variables gracias a las pequeñas aproximaciones, infiere Laplace que son sustancialmente insignificantes. Así, la ley de Newton se consideró capaz de describir todos los movimientos de los planetas.

El gran éxito de la matemática que se desarrolló después de Laplace maduró la visión determinista del mundo, que se resume en una de las más bellas páginas poéticas de la literatura científica de todos los tiempos. Los movimientos de los cuerpos más grandes del universo y los del átomo más ligero: nada sería incierto, el futuro como el pasado estaría presente a sus ojos.

El determinismo científico, en su sentido de Laplace, tiene un significado ontológico. Se relaciona con el enfoque de la naturaleza, no al conocimiento que el humano tiene de la naturaleza. En particular, el determinismo científico a la

Laplace sostiene que existe una correlación unívoca entre la causa y efecto[18].

El determinismo científico se ha cuestionado repetidamente. En 1806 Simeón Denis Poisson concibe soluciones de ecuaciones diferenciales de la mecánica clásica, que se bifurcan a partir de un mismo estado inicial.

Mientras se definen con precisión ciertas condiciones iniciales un sistema dado de ecuaciones diferenciales ordinarias[15] puede admitir dos soluciones diferentes. Por ello Poisson entiende que socavan la base matemática de la concepción mecánica determinista.

Poincaré, el precursor

Casi un siglo después, otro matemático francés Henri Poincaré, no sólo demuestra la falta de integración, o la incapacidad para obtener una solución exacta en general, al llamado "problema de los tres cuerpos".

El matemático Poincaré del siglo XIX encontró una excepción: el movimiento de tres objetos astronómicos que interactúan mutuamente. Cuando los tres objetos tienen una masa comparable, como se sugiere en el dibujo, el movimiento de cada cuerpo produce un cambio sustancial en el campo gravitacional experimentado por los otros dos, por lo que una solución es imposible.

Henri Poincaré quien descubrió el determinismo del caos en el contexto del Sistema Solar, con su observación de que en los sistemas deterministas había espacio para considerar las pequeñas perturbaciones, las que introducían un alto grado de incertidumbre. Con su inusual uso de la perspectiva geométrica, comprobó elementos imperceptibles de caos, posibilitando las predicciones a escalas de tiempo humano.

Poincaré califica como uno de los más encumbrados científicos de Francia, y uno de sus filósofos más originales, dejando su huella profunda en las matemáticas, la física y la mecánica celeste. Puede decirse que originó la topología algebraica y la teoría de las funciones analíticas con variables complejas. Juntamente con Einstein y Lorenz, se le acredita ser coautor de la teoría especial de la relatividad.

Las exploraciones de Poincaré en el terreno del caos y el orden lo llevaron a aseverar que la aplicación de la mecánica newtoniana al Sistema Solar no podía descifrar sus inestabilidades, alegando que el Sistema Solar, al igual que el péndulo, aparentemente gobernados por leyes newtonianas, podía desplegar dinámicas complicadas[19], es decir la dinámica del caos.

Poincaré lo aclara de la siguiente manera[20]: "Si nosotros no fuéramos ignorantes, no habría probabilidad, no habría lugar sino para la certeza; pero nuestra ignorancia no puede ser absoluta, sin lo cual no habría tampoco probabilidad." A lo que agrega Prigogine[11]: "El no equilibrio es fuente de orden, el equilibrio se convierte en sinónimo de desorden."

En su eminente ensayo *Ciencia y método*, escrito en 1908, Poincaré expuso la imposibilidad de conocer exactamente las leyes de la naturaleza y la condición del Universo en su momento inicial; para él, en caso hipotético, solo podríamos percibir la situación original de forma aproximada, lo que impedía predecir textualmente su estado en períodos posteriores.

Por otro lado, apuntó que los fenómenos no podían predecirse acorde con leyes generales preexistentes pues una ligera perturbación, una causa tan pequeña en sus requisitos iniciales que podía escapar de la observación general, al final introducía un enorme cambio[22].

Así, en un período de tiempo dilatado, las variaciones de segundos o minutos que ejerce cada uno de los planetas sobre los otros eran capaces de crear las condiciones indispensables para un cambio abrupto de configuración orbital, incluida la desorganización de todo el Sistema Solar.

El increíble descubrimiento de Poincaré implicaba que lo impredecible, las conductas que se hallaban fuera de las leyes generales podían tener lugar en un sistema regido enteramente por leyes exactas e inquebrantables.

Al demostrar que las ecuaciones matemáticas y los sistemas de la física manifestaban el caos, Poincaré logró fusionar ambas ramas nuevamente; así se abordó la estabilidad del Sistema Solar lográndose una mayor comprensión de cómo surgió el Sol y los planetas y de si planetas como el nuestro existen en otros rincones de la galaxia Vía Láctea. Algo parecido a lo que intentó también sin éxito Einstein, al tratar de asociar su teoría de la relatividad general con la mecánica cuántica, para explicar el Universo.

Colapsa el determinismo

Incluso con las leyes naturales conocidas, existen sistemas cuya evolución es impredecible estructuralmente, ya que los pequeños errores en sus condiciones iniciales producen grandes errores en sus condiciones finales.

Poco después, Jacques Hadamard se involucra en el estudio geodésico de las líneas más cortas entre dos puntos de una cierta configuración geométrica; en ciertas superficies especiales en curvatura infinita[23].

Hadamard se percata que cualquier diferencia, incluso mínima, en las condiciones iniciales de dos geodésicas que permanecen a una distancia finita, puede producir una variación de magnitud arbitraria en la evolución de la curva final. Trasladado a nivel cósmico, eso hace impredecible, e inestable la evolución a largo plazo del propio sistema solar.

Según el filósofo Karl Popper, Hadamard marca el colapso final del determinismo científico. El hecho es, por lo tanto, que la ciencia del siglo XIX ya ha descubierto el comportamiento caótico de los sistemas dinámicos por ser extremadamente sensibles a las condiciones iniciales.

Al igual que los sistemas caóticos, la no integralidad abre la vía a una formulación estadística de las leyes de la dinámica. Tal resultado fue posible gracias a las investigaciones que ahora se asocian a la renovación de la dinámica que inicio, sesenta años después de Poincaré, el trabajo de Kolmogorov, proseguido por el de Arnold y Moser[24] (la teoría KAM).

La teoría KAM describe la manera en que se transforma la topología del espacio de las fases para un valor creciente de energía. A partir de un valor crítico, el comportamiento del sistema se torna caótico: trayectorias vecinas divergen en el curso del tiempo. Estos temas se debatirán en la Unión Soviética con Andréi Kolmogorov y su escuela. En Occidente se afrontará en las obras de Mitchell Feigenbaum y David Ruelle al abordar los problemas no lineales de la turbulencia en los fluidos, mientras que Benoit Mandelbrot introduce el concepto de la geometría fractal. Luego, la computación facilita el estudio matemático y promueve el redescubrimiento explosivo de los sistemas dinámicos sensibles a las condiciones iniciales.

Pero la ignorancia de las diferentes causas que contribuyen a la formación de los eventos, así como su complejidad, junto con la imperfección del análisis, nos impiden lograr la misma certeza con respecto a la gran mayoría de los fenómenos.

El manifiesto del determinismo científico contenía la imposibilidad epistemológica del reconocimiento de la ciencia para predecir, por completo, todos los eventos futuros.

Pero hay cosas que son más o menos probables de incertidumbre, y tratamos de remediar la imposibilidad de saber mediante la determinación de sus diferentes grados de verosimilitud.

Será, en las primeras décadas del siglo XX, que una nueva mecánica, la mecánica cuántica enfrenta de una manera radical el tema. Heisenberg, con su principio de indeterminación, en 1927 demostró la incapacidad para seguir la "trayectoria de los electrones", debido a la imposibilidad, en principio, a saber, con absoluta precisión el estado inicial.

Como escribe Heisenberg[25]: "En la clara redacción de la ley de la causalidad:" Si sabemos esto, podemos calcular el futuro, pero no podemos saber, en principio, el presente en cada elemento clave.

Heisenberg niega que la incertidumbre del estado electrónico es epistemológica: es inútil y absurdo pensar en un mundo real inaccesible al humano, pero perfectamente determinado en el que se aplica la ley de causalidad.

La incertidumbre en el mundo que emerge de la nueva física no es epistemológica, sino ontológica, por lo tanto, por medio de la mecánica cuántica, Heisenberg concluye que sin duda se establece la nulidad de la ley de causalidad. Ni siquiera la inteligencia evocada por Laplace podría saber, al mismo tiempo, la posición y la velocidad de una partícula cuántica. Y, por tanto, predecir el futuro.

De hecho, es en el principio de incertidumbre y en la superposición de todos los estados posibles en lo que sería una partícula cuántica cuando no está sometido a medición, que la visión determinista del mundo entra en crisis.

Por supuesto, no todos los físicos aceptaron el final de la causalidad estricta, entre ellos Einstein. Para los deterministas la imposibilidad de conocer con absoluta precisión el presente es epistemológico, no ontológico.

El desafío de los sistemas dinámicos caóticos consagra nuestra incapacidad para hacer predicciones exactas acerca de la evolución macroscópica del universo y de sus partes, que es la causalidad estricta válida o no.

La mariposa y la tormenta

La física clásica se centra sobre todo en fenómenos perfectamente predecibles, para los cuales el comportamiento futuro de un sistema está determinado por las leyes que los gobiernan. La teoría del caos demuestra que existen sistemas para los que la conducta futura no es totalmente predecible, a pesar de que son gobernados por leyes deterministas.

La idea detrás de la mecánica clásica es que, si conoce la naturaleza de las fuerzas, conociendo el estado actual del sistema en cuestión, su futuro y su pasado se vuelven computables. Laplace, en 1776, asumió la existencia de un sistema dinámico capaz de regular, de forma rígidamente determinista y predecible, todo el Universo.

Entonces, en lugar de la racionalidad determinista, entraría en escena el Caos una de la más ingeniosa de las teorías matemáticas: la ciencia de la posibilidad o probabilística racional, para tratar de explicar fenómenos complejos o simplemente la vida cotidiana caótica.

Sofia Vasilyevna Kovalevskaya, fue un matemático ruso que hizo contribuciones notables al análisis, las ecuaciones diferenciales parciales y la mecánica.

Su tesis doctoral sobre ecuaciones diferenciales parciales se llama hoy teorema de Cauchy-Kovalevskaya.

En 1888, cuando se le presentó el famoso *Prix Bordin* de la Academia Francesa de Ciencias en reconocimiento de su primer premio: *Sobre el problema de la rotación de un cuerpo sólido sobre un punto fijo*, en el que se resolvió completamente un problema cuya solución había eludido durante mucho tiempo Matemáticos.

Kovalevskaya fue la primera mujer profesora de matemática en Europa, fue quien, en 1889, expone inicialmente y de manera independiente los primeros antecedentes del caos, cuando confecciona su definición matemática para la dinámica de la inestabilidad buscando medir el ritmo de crecimiento de las pequeñas desviaciones en la física.

Estas observaciones han llevado al desarrollo de la Teoría del Caos, que establece límites a la previsibilidad de la evolución de sistemas no lineales complejos. En los sistemas lineales, un pequeño cambio en la inicial de un sistema (física, química, el estado biológico, económico) hace que una pequeña variación tal en su estado final.

Al menos desde la segunda mitad del siglo XX, se ha convertido en una disciplina física-matemática de éxito, y ha producido resultados, teóricos y aplicados, considerables. Así, el caos determinista se convirtió en protagonista de la historia científica y cultural desde la segunda mitad del siglo XX debido a simulaciones de computadoras, a la evolución de los sistemas dinámicos, originando incluso el estudio y la investigación de los principios fundamentales de la complejidad.

No por casualidad, de hecho, George Cowan, desde mediados de los años 1980 estudió la complejidad, eligiendo al caos como el conocimiento científico siglo XXI y el fundamento de la investigación sobre sistemas complejos, porque tratarse de la primera alternativa rigurosa para el pensamiento lineal, reduccionista, que dominó la ciencia desde los tiempos de Newton y ha llegado a su límite en la capacidad para hacer frente a los problemas del mundo moderno.

Ciertamente y como vimos, se puede decir que la teoría de los sistemas dinámicos en el sentido moderno del término, de hecho, fue fundada y desarrollada en sus elementos centrales ya por Poincaré a finales del siglo XIX

George David Birkhoff, por su parte consideraba un modelo de sólo tres (3) ecuaciones, pero parecía capturar toda la física del problema. La contribución más famosa sería de Kolmogorov, pero su teorema sobre la existencia de toros invariantes, llena un vacío dejado abierto por Poincaré en sus *Nouvelles Méthodes*.

De hecho, incluso la existencia del fenómeno de toros invariantes destacado por Kolmogorov que a primera vista puede parecer tan increíble como la existencia del punto omoclino de Poincaré no se entendió de inmediato, incluso por los matemáticos, algunos de ellos incluso dudaban fuertemente que el teorema de Kolmogorov fuese correcto.

Sólo años después fue finalmente aceptado, después de la manifestación interpretado por el matemático alemán Jurgen Moser y Arnold; en este punto, la comunidad matemática ya estaba lista.

El caos se procesó por primera vez en 1961, por un equipo meteorólogo encabezado por Edward Lorenz. El estudio planteó cómo evolucionó todo un sistema de clima relativamente simple a condiciones climáticas muy diferentes e inesperadas, al modificarse una diezmilésima parte del valor de uno de los muchos parámetros que lo describen.

Las grandes diferencias entre los dos sistemas meteorológicos que se experimentaron a partir de condiciones iniciales casi similares confirmaron el éxito de la metáfora de Lorenz: sólo por el aleteo de una mariposa en el Amazonas se desata una tormenta en Dallas.

Y puesto que nadie puede predecir cuándo una mariposa bate sus alas en el Amazonas, ni calcular todo el aleteo de la mariposa, se llega a la conclusión de Lorenz, que no se puede predecir con absoluta certeza si dentro de unas semanas lo que suceda en el Amazonas desate una tormenta en Dallas.

Lo que llevó al trabajo de Lorenz, se refiere al problema del clima turbulento en los fluidos. Típicamente, un fluido está confinado entre dos placas horizontales, mantenidas a dos temperaturas diferentes, con la placa inferior a una temperatura más alta.

Por lo tanto, hay una situación en la que la gravedad "empuja" hacia abajo, mientras que el calor tiende a extenderse hacia arriba. Se hacen observaciones de cómo el fluido se comporta experimentalmente diferentes valores de la diferencia de temperatura. Para valores pequeños de esta diferencia, el fluido no se mueve en absoluto, y sólo tiene conducción de calor.

La importancia del descubrimiento y la metáfora de Lorenz atribuye al caos una nueva disciplina científica: la ciencia del caos, de hecho, otorgándole un papel mucho más significativo en la civilización y en la sociología de la ciencia.

Así fue como las figuras de Lorenz mostraron esas trayectorias que todo el mundo científico recibió como una revelación: esta es la extraña atracción de Lorenz. La naturaleza matemática de este extraño atractor fue ampliamente debatida.

Así, Lorenz marcó uno de los más grandes, si no la mayor ruptura epistemológica en la física y la matemática del siglo XX, ya que finalmente sería superado el determinismo y la causalidad estricta de la mecánica clásica. Pues con este nuevo campo se abordó la evolución de los sistemas dinámicos no lineales y los sistemas divergentes, es decir, la mayoría de los sistemas operativos impredecibles en el mundo macroscópico es.

Lorenz presentó sus resultados de simulación con un gráfico de lo que los físicos llaman "espacio de fase". En este espacio, cada eje del gráfico corresponde a una variable del sistema, como la posición y el momento de una partícula, de modo que todo el estado del sistema puede Se expresa por el punto en el espacio de fase que ocupa en un momento determinado.

Particularmente útil fue la observación hecha por Michel Henon de que la estructura de la atracción extraña fue descrita completamente por la simple transformación de un dominio bidimensional en sí mismo: este es el famoso mapa de Henon.

$x_n+1 = 1 + y_n - ax 2 n\ yn+1 = axk/_n$.

En este contexto, se prestó especial atención al estudio de los movimientos de las estrellas en una galaxia, típicamente en una galaxia elíptica.

En particular, el problema más simple que se consideró fue el del movimiento de una estrella en el plano galáctico bajo la acción del potencial "medio" creado por todos los demás.

De esta manera se reduce al problema mecánico trivial del movimiento de un punto en el plano, sujeto a una simetría cilíndrica potencial dado.

Un péndulo con fricción tendría un diagrama de espacio de fase como el que se muestra en el segundo gráfico, una espiral que serpentea hasta un punto, a medida que la energía se disipa y la amplitud y velocidad del péndulo disminuyen progresivamente. Para más información sobre el espacio de fase de un péndulo, vea el primer enlace.

El desarrollo espectacular de la física de no equilibrio y de la dinámica de los sistemas dinámicos inestables, asociados a la idea de caos, nos obliga a revisar includo hasta la noción de tiempo tal como se formula desde Galileo.

𝔈l gato de 𝔄rnold

Entre las décadas 1950 y 1960 se establece una metodización más a fondo de la teoría del caos que descansa en las ideas del soviético Andréi Kolmogorov[26] y de su escuela matemática integrada por Vladimir Arnold, Yasha Sinaí y Boris Chirikov, quienes experimentaban en aceleradores de partículas.

Andréi Kolmogorov es uno de los matemáticos más importantes del siglo XX. En 1933, publicó una de las obras más importantes en Fundamentos de la Teoría de la Probabilidad, que definió la probabilidad axiomáticamente y estableció la teoría de la probabilidad como una teoría de la rama de la medida. Él también hizo el trabajo fundamental en procesos estocásticos, incluyendo procesos de Markov, nombrados para Andréi Márkov.

Además de la probabilidad, Kolmogorov hizo importantes contribuciones en topología, topología algebraica, análisis funcional, sistemas dinámicos, dinámica de fluidos e incluso educación matemática[27].

Más tarde, cambió los intereses de investigación en la zona de turbulencia, donde sus publicaciones a partir de 1941 tuvieron una influencia significativa en el campo.

Piense en el proceso (que comienza en cualquier estado x_0) al alcanzar un estado $x_t = (a_t, b_t)$ $x_t = (a_t, b_t)$ después del tiempo t mediante muchos pequeños saltos a intervalos cortos:

$0 = t_0 < t_1 < t_2 < \cdots < T_n = < \cdots < t_n = t.$

El generador infinitesimal es una aproximación de primer orden a los cambios. En la notación de conveniencia:

$a\ (i) =\ _{ati} a\ y\ b\ (i) = b_{ti} b\ (i) = b_{ti}.$

En 1954 Kolmogorov examina todo lo concerniente a los sistemas dinámicos de las órbitas periódicas, y en 1963 Vladimir Arnold analiza en detalle las matemáticas del caos en un oscilador que remedaba los latidos del corazón.

Vladimir Arnold fue un gigante entre los matemáticos contemporáneos, y uno de los tres que se destacan en la creación y el desarrollo de la teoría de la catástrofe.

Arnold seguiría aportando contribuciones importantes al problema del movimiento cuasi periódico ya los sistemas dinámicos, la teoría de la bifurcación y la mecánica clásica en general. Los aportes de Arnold se citan regularmente como un recurso sobre la enseñanza de las matemáticas y la relación con la física.

Arnold hizo contribuciones importantes a los sistemas dinámicos ya la teoría de la singularidad, con ramificaciones en matemáticas pura y aplicada: álgebra, topología, geometría algebraica, mecánica celeste, dinámica de fluidos y óptica.

Una de las grandes preguntas sobre el Sistema Solar es su estabilidad. ¿Los planetas seguirán orbitando el Sol indefinidamente, cerca de sus orbitas presentes? ¿O habrá algún cambio dramático, como dos planetas que chocan, o uno que se arroja a las profundidades del espacio interestelar?

Esta pregunta había gravado a muchos grandes matemáticos en el pasado. Isaac Newton descubrió que la órbita de un planeta alrededor del sol es una elipse, que es estable, pero el cálculo ignora los efectos de cualquier otro cuerpo.

Sin embargo, el Sistema Solar contiene ocho planetas, sin contar Plutón, que ya no se considera un planeta, y numerosos otros cuerpos más pequeños. Cada uno de estos cuerpos ejerce una fuerza gravitacional sobre cada otro, de la manera muy particular especificada por la gravedad newtoniana.

Desafortunadamente, el teorema de Kolmogorov no se aplica al Sistema Solar, porque la gravedad newtoniana no obedece a las condiciones técnicas necesarias[28]. Sin embargo, Arnold encontró un camino alrededor de este obstáculo, y demostró la estabilidad para un sistema solar idealizado en el que todos los planetas tienen pequeñas masas e inicialmente se mueven en órbitas circulares en el plano.

Más precisamente, lo demostró para dos planetas, y progresó en un número arbitrario de planetas. La prueba fue completada más tarde por Michel Herman. Las masas de planetas reales son demasiado grandes para que el teorema se aplique, y sus órbitas no son ni círculos ni en el mismo plano. Sin embargo, las ideas de Arnold tuvieron un profundo impacto filosófico.

Arnold fue también uno de los primeros contribuyentes a lo que se conoce popularmente como "teoría del caos", la rama de la dinámica que se ocupa de las soluciones aparentemente aleatorias a las ecuaciones no aleatorias. En paralelo con el topólogo francés René Thom, propuso un ejemplo simple de un sistema dinámico que parece ser aleatorio cuando se observa a cualquier nivel de precisión.

Sólo con observaciones infinitamente precisas puede verse que no es aleatorio. Este ejemplo se conoce como "gato de Arnold", porque ilustró la dinámica mostrando cómo un dibujo de un gato evoluciona.

Thom aplicó este ejemplo al campo magnético de la Tierra, que se cree producido por corrientes de convección en su núcleo de hierro líquido. Hay un problema teórico importante aquí: ¿puede el flujo de un fluido conductor en el espacio tridimensional generar un campo magnético?

El ejemplo de Arnold lo aborda, pero no es realizable en el espacio tridimensional ordinario. Sin embargo, una modificación simple produce un flujo más realista que bien puede poseer la misma propiedad de la dinamo.

Arnold armó una solución integral al misterio de la mecánica celeste presentado por Poincaré, el cual había reseñado en sus ecuaciones: el comportamiento de un sistema caótico que tiende a variar drásticamente en respuesta a los breves y tenues cambios de sus condiciones primiciales.

Tanto Popper y científicos influyentes como Ilya Prigogine, han sostenido que la teoría del caos ha hecho una importante contribución a la evolución del debate sobre los fundamentos de la física, representando una evolución del problema conocido como el determinismo.

La década caótica

No por casualidad, de hecho, que George Cowan, desde mediados de los años 1980 estudió la complejidad, a partir del caos, por tratarse de la primera alternativa rigurosa al pensamiento lineal, reduccionista, que dominó la ciencia desde los tiempos de Newton, pero que en la actualidad ha llegado a su límite en la capacidad para hacer frente a los problemas del mundo moderno.

¿Qué es el azar? Este concepto es difícil de justificar y más aún de definir en términos de física clásica. Pero a partir de Poincaré y la teoría de las probabilidades, el azar no es más que la medida de nuestra ignorancia. Si conociésemos las leyes de la Naturaleza y la situación del Universo en el instante inicial, podríamos predecir con exactitud la situación de este Universo en un instante ulterior. Por eso nuestra debilidad no nos permite abarcar el Universo entero y nos obliga a dividirlo[29].

Pero para una clase muy vasta de sistemas dinámicos dichas modificaciones se amplían con el tiempo. Los sistemas caóticos son un ejemplo extremo de sistema inestable: en ellos las trayectorias correspondientes a condiciones iniciales tan vecinas como se quiera divergen de manera exponencial con el tiempo. Entonces hablamos de "sensibilidad a las condiciones iniciales.

Se habla a menudo de "caos determinista". En efecto, las ecuaciones de sistemas caóticos son tan deterministas como las leyes de Newton. ¡Y empero engendran comportamientos de aspecto aleatorio! Este descubrimiento sorprendente renovó la dinámica clásica, que hasta entonces se consideraba un tema cerrado[30].

La década de 1960 no sólo fue una década caótica en los círculos matemáticos y sociales; físicos e ingenieros también estuvieron involucrados. En 1959, Boris Chirikov había introducido la primera estimación analítica para el inicio del movimiento caótico en sistemas "hamiltonianos" deterministas.

Ahora conocido como el criterio chirino, el teorema explicó con éxito experimentos desconcertantes sobre confinamiento de plasma en trampas magnéticas abiertas realizadas en el Instituto Kurchatov y más tarde encontró amplias aplicaciones en varios sistemas físicos.

Las raíces de la modelización empírica dinámica se remontan a más de 30 años. A finales de los años setenta, el matemático holandés Floris Takens estudiaba la teoría del caos, que había comenzado a surgir en la década de 1960, cuando los científicos reconocieron que muchos de los fenómenos complejos de la naturaleza parecen desafiar la predicción.

Takens ayudó a encontrar el orden en el caos. Junto con el físico David Ruelle, desarrolló la noción de un "extraño atractor", un conjunto de puntos en un sistema de coordenadas formado por las variables que influyen en un sistema, alrededor del cual el estado del sistema, trazado a lo largo del tiempo, gira como una bola de hilo.

El biólogo George Sugihara aprendió el teorema de Takens como un estudiante de postgrado de Princeton que trabajaba con Robert May, un físico de formación que pasó a la ecología a principios de los años 1970. Puede especializarse en estudios teóricos simples y elegantes, incluyendo uno que demuestre que la población de una sola especie puede fluctuar caóticamente. Sugihara se interesó en ver si podía aprovechar los avances de mayo usando datos del mundo real.

El caos inauguró la etapa de la experimentación computacional, ensayó con la matemática de las formas y la evolución, y estudió las bifurcaciones que de ellas emergen.

Luego de siglos de búsqueda de una mecánica reguladora del orden cósmico, la reciente construcción de ciclotrones logró visualizar el caos en el Universo.

El matemático finlandés Pekka Juhana Myrberg se aventura en las dinámicas evolutivas, la llamada simbología dinámica, y el norteamericano Robert May las aplica a las caóticas fluctuaciones demográficas de los animales. La emergencia del caos, de actividades erráticas e impredecibles en un sistema determinista fue aplicada en 1975 por vez primera por el matemático James Yorke.

Las bifurcaciones

Pero el cuerpo coherente de las ideas básicas se asienta con el teorema de coexistencia del genial ucraniano Alexander N. Sharkovsky y los estadounidenses Mitchell Feigenbaum, David Ruelle, Floris Takens y en especial con Lorenz, quien establece los fundamentos del caos para el estudio y aplicación a los fenómenos meteorológicos.

Feigenbaum advirtió que cuando un sistema ordenado comienza a evolucionar caóticamente, a menudo es posible encontrar una razón específica de la misma.

Aquí, donde el agua se estrella sobre las rocas en remolinos indistinguibles y cascadas, el caos comienza, y es ahí donde la ciencia se detiene. Durante el tiempo en que los físicos han investigado las leyes de la naturaleza, existió una sensación de profunda ignorancia sobre el caos: desorden, turbulencia, en el agua, en la atmósfera, en las fluctuaciones erráticas de las poblaciones salvajes, en la fibrilación del corazón humano. Las matemáticas simplemente no existen.

El caos está haciendo preguntas muy, muy difíciles. Ofrece la posibilidad de que las respuestas van a modificar seriamente nuestra visión del universo. Hay una noción de que estamos empezando a obtener los detalles microscópicos de cómo el universo puede funcionar.

El caos parece estar en todas partes. Está en una creciente columna de humo de cigarrillo que de repente se rompe en remolinos salvajes. Está en un goteo que gotea que va de un modelo constante a uno al azar.

Está en el comportamiento del tiempo, el comportamiento de un avión en vuelo, el comportamiento del aceite que fluye en tubos subterráneos," dice a Kenneth G. Wilson[31], profesor de la física en Cornell.

Construyendo sobre el trabajo de los científicos matemáticos que estudian la turbulencia, Feigenbaum descubrió una manera universal en la cual puede ocurrir una transición del orden al caos. Es una expresión de cómo exactamente un sistema se somete a un período de duplicación en su camino hacia el caos - siempre. Es **4.669201609...**

Determinamos las transformaciones de Lorentz y el contenido cinemático y el marco dinámico de la relatividad especial como puramente una extensión de los pensamientos de Galileo. Ninguna referencia a la luz es jamás requerida: Las teorías de la relatividad son lógicamente independientes de cualquier propiedad de la luz.

Los pensamientos de Galileo se realizan plenamente en un sistema de transformaciones de Lorentz con un parámetro $1/c2$, una cierta constante indeterminada y universal de la naturaleza; y son realizables en ninguna otra. La isotropía del espacio juega un papel fundamental en todo esto, puesto que aquí el espacio tridimensional aparece a primera vista, y persiste hasta la conclusión: La relatividad nunca puede desarrollarse correctamente en una sola dimensión espacial.

En un período que duplica la cascada, como la ecuación logística, considere los valores de los parámetros en los que ocurren los episodios

(por ejemplo

r [1] = 3, r [2] = 3,45, r [3] = 3,54, r [4] = 3,564 ...).

La relación de distancias entre los valores consecutivos de doblaje de arameter; dejar

delta *[n] = (r [n + 1] -r [n]) / (r [n + 2] -r [n + 1]).*

Entonces el límite como n va al infinito es la constante de Feigenbaum (*delta*). Basado en cálculos independientes, tiene el valor

4.669201609102990671853 ...

La interpretación de la constante delta es a medida que se aproxima al caos, cada región periódica es más pequeña que la anterior por un factor que se aproxima a **4,669** ... La constante de Feigenbaum es importante porque es la misma para cualquier función o sistema que sigue la ruta de duplicación del período a caos y tiene un máximo cuadrático de una joroba. Para cúbicos, cuarticas, etc. hay diferentes constantes de Feigenbaum.

El Alfa de Feigenbaum es el límite constante de las relaciones entre la distancia rom $x = 1/2$ (el punto crítico del mapa logístico) y el punto más cercano en el ciclo superestable. Aquí vemos las distancias *a1* y *a2* para superestable de 2 ciclos y superestable de 4 ciclos[32].

Esta constante es el factor de escala entre los valores x en las bifurcaciones. Feigenbaum dice[33]: "Asintóticamente, la separación de los elementos adyacentes de los atractores dopados en el período se reduce por un valor constante [*alfa*] de una duplicación a la siguiente". Si $d\,[n]$ es la distancia algebraica entre los elementos más cercanos del ciclo atractor del período $2 \wedge n$, entonces $d\,[n]/d\,[n+1]$ converge *a-a* (M.

El creciente número de investigadores en el campo esperan que el caos en última instancia, sugieran formas de predecir el tiempo y los terremotos, el diseño de ordenadores ópticos y motores de avión, explicando las tendencias económicas y la fisiología del corazón.

Para algunos físicos, el caos parece una especie de respuesta al problema del libre albedrío. La comprensión de que las ecuaciones más simples y deterministas pueden parecer un ruido al azar sugiere, filosóficamente al menos, que la visión determinista de los calvinistas sobre el mundo puede reconciliarse con la aparición del libre albedrío.

El caos es también algo así como un golpe de gracia para las ideas probabilísticas de la mecánica cuántica. "Preguntaba

Einstein, "¿Dios juega dados con el universo?" " La respuesta es sí, por supuesto," Pero dados cargados; y el principal objetivo de la física ahora es averiguar por qué reglas se cargan y cómo podemos usarlos para nuestros propios fines".

Feigenbaum confirmó en diversas ecuaciones matemáticas, cómo un sistema ordenado culmina en el caos. Así, el número universal de Feigenbaum (**4,6692016090**) adquirió la trascendencia de ley natural.

En los sistemas caóticos el estado inicial es representado por las posiciones q y las velocidades v, o los momentos p. Cuando se conocen las posiciones y velocidades, la trayectoria se puede determinar a partir de la ley de Newton o de cualquier otra formulación equivalente de la dinámica. Un conjunto se representa mediante una nube de puntos en el espacio de las fases.

Esta nube se describe mediante una función:

$p(q, p, t)$

El caso particular de un solo sistema corresponde entonces a la situación en la que predomine valor nulo en todo el espacio de las fases excepto en un único punto q_8, p_8. Este caso corresponde a una forma especial de p: las funciones que poseen la propiedad de anularse en todas partes excepto en un solo punto señalado por:

x_0 son denominadas "funciones de Dirac" $\delta(x-x_0)$.

Dicha función $\delta(x-x_0)$ es por lo tanto nula para todo punto x diferente de x_Q. Poseen, en efecto, propiedades anormales con respecto a las funciones regulares, ya que cuando $x= Xg$, la función $\delta(x-x_0)$ diverge, es decir, tiende al infinito[34].

Kenneth C. Wilson, premio Nobel de física en 1982 y uno de los pioneros teóricos del caos, juntamente con el prestigioso físico Peter Carruthers, atacan el fenómeno de la turbulencia en la transición de la materia de un estado a otro.

Carruthers presenta una teoría de la dispersión de fonones por campos de deformación elástica estática. Se encuentra que el componente de Fourier del campo de deformación juega un papel similar al del potencial en la aproximación de campo externa.

Todas las cantidades (excepto el campo de deformación) en las fórmulas obtenidas se refieren específicamente a características atómicas, permitiendo en principio el examen de la influencia o estructura cristalina, los potenciales interatómicos, etc., y también la dispersión entre diferentes modos de polarización.

Los resultados de la teoría se utilizan para estimar la resistencia térmica a baja temperatura (en no conductores) debido a dislocaciones.

Esto se hace encontrando un tiempo de relajación τ; con algunas suposiciones simplificadoras se encuentra para una dislocación de borde

$\tau\text{-}1 = A\sigma\,[ln\,(nb\text{-}1\sigma\text{-}12)]\,2q$.

En esta ecuación σ es la densidad de dislocaciones, n es el número medio en un plano de deslizamiento, b es el vector del físico Jan Burgers, q es el vector de onda del fonón, A es una constante. Este resultado difiere del obtenido anteriormente por el australiano P. G. Klemens por esencialmente la presencia del logaritmo[35].

Este último factor parece ser esencial para explicar las observaciones experimentales del científico de la computación Robert Sproull que la resistencia térmica debida a dislocaciones en *LiF* es tres órdenes de magnitud mayor de lo previsto por Klemens. Para una dislocación de tornillo $\tau\text{-}1$ carece del término logarítmico de modo que la dispersión es mucho menor que para una dislocación de borde.

El caos parece estar en todas partes. Está en una creciente columna de humo de cigarrillo que de repente se rompe en remolinos salvajes. Está en un goteo que gotea que va de un modelo constante a uno al azar. Está en el comportamiento del tiempo, el comportamiento de un avión en vuelo, el comportamiento del aceite que fluye en tubos subterráneos.

La transición de fase se caracteriza a menudo por un cambio abrupto en el valor de algunas propiedades físicas. En otros casos, la transición de una fase a otra puede ser bastante lisa. Ejemplos de este último caso es la transición entre el líquido y el gas en el punto crítico y del ferromagnetismo al paramagnetismo en metales: hierro, níquel y cobalto.

Nuevos Paradigmas

Los métodos teóricos de Wilson representan una nueva forma de teoría que ha dado una solución completa al problema clásico de los fenómenos críticos en las transiciones de fase, pero que también parece tener un gran potencial para atacar otros problemas importantes y hasta ahora sin resolver.

La disciplina de la teoría del caos ha creado un paradigma universal, un lenguaje científico y una herramienta matemática para lidiar con complejos fenómenos dinámicos.

En todos los campos de las ciencias aplicadas y de la ingeniería, las manifestaciones locales y globales del caos y la bifurcación han estallado en una universalidad sin precedentes, vinculando a científicos hasta ahora poco familiarizados con los campos del otro y ofreciendo una oportunidad para remodelar nuestra comprensión de la realidad.

En esto sobresale la técnica especial de las imágenes gráficas en las computadoras, que capturan las estructuras fantásticas y delicadas de gran complejidad. Entre sus resultados expone en gráficas la naturaleza geométrica abstracta de la teoría del caos, de formas que se repiten a escalas cada vez más diminutas.

El orden y el desorden son conceptos antagónicos, pero, al mismo tiempo, complementarios. El caos no es más que un desorden en apariencia, tiene poco que ver con el azar; hay un cierto orden interno subyacente y obedece estrictas leyes naturales de evolución dinámica.

El caos está ligado a los fenómenos de auto-organización, ya que el sistema puede saltar espontáneamente desde un estado hacia otro de mayor complejidad.

Pero estos sistemas son tan irregulares que jamás repiten su comportamiento pasado, ni siquiera de manera aproximada.

La teoría del caos describe el movimiento complejo y la dinámica de los sistemas sensibles. Los sistemas caóticos son matemáticamente deterministas, pero casi imposibles de predecir. El caos es más evidente en los sistemas a largo plazo que en los sistemas a corto plazo. El comportamiento en sistemas caóticos es a-periódico, lo que significa que ninguna variable que describa el estado del sistema experimenta una repetición regular de valores.

En el caos siempre existe la paradoja. Y la paradoja aquí es que lo simple y lo complejo parecen ser reflejos lo uno de lo otro: son dos cosas inseparables.

Un sistema caótico en realidad puede evolucionar de una manera que parece ser suave y ordenada, sin embargo. El caos se refiere a la cuestión de si es posible hacer predicciones precisas a largo plazo de cualquier sistema si las condiciones iniciales se conocen con un grado exacto.

Aunque no existe una definición matemática universalmente aceptada del caos, una definición comúnmente usada dice que un subconjunto invariante EX de un sistema dinámico $S = (X, T, \varphi\ t)$ se dice caótico si tiene las siguientes propiedades: *(C1)* $\Phi\ t$ tiene dependencia sensible de las condiciones iniciales en E, *(C2)* $\varphi\ t$ es topológicamente transitiva sobre E, y *(C3)* los puntos periódicos de $\varphi\ t$ son densos en E.

Sea $E\ X$ un subconjunto invariante de un sistema dinámico $S = (X, T, \varphi\ t)$, la restricción $\varphi\ t\ jE: E!\ E$ es dicho transitivo topológicamente si, para cualquier par de conjuntos abiertos no vacíos $U, V\ E$, tenemos $\varphi\ t\ (U) \setminus V\ 6 = \emptyset$ para algo $t > 0$.

Esto significa que el sistema evolucionará con el tiempo para que una región determinada o un conjunto abierto de su espacio de fase acabe superponiéndose con cualquier otra región dada corresponde a la intuición de que la mezcla de colorantes o de audios es un sistema caótico.

Sea $E\,X$ un subconjunto invariante de un sistema dinámico $S = (X, T, \varphi\, t)$, el sistema S tiene una órbita densa en un subconjunto E si hay $x\,2\,X$

tal que $\varphi t\,(x)\,t2T = E$.

Si un sistema dinámico S tiene una órbita densa en un subconjunto E de su espacio de fase X entonces la restricción $\Phi\,t\,jE$ es topológicamente transitiva.

Lo contrario no es necesariamente cierto. Sin embargo, si E no tiene puntos aislados, la denunciación anterior es equivalente a la existencia de una órbita densa en E. Una de las características de este sistema es que la imagen, al parecer aleatorizada por la transformación, vuelve a su estado original después de un número de pasos.

Lorenz demostró que una simple convección termal en la atmósfera terrestre era un sistema caótico. Los experimentalistas manipulan sustancias en constantes proporciones, que un día arrojan *3.001* y al siguiente *3.003*, y luego *2.998*, promediándolas finalmente a un radio de *3 x 1* porque la variabilidad mili-decimal para nuestro parecer galileano no cuenta en lo absoluto.

El modelo lineal empieza y termina por la predicción, idealizando constantemente su contenido, mientras los atractores son extraños o caprichosos, aunque llevan en sí cierta forma que se auto–produce; cada uno de sus momentos va inventándose, y desde esa libertad–necesidad que es su caos "atrae" constantemente algo afín a una particular existencia[36].

En contraste con ello, ciertos atractores reelaboran espontáneamente esos límites con cascadas de bifurcaciones, que acaban resolviéndose en alguna fluctuación interna. A diferencia de los sistemas inerciales, ese tipo de existencia "elige" su evolución y se despliega en todas direcciones. A modo de ejemplo incluimos el famoso atractor de Henon, con sus sucesivas ampliaciones: *f:* $(x, y) \rightarrow (0.3\,y, 1 + x - 1.4\,y^2)$.

Caos y biología

Murray Gell-Mann en *The quark and the jaguar* considera que en la medida en que se dejan las cosas al azar, se puede prever que un sistema cerrado, caracterizado por algún orden inicial, evolucionara hacia el desorden, que ofrece muchas más posibilidades[37].

Gell-Mann expresa en *The quark and the jaguar* que[38] "la mecánica cuántica no es en si misma una teoría; es, más bien, el marco en el cual debe insertarse toda teoría física contemporánea"

Cabría preguntarse por que fue necesario tanto tiempo para llegar a una generalización de las leyes de la naturaleza que incluya la irreversibilidad y las probabilidades. Pero también se interponía un problema de técnica matemática. Vemos que la formulación ampliada de la dinámica implica un espacio funcional extenso.

Las frecuencias, y en particular la cuestión de su resonancia, resultan capitales en la descripción de los sistemas dinámicos. Consideremos un sistema con dos grados de libertad, caracterizado por las frecuencias CO, y co_2. Por definición, en cada punto del espacio de las fases donde la suma $n/o, + n_2 co_2$ se anula para valores enteros, no nulos, de $y\ n_2$, tenemos resonancia, ya que en tal punto $n_1/n_2 = co_2/ci$.

El cálculo de la trayectoria de tales sistemas hace intervenir denominadores de tipo $1/nfo, + n_2\ 0)_2$, que divergen por tanto en los puntos de resonancia, lo que torna imposible el cálculo.

En los años 1970, Robert May, un biólogo teórico australiano, mostró cómo aplicar la teoría del caos a la biología. May fue capaz de hacer grandes avances en el campo de la biología de la población a través de la aplicación de técnicas matemáticas. Su trabajo desempeñó un papel clave en el desarrollo de la ecología teórica a través de los años 1970 y 1980.

May, que comenzó como físico teórico, hizo un estudio exhaustivo de la simple ecuación cuadrática:

$Xn + 1 = rx_n (1 - x_n)$. Aquí *xn* es igual a la población en la generación *nth*, y se ha escalado a un valor máximo de uno por conveniencia.

Esta ecuación describe cómo una población cambia de la generación *n* a la $(n + 1)^{th}$. En otras palabras, la población de cada generación es una función de la población de la generación anterior. El símbolo "*r*" es la tasa de crecimiento.

El factor $(x_n - 1)$ expresa los efectos sobre una gran población de suministro limitado de alimentos o sobrepoblación - en este modelo simple, cuando la población llega a uno, todos los organismos mueren.

El caos se convirtió en un campo aceptado de la investigación de la física solamente en los años 1980. Antes de entonces, los editores de la revista de física eran reacios a publicar papeles del caos, por lo que los primeros trabajadores tenían que luchar por el reconocimiento profesional[39].

Esta ecuación es el mapa logístico de May describe un proceso que evoluciona a través del tiempo - *xt + 1*, el nivel de cierta cantidad *x* en el siguiente período de tiempo - está dado por la fórmula de la derecha, y depende de *xt*, el nivel de *x* ahora mismo, y *K* es una constante elegida.

De acuerdo con May las reglas de la geometría fractal, puede generar un comportamiento increíblemente complicado y patrones interesantes que parecen casi cualquier cosa que se encuentra en la naturaleza, un árbol de abeto, un árbol de arce, un árbol de ginkgo. Eso sugiere que quizás construir objetos muy complicados no requiere necesariamente reglas muy complicadas.

Para ciertos valores de *k*, el mapa muestra un comportamiento caótico: si partimos de un valor inicial determinado de *x*, el proceso evolucionará de una manera, pero si comenzamos con otro valor inicial, incluso uno muy muy cercano al primer valor, el proceso evolucionará de una manera completamente diferente.

Fractales

Esta es la famosa tesis del principio cuántico de la auto-similitud o de la geometría fractal forjada por Benoit Mandelbrot en la década 70 del siglo veinte, y que en la actualidad está haciendo furor en los círculos científicos; el de un resultado que depende de la relación entre el objeto y el observador[40].

Los fractales matemáticos están generados por fórmulas muy simples, pero son figuras de inagotable complejidad[31]. La teoría del caos estudia la evolución dinámica de ciertas magnitudes. Al representar geométricamente el conjunto de sus soluciones, aparecen modelos o patrones que los caracterizan.

Por su parte, la nueva geometría fractal se adhiere a una matemática dinámica, fluida, a la manera del pre-socrático Heráclito, de Éfeso. Lo fractal se halla en la filosofía presocrática de Anaxágoras, en la obra del neo-platónico Proclo.

Los fractales son formas geométricas que son muy complejas e infinitamente detalladas. Usted puede acercar una sección y tendrá tanto detalle como el fractal entero. Se definen recursivamente y pequeñas secciones de ellas son similares a las grandes.

Una manera de pensar en los fractales para una función: $f(x)$ es considerar:

x, $f(x)$, $f(f(x))$, $f(f(x)))$, $f(f(f(fX))))$. Los fractales están relacionados con el caos porque son sistemas complejos que tienen propiedades definidas.

En los fractales de Mandelbrot las matemáticas jugaron un papel decisivo: "Discontinuidad, ruidos súbitos, polvos de cantaré", explica Gleick[41], "fenómenos como ellos no habían tenido acogida en la geometría de los dos milenios anteriores.

El conjunto fractal de Mandelbrot es la función no lineal más simple, ya que se define recursivamente como:

$f(x) = x \wedge (2 + c)$. Después de conectar $f(x)$ en x varias veces, el conjunto es igual a todas las expresiones que se generan. Las parcelas a continuación son una serie de tiempo del conjunto, lo que significa que son las parcelas para un c específico.

Ayudan a demostrar la teoría del caos, como cuando c es -*1.1*, *-1.3* y *-1.38* puede expresarse como una función matemática normal, mientras que para $c = -1.9$ no se puede.

En otras palabras, cuando c es *-1.1*, *-1.3* y *-1.38* la función es determinista, mientras que cuando $c = -1.9$ la función es caótica.

Las figuras de la geometría clásica son líneas y planos, círculos y esferas, triángulos y conos. Representan una abstracción poderosa de la realidad, e inspiran una atractiva filosofía de armonía platónica. Euclides hizo de ellas una geometría que duró dos mil años, la única que estudia todavía la inmensa mayoría de los seres humanos. Aristóteles encontró la belleza ideal en ellas. Mas, para entender la complejidad, su abstracción resulta inconveniente.

De la misma forma puede considerarse al filósofo Giordano Bruno entre los precursores, con su teoría de las "mónadas". Tanto los matemáticos Leonardo Fibonacci en el siglo XIII como Moritz Cantor en el siglo XIX exploraron ciertos aspectos de la geometría fractal.

Los modelos de la geometría clásica –euclidiana–, que representan una poderosa abstracción de la realidad, son líneas y planos, círculos y esferas, triángulos y conos, rombos, cuadrados, rectángulos y demás figuras.

El patrón de medidas euclidiano fracasa en su intento de capturar la esencia de lo irregular, de la dimensión fractal donde se define el grado de escabrosidad, o el quebrantamiento, o la irregularidad de un objeto.

Pese a que la realidad no está congelada en la inamovilidad, el tema de la evolución de las formas en el espacio y en el tiempo, su universalidad y similitudes a través de las escalas, siempre fue evadido por los científicos hasta que llega la teoría del caos debido a que su geometría era totalmente irregular, hasta que apareció la teoría del caos.

La naturaleza, sin embargo, no tiene esas estructuras físicas tan armoniosas; de ahí que la geometría clásica no represente a la realidad y, por más que nos esforcemos en construir todo a partir de rectas y curvas, esta noción no deja de ser anti-naturaleza[42].

En su recorrido por la física el poeta Wolfgang Goethe investiga sobre las formas, pero de manera estática. Ya a principios del siglo XX, el excepcional naturalista D'Arcy Wentworth Thompson[43], indaga en el ámbito de las formas en el territorio de la vida; Theodor Schwenk[44], en la década de 1960, dedica un libro al estudio de las serpenteantes corrientes de aguas ribereñas y marinas, y denomina "caos sensitivo" a la relación entre la fuerza y la forma.

Wentworth Thompson fue un pionero de la biología matemática, viajó en expediciones al Estrecho de Bering. El tema central de su tesis es que los biólogos de su tiempo enfatizaron excesivamente la evolución como el determinante fundamental de la forma y estructura de los organismos vivos y subestimaron los papeles de las leyes físicas y la mecánica. Thompson había criticado previamente el darwinismo en su artículo *Algunas Dificultades del Darwinismo*.

Con sus antecedentes matemáticos, Thompson se sorprendió por la precisión con que la forma y la forma de los organismos vivos se ajustan a simples leyes matemáticas, las ecuaciones que generan patrones, conos y pirámides, espirales y ondas y las reglas topológicas de la geometría.

Las miríadas de radiolaria minúscula que flotan en el mar tienen formas cristalinas que coinciden con copos de nieve. Una medusa y una gota de agua tienen configuraciones similares. Considere el patrón hexagonal casi perfecto de los compartimientos de un panal.

Curvas Continuas

Theodor Schwenk fue un prolífico escritor y conferencista, contribuyó con ideas originales a la producción de medicinas homeopáticas y antroposóficas, desarrolló métodos para analizar la calidad del agua y métodos para curar el agua contaminada y muerta.

Según Schwenk, las leyes aparentes en los patrones sutiles del agua en movimiento se muestran como las perceptibles en la formación de huesos, músculos y una miríada de otras formas en la naturaleza. Su libro, *El Caos Sensible* revela las fuerzas unificadoras que subyacen a todos los seres vivos.

El autor observa y explica fenómenos como la huida de los pájaros, la formación de órganos internos como el corazón, el ojo y la oreja, así como las cordilleras y los deltas de los ríos, los patrones climáticos y espaciales e incluso la formación del embrión humano.

El problema surge cuando el físico cuestiona la afirmación de Schwenk de que se está acercando a la verdadera naturaleza del agua y descarta como "aristotélico" el argumento de que prácticamente nunca vemos objetos moviéndose en líneas perfectamente rectas.

Esto es olvidar que la parsimonia matemática no equivale automáticamente a la parsimonia en la comprensión cualitativa, y que para esto último lo que vemos (y percibimos con nuestros otros sentidos) es exactamente lo que importa.

La raíz de la geometría fractal puede trazarse a fines del siglo XIX, cuando los matemáticos iniciaban el desafío a los principios geométricos de Euclides. El tema de las dimensiones fractales cobró interés en 1919, en ocasión de que el alemán Félix Hausdorff[45] aventuró la idea de las formas matemáticas en las estructuras de menor escala.

En 1872, el matemático Karl Weirstrass, describió una familia de curvas que eran continuas, pero no diferenciables en ningún momento. Este descubrimiento sorprendió a los matemáticos porque desafió las ideas actuales sobre matemáticas. Los matemáticos estaban un poco incómodos con la idea de curvas continuas que podían repetir, o iterar, a sí mismos infinitas veces dentro de un espacio finito.

Dos preguntas surgieron de este período: ¿Cuáles son las dimensiones de estas curvas, y podemos medir las longitudes de estas "curvas patológicas" a medida que iteran una y otra vez en un espacio finito?

A principios del siglo XX, Hausdorff, ayudó a hacer la idea de la dimensión fraccional clara, creyendo que los fractales están en una dimensión intermedia, ya que no eran objetos bidimensionales o las estructuras matemáticas de tipo unidimensional.

Su contribución principal a esta área de matemáticas era la dimensión de Hausdorff. El paradigma se instauró definitivamente en las ciencias, y en especial en las matemáticas, con los fractales no lineales y sus comportamientos caóticos o impredecibles.

El trabajo principal de Hausdorff fue en topología y teoría de conjuntos. Introdujo el concepto de un conjunto parcialmente ordenado, y de 1906 a 1909 demostró una serie de resultados en conjuntos ordenados.

En 1907, introdujo tipos especiales de ordinales en un intento de probar la hipótesis del continuo de Cantor. También planteó una generalización de la hipótesis del continuo. Hausdorff demostró resultados adicionales sobre la cardinalidad de los conjuntos de Emile Borel en 1916.

La afirmación es que el álgebra de Borel es $G\omega_1$, donde ω_1 es el primer número ordinal incontable. Es decir, el álgebra de Borel puede generarse a partir de la clase de conjuntos abiertos haciendo una iteración de la operación.

Basándose en el trabajo de Maurice Fréchet y otros, creó una teoría de los espacios topológicos y métricos. Los primeros resultados en topología encajaron naturalmente en el marco establecido por Hausdorff. En 1919, introdujo la noción de dimensión de Hausdorff, a veces llamada dimensión fractal. También introdujo la medida de Hausdorff y el término "espacio métrico" se le debe.

En la matemática actual, muchas nociones se definen explícitamente usando conjuntos. El siguiente ejemplo indica que las nociones que no son teóricas *prima facie* se pueden interpretar definidas teóricamente: f es una función **real** ≡ f es un conjunto de pares ordenados

$(x, f(x))$ de números reales, tales que ...; (x, y) es un par ordenado ≡ (x, y) es un conjunto $\{x, y\}$; x es un número real ≡ x es la mitad izquierda de un corte de Dedekind en Q ≡ x es un subconjunto de Q, tal que; r es un número racional ≡ r es un par ordenado de enteros, tales que; z es un entero ≡ z es un par ordenado de números naturales (= enteros no negativos);

$N = \{0, 1, 2,\}$; 0 es el conjunto vacío; 1 es el conjunto $\{0\}$; 2 es el conjunto $\{0, 1\}$; etc., etc. Veremos que todas las nociones matemáticas pueden reducirse a la noción de conjunto.

Si m es un elemento de M se escribe $m \in M$. Si todos los objetos matemáticos son reducibles a conjuntos, ambos lados de esta relación tienen que ser conjuntos. Esto significa que la teoría de conjuntos estudia la $\in$-relación $m \in M$ para conjuntos arbitrarios m y M.

Como resulta, esto es suficiente para los propósitos de la teoría de conjuntos y matemáticas. En la teoría de conjuntos las variables varían sobre la clase de todos los conjuntos, la $\in$-*relación* es el único componente estructural no definido, cada otra noción será definida a partir de la $\in$-*relación*. Básicamente, la sentencia teórica de conjunto será de la forma $\forall x \, \exists y \, x \in y \, u \equiv v$, perteneciente al lenguaje predicado de primer orden con el único predicado dado $\in$

El lenguaje de esta nueva ciencia es la representación fractal y las bifurcaciones, las intermitencias y las periodicidades. Un "fractal" es una estructura geométrica con dos características: la "auto-semejanza", que posee la misma estructura cualquiera sea la escala en que se la observa, y la "dimensión fraccionaria" que mide las irregularidades de un objeto y no se parecen en nada a una línea o a un plano.

Los fractales, se explican por su propio término, es decir, los fractales –como identifican tales formas–, pueden considerarse como simetrías, de líneas, planos y esferas euclidianas, que se transfieren a la escala inferior. Su estructura se genera por la repetición de un proceso.

Mandelbrot llevó la idea de Hausdorff un paso más allá cuando exploró cómo medir la costa de Gran Bretaña usando diferentes medidas. Así, determinó que, si se utiliza un instrumento de medida cada vez más pequeño que se aproxima a la longitud de cero unidades, la aproximación de la costa se hace más grande y más grande, acercándose al infinito[46].

La dimensión fraccional, calculada a través de la definición de dimensión de Hausdorff, se relaciona con la característica de auto-similitud de un fractal que aparece el "mismo" a pesar del factor de escala. El teorema de Mandelbrot considera lo siguiente:

$Zn + 1 = zn\ 2 + c$. donde z es un número complejo.

$Z\_\{0\} = 0$. Para diferentes valores de c, las trayectorias o bien: permanecer cerca del origen, o "escape".

La recursividad se refiere a una dependencia algorítmica de la iteración previa de un fractal para producir la siguiente iteración del diseño fractal. Un ejemplo recursivo que puede ser familiar para los lectores es la secuencia de Fibonacci: *1,1,2,3,5,8 ...* que se puede definir como:

$1 = 1$, $f2 = 1$, $fn = fn\text{-}1 + fn\text{-}2$, Donde *Fn* es el n-ésimo término de la secuencia, y *fn-1* y *fn-2* son los dos términos previos

𝕲eometría irregular

Para Prigogine[47]: "El no equilibrio es fuente de orden, el equilibrio se convierte en sinónimo de desorden." La geometría fractal dispone de un tipo de orden e irregularidad recóndita donde se describe la frontera entre la regularidad y la expresión caótica y calcula y piensa sobre complexiones que son fragmentadas y melladas[48].

Esta es la famosa tesis del principio cuántico de la auto-similitud o de la geometría fractal[49] forjada por Benoit Mandelbrot en la década 1970 del siglo XX[50], y que en la actualidad está haciendo furor en los círculos científicos; el de un resultado que depende de la relación entre el objeto y el observador.

Los fractales no se circunscriben solo al mundo matemático; tales objetos pueden encontrarse en toda la naturaleza. Las formas en la naturaleza son fractales y es lo único que explica que existan 6.000 millones de humanos diferentes.

Es interesante el hecho de que si se juntan varios sistemas caóticos los grados de libertad aumentan, mientras que los grados de libertad disminuyen mucho, si es que queda alguno si se tienen que concentrar varios sistemas donde rige un orden artificial[51].

La complejidad creciente puede ser modelada matemáticamente utilizando atractores. Los teóricos del caos han encontrado que la conducta caótica es modelada por una dimensión fractal, es decir, un espacio entre dos y tres dimensiones.

La formalización del caos se apoya en la nueva geometría, el fractal, cuyos nuevos principios de estética natural posibilita hallar las causas a lo casual e introducir la euritmia y probar lo improbable.

La unidad caótica está llena de particularismos, activos e interactivos, animados por retroalimentaciones no lineales y con la capacidad de producir cualquier cosa, desde sistemas auto-organizados hasta auto-semejanzas fractales, pasando por el desorden caótico impredecible[52].

La dimensión fraccionaria de los objetos fractales tiene como característica principal la auto-semejanza, en la cual cada una de sus partes al reproducirse en diferentes escalas, es similar al conjunto total.

Tal consideración de lo auto-semejante dentro de cada una de sus "partes" se está transformando en una antítesis de la perspectiva mecanicista que arrastramos de siglos, generalizada a finales de la Edad Media, y deshumanizada con las ecuaciones de Newton al describir al mundo natural como un compuesto de bloques mecánicos en interrelación.

Matemática fractal

El fractal es un nuevo y poderoso lenguaje matemático, gracias al cual se pueden describir fenómenos naturales y resolver los problemas de la realidad que se habían echado a un lado. Sin dudas es una matemática moderna que utiliza de manera decisiva la informática, aunque sus orígenes son antiguos.

Un fractal es un patrón de repetición que es aparente en cada ampliación. Ejemplos en la naturaleza se pueden ver en copos de nieve, coliflores y ramas de los árboles. En realidad, los fractales tienen una raíz más antigua, que no sólo está relacionada con su nombre.

Para entender la importancia de las figuras fractales hay que retroceder a los tiempos de uno de los más grandes científicos de nuestra civilización, Galileo, el cual indicaba que la matemática era una disciplina esencial para interpretar los fenómenos naturales y para representar las formas de la naturaleza.

A principios del siglo XX, algunos matemáticos habían creado e inventado curvas y figuras muy extrañas que subvertían las reglas de las características naturales de la armonía geométrica, violando los preceptos clásicos que eran incapaces de explicar estos nuevos objetos científicos.

Por ejemplo, la línea de borde entero llamado el "encaje Koch"; la curva de un laberinto que cubre un cuadrado, las llamadas "curvas de Peano-Hilbert"; las cifras del polvo de "Cantón Pannier"; la "alfombra de Sierpinski". Estas raras estructuras fueron consideradas como deformaciones y relegadas al museo de las anomalías matemáticas.

Pero algunos científicos se percataron de la necesidad por encontrar un nuevo lenguaje, más flexible, potente y apropiado para describir la complejidad de la naturaleza.

Fue entonces que Mandelbrot extrajo los monstruos matemáticos, relegado en los armarios creando la nueva imagen de las figuras fractales modernas. Para citar sus palabras, los fractales nacen para recuperar piezas separadas pre-existentes, pero conceptuadas en contextos limitados y distintos.

Después de la intervención revolucionaria de Mandelbrot, los matemáticos estaban sorprendidos al descubrir que sus figuras patológicas se habían convertido en la clave de la complejidad tanto tiempo buscada.

Los modelos fractales han establecido una estructura clave en el modelado matemático en todos los ámbitos, desde las ciencias naturales a las económicas, las sociales; de la fisiología a la tecnología avanzada y su alcance en las últimas dos décadas sigue creciendo.

La auto-similitud representa un nuevo código interpretativo en la investigación de la realidad: una diferencia de la geometría euclidiana, de manera rígida en la representación del mundo visible, y, a veces tan lejos de las formas actuales.

Así fue como el matemático Mandelbrot utilizando los más complejos teoremas matemáticos nunca vistos, encontró "modelos" en los procesos naturales "casuales", o sea, sistemas caóticos.

Al magnificar el detalle estos dibujos mostraban la vasta e infinita variedad de formas, con la característica de la semejanza a diferentes escalas del grado de irregularidad y ondulación. Estos modelos "fractales" inducidos se construían alterando ligeramente las reglas matemáticas y Mandelbrot los comparó con ejemplos de geometría también fractales.

El "conjunto de Cantor", que lidiaba con el infinito, sirvió de base para estas matemáticas fractales de Mandelbrot, las cuales hoy resultan cardinal en la teoría del caos. El caos se halla en las transiciones de fases, como el paso del fluido uniforme y "laminar" a un flujo turbulento; en la transición de sólido a líquido o de líquido a gas; o el cambio en un sistema de conductividad a "super-conductividad.

En palabras del mismo Mandelbrot[53], "los fractales se utilizan para encontrar una nueva representación que parte de la idea básica de que lo pequeño en la naturaleza no es más que una copia de lo grande."

La complejidad fractal se mide de acuerdo con su valor *D*, que refleja la cantidad de estructura fina en una imagen. *D* va de *1.0* -una línea suave sin fractales- a *2.0* para un bloque completamente lleno en el que no hay líneas, y por lo tanto no fractales, son visibles.

Nuestra experiencia diaria nos lleva a pensar que las figuras geométricas más familiares en la naturaleza son la excepción, como una piedra, una nube, un árbol, una montaña, y que lo normal son las líneas, los círculos, los polígonos regulares, etc.

La geometría clásica es incapaz de describir la forma de una nube o de una montaña, una línea costera o un árbol. Las nubes no son esferas, las montañas no son conos, las costas no son círculos.

La geometría fractal también está estrechamente relacionada con la teoría del caos. La diferencia entre orden y caos tiene que ver con relaciones lineales y no-lineales. Las ecuaciones diferenciales representan la realidad como un continuo en el que los cambios de tiempo y lugar se producen ininterrumpidamente.

El reciente debate sobre caos y anti-caos se ha centrado en aquellas que implican rupturas de la continuidad, cambios "caóticos" repentinos que no se pueden expresar con las matemáticas clásicas. La revolución en los ordenadores ha hecho accesibles las matemáticas no-lineales, lográndose deducir sistemas "caóticos" que en el pasado eran imposibles de calcular.

Ella es capaz de representar los contornos de una montaña o costa, nubes, estructuras cristalinas y moleculares, e incluso galaxias.

Para entender mejor la intuición del conjunto de Mandelbrot y el éxito de su nueva geometría, es famoso el ejemplo de la descripción de una costa accidentada; al verla en un atlas se vería como una línea suave de aproximadamente; pero si consideramos la misma costa, en una escala más pequeña, veríamos muchas más irregularidades, y así mientras más pequeña es la representación.

Todas estas formas, tan diferentes entre ellos, se caracterizan por una propiedad común: son objetos geométricos que se repiten en su estructura de la misma manera en diferentes escalas, las llamadas "invariancia de escala" que no cambian la apariencia incluso cuando se observa con un microscopio. Esta propiedad implica la ausencia de todo el sistema analítico regular.

Para una estructura regular, tal como una curva, siempre es posible definir, de manera unívoca, la tangente en cada punto. Esto significa que en escalas cada vez más pequeñas, la curva puede aproximarse por su tangente, perdiendo toda otra estructura.

Dimensiones múltiples

En el caso de un sistema fractal, pasando escalas cada vez más pequeñas, se puede observar cómo se repite la misma estructura que muestra toda la complejidad de la original. Por lo tanto, la distribución nunca es suave y regular.

Esta propiedad implica la presencia de enormes irregularidades que no pueden ser descritos por métodos matemáticos convencionales, debido a la falta de un formalismo matemático que permite estudiar a fondo.

Con la llegada de las computadoras equipadas con potentes y sofisticados programas de gráficos, hemos asistido a un desarrollo de la investigación en esta área fractal.

Las herramientas matemáticas utilizadas en estas transiciones de fase son decisivas para el diseño tecnológico y la construcción. El matemático Mitchell Feigenbaum ha gestado una "teoría universal" del caos que lidia con los sistemas en el punto de transición entre el orden y la turbulencia[54].

Al lidiar con las irregularidades de la naturaleza, las matemáticas del caos nos sacan de atolladeros, confirmando la existencia de leyes subyacentes en lo que antes se tenía como casual.

Tenemos, además, el ejemplo de la topología, la ciencia de lo continuo o matemáticas de la continuidad que brega con los cambios uniformes, graduales. La topología concibe las superficies, no en los universos euclidianos unidimensional, bidimensional y tridimensional, sino en espacios de dimensiones múltiples e imposibles de imaginar de manera visible.

La topología son las matemáticas de la continuidad; como la explica Ian Steward[55]: "La continuidad es el estudio de los cambios uniformes, graduales, la ciencia de lo continuo. Las discontinuidades son repentinas, dramáticas: sitios en los que un cambio minúsculo en causa provoca un cambio enorme en efecto".

Así, las líneas rígidas se fragmentan, el cuadrado se transforma en círculo, y por su parte, las discontinuidades, al ser repentinas y dramáticas, admiten que un cambio minúsculo en causa provoque enormes efectos.

¿Cómo almacena una cámara digital tantas imágenes en una tarjeta que no tiene suficiente memoria para contenerlas? La respuesta es matemática métodos de compresión de datos. ¿Y cómo enviamos números de tarjeta de crédito de forma segura en línea? La respuesta es matemáticamente basada en códigos.

El matemático francés Yves Meyer ha ganado el Premio Abel 2017 por su "papel fundamental" que establece la teoría de ondas como herramientas de análisis de datos que se utilizan en todo, desde la localización de las ondas gravitacionales a la compresión de películas digitales.

Los algoritmos informáticos basados en ondas pequeñas son algunas de las herramientas estándar usadas por los investigadores para procesar, analizar y almacenar información.

También tienen aplicaciones en el diagnóstico médico, donde pueden ayudar a acelerar la formación de imágenes por resonancia magnética, por ejemplo; y en el entretenimiento, para codificar películas de alta resolución en archivos de tamaño manejable.

La cosmología es el intento humano de estudiar y construir una teoría física puede explicar los fenómenos que tienen lugar en el cosmos, donde las galaxias parecen ser el resultado de una distribución aleatoria.

El modelo cosmológico más conocido, el "modelo estándar", se basa en una suposición fundamental, un supuesto principio cosmológico donde se establece que el universo es homogéneo e isotrópico, y que en una gran escala es siempre el mismo, desde cualquier punto que pueda ser observados y en cualquier dirección.

El refinamiento de las técnicas de observación, sin embargo, han mostrado que las galaxias se han agrupado en racimos o cúmulos, que a su vez tienden a unirse para formar, en un nivel jerárquico superior, super cúmulos. De esta manera, se genera un escenario en el que se destaca la sucesión de burbujas de vacío casi absoluto sobre las superficies de las cuales tales ramas de galaxias están compuestas de filamentos irregulares.

Una especie de estructura esponjosa, con grandes espacios vacíos, mientras que en las zonas en las que dos burbujas entran en contacto aumenta la presencia de los cúmulos y los supercúmulos.

La posibilidad de que haya una distribución fractal es un hecho muy importante para la cosmología moderna. En este contexto, las teorías que tratan de explicar y describir la estructura del universo a gran escala ya utilizan los cánones dictados por la geometría fractal.

Se han creado modelos matemáticos en sistemas caóticos como las órbitas galácticas, los osciladores electrónicos, fenómenos caóticos en biología, cambios de población. Todo ello demostrando que los sistemas caóticos no son necesariamente estables, ni se prolongan por un período indefinido.

La conocida "mancha roja" en la superficie del planeta Júpiter es un ejemplo de un sistema continuamente caótico pero que es estable. El teorema radica en lo siguiente: con un pequeño aumento de valores del parámetro no-lineal, se desarrolla una situación que no tiene estado estacionario alguno ni periodicidad reconocible.

Para entender brevemente las implicaciones, si consideramos un volumen esférico de radio R centrado en una galaxia elegida al azar, la masa contenida en ella, para una distribución homogénea de la materia, que se caracteriza por una densidad constante, aumenta con el cubo de dimensión lineal

En cambio, para los fractales, puesto que tienen muchos huecos en el volumen que los contiene, la masa se vuelve proporcional a un cierto poder D de radio R, precisamente una "dimensión fractal".

NOTAS

Introducción
1 Prigogine, Ilya. *El Fin de las Certidumbres*. Ed. Andrés Bello. 1996. P. 14.

Primera Parte. El Absoluto Matemático
1 Russell, Bertrand: *Análisis de la materia* (1927), trad. por Eulogio Mellado, 2a ed., Madrid, Taurus, 1976. Parte Segunda, p. 315.
2 PIB.
3 Prigogine, 1996. 21.
4 Prigogine, 1996. 22.
5 Prigogine, 1996. 23.
6 1690-1764.
7 El colectivo de matemáticos autodenominados Nicolás Burbaque.
8 Cassidy, David C. (2001). *Werner Heisenberg: A Bibliography of His Writings* (2nd ed.). Whittier.
9 Poincaré, Henri: *La Ciencia y la Hipótesis*, trad. por Alfredo B. Besio y Josér Banfi, Bs. As., Espasa-Calpe, 1943. Cuarta parte, cap. XII, p. 197.
10 Feynman, Richard. *Six Easy Pieces: Essentials of Physics Explained by Its Most Brilliant Teacher*. Perseus Books, 1994.
11 Pólya, George. *How to solve it. A new aspect of mathematical method*. 1957: Milan, Feltrinelli 1983.
12 Collins, Randall. *The Sociology of philosophies; a global theory of intellectual change*. Harvard University, Cambridge MA, 1998, pp. 865,869.
13 Giovanni Vailati, "la más reciente definición de las matemáticas", en "el método de la filosofía. ensayos críticos de la lengua, por F. Rossi-Landi, Laterza, Bari, ediz.1967, Pág.127.
14 Para los babilonios estas nociones habían sido familiares desde el siglo XVII a.C.
15 Vailati. 1967, Pág.126.
16 Como, por ejemplo, el sonido "BRR" o el sonido "shh", que solo indica que cualquiera que sea el altavoz advierte de frío o pide silencio.
17 Vailati,1967, Pág.125.
18 Giuseppe Peano, "notaciones de la lógica matemática "en AA. VV.," la imagen de la ciencia. el debate sobre el significado empresa científica en la cultura italiana "editado por G. Giorello, Basic Books, Milán, 1977, p. 5.
19 Samuel Eilenberg y Calvin. C. Elgot. *Recursiveness*. Academic Press, Nueva York, 1970.
20 Poincaré, Henri. *La Ciencia y la Hipótesis*, trad. Alfredo B. Besio y Josér Banfi, Bs. As., Espasa-Calpe, 1943.4ta parte, cap. IX, p. 15.
21 Poincaré, cap. IX, pp. 147-148.
22 George Berkeley. *Principios del conocimiento humano*, §121-122. Estas secciones son fragmentos de entre aquellos Ewald (1996.
23 Carlo Sini. *La antología: "El reto de Peano"*, Milán, espirales Editions, que es el no. 1 de la revista "nominación", 1980, pp. 72-75.

24 Vailati, 1967, p. 121
25 Hoffmann, Banesh. *Relativity and its Roots*. NY. Dover Publications. 1998.
26 Las estructuras madres topológicas, algebraicas y de orden.
27 Vailati, 1967, Pág.127.
28 ídem.
29 Eugene Wigner. *The Unreasonable Effectiveness of Mathematics in the Natural*. John Wiley & Sons, Inc. New York 1960.

Segunda Parte. Geometría y álgebra
1 John Pell realizó una propuesta de lenguaje universal en matemática a partir del álgebra.
2 El Zhoubi Suanjing.
3 El Jiuzhang Suanshu.
4 Wood, John A. *The Solar System*. Englewood Cliffs, N.J.: Prentice-Hall, Inc. 1979.
5 Euclides. *Euclides Elementa*, Editi da E. S. Stamatis Leipzig: Teubner, 1970, págs. 154-159 y 167-168.
6 Aristóteles. Gredos, Madrid, 1988-2005.
7 Anaxagoras of Clazomenae: Fragments and Testimonia: a text and translation with notes and essays. University of Toronto Press. 2007.
8 Prigogine, 1996. 17.
9 Popper, Karl R. *Conjectures and Refutations. The Growth of Scientific Knowledge*. Routledge & Kegan Paul, London, 1972.
10 Grattan-Guinness, Ivor. *The Search for Mathematical Roots 1870-1940*. Princeton University Press, 2000.
11 Idem.
12 Hooper, Alfred. *Maker of Mathematics*. Faber and Faber 1949. Digitized Dec. 10, 2007
13 Idem.
14 Hoffmann, Banesh. *Relativity and its Roots*. NY. Dover Publications. 1998.
15 Idem.
16 Plato. *The Statesman of Politicus and Philebus*. (Text & Transl. Harold North Fowler, 1925). (London: Heinemann 1925).
17 Heath, Thomas H. (1931). *A history of Greek mathematics*. Re-edición, 1981. Oxford.
18 Plato. London: Heinemann 1925.
19 Sustancias.
20 Metafísica, Libro M-1077B certificado 1078b Trad., Julia Annas (1976), de Aristóteles Metafísica M y N. Oxford: Clarendon Press.
21 Eddington, Arthur S. *La naturaleza del mundo físico* (1937), trad. por Carlos María Reyles, 2ª ed., Bs. As., Sudamericana, 1952. cap. VII, p. 174.
22 Aristóteles. *Obras Completas*. Editorial Gredos. Madrid. 1988-2005.
23 Heath. 1981. Oxford.
24 Hace unos 4000 años.
25 *Al-Jabr*.

26 Abu Kamal al-Din y resolvió problemas tan complicados como encontrar las x, y, z que cumplen $x + y + z = 10$, $x2 + y2 = z2$, $y\,xz = y2$.
27 Grattan-Guinness, *The Search for Mathematical Roots, 1870-1940*. Princeton University Press, 2000.
28 Shboul, Ahmad A. M. *Al-Masudi and His World*. London: Ithaca Press, 1979.
29 Rosamond McKitterick. *Charlemagne: The Formation of a European Identity*. Cambridge. 2008.
30 Rosen, Frederic. "*The Compendious Book on Calculation by Completion and Balancing, al-Khwarizmi*". 1831 English Translation. Retrieved 2009.
31 Risāla fil-Hujja al-Mansūba ilā Suqrāt fi al-Murabba wa-Qutrihi.
32 Rashed, R.; Armstrong, Angela (1994). *The Development of Arabic Mathematics*. Boston Studies in the Philosophy and History of Science.
33 Idem.
34 También conocido como Alhazen.
35 Rashed, R.; Armstrong, Angela (1994.
36 La misma cantidad que una página impresa.
37 Rashed, R.; Armstrong, Angela (1994.

Tercera Parte. Humanismo y Gravedad
1 Platón de Tivolí fue el traductor del Tratado de la astronomía *Albatenio*, *Opus Quadripartitum Tolomeo*, *Álgebra Abraham hiyya bar* y el *De mensura circuli Arquímedes*.
2 Algoritmo es el término que proviene de la traducción del nombre del autor, el matemático persa Al-Khwarizmi (aproximadamente 780-850.
3 Ward, John C., Memoirs of a Theoretical Physicist. *Optics Journal*, Rochester, New York, 2004.
4 Introducción a la técnica analítica.
5 la ley Canónica, la medicina y la teología.
6 1550.
7 Recuperando la especulación de Cusano.
8 Italiano, 1564-1642.
9 Alexandre Koyré. *Galileo estudies*. Brill, University of Michigan, 1978.
10 Con modificaciones de Kepler.
11 Que ya había manifestado Demócrito.
12 De tal manera que el radio de dos términos consecutivos tiende a lo siguiente $\frac{1}{2}(1 + \sqrt{5})$.
13 Bautizado luego con el nombre del astrónomo británico Edmund Halley, el primero en calcular su órbita y periodicidad.
14 Francis Bacon, *New Órganon Libro 1*, Aforismo XXXI, en Hugo G. Dick, ed. Selected Writings of Francis Bacon (New York: The Modern Library, 1995.
15 Morris Berman. *Epistemología de la Comunicación - El reencantamiento del mundo*. Ed. Cuatro Vientos, junio 1999 – Santiago de Chile.
16 Discours de métaphysique.
17 Morris 1999 – Santiago de Chile.

18 H. S. Thayer (Ed). *Newton's Philosophy of Nature*. NY: Hafner, 1953, p. 54.
19 Thayer. Hafner, 1953, p. 45.
20 Idem.
21 Idem.
22 La controversia entre el enciclopedista Bernard Fontanelles y Georges de Buffon se basa en la idea del progreso y su impronta en la literatura.
23 A partir de Newton y Leibniz los problemas del espacio y el tiempo se convirtieron en el centro de la filosofía metafísica.
24 Douglas, Jesseph M. *Squaring the Circle. The War Between Hobbes and Wallis*. Chicago University of Chicago Press. 1999.
25 Kepler, Johannes. *Johannes Kepler New Astronomy*. trans. W. Donahue. forward O. Gingerich. Cambridge University Press, 1993.
26 Es un ejemplo de la famosa problema de la cuadratura del círculo con la línea sin escala y la brújula.
27 Es decir, las figuras planas.
28 La extensión ideal para el infinito de las tres esquinas de una habitación.
29 Descartes, René. *Discurso del método*. Alborada Ediciones. 1989.
30 Dunham, William. *The Genius of Euler: Reflections on his Life and Work*. Mathematical Association of America. ISBN 978-088385-558-4.
31 Weyl, Hermann Klaus. *Space, Time, Matter*. Dover Books on Physics. Dover Publications, 1952.
32 Las piedras, los árboles y los gatos, según Berkeley, son en realidad colecciones de ideas que, como ideas, dependen de las mentes para su existencia.
33 Shabel, Lisa. *Kant´s Philosophy of Mathematics*. Fri. Jul 19. 2013. shabel.1@psi-edi.
34 Idem.
35 Crítica de la razón pura, B1. Traducción por Werner S. Pluhar en Cahn (2002).
36 Kant, Immanuel: *Filosofía de la Historia* (1784), trad. por Eugenio Imaz, México, F. C. E., 1985.
37 Idem.
38 Idem.
39 Scientia, episteme.
40 Poincaré, Espasa-Calpe, 1943.
41 Conjeturas.
42 Hawking, Stephen W. *God Created the Integers: The Mathematical Breakthroughs that Changed History*. Running Press, 2007.

Cuarta Parte. Las matemáticas puras
1 Alfred North Whitehead, *Science and the Modern World* (New York: Mentor Books, 1948; orig. publ. 1925), p. 55.
2 Morris *1999 – Santiago de Chile*.
3 Conduct. Undcrst., 26.
4 Blaise Pascal nació el 19 de junio de 1623, en Francia.
5 (1601–1665).

6 Heyting, Arend. *Axiomatic projective geometry*. North Holland Publishing Co., Amsterdam. 1963.
7 Whitehead, Mentor Books, 1948.
8 Essay philosophique sur les probabilités.
9 Whitehead, Mentor Books, 1948.
10 Automorfismo.
11 Ecuación diferenciación parcial: $(1 + f_y^2) f_{xx} - 2 f_x f_y f_{xy} + (1 + f_y^2) f_{yy} = 0$.
12 Con propiedad debe ser atribuido a Ibn Haitam.
13 1768-1830.
14 El método espectral.
15 Siècle des Lumières.
16 1789-1857.
17 Dunnington, G. Waldo. *Carl Friedrich Gauss: Titan of Science*. The Mathematical Association of America, 2003.
18 Números enteros impares que no son divisibles por ningún otro entero excepto 1.
19 Dunnington. Ob. cit.
20 *DS* se puede usar como abreviatura para *ndS*.
21 La unidad imaginaria, igual a la raíz cuadrada de -1.
22 Hegel, G.W.F. *Ciencia de la lógica*. Ediciones Solar, Buenos Aires, 1976.
23 Monroe C. Beardsley (Ed.); European Philosophers. Modern Libary Classics. 2002.
24 Idem.
25 Hawking, Running Press, 2007.
26 El Congreso Internacional de matemáticos de 1900 tuvo lugar en Paris Francia, donde David Hilbert anunció su famosa lista de los 23 problemas matemáticos no resueltos.
27 Kitcher, Philip Stuart. MIT Press, 1982. Paul Ernst, *The Philosophy of Mathematics Education*. Routledge, 1991.
28 Popper, Karl R. *Conjectures and Refutations. The Growth of Scientific Knowledge*. Routledge & Kegan Paul, London, 1972.
29 Convexa.
30 Smoot, George y Davidson, Keay. *Arrugas en el tiempo*. 1994, Plaza & Janes Editores, S. A., Barcelona.
31 Feynman, Perseus Books, 1994.
32 Tales como entradas, salidas y paredes.
33 Gilles Deleuze y Félix Guattari. *¿Qué es la filosofía?* (c) Editorial Anagrama, S.A., 1993) Cantor, Fondements d'une théorie générale des ensembles (Cahiers pour l'analyse, no. 10.
34 Determinación intrínseca de un conjunto infinito.
35 Deleuze, Anagrama, S.A., 1993.
36 Idem.
37 Astruc, Alexandre. *Evariste Galois, Grandes Biographies*. Flammarion, 1994.
38 Ley de Faraday, la ley de Ampere.
39 Pérdida.

40 Polanyi, Michael. "Life´s Irreducible Structure". *Science* 160 (3834) 1308-1312. June 1968.
41 *The Collected Works of Count Rumford; Vol. 2*; Sanborn Brown, ed.; Harvard Univ. Press; 1969.
42 Idem.
43 Idem.
44 Idem.
45 Idem.
46 Idem.
47 Idem.
48 Conferencia ante la Academia Imperial de la Ciencia, el 29 de mayo de 1886.
49 Prigogine, 1996. 24.
50 Poincaré, Henri: *La Ciencia y la Hipótesis*, trad. por Alfredo B. Besio y Josér Banfi, Bs. As., Espasa-Calpe, 1943.
51 Idem.
52 Tercera parte, bap. VI, p. 97-98.
53 Segunda parte, cap. III, pp. 60 y 62.
54 Segunda parte, cap. IV, pp. 69-70 y 76.
55 Cuarta parte, cap. XII, p. 197.
56 Parte Segunda, pp. 285 y 419.
57 Cuarta parte. Cap. XI, p. 178.
58 Libro Primero. Cap. IV, pp. 56 y 58.

Quinta Parte. Los forjadores
1 Geach, Peer and Max Black, eds. *Translations from the Philosophical Writings of Gottlob Frege*. Blackwell, 1980.
2 ídem.
3 Del polaco Kazimierz Kuratowski y el filósofo y matemático norteamericano Norbert Wiener.
4 Geach, Blackwell, 1980.
5 Church, Alonzo. *Introduction to Mathematical Logic*. Princeton University Press. 1996.
6 Le théorème de Gödel, Ed. Du Seuil, págs. 61-69.
7 1831-1916.
8 Que pronto se llamarán elementos que pertenecen a conjuntos.
9 Klein, Lawrence. *An Introduction to Econometric Forecasting and Forecasting Models*. Oxford University Press. 1980.
10 Idem.
11 Moore, George Edward. "The Refutation of Idealism". *Mind* 12 (1903) 433-53. Reprinted in *Philosophical Studies* and in *G. E. Moore: Selected Writings*, 23-44.
12 Alfred North Whitehead realizó aportes en su tratado sobre el álgebra universal y expansión los principios de las matemáticas.
13 Whitehead, Mentor, 1948.
14 1862-1943.

15 Poincaré, 1943, I, Cap. IV, pp. 56 y 58.
16 El Círculo de Königsberg se refiere a la reunión del círculo de Viena en la ciudad de Königsberg en 1930.
17 El formalismo plantea que las matemáticas no se reducen a nociones y principios lógicos, sino que posee objetos que describe desde una percepción interior. Es decir, las inferencias lógicas o los objetos concretos extra-lógicos.
18 David Hilbert, *fundamentos de la geometría*, 1899 E. Townsend (trans) La Salle, Open Court, Citado en Shapiro Pensando en Matemáticas, 156.
19 Hilbert. 1971. La Salle, Illinois.
20 Hilbert. 1971. La Salle, Illinois. 186.
21 El primer teorema en la teoría de juegos fue demostrado por Zermelo en un artículo en Ajedrez que apareció en alemán en 1913.
22 Godfrey Harold Hardy, 1877 – 1947.
23 Paul Erdos, 1913 - 1996 Matemático.
24 Michio Kaku, 1947. Físico Teórico.
25 Russell, Bertrand. *Nuestro conocimiento del mundo externo* (1914), trad. por Ricardo J. Velzi, Bs. As., Losada, 1946. p. 84.
26 Russell, Ob. Cit., p. 84- 85.
27 Russell, Ob. Cit., pp. 215- 216.
28 Russell, Ob. Cit., pp. 368 y 372.
29 La aritmética.
30 Russell, Ob. Cit., pp. 368 y 372.
31 Russell, Ob. Cit., p. 23.
32 Parte Tercera, p. 368.
33 Parte Tercera, pp. 368 y 372.
34 ídem.
35 Russell, Ob. Cit., p. 315.
36 Russell. Ob. Cit., p. 142.
37 La geometría, la teoría de los números, el análisis.
38 Klein, Oxford University Press. 1980.
39 Idem.
40 Stewart Shapiro *Pensando en Matemáticas: La Filosofía de la Matemática*, 2000, Oxford, Oxford University Press
41 Aristóteles. *Obras Completas*. Editorial Gredos. Madrid. (1988-2005).
42 Gonseth, Ferdinand. *Time and method: An essay on the methodology of research*. American lecture series, publication no. 838. A monograph. 1972.
43 Las tres leyes de la mecánica y la ley de gravitación.
44 Locke, John. *Ensayo Sobre el Entendimiento Humano*. (1690), México, F.C.E., 1956, 1956, § 22.
45 Popper, London, 1972 (4.° Ed.)
46 Quine, Willard Van Orman. *La relatividad Ontológica y Otros Ensayos* (1969), trad. por Manuel Garrido y Josep Ll. Blasco, Madrid, Tecnos, 1974, p. 161.
47 Polanyi, Michael. "Life´s Irreducible Structure". *Science* 160 (3834) 1308-1312. June 1968.

48 Collins, Randall. *The Sociology of philosophies; a global theory of intellectual change*. Harvard University, Cambridge MA, 1998, p.706.
49 Klein, Morris. *The Loss of Certainty*. Oxford University Press. paperbacks. 1982.
50 Idem.
51 Idem.
52 Jean-Yves Girard. *Le théorème de Gödel*, Ed. du Seuil, 1997, págs. 61-69.
53 Heyting, Arend. *Axiomatic projective geometry*. North Holland Publishing Co., Amsterdam. 1963.
54 Acorde con la epistemología, la lógica intuitiva es un conocimiento que se adquiere sin necesidad de empelar un análisis o razonamiento, por lo que es una consecuencia directa de la intervención del subconsciente en la solución de conflictos racionales.
55 Abbagnano, Nicolás. *Historia de la Filosofía*. Hora SA Editora. 2000, v. 3, p. 638.
56 Idem.
57 Russell, Ob. Cit. p. 95-97.
58 Idem.

Sexta Parte. El asalto a la razón
1 Carnap, Rudolph. Logical Foundations of Probability. *Journal of the American Statistic Association*. Vol. 46, No. 256 (Dec. 1951) p. 220.
2 Quine,Tecnos, 1974, caps. 3 y 5, fragmentos. p. 161.
3 Poincaré, Espasa-Calpe, 1943, p. 36, 41.
4 Carnap, 1985, pp. 155-156.
5 Carnap, No. 256 (Dec. 1951).
6 Idem.
7 Carnap. Ob. cit. pág. 571.
8 Carnap. Ob. cit. pág. 202.
9 Idem.
10 Carnap. Ob. cit. pág. 33.
11 Turing, Alan M. (1912-1954). *Computing Machinery and Intelligence*. Paper. Mind. A Quarterly Review of Psychology and Philosophy. Vol. 59, No. 236, Oct. 1950, pp. 433-460.
12 Vaught, Robert L. "Alfred Tarski´s work in Model Theory". *Journal of Symbolic Logic* (ASL) 51 (4) 869-882. Dec. 1986.
13 ídem.
14 Espinoza, Descartes y otros, por ejemplo, son conocidos por usar el "Método Geométrico" en filosofía.
15 Alan Baker. Are there Genuine Mathematical Explanation of Physical Phenomena? *Mind, vol.114. 454. April 2005*.
16 Ídem.
17 Turing, No. 236, Oct. 1950,
18 Idem.
19 Poincaré, Espasa-Calpe, 1944, pp. 26- 29.
20 Dunnington, 2003.

21 Adler, Alfred and Brett, Colin. *Comprender la vida*. Barcelona: Paidós Ibérica. 2003.
22 Bradley, Francis Herbert (1846-1924). *The Presupposition of Critical History* (1876) Chicago: Quadrangle Books, 1968.
23 García Sierra, Pelayo. *Diccionario filosófico*. Biblioteca Filosofía en español. Oviedo 1999, p. 1150.
24 Weyl, Hermann Klaus. *Space, Time, Matter*. Dover Books on Physics. Dover Publications, 1952.
25 Wittgenstein, Ludwig (1922), *Tractatus Logico-Philosophicus*, traducido por C. K. Ogden London. Routledge y Kegan Paul.
26 Idem.
27 Popper. London, 1972 (4.° Ed.
28 Henri Cartan, Jean Dieudonné, André Weil.
29 Elliott E. Mendelson, *Introducción a la Lógica Matemática, The University Series in Pregraduate Mathematics* , Van Nostrand Reinhold, NY, 1964, pág. 29.
30 Paul Benacerraf es un filósofo estadounidense nacido en Francia que trabaja en el campo de la filosofía de las matemáticas.
31 Shapiro, *Pensando Matemáticas*, 258.
32 Bohm, David. *Causalidad y azar en la física moderna*, UNAM, México, 1959, p. 128.
33 Bohm, UNAM, México, 1959.
34 Más rápidas que la luz.
35 El 6 de enero de 1983, la revista *New Scientist*, de Londres, publicó que dos experimentos realizados por el Dr. Alain Aspect, del Instituto de Óptica Teórica de Orsay, cercano a Paris, vindicaban el Teorema de Bell, al establecer una conexión cuántica en una distancia de unos 12 metros. Posteriores experimentos en criptografía han logrado detectar efectos de conexión cuántica del orden de kilómetros. Bajo la patente 771165 de los EE. UU., el Dr. Jack Sarfatti registró un prototipo de sistema de comunicación más rápido que la velocidad de la luz. Aducía que, si bien la energía no podía alcanzar la velocidad de la luz, la información, en base al Teorema de Bell, sí podía.
36 Bohm, UNAM, México, 1959.
37 Idem.
38 Idem.
39 H. A. Lorentz, Albert Einstein, Hermann Minkowski and Hermann Weyl. 1952. *The Principle of Relativity: A Collection of Original Memoirs*. Dover.
40 Producto Interno Bruto.
41 Kitcher, Routledge, 1991.

Séptima Parte. El mundo al revés
1 Planck, Max. *L'image du monde dans la physique moderne*. Ed. Gonthier, Genève, Suisse, 1963.

2 La constante de Planck cuyo símbolo es h, en la cual la constante fundamental es igual al radio de energía E de un quantum de energía en su frecuencia v: $E = hv$, con un valor de $6.626\,176 \times 10^{-34}$ J s.
3 Marsden, Ernest. (1954). The Rutherford Memorial Lecture, 1954. Rutherford-His Life and Work, 1871-1937. Proceedings of the Royal Society of London. Series A 226 (1166): 283-305.
4 Prigogine, 1996. 19.
5 Böhr, Niels. *Nuevos ensayos sobre física atómica y conocimiento humano.* Madrid, Aguilar, 1970.
6 Prigogine, 1996. 52.
7 Lorenz, Edward. "Deterministic Nonperiodic Flow" en *Journal of the Atmospheric Sciences* 20, 1963
8 Sobre el método de la física teórica", 1933, pág. 11.
9 Albert Einstein: *Philosopher-Scientist*, ed. por P. A. Schilpp, 1949, pág. 674.
10 Elvira, Antonio Ruiz. Trad., introd. *Cien años de relatividad. Los artículos clave de Albert Einstein de 1905 y 1906.* Madrid, Nivola, 2004.
11 Hawking, Stephen W. *Historia del Tiempo* (1987), trad. por Miguel Ortuño, Barcelona, Crítica, s/f. cap. 1, p. 30.
12 Popper, ob. Cit.
13 1894-1974.
14 Böhr, Madrid, Aguilar, 1970.
15 Idem.
16 Magie, William Francis. The Primary Concepts of Physics. *Science*, vol. XXXV, enero-junio 1912, pp. 281-293.
17 Idem.
18 Heisenberg, Dialéctica, 2, 1948, pág. 333.
19 Idem.
20 Prigogine, 1996. 44.
21 Idem.
22 Idem.
23 Idem.
24 Einstein, 1949, pág. 674.
25 Elvira, Madrid, Nivola, 2004.
26 Heisenberg, Werner Karl. *The physical principles of the quantum theory.* Translators Eckart, Carl, Hoyd, F. C. Dover, New York. 1949.
27 El matemático francés René Frederic Thom, inventor de la teoría catastrófica a partir de fenómenos no predecibles, a su vez, experto en topología y la geometría de objetos abstractos.
28 Gödel, Kurt. *Collected Works*: Oxford University Press: New York. Editor-in-chief: Solomon Feferman. 1986.
29 Menger, Karl. *Calculus: A Modern Approach.* Dover Books, 2007.
30 Terryn, Waylon Christian. (Editor) Paperback. Fer Publishing, 10/15/2011.
31 Gödel, Oxford University Press. 1986.
32 Idem.

33 Barrow, John D. *Impossibility: the limits of science and the science of limit.* Oxford University Press, Inc., 1999.
34 Kurt Gödel, "de Russell lógica matemática," 1944, en Paul Benacerraf y Hilary Putnam (ed), *Filosofía de las matemáticas. Lecturas seleccionadas*, 2ª ed, Cambridge, Cambridge University Press, citadas en el apartado 3.1 Horsten.
35 Idem.
36 Smullyan, Raymond. *Gödel´s Incompleteness Theorems.* Oxford University Press. 1992.
37 Idem.
38 Recursivamente numerable.
39 Pereira, Luis Carlos. Review of Modern Logic 8 No. 3-4. *Review of Piergiorgio Odifreddi, editor, Kreiseliana: About and Around Georg Kreisel.* 200.
40 Holfstadter, Douglas R. *Gödel, Escher, Bach: An Eternal Golden Braid.* Nueva York. Basic, 1979.
41 Ekeland, Ivar. *Mathematics and the Unexpected.* Chicago University Press. 1988.
42 Oskar Morgenstern, economista alemán, co-autor junto a John von Neumann de la Teoría de Juegos o comportamiento económico.
43 El principio de inducción propuesto por Giuseppe Peano, o axiomas de Peano son un conjunto de axiomas aritméticos ideados para definir los números naturales.
44 Heijenoort, Jean van. *From Frege to Gödel: A Source Book in Mathematical Logic, 1879-1931.* Harvard Univ. Press, 1967.
45 Douglas R. Holfstadter. *Gödel, Escher Bach: An Eterbal Golden Braid.* Nueva York. Random Hpuse, 1979.

Octava Parte. La realidad nebulosa
1 CINE.
2 Bell, John S. On the Foundations of Quantum Mechanics. *Physics.* 1964, I vol, p. 195.
3 Bohm, Nueva York: Bantam, 1987.
4 Stapp, Henry. *Mindful Universe: Quantum Mechanic's and the Participating Observer.* Springer, 2007.
5 Capra, Fritjof. *El Tao de la física.* Luís Cárcamo Ed., 1992.
6 Por ejemplo, el Cuásar 3C-273 evidencia glóbulos de gas propulsados a velocidades aparentes 6.2 veces la velocidad de la luz.
7 Gödel, Oxford University Press. 1986.
8 Gilles Anagrama, 1993.
9 Idem.
10 O´Connor, John J.; Robertson, Edmund F. "Karl Weirstrass". *Mac Tutor History of Mathematics archive.* University of St. Andrews. On Line.
11 ídem.
12 Salvo, accidentalmente, cuando el conjunto considerado es cuantitativo.
13 Equivalentemente, derivados.

14 En topología algebraica, cohomología **es** un término para una sucesión de grupos abelianos definidos a partir de un complejo de co-cadenas. O sea, se define como el estudio abstracto de co-cadenas, co-ciclos, y co-bordes.
15 Prigogine, 1996. 12.
16 Prigogine, 1996. 32.
17 Prigogine1996. 11.
18 No necesariamente lineal.
19 Hausdorff, Felix. *Set Theory*. AMS Chelsea Publishing. 2005.
20 Poincaré, Tusquets, 1993, p. 53.
21 Prigogine1996.
22 Ídem.
23 Las superficies de curvatura negativa.
24 Kolmogorov, Arnold y Moser, la teoría **KAM**.
25 Heisenberg, Werner Karl. *The physical principles of the quantum theory*. Translators Eckart, Carl, Hoyd, F. C. Dover, New York. 1949.
26 Kolmogorov, Andrey N. *Foundations of the Theory of Probability*. 2nd. Ed, Chelsea Publishing Company, New York, 1956.
27 Idem.
28 Idem.
29 Poincaré, 1943, I, Cap. IV, pp. 56 y 58.
30 Prigogine, 1996. 33.
31 Wilson, Kenneth Geddes. (1961). "An investigation of the Low equation and the Chew-Mandelstam equations", Dissertation (Ph.D.), California Institute of Technology.
32 Mitchell Feigenbaum, Las propiedades métricas universales de las transformaciones no lineales, J. *Phys*. 21 (1979), página 69.
33 Mitchell Feigenbaum, Comportamiento Universal en Sistemas No Lineales, Los Álamos Sci1 (1980), pp. 1-4, en Universality in Chaos, por P. Cvitanovic.
34 Prigogine, 1996. 35.
35 Callister, William D. Jr. *"Fundamentals of Materials Science and Engineering,"* John Wiley & Sons, Inc. Danvers, MA. 2005.
36 Prigogine, 1996. 28.
37 Murray Gell-Mann. *The quark and the jaguar*. Adventures in the Simple and the Complex. St. Martin's Griffin; Ill edition 1995.
38 Idem.
39 Kauffman, Stuart A. *Origins of Order Self-organization and Selection in Evolution*. Oxford: Oxford University Press. 1993.
40 Mandelbrot, Benoit. *The Fractal Geometry of Nature*. Nueva York. Freeman. 1977.
41 Gleick, James. *Chaos. Making a New Science*. Nueva York: Viking and Penguin. 1987.
42 Hausdorff, Felix. *Set Theory*. AMS Chelsea Publishing. 2005.

43 Kelvin, Lord (Sir William Thompson), "Nineteenth Century Clouds over the Dynamical Theory of Heat and Light", *Philosophical Magazine*, 2, 1901, 140.
44 Idem.
45 Wigner, Eugene; *Symmetries and Reflections*; Woodbridge, Ox Bow Press, 1979.
46 Mandelbrot. Freeman. 1977.
47 Prigogine, Ilya: *¿Tan sólo una ilusión?* (1983), Barcelona, Tusquets, 3ra ed., 1993. 1ra parte, cap. La lectura de lo complejo, § 2, p. 53.
48 La distribución estadística se transforma en fractal si el número de "objetos" N posee una dependencia fraccional del valor inverso, en la dimensión lineal de los objetos, o sea en la fórmula r. $N \sim r^{-D}$ donde $-D$ es la dimensión fractal.
49 Del latín *fractus*.
50 Mandelbrot, NY. Freeman. 1977.
51 Los experimentalistas manipulan sustancias en proporciones constantes, que un día arrojan 3.001 y al siguiente 3.003, y luego 2.998, promediándolas finalmente a un radio de 3×1 porque la variabilidad mili-decimal para nuestro parecer galileano no cuenta en lo absoluto.
52 Lorenz, Edward. "Deterministic Nonperiodic Flow" en *Journal of the Atmospheric Sciences* 20, 1963
53 Mandelbrot, NY. Freeman. 1977.
54 Así, un fractal que produce patrones auto-similares complejos en términos matemáticos contiene una carga de valor de c lo cual hace que las series $zn + 1 = (zn)2 + c$ convergen, donde c y z son números complejos y z comienza en el origen (0,0).
55 Steward, Ian. *Goes God Play Dice? The New Mathematics of Chaos*. Wiley-Blackwell; 2 edition, February 26, 2002.

www.ingramcontent.com/pod-product-compliance
Lightning Source LLC
Chambersburg PA
CBHW050150230526
45470CB00001B/35